AF670182

DEUTSCHE DEMOKRATISCHE REPUBLIK
DEUTSCHE AKADEMIE DER LANDWIRTSCHAFTSWISSENSCHAFTEN ZU BERLIN
INSTITUT FÜR LANDWIRTSCHAFTLICHE INFORMATION UND DOKUMENTATION

Landwirtschaftliches Zentralblatt

ABTEILUNG III

TIERZUCHT · TIERERNÄHRUNG FISCHEREI

8. JAHRGANG

1963

AKADEMIE-VERLAG · BERLIN

LZ. III TIERZUCHT · TIERERNÄHRUNG · FISCHEREI · JG. 1963 · NR. 7 · SEITE 1357—1576 · BERLIN · JULI 1963

LANDWIRTSCHAFTLICHES ZENTRALBLATT

KURATORIUM

Prof. Dr. Gustav Becker — Quedlinburg
Prof. Dr. Johannes Dobberstein — Berlin
Prof. Dr. Ernst Ehwald — Eberswalde
Prof. Dr.-Ing. Heinrich Heyde — Berlin
Prof. Dr. Hermann Meusel — Halle/Saale
Prof. Dr. Kurt Nehring — Rostock
Prof. Dr. Erwin Plachy — Berlin
Prof. Dr. Johannes Reinhold — Berlin
Prof. Dr. Heinz Röhrer — Insel Riems bei Greifswald
Prof. Dr. Otto Rosenkranz — Böhlitz-Ehrenberg
Prof. Dr. Rudolf Schick — Groß-Lüsewitz, Krs. Rostock
Prof. Dr. Karl Schmalfuß — Halle/Saale
Prof. Dr. Wilhelm Stahl — Rostock
Prof. Dr. Hans Stubbe — Gatersleben, Bez. Halle

CHEFREDAKTEUR

Dr. Ursula Wittbrodt — Berlin

STELLVERTRETENDER CHEFREDAKTEUR

Dr. Werner Kleeberg — Berlin

ABTEILUNG TIERZUCHT · TIERERNÄHRUNG · FISCHEREI

REDAKTIONSAUSSCHUSS

Prof. Dr. Knut Breirem — Vollebekk
Dr. Virgil Gligor — Bukarest
Prof. Dr. Erwein Höpler — Wien
Prof. Johannes Jaeger — Merbitz
Prof. Dr. Karl Ivar Johansson — Uppsala
Prof. Dr. Jan Kielanowski — Warschau
Prof. Dr. Vladimír Koželuha — Prag
Prof. Dr. Edwin Lauprecht — Mariensee
Prof. Dr. Walter Lenkeit — Göttingen
Prof. Dr. Kurt Nehring — Rostock
Prof. Dr. Maximilian Pflücke — Potsdam
Prof. Dr. Nikola Platikanow — Sofia
Prof. Dr. József Schandl — Budapest
Prof. Dr. Ivan Šmalcelj — Zagreb
Prof. Dr. Wilhelm Stahl — Rostock
Prof. Dr. Michail Tomme — Moskau
Prof. Dr. Hans-Helmuth Wundsch — Berlin

REDAKTION

Dr. Hans Dieter Hennig — Tierzucht
Dr. habil. Bernhard Piatkowski — Tierernährung
Dr. Werner Steffens — Fischerei

INHALTSVERZEICHNIS

LZ. III/7/63

NAMENVERZEICHNIS

Seitenzahl in [Klammer] bedeutet Bibliographie, mit Stern * bedeutet Buchbesprechung

Kennziffern der tierischen Produktion führender Erzeugerländer

(Mitteilungsblatt zu volkswirtschaftlichen Fragen, Serie Landwirtschaft, Heft 1)

Herausgegeben vom Institut für Dokumentation Bereich Information der Deutschen Akademie der Wissenschaften zu Berlin

1963. VI, 231 Seiten — 2 Anlagen — gr. 8° — DM 12,50

Bestellungen durch eine Buchhandlung erbeten

A K A D E M I E - V E R L A G   B E R L I N

HERMANN VON GUTTENBERG

Lehrbuch der allgemeinen Botanik

6., neubearbeitete Auflage

1963. XVII, 735 Seiten — 637 Abbildungen — 10 Tafeln — 14 Tabellen — gr. 8°
Ganzleinen DM 35,—

Bei der Herausgabe der 6. Auflage des Lehrbuches wurde darauf geachtet, die wichtigsten Forschungsergebnisse der letzten Jahre so in das Werk einzuarbeiten, daß der ursprüngliche Aufbau beibehalten bleibt. Die rasche Verbreitung des Lehrbuches in beiden Teilen Deutschlands hatte bewiesen, daß der Grundgedanke des Verfassers, ein für den Anfänger verständliches, aber auch dem Fortgeschrittenen dienliches Buch zu schreiben, sich bewährt hat. Die neuen Ergebnisse sind in möglichst leicht verständlicher Weise aufgenommen. Abgesehen von zahlreichen kleinen Ergänzungen und Verbesserungen, wurden in der Zellenlehre die neuen Befunde der Elektronenmikroskopie berücksichtigt und durch Abbildungen erläutert; im anatomischen Teil wurde eine Neubearbeitung der Histogenese vorgenommen. Die Ergänzung der Physiologie erforderte besonders ein Eingehen auf die neuen Ergebnisse der Photosynthese-Forschung. Ferner war das Virusproblem in Anbetracht seiner Bedeutung für die Genetik mehr als bisher zu publizieren. Auch das Kapitel über Wachstum und Entwicksung wurde dem derzeitigen Stande dieser Forschungsrichtung angepaßt. Damit dürfte auch die neue Auflage die Aufgabe erfüllen, für die das Buch gedacht ist. Es soll den Studenten der Biologie und verwandter Fächer, aber auch dem Lehrer und Praktiker das Wissensgebiet der allgemeinen Botanik in leicht lesbarer Form vermitteln.

THEORIA CUM PRAXI

Bestellungen durch eine Buchhandlung erbeten

A K A D E M I E - V E R L A G · B E R L I N

LANDWIRTSCHAFTLICHES ZENTRALBLATT
ABT. TIERZUCHT · TIERERNÄHRUNG · FISCHEREI

1963 **NR. 7** **JULI**

ALLGEMEINES

Schick, R.; Groß-Lüsewitz, Inst. für Pflanzenzücht. der Dtsch. Akad. der Landwirtsch.-Wiss. zu Berlin. **Die Perspektiven der sozialistischen Landwirtschaft in der Deutschen Demokratischen Republik.** Dtsch. Landwirtsch. **14** (1963) Nr. 1. S. 15–17. 1.

Schmidt, W.; Berlin, Humboldt-Univ., Inst. für Agrarökon. **Zu einigen Problemen und Aufgaben beim allmählichen Übergang zu industriellen Produktionsmethoden in der Landwirtschaft.** Dtsch. Landwirtsch. **14** (1963) Nr. 1. S. 12–14. — 5 Lit. 1.

A. GESCHICHTE, FORSCHUNG, UNTERRICHT

Grüneberg, G. **Produktivkraft Agrarwissenschaft.** Dtsch. Landwirtsch. **14** (1963) Nr. 1. S. 1–4. 40.

Anonym. **Sozialistischer Wettbewerb um den höchsten Nutzeffekt in der agrarwissenschaftlichen Forschung.** Tierzucht **16** (1962) Nr. 12. S. 513–516. 40.

Schwark, H.-J.; Bernburg, Hochschule für Landwirtsch., Inst. für Tierzucht und Tierernähr. **Um den Welthöchststand in der tierzüchterischen Lehre und Forschung.** Tierzucht **17** (1963) Nr. 1. S. 6–7. 40.

Anonym. **Das Institut für Tierernährungslehre an der Landwirtschaftlichen Hochschule Hohenheim.** Mitt. Tierhalt. **1962** Nr. 81. S. 8–9. — 6 Abb. 40.

Bennett, James A. Research in the animal sciences. **(Forschung auf dem Gebiet der Tierzuchtwissenschaft.)** Utah Farm Home Sci. **23** (1962) Nr. 3. S. 75–79. — 9 Abb.
Vf. berichtet über die an der Landwirtsch. Versuchsstation von Utah (USA) betriebenen Forschungen über die Tierhaltung, -zucht und -gesundheit, wobei er zunächst eine Rückschau hält, dann auf das gegenwärtige Forschungsprogramm eingeht und schließlich einen Ausblick in die künftige Forschung gibt. Bei allen Vorhaben klingt der Gedanke der Gemeinschaftsarbeit an, denn diese Arbeitsmethode führt zu größerer Schlagkraft. Bes. Kennzeichen der früheren Forschungen ist die starke Betonung der Rindfleischproduktion für den Markt. Die Verwendung von Putenzuchtstämmen hat zu einem um 10–12% besseren Brutergebnis und zu einer um 5% besseren Futterverwertung geführt. Mit der Pflanzenernährung und Bodenkunde gekoppelte Versuche ergaben einen zu geringen Gehalt der Weidepflanzen an P und Eiweiß, was zu ungünstigen Fruchtbarkeitswerten beim Rind und Schaf führte. Stärkere O_2-Zufuhr zu den Brutschränken bewirkte bei Puteneiern ein um 15% besseres Brutergebnis. Das gegenwärtige Programm ist hauptsächlich auf Grundlagenforschung ausgerichtet, wobei die Ernährungsphysiologie im Vordergrund steht. Für die Zukunft sollte der Frage wirkungsvollerer und wirtschaftlicherer Futterrationen für Schlacht- und Nutzvieh

aller Arten mehr Beachtung geschenkt werden. Die Züchtung sollte frohwüchsigere Tiere schaffen. Ein bes. wichtiges Problem wird auch die Erforschung und Bekämpfung von Krankheiten sein. W. Fleischmann. 40.

Lauwe, Jean Chombart de; Grignon, Frankreich, École Nat. Supérieure Agronomique. **Veröffentlichung und Auswertung praktischer Forschungsergebnisse für die betriebswirtschaftliche Beratung.** Fatis Rev. [Bad Godesberg] **9** (1962) Nr. 1/2. S. 2–5. 40.

Anonym. Forsknings- och försöksmeddelanden 1961. **(Zusammenstellung von Untersuchungen und Untersuchungsergebnissen auf den Fachgebieten der Landwirtschaftswissenschaft, zusammengestellt von der Kgl. Schwedischen Akademie der Land- und Forstwirtschaft.)** Kungl. Skogs- och Lantbruksakad. Tidskr., Suppl. **101** (1962) Nr. 6. S. 565–611. 40.

Kreuziger, Ernst; Wien-Ober-St. Veit, Bundesmin. für Land- und Forstwirtsch., Film- und Lichtbildstelle. **Der Film — ein wertvolles, aber oft mißbrauchtes Lehr- und Beratungsmittel.** Förderungsdienst [Wien] **10** (1962) Nr. 12. S. 409–411. — 3 Abb. 50.

Kearl, Bryant. **Die agrarjournalistische Ausbildung an ausländischen Universitäten.** Fatis Rev. [Bad Godesberg] **9** (1962) Nr. 1/2. S. 38–40. 50.

B. GRUNDLAGENWISSENSCHAFTEN UND METHODIK

Krüger, Fr. **Über die mathematische Darstellung des tierischen Wachstums.** Naturwissenschaften **49** (1962) Nr. 19. S. 454.
Vf. schlägt zur mathematischen Beschreibung für den Wachstumsverlauf bei Tieren die dreiparametrige Funktion $D_x = \frac{D_{max}}{N^{1/(x+\zeta)}}$ vor. (D_x — Größe im postnatalen Alter x, D_{max} — Maximalgröße bei unendlichem, unbegrenztem Wachstum, ζ — pränatales Alter, N — eine große Zahl). Die Funktion wird für die Länge von *Roccus americanus* angepaßt. D. Rasch. 160.

Singh, Daljit und Jain, K. B. L. Tables to tacilitate the calculation of recombination values. **(Hilfstafeln für die Berechnung von Rekombinationswerten.)** Indian J. Genetics Plant Breeding **22** (1962) Nr. 2. S. 167–171. — 4 Tab., 3 Lit.
Die Schätzung von Kopplungsintensitäten mit Hilfe der Maximum-Likelihood-Methode ist i. allg. Fall oft sehr arbeitsaufwendig. Werden Beobachtungswerte aus F_2- bzw. F_3-Generationen zugrundegelegt, so sind die Schätzgleichungen in vielen Fällen (z. B. F_3 stammt aus zweifach dominanten F_2) nur iterativ lösbar. Vff. legen Tafeln vor, mit deren Hilfe sich die Rechenarbeit bedeutend erleichtern läßt. Der Gebrauch der Tafeln wird an Beispielen erläutert. D. Rasch. 160.

Cox, C. Philip. The relation between covariance and individual curvature analyses of experiments with background trends. **(Die Beziehung zwischen Kovarianzanalyse und Einzelkurvenanalyse bei Versuchen mit Trendwirkungen.)** Biometrics **18** (1962) Nr. 1. S. 12–21. — 2 Tab., 3 Lit.
Vf. schlägt für den Fall, daß die beiden Zufallsvariablen in der Kovarianzanalyse Mittelwerte von Gruppen von Beobachtungen sind. für die ein linearer Trend wirksam ist, eine Analyse auf Grund der Regressionen der einzelnen Versuchseinheiten vor. Der Ausgangspunkt der theoretischen Überlegungen ist ein Problem aus der Rinderzucht. Es soll die Milchleistung bei Rindern, deren Laktation in eine Standardisierungs-, eine Zwischen- und eine Behandlungsperiode unterteilt ist, untersucht werden. Der lineare Trend entspricht hierbei dem natürlichen Abfall der Milchleistung im Verlaufe der Laktation. D. Rasch. 160.

Smith, H., Gnanadesikan, R. und Hughes, J. B. Multivariate analysis of variance (Manova). **(Mehrdimensionale Varianzanalyse [MANOVA].)** Biometrics **18** (1962) Nr. 1. S. 22–41. – 4 Tab., 26 Lit.
Unter mehrdimensionaler Varianzanalyse (MANOVA) versteht man ein der eindimensionalen Varianzanalyse analoges statistisches Auswertungsverfahren, wenn Unterschiede zwischen bestimmten Gruppierungen nicht nur für ein Merkmal, sondern gleichzeitig für mehrere Merkmale getestet werden sollen. Führt man für jedes Merkmal einzeln eine Varianzanalyse durch, so vergibt man Informationen, da die Korrelationen zwischen den Merkmalen nicht berücksichtigt werden. Vf. stellt die wichtigsten theoretischen Ergebnisse der MANOVA (Modell 1) zusammen, um dann ihre Anwendung an einem biochemischen Beispiel zu demonstrieren (11 Merkmale). D. Rasch. 160.

Fugmann, Robert; Frankfurt/M.-Höchst. **Ordnung — oberstes Gebot in der Dokumentation. Zugleich ein Beitrag zu einer Theorie der Dokumentation.** Nachr. Dokumentat. **13** (1962) Nr. 3. S. 120–132. – 12 Lit.
Theoretische Betrachtung und Literaturzusammenfassung über den Begriff „Ordnung" soweit er für die Dokumentation von Bedeutung ist. – Die neuzeitliche Dokumentation soll auch informativ wirken, sie stellt also nicht mehr nur ein „sinnvolles Beieinandersein" dar, sondern gibt auch Aufschlüsse über Sachzusammenhänge. Dabei sind je nach Anforderung Spezialdarstellungen vom Einschlägigen zu trennen oder aber auch zusammen mit ihm zu verarbeiten. – Beim Aufbau eines neuen Dokumentationszentrums ist nicht nur das Informationsbedürfnis des gegenwärtigen Benutzerkreises zu berücksichtigen (dieser Kreis könnte zufolge der bisherigen Schwierigkeiten beim Recherchieren rel. klein sein). – Die Grundlage für die Ordnung einer Literatursammlung ist ein vollkommenes Begriffssystem, dessen Elemente alle möglichen Aussage-Kategorien erfassen. Daneben ist der sinnvolle Einsatz von maschinellen Hilfsmitteln erforderlich. F. Lüpnitz. 170.

C. JAHRESBERICHTE UND TAGUNGEN

Anonym. **Bericht über die Tätigkeit der Forschungsanstalt für Landwirtschaft Braunschweig-Völkenrode im Jahre 1960.** Ber. Tätigkeit Forsch.-Anst. Landwirtsch. Braunschweig-Völkenrode **1960** (hrsg. 1962) S. 1–86. 200.

Bauer, H.; München. **Bericht über die Tätigkeit des Arbeitsausschusses „Lebens- und Nutzungsdauer beim Rind" der Deutschen Gesellschaft für Züchtungskunde und Ausblick.** Arb. Inst. Tierzucht, Vererb.- u. Konstitutionsforsch. Univ. München **1962** Nr. 4. S. 1–7. 200.

ALLGEMEINE TIERZUCHT

A. ENTWICKLUNGSLEHRE

Bohlken, Herwart; Kiel, Christian-Albert-Univ., Inst. für Haustierkunde. **Haustiere und zoologische Systematik.** Z. Tierzücht. Züchtungsbiol. **76** (1961) Nr. 1. S. 107–113. – 26 Lit.
Haustiere wurden häufig auf Grund von Unstimmigkeiten in nomenklatorischen Fragen und zufolge der Nichtbeachtung taxonomischer Grundsätze wiss. unkorrekt bezeichnet. – In der Hierarchie des Linnéschen Systems stellen alle Kategorien, mit Ausnahme der Art, subjektiv bestimmte Einheiten dar. Wenn auch die Vorstellung von der Art seit Linné mehrfach verändert wurde, so entwickelte sie sich zu einem biol. begründeten Begriff, der hauptsächlich als „Fortpflanzungsgemeinschaft" zu verstehen ist. Für Haustiere wird eine ternäre Nomenklatur vorgeschlagen, bei der ihr Name unter Zwischenschaltung von f. (= forma) dem Artnamen der Wildform anzuhängen ist. Dabei wird „f." nicht kursiv gesetzt. Beispiele: Hund

Canis lupus f. *familiaris* L., 1758; Balirind *Bibos javanicus* f. *domestica* Gans, 1915; Ziege *Capra ibex* f. *hircus* L., 1758; Kaninchen *Oryctolagus cuniculus* f. *domestica* auct. F. Lüpnitz. 1015.

Kosswig, Curt; Hamburg, Univ., Zool. Inst. **Über präadaptive Mechanismen in der Evolution vom Gesichtspunkt der Genetik.** Zool. Anz. **169** (1962) Nr. 1/2. S. 4–14.
Dieser und die folgenden Berichte wurden 1961 auf einem Symposium der norddeutschen Zoologen in Kiel vorgetragen. Thema: Präadaptation, Speciation, Adaption. — Die folgenden Referate heben nur die wichtigsten Gedankengänge und Fakten hervor. — Als Genetiker stellt Kosswig die Veränderlichkeit der Erbanlagen oder Gene in den Vordergrund seiner Ausführungen. Die Objekte der Evolution sind nicht die Individuen, sondern die Populationen. Die große Rolle des Zufalls sowohl bei der Entstehung der Mutationen als auch bei ihrer Erhaltung in der Population wird betont. Neben dem für die derzeitige Umwelt einer Population günstigen Genbestand ist in einer evolutionsfähigen Population ein Bestand von (meist recessiven) Reservegenen (gen-pool) vorhanden. Diese Reserve kann als Merkmal einer Präadaptilität angesprochen werden, da sie Gene bereitstellt, die bei Änderungen der Umwelt vorteilhaft sein können. Beispiele: Insekticidresistenz; Bakterienresistenz gegen Antibiotica, u.s.f. — Die gesteigerte Vitalität der Heterozygoten kann bei der Erhaltung recessiver Gene in der Population von Bedeutung sein, aber auch der in einer Art stets vorhandene Rest an Homozygotie, denn diese bestimmt weitgehend die Reaktionsnorm und sichert die Irreversibilität der Evolution. Ein einzelnes Gen kann rückmutieren, viele Gene nie. Die sog. Orthogenese ist keine mystische Angelegenheit, sondern die Folge vieler Einzelursachen. — Adaptive Modifikationen verändern zunächst nur den Phänotyp. Unter ihrem Schutz können sich aber gleichgerichtete Mutationen ansammeln (genetische Assimilation von Waddington. — Baldwin Effekt). Auf diese Weise dienen auch Modifikationen der Präadaptation.
P. Hertwig. 1020.

Osche, Günther; Erlangen, Univ., Zool. Inst. **Das Praeadaptationsphänomen und seine Bedeutung für die Evolution.** Zool. Anz. **169** (1962) Nr. 1/2. S. 14–49.
Es ist nicht möglich, dieses umfassende und gedankenreiche Referat durch eine kurze Inhaltsangabe zu vermitteln; es muß auf das Orig. verwiesen werden. Beachtenswert ist die einleitende Abgrenzung der Begriffe Post- und Präadaptation und der Hinweis auf den subjektiven Gebrauch durch die führenden Evolutionstheoretiker. — Im einzelnen wird erörtert: 1. Der morphol.-funktionelle Bereich des Präadaptationsphänomens: Die Umbildung des Kiefergelenkes bei den therapsiden Reptilien zeigt, wie eine neue Funktion vorbereitet wird. Die langsame Vergrößerung des Coronoidfortsatzes, die durch einen mit Nahrungswechsel in Zusammenhang stehenden kräftigeren Biß erfolgt, führt zu einem Kontakt von Dentale-Squamosum. Das alte Quadrato-Articulare-Gelenk wird präadaptiv entlastet und kann sich daher zum Ohrknöchelapparat umwandeln. 2. Der ökologische Bereich des Präadaptationsphänomens. Hierhin gehört die schon von Kosswig erörterte mutative Präadaptation, die Mobilisierung latenter Potenzen und bes. die komplexe konstitutionelle Präadaptation, ein Gebiet, zu dessen Klärung die Arbeiten des Vf. zur Frage des Übergangs zum Endoparasitismus bei den Nematoden viel beigetragen haben. Ausgangspunkt für die Eroberung des endoparasitischen Lebensraumes durch freilebende Nematoden ist die saprobe Lebensweise. Diese verlangt und selektioniert eine Anzahl von Anpassungen, die es ermöglichen, die Schwelle zum Endoparasitismus zu überschreiten. Als weiteres Beispiel wird die „Vorbereitung“ der Crossopterygier für das Landleben erörtert. P. Hertwig. 1020.

Kummer, Benno; Frankfurt/M., Univ., Senckenbergisch-Anatom. Inst. **Funktionelle Anpassung und Präadaptation.** Zool. Anz. **169** (1962) Nr. 1/2. S. 50–67.

Von einem ganz anderen Gesichtspunkt aus behandelt Kummer das Problem der Präadaptation. Er wählt die Frage der durch Beanspruchung bedingten und der genetisch fixierten Strukturen des Bindegewebes, der Haut u. a. Gewebe und Organe. Die von Kummer besprochenen Beispiele, wie die Adaptation der Knochenform und der Spongiosastruktur, die Schwielenbildung an der Fußsohlenhaut oder beim Strauß oder Warzenschwein, die Anpassung der Herzgefäßlagerung und Wandbildung bei einem Zwillings-Arkadius mit caudalcranialer Durchströmung des Herzens u. a. mehr haben eines gemeinsam: Man kann es den betr. Merkmalen beim fertig ausgebildeten Individuum nicht ansehen, ob sie im Genom verankert sind oder im Verlauf der Individualentwicklung durch funktionelle Anpassung geprägt wurden. Es stellt sich die Frage, welchen Selektionswert haben Gene, die das betr. Merkmal embryonal ohne funktionelle Beanspruchung fixieren, wenn der Phänotyp infolge seiner großen Reaktionsnorm sowieso angepaßt ist. Die Erklärung wird (nicht recht befriedigend) darin gesucht, daß Mutationen entstehen, die unter dem Schutz des funktionell angepaßten Merkmals positiv selektioniert werden. (Baldwin-Effekt). Nach Ansicht von Kummer erfaßt die Auslese etwa beim Spongiosamuster des Femurkopfes nicht ein bestimmtes Muster sondern „die optimale Reaktion auf Spannungsänderungen". Warum die Struktur für den „Normalfall" erblich festgeslegt ist, bleibt zunächst unbeantwortet. P. Hertwig. 1020.

Gottschewski, G.; Mariensee bei Wunstorf, Max-Planck-Inst. für Tierzucht und Tierernähr. **Zusammengefaßte Diskussionsbemerkung zu den Vorträgen von Kosswig, Osche und Kummer über das Präadaptationsproblem.** Zool. Anz. **169** (1962) Nr. 1/2. S. 82–86.

Nach einigen i. allg. zustimmenden und teilweise ergänzenden Bemerkungen zu den Vorträgen von Kosswig und Osche geht Vf. auf den Vortrag von Kummer ein. Er hebt hervor, daß die Organe zunächst normal angelegt werden, um bei Anwesenheit abändernder Gene wieder eingeschmolzen zu werden, wie am Beispiel von augenlosen Drosophila-Arten exemplifiziert wird. Das Genmuster der primordialen Anlagen entzieht sich der Analyse, da jeder mutative Schritt letal wirkt. Alle Gene, die in die spätere Entwicklung eingreifen, ebenso wie Umweltreize, modellieren nur die Bildung der Organe, so daß man die primordialen Organe auch als präadaptiert bezeichnen kann. Ein Funktionswandel könnte erworben werden durch Vorverlegung einzelner Genwirkungen, etwa durch das Hinzutreten von Hemmungsgenen oder von epistatischen Genen, z. B. könnte in die ursprünglich rein funktionelle Knochenstruktur die erbliche Struktur auf diese Weise eingebaut werden. P. Hertwig. 1020.

Herre, Wolf; Kiel, Neue Univ., Inst. für Haustierkunde. **Zur Problematik des Verhältnisses innerartlicher Ausformungen zu zwischenartlichen Umbildungen.** Zool. Anz. **169** (1962) Nr. 1/2. S. 68–77.

Vf. stellt die kritische Frage, ob es sich bei den in den vorhergehenden Beiträgen zitierten Modellbeispielen um Geschehen handelt, die als stammesgeschichtliche Wandlungen zu bezeichnen sind. Meist bleibt ja die sexuelle Affinität zu den artgleichen Populationen erhalten, es sei denn, daß der Fortpflanzungszusammenhang aus anderen Gründen gestört ist. Innerartliche Umformung ist einer zwischenartlichen Umformung nicht gleichzusetzen. Das zeigt die Haustierforschung. Bei den Caniden sind z. B. die 3 Wildformen Wolf, Cojote, Schakal einander ähnlicher als die Varianten der Hunderassen. Jedoch bleibt die Umstrukturierung der Haushunde innerhalb der artlichen Plastizität. Seit den 11000 Jahren, die seit der ersten Domestikation eines Haustieres (Schaf) vergangen sind, ist keine neue Haustierart entstanden. Die alleinige Erklärung der Varianten durch Mutationen, bes. in bezug auf die Nutzeigenschaften, behält etwas Unbefriedigendes. Die meisten Eigenarten der Haustiere beruhen auf einem verwickelten Zusammenspiel von Prozessen, die durch mannigfaltige Auslöser bestimmt und beeinflußt werden. Somit ist die Ausbildung der Domestikationsmerkmale zum großen Teil ein noch ungelöstes entwicklungsphysiol. Problem. Grundsätzlich dürften die Haustiere den gleichen Genbestand und die gleiche Mutationswahrscheinlichkeit wie die entspr. Wildarten besitzen, jedoch ist der Genbestand infolge langer Isolation und Inzucht und großer Individuenzahl anders verteilt als im Wildbestand. P. Hertwig. 1020.

Forni, Gaetano. **Domestikation, Tierzucht und Religion.** Z. Tierzücht. Züchtungsbiol. **76** (1961) Nr. 1. S. 49–55. — 6 Lit.
Es wird versucht nachzuweisen, daß die Domestikation der recenten Nutztiere nicht auf utilaristisch-profane, sondern auf religiöse Gründe zurückzuführen ist. Demzufolge werden Maschinenbautechnik sowie die Agrar- und Zootechnik nur als „Aufbereitungstechniken“ angesehen, deren Ziel es ist, die „äußere“ Umwelt zu verändern. F. Lüpnitz. 1030.

Würgler, Friedrich E. **Veränderungen des Haustierbestandes während der Bronze- und Eisenzeit in zwei schweizerischen „Melauner“-Stationen, Montlingerberg und Mottata Ramosch.** Z. Tierzücht. Züchtungsbiol. **77** (1962) Nr. 1. S. 35–46. — 4 Abb., 1 Tab., 18 Lit.
Vf. untersuchte die Knochenfunde von 2 bronzezeitlich-eisenzeitlichen Siedlungen im Schweizer Alpengebiet. Bei diesen Fundorten war eine Analyse der stratigraphischen Lage möglich. Die unterschiedliche Höhenlage beider Siedlungen (480 m und 1500 m ü.N.N.) scheint sich in der Zusammensetzung des Haustierbestandes ausgewirkt zu haben, indem in 400 m Höhe das Rind über 50% des Bestandes und in den alpinen Regionen größere Schaf- und Ziegenherden festgestellt wurden. In der artenmäßigen Zusammensetzung der Jagd- und Haustierarten unterschieden sich beide Fundorte nicht. Die in der Übergangsperiode von der Bronze- zur Eisenzeit anzunehmende Klimaverschlechterung könnte die Ursache für eine verstärkte Jagdtätigkeit gewesen sein, auf die eine zunehmende Anzahl von Wildtierknochen hinweist. U. König. 1030.

Stampfli, H. R. **Die Tierreste der neolithischen Siedlung „Seeberg/Burgäschisee-Süd“.** Z. Tierzücht. Züchtungsbiol. **77** (1962) Nr. 1. S. 31–34. — 1 Tab., 4 Lit.
Vf. gibt einen Vorbericht über die steinzeitliche Siedlung Seeberg—Burgäschisee-Süd in der Schweiz. Hier konnten 429 Säugetierindividuen ermittelt werden, aus deren Knochen sich ein Wildtieranteil von 94% ergab. Da Übergangsformen fehlen, bot dieser Fundort die Möglichkeit einer Trennung von Wisent und Ur bzw. Ur und Hausrind. U. König. 1030.

B. ORGANE DES TIERKÖRPERS

Newman, G. E., O'Brien, J. R. P., Spray, G. H., Williams, D. L. und Witts, L. J.; Oxford, Great Britain, Univ. of Oxford, Nuffield Dep. of Clin. Biochem. and Clin. Med. Distribution of vitamin B_{12} in cell fractions of rat brains. **(Die Verteilung von Vitamin B_{12} in den Zellfraktionen von Rattengehirnen.)** Biochim. biophysica Acta [Amsterdam] **64** (1962) Nr. 3. S. 438–446. — 4 Tab., 11 Lit. 1115.

Langendorf, H., Siebert, G., Lorenz, I., Hannover, R. und Beyer, R.; Mainz, Johann-Gutenberg-Univ., Physiol.-Chem. Inst. **Kationenverteilung**

in Zellkern und Cytoplasma der Rattenleber. Biochem. Z. **335** (1961) Nr. 3. S. 273–284. – 5 Tab., 35 Lit. Zus. in Engl.

Vf. analysierten Rattenlebergewebe und daraus nach der Behrens-Methode isolierte Zellkerne auf ihren Na-, K-, Mg- und Ca-Gehalt. K und Na wurden flammenphotometrisch, Ca komplexometrisch nach Trennung durch Extraktion mit Chlorophorm-Oxin in Anwesenheit von Butylamin und Mg photometrisch (Tölg) nach trockener Veraschung bestimmt. Die Zellkerne enthielten ca. 12mal mehr Na als das Cytoplasma. K, Mg und Ca zeigten keine deutlichen Gehaltsunterschiede zwischen Zellkern und Zellkernwasser. Anhaltspunkte für einen aktiven Na-Transport im Zellkern bestanden nicht.
M. Anke. 1115.

Kafka, Karel und Bartoš, Stanislav. Změny koncentrace elektrolytů v erythrocytech hospodářských zvířat v závislosti na věku. **(Veränderungen in der Elektrolytenkonzentration in den Erythrocyten landwirtschaftlicher Nutztiere in Abhängigkeit von ihrem Alter.)** Vědecké Práce ústředního výzkumného Ústavu Živočišné Výroby v Uhříněvsi **5** (1962) S. 165–174. – 4 Abb., 9 Tab., 18 Lit. Zus. in Russ., Dtsch.

Von 1955–59 wurde bei insgesamt 55 Kälbern des Tschechischen Rotfleckviehs und der Jerseys, bei 132 Kühen, 24 Lämmern und Schafen, 35 Fohlen und Pferden, 28 Ferkeln und Schweinen sowie bei 7 Hunden und 4 Katzen die Konzentration von Na und K im Blutplasma und in den Erythrocyten ermittelt. Bei den Kälbern wurde eine auffallende Senkung des K-Gehaltes in den Erythrocyten von durchschnittl. 88 Milliäquiv./l im Alter von 5 Tagen auf 16 Milliäquiv./l im Alter von 120 Tagen festgestellt. Gleichzeitig steigt dabei der Na-Gehalt von 35 Milliäquiv./l auf 88 Milliäquiv./l. Die Konzentration der Elektrolyte im Blutplasma ist rel. beständig (138 Milliäquiv./l beim Na und 4,5 Milliäquiv./l beim K). Gleiche Verhältnisse wurden auch bei den Schafen festgestellt. Die beobachteten Veränderungen in der Konzentration der Elektrolyte in den Erythrocyten beim Rind und Schaf hängen wahrscheinlich mit den Unterschieden zwischen dem fetalen und postnatalen Hb-Typ zusammen. Bei den übrigen großen landwirtsch. Nutztieren wurde ein umgekehrtes Verhältnis in der Konzentration des K und Na in den Erythrocyten festgestellt, und zwar bei Pferden 96 Milliäquiv./l beim K und 47 Milliäquiv./l beim Na, beim Schwein 127 Milliäquiv./l beim K und 10 Milliäquiv./l beim Na.
F. Svoboda. 1120.

Dawson, T. J. und Evans, J. V.; Armidale, New South Wales, Univ. of New England, Dep. of Physiol. Haemoglobin and erythrocyte potassium types in sheep and their influence on oxygen dissociation and haemoglobin denaturation. **(Die Typen des Hämoglobins und des Kaliumgehalts der Erythrocyten beim Schaf und deren Einfluß auf die Sauerstoffdissoziation und Hämoglobindenaturation.)** Austral. J. biol. Sci. **15** (1962) Nr. 2. S. 371–378. – 2 Abb., 3 Tab., 17 Lit.

Zwischen Tieren mit hohem K-Gehalt der Erythrocyten und solchen mit niedrigem K-Gehalt wurden hinsichtlich der Sauerstoffdissoziationskurve signifikante Unterschiede gefunden, nicht jedoch hinsichtlich der Hb-Denaturation.
B. Busch. 1120.

Peers, F. G.; Vom, North Nigeria, Federal Dep. of Veterin. Res. Erythrocytic sodium and potassium levels in Nigerian sheep. **(Der Kalium- und Natriumgehalt der Erythrocyten bei nigerischen Schafen.)** West African J. biol. Chem. **6** (1962) Nr. 1. S. 5–8. – 3 Abb., 1 Tab., 16 Lit.

Vf. prüfte flammenphotometrisch den Na- und K-Gehalt der Erythrocyten von 118 Haarschafen Nordnigerias, die als „West African Dwarf“-Schafe bezeichnet werden. Nach dem Vorbild von Kerr und Evans und King wurden die Nordnigerischen Schafe in 4 von diesen Autoren gegebene Gruppen eingeteilt. 12 Tiere gehörten der Keα-Gruppe, 19 der Keβ-Gruppe, 26 der Keγ_1-Gruppe, 49 der Keγ_2-Gruppe und 12 der KeΔ-Gruppe an. Na und K der Erythrocyten erschienen negativ korreliert. M. Anke. 1120.

Peers,. F. G.; Vom, North Nigeria, Federal Dep. of Veterin. Res. Erythrocytic sodium and potassium levels in Kano Brown goats. **(Der Kalium- und Natriumgehalt der Erythrocyten bei den Kano-Brown-Ziegen.)** West African J. biol. Chem. 6 (1962) Nr. 1. S. 9–10. – 2 Abb., 10 Lit.

Vf. untersuchte den Na- und K-Gehalt der roten Blutkörperchen von 129 Ziegen der Kano-Brown-Rasse, welche Mason zu der Sokoto- oder Maradi-Rasse rechnet. Er konnte 3 Typen von Ziegen unterscheiden, welche mit den Ke α, Keβ und KΔ-Typen, die von ihm bei den West African Dwarf-Schafen gefunden wurden, korrespondieren. M. Anke. 1120.

Schröffel, Jaroslav und Matoušek, Josef; Uhříněves, Výzkumný Ústav Živočišné Výroby; Liběchov, Lab. pro Biol., Rozmožování a Osemeňování Hospodářských Zvířat. β-globuliny séra červenostrakatých býků. **(β-Globuline im Serum von Bullen des Tschechischen Rotfleckviehs.)** Živočišná Výroba 7(35) Nr. 5. (1962) S. 313–318. – 3 Tab., 10 Lit. Zus. in Russ., Dtsch.

Untersuchungen an insgesamt 194 Zuchtbullen des Tschechischen Rotfleckviehs aus dem nordtschechischen Bezirk ergaben, daß im Hinblick auf die Globulinfraktionen im Blutserum 8,25% dieser Bullen dem Genotyp β^{AA}, 35,57% dem Genotyp β^{AD}, 2,58% dem Genotyp β^{AE}, 46,9% dem Genotyp β^{DD}, 5,67% dem Genotyp β^{DE} und 1,03% dem Genotyp β^{EE} angehören. Die genetische Frequenz der Allele β^{A}, β^{D} und β^{E} betrug 0,273, 0,675 und 0,052. Zwischen den Globulinfraktionen des Serums der untersuchten Bullen und ihrer Fruchtbarkeit konnten keine Beziehungen festgestellt werden.

F. Svoboda. 1120.

Waddill, D. G., Ullrey, D. E., Miller, E. R., Sprague, J. I., Alexander, E. A. und Hoefer, J. A.; East Lansing, Michigan State Univ., Dep. of Animal Husbandry. Blood cell populations and serum protein concentrations in the fetal pig. **(Die Blutzellpopulationen und die Serumproteinkonzentration im Schweinefetus.)** J. Animal Sci. 21 (1962) Nr. 3. S. 583–587. – 1 Abb., 4 Tab., 30 Lit.

Während der fetalen Entwicklung stiegen die Werte der Erythrocyten von 0,56 Mill. am 30. Tag über 2,06 Mill. am 51., 3,43 Mill. am 72. auf 4,00 Mill. am 93. Tag, nach der Geburt lagen die Werte bei Hampshires bei 5,63 Mill. und bei Kreuzungen bei 6,07 Mill. Das Hb stieg von 6,4% am 51. Tag auf 8,7% am 72. bzw. 8,6% am 93. Tag, nach der Geburt betrugen die Werte 11,7% bzw. 12,4%. Der Hämatokritwert stieg ebenfalls (20,4% am 30.; 24,2% am 51.; 30,4% am 72.; 31,5% am 93.; 37,7% bzw. 39,6% nach der Geburt). Der Anteil der Reticulocyten an den Erythrocyten stieg von 1,10% am 30. auf 1,63% am 51. Tag und sank dann auf 0,40% am 72., um am 93. wieder auf 0,94% zu steigen. Nach der Geburt betrug der Anteil 0,22% bzw. 0,87%. Das MCV sank von 117 μ^3 am 51. Tag über 91 μ^3 am 72. auf 80 μ^3 am 93. Tag und nach der Geburt weiter auf 67 μ^3 bzw. 66 μ^3. Auch das MCH sank von $31 \cdot 10^{-6}\gamma$ am 51. Tag über $26 \cdot 10^{-6}\gamma$ am 72. auf $22 \cdot 10^{-6}\gamma$ am 93. Tag, nach der Geburt auf 21. Der Prozentsatz des MCHC stieg von 27% am 51. Tag auf 29% am 72. und am 93. Tag, nach der Geburt auf 31%. Die Zahl der Leukocyten stieg von 1432 am 51. über 2233 am 72. auf 2768 am 93. Tag, nach der Geburt auf 6269 bzw. 4197. Das Differentialblutbild neugeborener Ferkel zeigt eine rel. Neutrophilie und Lymphopenie. Das Gesamtprotein betrug am 51. Tag 2,83 g%; am 72. – 2,25 g%, am 93. 2,52 g% und nach der Geburt 2,93 g% bzw. 2,96 g%. Am 51. Tag hatten die β-Globuline den höchsten Anteil, am 72. Tag bereits die α-Globuline, deren Anteil sich noch weiter erhöhte. B. Busch. 1120.

Nestorov, N., Kičev, G. und Petrov, P. (Nestorow, N., Kitschew, G. und Petrow, P.) Vŭzrastova i porodna charakteristika na beltŭcite na krŭvnija serum u kokoškite. **(Alters- und Rassencharakteristik der Eiweiße von Hühnerblutseren.)** Naučni trudove. Visš selskostopanski institut „Vasil Kolarov". Agronomičeski fakultet, Plovdiv **11** (1962) Nr. 1. S. 203–213. – 2 Abb., 4 Tab., 13 Lit. Zus. in Russ., Dtsch.
Elektrophoretisch wurden die Eiweißfraktionen in 2 Hühnerrassen (Schwarze Schumener und Rhodeländer) von 4 Altersstufen untersucht: bei Eintagsküken, 3 Mon. alten Hennen, 6monatigen Hennen und einjährigen Legehennen. Vff. stellten fest, daß die Schwarzen Schumener mehr γ-Globulin aufweisen als die Rhodeländer. Mit zunehmendem Alter verringert sich das Albumin: Globulin-Verhältnis, d. h. γ- und L_3-Globuline nehmen zu, während die L-Globuline abnehmen. N. Iwanow. 1120.

Willer, S. **Zur Methodik der 17-Ketosteroidbestimmung im Blut von Rindern.** Arch. exp. Veterinärmed. **16** (1962) Nr. 4. S. 679–690.
Von den vielen Funktionsprüfungen der Nebennierenrinde hat sich die 17-Ketosteroidbestimmung im Blut als brauchbares diagnostisches Verfahren bewährt. Vf. beschreibt eine Modifikation der von Zimmermann (1955) angegebenen Methode in allen Einzelheiten. Die Änderung besteht im wesentlichen in der Verwendung eines Äthyläther-Tetrachlorkohlenstoff-Gemisches im Verhältnis 1:18 statt des üblichen Äthers als Lipoidlösungsmittel, der einen größeren apparativen Aufwand bedarf. Die Hydrolyse wird vorher wie gewöhnlich mit Sulfosalizylsäure vorgenommen. Da die normale Blutkonzentration an 17-Ketosteroiden nur um das 3- bis 4fache höher liegt als der Extinktionsleerwert (0,88 $\pm$ 0,297 μg/ml), wird mit einer 80- bis 120fachen Anreicherung durch Verwendung von 50 ml Blut gearbeitet. Die Bestimmungen werden mit Vollblut durchgeführt. Die Extinktion wird am Zeiss-Photometer „Elpho II" mit Filter S 5 (496 mμ) gemessen.
H. J. Gußmann. 1120.

Uhlenbruck, G. und Schmid, D. O.; Köln, Univ., Physiol.-Chem. Inst.; München, Tierzuchtforsch. e.V., Inst. für Blutgruppenforsch. **Ein Mucoid mit Blutgruppeneigenschaften aus Rindererythrozytenstroma.** Z. Immunitätsforsch. exp. Therap. **123** (1962) Nr. 4/5. S. 466–472. – 11 Lit. Zus. in Russ., Engl., Franz., Span.
Mit Hilfe von Phenol/Wasser wurden aus Rindererythrocytenstroma Mucoide frei gemacht. Die Mucoide wiesen jeweils die Blutgruppeneigenschaften des betr. Tieres auf. Allerdings konnten z. B. die Faktoren V und J im Mucoid nachgewiesen werden, obwohl mit dem Blut keine Reaktion auftrat. Es schien daher, daß durch die chem. Behandlung Blutgruppenfaktoren frei gemacht werden konnten, die im Nativblut nicht nachweisbar waren. Umgekehrt wurde der Blutgruppenfaktor F, der sehr häufig bei den Rindern auftritt, bei den Mucoiden nicht nachgewiesen, obwohl im Nativblut eine Hemmung vorhanden war. Es ist also anzunehmen, daß sich durch die chem. Behandlung einige Blutgruppenfaktoren dem Nachweis entziehen.
G. Becker. 1120.

Kwiatkowski, Tadeusz und Rogowska, Wanda; Wroclaw, Wyższa Szkoła Rolnicza. Uwagi w sprawie hemoglobinometrii. **(Bemerkungen zur Hämoglobinometrie.)** Med. weteryn. **18** (1962) Nr. 8. S. 502–504. – 6 Lit. Zus. in Russ., Engl., Franz., Dtsch.
Die Hb-Bestimmungsmethoden nach Sahli, die Oxyhämoglobin- und Methzyanhämoglobinmethode wurden vergleichend geprüft. In allen Fällen wurde der Hb-Gehalt in g/100 ml Blut bestimmt. Als Versuchstiere dienten 30 gesunde Kälber im Alter von 2–4 Wochen, 20 erwachsene Schafe, 50 gesunde und 23 erkrankte Hunde. Die Versuche ergaben, daß die Sahli-Methode

am wenigsten genau ist; sie liefert im Vergleich zur Methzyanhämoglobinmethode ⌀ 1,7g% und mit der Oxyhämoglobinmethode ⌀ 2,6 g% niedrigere Werte. Die 2 übrigen Methoden unterscheiden sich nicht signifikant. Für wiss. Zwecke ist die Sahli-Methode deshalb nicht zu empfehlen. Die Methzyanhämoglobinmethode scheint am meisten objektiv zu sein; sie ist viel genauer und einfach durchzuführen. Der als durchschnittl. Wert aller 3 Methoden bestimmte Hb-Spiegel der untersuchten Tiere ist folgender: für 2–4Wochen alte Kälber – 12,8 g%, für erwachsene Schafe – 10,2 g%, für erwachsene Hunde – 15,7g%. W. Radomiński. 1120.

Ermenkov, K. und Ermenkova, L. (Ermenkow, K. und Ermenkowa, L.).; Kostinbrod, Bulgarien, Zentr. Forsch.-Inst. für Tierzucht „Georgi Dimitrow". Proučvane na njakoi fiziologični i biochimičeski pokazateli pri stavropolskite, iztočnofrizijskite i tünkorunnite ovce ot UOŽS na Zootechničeskija fakultet. **(Untersuchung einiger physiologischer und biochemischer Kennwerte bei den Stawropoler, Ostfriesischen und feinwolligen Schafen des Lehr- und Versuchsgutes der Zootechnischen Fakultät.)** Izvestija na Centralnija naučnoizsledovatelski institut po životnovŭdstvo „Georgi Dimitrov" – Kostinbrod, Sofija **13** (1962) S. 227–236. – 6 Tab., 20 Lit. Zus. in Russ., Dtsch.
Die im Nov. und Dez. 1957 an 30 Stawropoler Schafen (Wollrasse), 10 Ostfriesischen Milchschafen (Milchrasse) und 30 feinwolligen Landschafen (Woll-Fleisch-Rasse) – alle 1,5- bis 2jährig und in der gleichen Weise gefüttert und gehalten – vorgenommene Blutuntersuchung ergab folgende Befunde (in obiger Reihenfolge): Erythrocytenzahl 8800 ± 90,6, 8250 ± 151 und 7900 ± 136 Tausend; Leukocytenzahl 7000 ± 145, 9550 ± 288 und 8000 ± 200; Hb-Gehalt 61 ± 0,5, 62,2 ± 1 und 58 ± 0,8%; Gesamtglutathion 36 ± 1,38, 42,6 ± 0,8 und 33 ± 1,1 mg%; reduziertes Glutathion 30,8 ± 1,3, 36,6 ± 0,8 und 29 ± 1 mg%; Blutzucker 62,4 ± 0,7, 64,2 ± 1,4 und 58,6 ± 0,9 mg%; Alkalireserven 360 ± 19,2, 360 ± 12,7 und 390 ±12,0 mg%; Gesamteiweiß 7,16 ± 0,03, 7,09 ± 0,01 und 6,9 ± 0,08%; Albumin 44,28, 34,62 und 44,21% des Gesamteiweißes; α-Globulin 16,74, 17,85 und 16,45%, β-Globulin 12,72, 20,54 und 13,36%; γ-Globulin 26,26, 26,99 und 58,98%. N. Platikanow. 1120.

Busch, B. **Morphologische Blutuntersuchungen an Weißen Pekingenten amerikanischer Zuchtrichtung.** Arch. Geflügelzucht Kleintierkunde **11** (1962) Nr. 5/6. S. 334–339. – 2 Tab.
Es sollten geeignete Methoden für die morphol. Blutuntersuchungen bei Enten herausgefunden und Normalwerte für die Weiße Pekingente amer. Zuchtrichtung erarbeitet werden. Die Untersuchungen wurden an 100 Tieren verschiedenen Alters vorgenommen. Zur Zählung der Erythrocyten erwies sich bei der Ente die Lösung nach Natt und Herrick in der Verdünnung von 1:200 mit der Thoma-Zeiss-Kammer und der Leukocyten in der Verdünnung 1:20 in der Bürker-Kammer als geeignet. Mit dem Pulfrich-Photometer erfolgte die Bestimmung des Hb-Gehaltes. Im weiteren Verlauf der Arbeit wurde das Aussehen der verschiedenen Leukocytenarten (gefärbt nach Pappenheim) beschrieben. Die Normalwerte der durch die Untersuchung gefundenen Blutzellen sind angegeben und mit den Ergebnissen der Literatur verglichen worden. Dabei konnten z. T. recht erhebliche Abweichungen beobachtet werden. K. Löhle. 1120.

Nambiar, K. T. K. und Govindan Nayar, K. N.; Madras, Veterin. Coll., Dep. of Physiol. The use of Randolph's fluid for leucocyte count in fowl blood. **(Die Anwendung der Verdünnungsflüssigkeit nach Randolph zur Zählung der Leukocyten beim Geflügel.)** Indian veterin. J. **39** (1962) Nr. 8. S. 442–444. – 9 Lit.
Die Verdünnungsflüssigkeit nach Randolph erwies sich zur Zählung der Leukocyten beim Geflügel der nach Wiseman überlegen, da die Erythro-

cyten hämolysiert wurden und sich nicht anfärbten, die Kerne der Erythrocyten deutlich von denen der Leukocyten zu unterscheiden waren und die Leukocyten sich kräftig färbten. Jedoch war eine gleichzeitige Zählung der Erythrocyten nicht möglich. B. Busch. 1120.

Hromadová, Zdeňka und Ondrouch, Aleš. K problému dlouhodobého odběru krve u prasat. **(Zum Problem der langfristigen Blutentnahme bei Schweinen.)** Vědecké Práce ústředního výzkumného Ústavu Živočišné Výroby v Uhříněvsi **5** (1962) S. 151-161. — 6 Abb., 1 Tab., 13 Lit. Zus. in Russ., Dtsch.

Es wird eine neue Methode langfristiger, regelmäßiger, tägl. Blutentnahmen bei Schweinen mittels extravasaler Kanülierung der Vena cava caudalis mit Hilfe einer ovalen Polyäthylenkanüle beschrieben. Diese Methode ermöglicht eine verläßliche Blutentnahme bei Schweinen während des Wachstums (90—100 einzelne Tagesabnahmen) in der Periode von 20—120 kg Lgw., und das ohne jede Fixation bei 50—60% der operierten Tiere. Bei weiteren ca. 22% der Tiere kann das Blut 30mal entnommen werden. Bei 17% der Tiere muß mit einer Ausmerzung schon nach den ersten Tagen gerechnet werden. Die Kanülierung und die Tagesabnahmen von mindestens 5 ml. Blut hatten keinen ungünstigen Einfluß auf das Wachstum und die Entwicklung der Tiere. F. Svoboda. 1120.

Mazák, Vratislav; Prag, Karls-Univ., Inst. für Systemat. Zool., Abt. für Wirbeltiere. **Haarwechsel und Haarwuchs bei Przewalski-Pferd und Onager im Prager Zoologischen Garten während der Jahre 1958—1960.** Věstník československ. Společnosti zool. **26** (1962) Nr. 3. S. 271-286. — 8 Abb., 4 Tab., 22 Lit. Zus. in Tschech.

Die in den Jahren 1958—60 im Prager Zoo vorgenommenen Untersuchungen ergaben, daß beim Przewalski-Pferd und beim Onager jährl. nur ein Haarwechsel, und zwar im Frühjahr, stattfindet. Im Herbst wurde nur ein Haarzuwachs festgestellt, der sich durch Verlängerung der Haare und Verdichtung des Felles äußerte. Die Sommer- und Winterhaare sind lokal homotypisch. Die 3jährigen Untersuchungen bewiesen eine korrelative Beziehung zwischen dem Beginn des Frühjahrshaarwechsels und der durchschnittl. Tagestemperatur. F. Svoboda. 1140.

Ross, D. A.; Dunedin, New Zealand Wool Ind. Res. Inst. Follicle productivity and growth of wool. **(Follikel-Produktivität und Wollwachstum.)** Nature [London] **195** (1962) Nr. 4836. S. 54-55. — 1 Abb., 3 Lit.

Bei 10 Romney-Mutterschafen wurden 4wöchentl. 18 Mon. lang Wollproben an der Flanke entnommen. An Werten eines Muttertieres konnte die Beziehung, wie sie bei manchen dieser Muttern auftritt, zwischen der Follikelproduktivität bei unterschiedlicher Haarausbildung und der Höhe der Wollproduktion in dieser Arbeit dargestellt werden. Die niedrigste Wollproduktion war 14% der größten. Von den monatl. Wollproben wurde der Dmr. (500 Haare) und die Länge (150—200 Haare) gemessen. Diese Werte wurden ihrer Größe nach in 7 Gruppen unterteilt. In jeder dieser Gruppen wurde die Follikelproduktivität durch den Haardurchmesser d, Querschnittsfläche d^2, Haarlänge l und Haarvolumen d^2l in Beziehung zur Höhe der Wollproduktion gesetzt. Die abs. Zunahme in der Haarquerschnittsfläche verbunden mit einer Zunahme in der Wollproduktion stieg mit wachsendem Haarquerschnitt, nahm aber in Prozent von d^2 ausgedrückt ab. In der Haarlänge ergab sich mit wachsendem Haardurchmesser eine sehr geringe Zunahme. Das Volumen des produzierten Haares stieg linear mit zunehmender Haarquerschnittsfläche, so daß die Zunahme im Volumen einen konstanten Prozentsatz der Haarquerschnittsfläche darstellte. Deshalb zeigten je Flächeneinheit des

Querschnitts alle Haare ohne Rücksicht auf Größe oder biol. Ursprung das gleiche Volumen zu einer entspr. Höhe der Wollproduktion. Die Wollfollikel dieses Muttertieres hatten deshalb die gleiche Leistungsfähigkeit und konkurrierten nicht untereinander. B. Kupatz. 1140.

Engelmann, Carlheinrich. **Über den Geschmackssinn unserer großen Haustiere.** Forsch. u. Fortschr. **36** (1962) Nr. 10. S. 298-301. — 2 Abb.
Durch die Umstellung der Fütterung von ursprünglich natürlichen und frischen Futterstoffen auf Silagen, Preßlinge usw. gewinnt das Studium des Geschmackssinnes der großen Haustiere zunehmend an Bedeutung, denn jedes einzelne Tier soll aus dem zunächst ungewohnten Futter die für seine Leistungen erforderlichen Nährstoffe aufnehmen. Das setzt voraus, daß dieses „technisierte" Futter das Vieh zum Verzehr reizt, es muß also schmackhaft und appetitlich sein. Vf. gibt einen Überblick über die anatomischen Grundlagen (Geschmacksknospen als Empfangsorgane für chem. Reize), ferner über Freilandbeobachtungen im Zusammenhang mit Wahlversuchen. Dabei wird klar, daß von den stoffwechselphysiol. Vorgängen ein größerer Einfluß ausgeht als von der Futterwahl und damit vom Geschmack des Futters. Zwischen Futteraufnahme und innerem, physiol. Gleichgewicht bestehen bestimmte selbstregulatorische (kybernetische) Funktionen.
W. Fleischmann. 1175.

Bílek, Jan und Janovský, Miloš. Některé otázky neurohumorálního řízení laktace. **(Einige Probleme der neurohumoralen Lenkung der Laktation.)** Vědecké Práce ústředního výzkumného Ústavu Živočišné Výroby v Uhříněvsi **5** (1962) S. 37-53. — 32 Lit. Zus. in Russ., Dtsch.
Skiaskopische Untersuchungen der Wirkung von Oxytocin auf die Kontraktilität der glatten Muskulatur der Milchdrüsenzisterne der Kuh ergaben keinen direkten Einfluß des Oxytocins in dieser Richtung. Falls es zu einer Kontraktion während der Milchejektion kommt, ist diese auf die Reizung der Barorezeptoren in der Zisterne infolge des gesteigerten intrazisternalen Drucks bei der Ejektion zurückzuführen. Die geringste, eine gut merkbare Ejektion bei der Mehrzahl der Kühe hervorrufende Dosis von Oxytocin sind 0,05 IE bei i. v. Injektion. Mit steigenden Oxytocindosen erhöht sich die ejizierte Milchmenge. Die Milchdrüse kann zum Nachweis von Stoffen mit Oxytocinwirkung benutzt werden. Die Hemmung des zentralen Nervensystems (Narkose) hat keinen wesentlichen Einfluß auf die nach Verabreichung von Oxytocin ejizierte Milchmenge, unterbindet aber deutlich den Ejektionsreflex. Adrenalin inhibiert die Ausscheidung von Milch, welche in der Regel nach Verabreichung von Oxytocin erfolgt. Die blockierende Wirkung des Adrenalins auf die Milchdrüse dauert 5—10 Min. Die Versuchsergebnisse beweisen die Berechtigung der neurohumoralen Theorie des Ejektionsreflexes und die bedeutende Rolle der Barorezeptoren in der Milchdrüse.
F. Svoboda. 1250.

Stromberg, M. W., Kitchell, R. L., Usenik, E. A. und Lagerwerff, J. M. Electrocorticographic patterns in normal pigs and burros. **(Elektrocorticogramme bei gesunden Schweinen und Eseln.)** Amer. J. veterin. Res. **23** (1962) Nr. 95. S. 737-743. — 9 Abb., 8 Lit.
Unter Verwendung frontal, parietal und occipital permanent implantierter Extraduralelektroden werden Elektrocorticogramme von zehn 4 Wochen bis 4 Mon. alten gesunden Schweinen und 18 erwachsenen, klinisch gesunden Eseln aufgenommen. Allg. gleichen die erhaltenen Bilder denen, die bei anderen Säugern feststellbar sind. Wellengruppen mit einer Frequenz von 3—6 scheinen nur beim erschlafften Esel vorzukommen. Eine der α-Frequenz des Menschen entspr. Aktivität findet sich beim Schwein, nicht aber beim Esel. Gegenüber dem Wachzustand nimmt die Impulsfrequenz unter gleichzeitiger Erhöhung der Amplitude im Schlaf bei Schwein und Esel ab. Den

„Schlafspindeln" entspr. Bilder werden beim Esel beobachtet. Eine Reaktion auf Photoblitze ist beim Esel leicht, weniger beim Schwein nachzuweisen.
C.-U. v. Mickwitz. 1250.

Anand, B. K., Chhina, G. S. und Singh, Baldev; New Delhi, India, All-India Inst. of Med. Sci., Dep. of Physiol. Effect of glucose on the activity of hypothalamic „feeding centers". **(Einfluß von Glucose auf die Aktivität des hypothalamischen „Fütterungszentrums".)** Science [Washington] **138** (1962) Nr. 597–598. — 2 Abb., 1 Tab., 6 Lit.
Mit Hilfe implantierter Stahl-Mikroelektroden, deren Spitzen Dmr. von 1—2 μ haben, messen Vff. vor und nach i.v. Infusion von Glucose elektroencephalographisch die „Einheitsaktivität" einzelner Neuronen im Fütterungszentrum, im Sättigungszentrum und in angrenzenden Regionen des Hypothalamus sowie in der Hirnrinde von 41 narkotisierten Hunden. Dabei zeigt sich, daß ein Anstieg im Blutzucker und in der Glucoseverwertung (arteriovenöse Glucosedifferenz) die Aktivität der Neuronen im Sättigungszentrum steigert und im Fütterungszentrum leicht herabsetzt. In den Kontrollbezirken (angrenzende Regionen, Hirnrinde) werden signifikante Änderungen der Neuronenaktivität nicht beobachtet. B. Gaßmann. 1250.

Židkich, Z. A. (Shidkich, S. A.); Moskau, Landwirtsch. Timirjasew-Akad., Lehrstuhl für Geflügelzucht. Osobennosti rosta nekotorych častej skeleta moskovskich bronzovych indeek. **(Die Besonderheiten des Wachstums einiger Skeletteile der Moskauer Bronzeputen.)** Izvestija Timirjazevskoj sel'skochozjajstvennoj akademii, Moskva **1961** Nr. 6. S. 234–235. — 1 Abb., 2 Tab.
Die Kenntnis über das Skelettwachstum ist wichtig für die Charakteristik der Mastqualität. Für die Messungen am Schenkelknochen wurden insgesamt 60 Bronzeputen während des Wachstums bis zum 210-Tage-Alter geschlachtet. Das Längenwachstum der Schenkelknochen verläuft etwas schneller als das Dickenwachstum. Im 4-Monate-Alter betragen Länge, Umfang und Dmr. des Schenkelknochens 90% der Endmaße im 7-Monate-Alter, das Gewicht aber nur 50%. Mit zunehmendem Alter wird die Mineralisierung des Knochens stärker und das Gewicht höher. Bei weibl. Tieren ist die Mineralisierung des Schenkelknochens entspr. dem frühen Wachstumsabschluß schneller beendet.
H. Pingel. 1310.

Wolford, John H. und Ringer, Robert K.; East Lansing, Michigan State Univ., Dep. of Poultry Sci. Adrenal weight, adrenal ascorbic acid, adrenal cholesterol and differential leucocyte counts as physiological indicators of „stressor" agents on laying hens. **(Gewicht, Ascorbinsäure- und Cholesteringehalt der Nebennieren sowie die Differentialleukocytenzahlen als physiologische Indikatoren stressbewirkender Mittel bei Legehennen.)** Poultry Sci. **41** (1962) Nr. 5. S. 1521–1529. — 1 Abb., 6 Tab., 28 Lit.
Die mittlere Ascorbinsäurekonzentration der Nebennieren von legenden Weißen-Leghorn-Hennen beträgt 215 μg/100 mg und von nicht legenden 167 mg. Der Cholesterinspiegel bewegt sich um 3,22 mg/100 mg. Einzelne i.v. Injektionen von 10 IE ACTH verändern weder die Ascorbinsäure- noch die Cholesterinkonzentration der Nebennieren. Auch das Nebennierengewicht, das im Mittel 124 mg beträgt (rechts größer als links), wird nicht beeinflußt. Bei 2maliger tägl. i.m. Injektion von 10 IE ACTH über 4 Tage geht der Cholesteringehalt/100 mg um 67,9% zurück. In der Zahl der Eosinophilen, Lymphocyten und Monocyten bewirken ACTH-Verabfolgungen einen Rückgang, in der Heterophilenzahl einen Anstieg. Durst, Hunger und Kälte (0 °F) beeinflussen das Gewicht und den Cholesteringehalt der Nebennieren nicht, haben jedoch signifikant und charakteristisch einen Anstieg in den Heterophilen- und eine Abnahme in den Lymphocytenzahlen zur Folge. Die Differentialleukocytenzahlen werden darum als verläßliche Stress-Indikatoren angesehen. B. Gaßmann. 1350.

Murray, Moira G., Reid, R. S. und Sutherland, T. M. The rate of passage of digesta from the reticulo-rumen of the sheep. **(Die Überführungsrate von Inhalt aus dem Hauben-Pansen-Raum beim Schaf.)** J. Physiol. [London] **164** (1962) Nr. 1. S. 26P–27P. – 2 Lit.

Unter Verwendung eines von den Autoren beschriebenen Apparates, durch welchen der Panseninhalt in rascher Zirkulation gehalten werden kann, wurde nach aufeinanderfolgenden Gaben von Polyäthylenglykoll in den Pansen das gesamte Gewicht des Panseninhaltes in Intervallen im Verlaufe des Tages gemessen. Aus der Abnahme des Polyäthylenglykolls kann auf die Abgabe von Inhalt in den Psalter geschlossen werden. Das Gewicht des Panseninhaltes war dabei unmittelbar nach der Fütterung am höchsten und nahm im Verlauf des Tages ab. 500 g Futter vermehrten den Panseninhalt um 1,5 kg; die zusätzliche Flüssigkeit ist vermutlich außer auf die Speichelsekretion auf eine Überführung von Wasser durch die Pansenwand infolge des osmotischen Effektes des Futters zurückzuführen. Die Abgabe von Panseninhalt erreichte ihr Maximum ca. 1–2,5 Std. nach der Fütterung und zeigte eine zweite Spitze 7–10 Std. nach der Futteraufnahme. Insgesamt wurde von einem Schaf mit 55 kg Lgw. bei der Aufnahme von 1 kg Pelletfutter und von 2–3 l Wasser in 24 Std. tägl. ca. 6 kg Panseninhalt in der gleichen Zeitspanne abgegeben. Nur 12,5% der tägl. gebildeten flüchtigen Fettsäuren passierten die Hauben-Psalter-Öffnung. Bei der Aufnahme der gleichen Futtermenge von einem Futterband während der Dauer von 24 Std. trat ein sichtlicher Abfall im Gewicht des Panseninhaltes und der abgegebenen Menge an Panseninhalt auf. Die Zugabe von 3 g NaCl zu jeder Mahlzeit bedingte bei einer 2maligen Fütterung keine Erhöhung der Überführungsmenge aus dem Pansen, es trat aber eine geringgradige Erniedrigung des Gewichts des Panseninhaltes ein. H. Gürtler. 1385.

Ash, R. W. The flow of food material from the omasum of sheep. **(Die Abgabe von Futtermaterial aus dem Psalter des Schafes.)** J. Physiol. [London] **164** (1962) Nr. 1. S. 25P–26P. – 1 Lit.

Bei 3 Schafen mit einer unmittelbar unterhalb der Psalterlabmagenöffnung sowie im vorderen Teil des Labmagens fixierten Überführungskanüle wurde die Abgabe von Psalterinhalt quantitativ gemessen. Wurde das gesammelte Futtermaterial nicht zurück in den Labmagen gegeben, hatte dies die Überführung hoher Mengen von Psalterinhalt (max. 810 ml/Std.) zur Folge. Eine Rückgabe des entnommenen Futtermaterials in den Labmagen reduzierte die Überführungsmenge auf die Hälfte und löste abwechselnd Perioden mit hoher und niedriger Überführungsrate aus. Die Einführung von 2,5–4 l der mehr flüssigen Pansensaftfraktion (5% Tr.-Subst.-Gehalt) von anderen Schafen erhöhte die Überführungsmenge innerhalb von 5–10 Min. für ca. 2 Std. Die schnelle Zufuhr von 300–400 ml Psalterflüssigkeit in den Labmagen annullierte vorübergehend die genannten Wirkungen und reduzierte Intensität und Häufigkeit der Haubenkontraktionen. Untersuchungen an 2 Schafen ergaben direkte Beziehungen zwischen den bei 6 tägl. Entnahmen ermittelten Überführungsmengen und der tägl. Futter -und Wasseraufnahme. Gehäckseltes Heu und getrocknetes Gras bedingten höhere Überführungsmengen als eine Kost aus gepreßtem Grasmehl in gleichen Mengen. Die Schwankungsbreite der Überführungsrate schwankte bei den 3 genannten Kostformen bei einer tägl. Aufnahme von 750–1100 g zwischen 1072 und 2075 ml/6 Std. Die Futteraufnahme selbst übte einen unterschiedlichen Einfluß auf die Menge des aus dem Psalter abgegebenen Futters aus, während das Wiederkäuen ohne Auswirkungen blieb. H. Gürtler. 1385.

Clark, B. und Hübscher, G.; Birmingham, Univ., Dep. of Med. Biochem. and Pharmacol. Glycerokinase in mucosa of the small intestine of the cat.

(Glycerokinase in der Dünndarmmucosa der Katze.) Nature [London] **195** (1962) Nr. 4841. S. 599–600. – 1 Abb., 2 Tab., 12 Lit.
In Gegenwart von ATP, CoA, $MgCl_2$ und NaF wird in kernfreien Homogenaten der Dünndarmmucosa der Katze ein optimaler Einbau von freiem Glycerin in Glyceride erzielt. In Mitochondrien oder Mikrosomen des gleichen Gewebes beträgt die Glyceridbildung 25%. Durch Erhitzen wird das Gewebe inaktiviert. Die Messung der Glycerokinaseaktivität erfolgt im wesentlichen wie die der Hexokinaseaktivität. Unter Verwendung von α-Glycerophosphat-dehydrogenase und DPN wurde die Bildung von α-Glycerophosphat nachgewiesen.
W. Jentsch. 1385.

Kanagawa, Hiroshi; Sapporo, Japan, Hokkaido Univ., Fac. of Veterin. Med., Dep. of Veterin. Obstetrics. Anatomical and pathological studies on the sex organs from slaughtered bulls in Hokkaido. III. Pathological findings. **(Anatomische und pathologische Untersuchungen an den Geschlechtsorganen von in Hokkaido geschlachteten Bullen. 3. Mitt. Pathologische Befunde.)** Jap. J. veterin. Res. **9** (1961) Nr. 1. S. 14–22. – 19 Abb., 5 Tab., 14 Lit. Orig.: engl. 1. und 2. Mitt. vgl. LZ. Abt. III 7 (1962) Nr. 3. S. 459.
Bei den am gleichen Material (15 Bullen) wie in der 1. Mitt. vorgenommenen pathologischen Untersuchungen konnten in 3 Fällen eine Hodendegeneration und in 2 Fällen eine Orchitis beobachtet werden. Dabei waren die histol. Bilder der Degeneration denen einer teilweisen Hypoplasie ähnlich, während die Bilder der Orchitis mit denen einer lokalen chronischen interstitiellen Orchitis übereinstimmten. Die einzelnen Fälle werden kurz beschrieben. Von den meist nur geringgradigen in den übrigen untersuchten Organteilen (Nebenhoden, Samenleiter, accessorische Geschlechtsdrüsen, Harnröhre, Präputium) festgestellten pathologischen Veränderungen soll nur die bei 9 Tieren beobachtete chronisch katarrhalische Posthitis erwähnt werden. Bei 2 Tieren wurden in der Harnröhre Harnsteine gefunden. Diese zeigten eine graue oder weiße Farbe, waren sand- bis reiskorngroß, besaßen die Konsistenz eines harten Steines und bestanden hauptsächlich aus Kieselsäure. Verbunden war das Vorkommen dieser Harnsteine mit einer chronischen Entzündung der Harnröhre. G. Michel. 1410.

Vorbrodt, Krzysztof; Gliwice, Inst. Onkol., Zakład Biol. Nowotworów, Lab. Histochem. Histochemical remarks on the succinic dehydrogenase system in the ovary mammary glands of pregnant rabbits. **(Histochemische Untersuchungen über das Bernsteinsäure-Dehydrogenase-System im Eierstock und den Milchdrüsen von trächtigen Kaninchen.)** Folia morphol. [Warszawa] **21** (1962) S. 203–210. – 12 Abb., 10 Lit. Zus. in Russ., Poln.
Die Untersuchungen erfolgten an Eierstöcken und Milchdrüsen von 5 Kontroll-Häsinnen, 7 trächtigen, 2 pseudoträchtigen und 4 Häsinnen im frühen Nachwurfstadium. Eine sehr starke Aktivität der Bernsteinsäure-Dehydrogenase (BD) wurde in den Gelbkörpern festgestellt sowie ihr Ansteigen im interstitiellen Gewebe am Ende der ersten Trächtigkeitsdekade. Die erhöhte Aktivität im interstitiellen Gewebe behauptete sich während der ersten Tage nach dem Wurf, in den Gelbkörpern traten dagegen von der 3. Trächtigkeitsdekade an entartete Luteinzellen von schwacher Reaktion auf. Die Intensität der BD-Reaktion in den Milchdrüsen steigerte sich von der 2. Dekade an und hielt bis zum Wurf an. Bei säugenden Häsinnen erfolgte eine weitere Steigerung während der Säugezeit. Vf. schlußfolgert, daß die BD-Aktivität im interstitiellen Gewebe mit Proliferation und vermutlicher innerer Sekretion zusammenhängt, in den Milchdrüsen dagegen vor allem mit innerer Sekretion.
H. Uściłko. 1415.

Yamashita, Tadayuki; Sapporo, Japan, Hokkaido Univ., Fac. of Veterin. Med., Dep. of Veterin. Anatomy. Histological studies on the ovaries of sows. II. On the behavior of argyrophil fibers in the various structures of ovaries.

(Histologische Studien am Schweineovar. 2. Mitt. Über das Verhalten der argyrophilen Fasern in den verschiedenen Strukturen der Eierstöcke.) Jap. J. veterin. Res. 8 (1960) Nr. 2. S. 107–125. – 25 Abb., 7 Tab., 19 Lit. Orig.: engl. 1. Mitt. vgl. LZ. Abt. III 5 (1960) Nr. 9. S. 1416.
Mittels der Silberimprägnationsmethode nach Gomori, bei der sich die argyrophilen Fasern kohlschwarz, die kollagenen dagegen blaßpurpurrot bis ziegelrot färben, untersucht Vf. die Bindegewebsfasern von normalen Bläschenfollikeln, cystisch atresierenden Follikeln, atretischen Follikeln mit Blutung sowie von periodischen Gelbkörpern in den verschiedenen Stadien. Von den eingehend dargestellten Ergebnissen soll nur auszugsweise das Verhalten der Fasern in den normalen Bläschenfollikeln und im Gelbkörper angeführt werden. Beim reifenden Bläschenfollikel findet sich in der Theca interna ein Maschenwerk argyrophiler Fasern. Die Theca externa enthält parallel zur Follikelwand verlaufende kollagene Fasern. Beim reifen Follikel dringen von der Theca interna aus Netze von argyrophilen Fasern faltenähnlich in das ursprünglich faserlose Stratum granulosum vor. Im Vascularisationsstadium des Gelbkörpers dringen feine argyrophile Fasern in die Granulosazellagen ein und bilden Netze, die zunächst 2 und mehr Zellen einschließen, im Blütestadium aber jede einzelne Luteinzelle völlig umgeben. Bei der Rückbildung erscheinen nach einer gewissen Zeit kollagene Fasern und umziehen allmählich die Luteinzellen. G. Michel. 1415.

Yamashita, Tadayuki; Sapporo, Japan, Hokkaido Univ., Fac. of Veterin. Med., Dep. of Veterin. Anatomy. Histological studies on the ovaries of sows. III. On the elastic fibers of the wall of blood vessels in various histological structures. **(Histologische Studien am Schweineovar. 3. Mitt. Über die elastischen Fasern der Wand der Blutgefäße in verschiedenen histologischen Strukturen.)** Jap. J. veterin. Res. 8 (1960) Nr. 3. S. 221–236. – 24 Abb., 8 Tab., 25 Lit. Orig.: engl. 2. Mitt. vgl. vorst. Ref.
Auf Grund seiner Untersuchungen unterscheidet Vf. bez. des unterschiedlichen Aufbaues der Wand (arteriosklerotische Veränderungen) 14 Typen von kleinen Arterien. Davon ausgehend wird das Vorkommen und das Verhalten dieser Gefäße in einzelnen Stadien des normalen Bläschenfollikels, des cystisch atretischen Follikels, des Corpus luteum non graviditatis sowie des „vascular body" beschrieben. Am Schluß der Arbeit werden die erhaltenen Ergebnisse im Vergleich zur bisherigen Literatur diskutiert. G. Michel. 1415.

Yamashita, Tadayuki; Sapporo, Japan, Hokkaido Univ., Fac. of Veterin. Med., Dep. of Veterin. Anatomy. Histological studies of the ovaries of sows. IV. Stereographical study of the vascular arrangement in the various structures of ovaries by use of neoprene latex casting specimens. **(Histologische Studien am Schweineovar. 4. Mitt. Stereographische Untersuchungen der Gefäßanordnung in den verschiedenen Strukturen der Eierstöcke an Hand von Neopren-Latex-Injektionspräparaten.)** Jap. J. veterin. Res. 9 (1961) Nr. 1. S. 31–40. – 19 Abb., 32 Lit. Orig.: engl. 3. Mitt. vgl. vorst. Ref.
Die an 21 Schweinen durchgeführten Untersuchungen zeigen, daß erst bei den Sekundärfollikeln ab 0,3 mm Dmr. ein bes. Kapillarnetz in Form eines flachen Gefäßkranzes auftritt. Am Ende des mittleren Stadiums des Bläschenfollikels wird dieser Kapillarkranz zweischichtig, wobei in reifen Follikeln die innere Lage ein deutliches Netzwerk an der Grenze zwischen Theca interna und Granulosa bildet. Bei atretischen Follikeln bildet sich der innere Kranz des Kapillarnetzes allmählich vollkommen zurück. Die Gefäßanordnung bei dem Corpus luteum non graviditatis im Blütestadium ähnelt dem des Corpus luteum graviditatis. Von den großen Gefäßen an der Außenseite des Corpus luteum laufen kleine Arterien entlang der interlobulären Spalträume gerade nach dem Zentrum des Corpus luteum, wo sie umkehren und wieder nach der Peripherie ziehen. Durch laufende Abgabe von Kapillaren entsteht ein

dichtes Netzwerk, welches infolge des Verlaufes der kleinen Arterien ein läppchenförmiges Aussehen bekommt. Im sich zurückbildenden Corpus luteum verschwinden zuerst die Kapillaren. Als Hauptbestandteil des „vascular body“ bleiben zahlreiche dicke und gewundene Arteriolen übrig.
G. Michel. 1415.

Kamar, Gamal A. R. und Yamani, K. A.; Giza, Cairo Univ., Fac. of Agric. Animal Products Dep.; Zagazig, Agric. Inst. Physiological causes of paired oviducts in ducks. **(Physiologische Ursachen für zwei Eileiter bei Enten.)** J. Reproduct. Fertility **4** (1962) Nr. 1. S. 99–101. – 1 Abb., 1 Tab., 3 Lit.
Bei einer Pekingente im Alter von 6 Mon. wurde neben dem linken Eierstock und Eileiter ein gut entwickelter rechter Eileiter entdeckt. Der Eierstock dieser Ente war aber doppelt so schwer wie der von Enten mit einem Eileiter. Dies wird auf eine höhere Produktion von Geschlechtshormonen zurückgeführt, was auch die Ausbildung des rechten Eileiters zur Folge hatte. Bei der Ente mit 2 Eileitern waren alle endokrinen Drüsen schwerer als bei normalen Enten.
H. Pingel. 1420.

Arnason, Barry G., Janković, Branislav D. und Waksman, Byron H. A survey of the thymus and its relation to lymphocytes and immune reactions. **(Übersicht über die Thymusdrüse und ihre Beziehung zu Lymphocyten- und Immunreaktionen.)** Blood **20** (1962) Nr. 5. S. 617–628. – 104 Lit. 1520.

Volkov, S. A. und Balašov, M. T. (Wolkow, S. A. und Balaschow, M. T.); Askanija-Nowa, Gebiet Cherson, Ukrain. Iwanow-Forsch.-Inst. für Tierzucht der Steppengebiete. Vozrastnye izmenenija ščitovidnoj železy u porosjat ukrainskoj stepnoj porody i pomesej. **(Altersgebundene Veränderungen der Schilddrüse bei Ferkeln der Ukranischen Weißen Steppenrasse und deren Kreuzungsprodukten.)** Vestnik sel'skochozjajstvennoj nauki, Kiev **4** (1961) Nr. 9. S. 116–118. – 3 Abb. Orig.: ukrain., Ausz.: russ.
Vff. untersuchten je 5 Schilddrüsen von 46 klinisch gesunden reinrassigen Ebern der Ukrainischen Weißen Steppenrasse und Kreuzungen aus ♀ Ukrainische Weiße Steppenrasse und ♂ Ukrainische Gefleckte Steppenrasse im Alter von 1, 15, 30 und 60 Tagen und je 2–3 Schilddrüsen von Tieren im Alter von 120 Tagen, deren Fütterungs- und Haltungsbedingungen gleich waren. Die Schilddrüsen der Kreuzungstiere zeichnen sich durch höheren funktionellen Zustand aus und besitzen ausgeprägtere Anzeichen der Sekretion und Resorption des Hormons. Bei Ferkeln bis 4 Mon. ist der Parallelismus zwischen Größe der Tiere und des funktionellen Zustandes der Schilddrüse deutlich signifikant.
K. Neumann. 1525.

Gradinarski, G. Eksperimentalni proučvanija vŭrchu spontannata sekrecija na podušnata žleza i pričinite za ritmičnija i charakter pri preživnite životni. **(Experimentelle Untersuchungen der spontanen Sekretion der Ohrspeicheldrüse und Ursachen ihres rhythmischen Charakters bei Wiederkäuern.)** Naučni trudove. Visš veterinarnomedicinski institut „Prof. Dr. G. Pavlov“, Sofija **10** (1962) S. 153–164. – 8 Abb., 12 Lit. Zus. in Russ., Dtsch.
Bei Reizung des Zentralendes des beiderseits durchschnittenen Halsvagus mittels gleichmäßigen Faraday-Stroms verläuft die Sekretion der Ohrspeicheldrüse rhythmisch. Gleichen Charakter hat diese Sekretion auch bei Kälbern beim Übergang von Milchfütterung zum Rauhfutter. Wird wieder auf Milchfütterung zurückgegriffen, so nimmt die Sekretion ab. Mit der Verringerung der Vormagenbewegungen während des Schlafes nimmt die Sekretion bei Kälbern ebenfalls ab. Ein gleiches Ergebnis wird auch bei Vollnarkose erzielt.
Z. Tomow. 1545.

Schmidt-Elmendorff, H., Loraine, J. A., Bell, E. T. und Walley, J. K. An investigation into the effect of derivatives of dithiocarbamoylhydrazine on gonadotrophic activity in the body fluids of pregnant mares. **(Untersuchun-**

gen über die Wirkung von Dithiocarbamylhydrazin-Derivaten auf die Gonadotropinaktivität der Körperflüssigkeiten trächtiger Stuten.) J. Endocrinology 25 (1962) Nr. 1. S. 107–114. – 3 Abb., 3 Tab., 15 Lit.
Bei 3 trächtigen Stuten wurden Bestimmungen der Serum- und Harngonadotropine vorgenommen. Die Bestimmungen wurden an Mäuseuteri bzw. im Mäuse-Ovargewichtstest vorgenommen. Gonadotropinaktivität konnte sowohl im Harn als auch im Serum aller Tiere nachgewiesen werden, wobei die Werte im Harn stets niedriger lagen als im Serum. Die orale Gabe der Dithiocarbamylhydrazin-Derivate während der Trächtigkeit hatte keinen ausgeprägten Einfluß auf die Gonadotropinwerte weder im Harn noch im Serum. E. Grün. 1580.

Rommel, P. und Rommel, W.; Leipzig, Karl-Marx-Univ., Ambulator. und Geburtshilfl. Tierklin. **Quantitativ-chemische Untersuchungen über die Östrogenausscheidung im Urin des Schweines während Brunstzyklus, Trächtigkeit und Frühpuerperium.** Zuchthyg., Fortpflanzungsstör. Besam. Haustiere 6 (1962) Nr. 4. S. 224–239. – 6 Abb., 9. Tab., 14 Lit.
An 20 nichtträchtigen und 6 trächtigen Schweinen sowie bei einer Sau während einer vollständigen Reproduktionsperiode wurden Oestron-, Oestradiol- und Oestriol-Gehalte im Urin chem.-quantitativ nach Ittrich (1958) bestimmt. Die Ergebnisse lassen die Überlegenheit der Methode als indirektes Diagnostizierungsmittel für Urin-Oestrogen-Bestimmungen während Brunstzyklus, Trächtigkeit und Puerperium erkennen. In Tab. sind die Oestrogen-Werte für die einzelnen Zeitabschnitte von Brunstzyklus und Reproduktionsperiode aufgeführt. M. Metze. 1580.

Lunaas, Torleiv; Oslo, Norway, Veterin. Coll., Dep. of Reproduct. Physiol. and Pathol. An new method for the detection and estimation of urinary oestrogens in the sow and its application for the early pregnancy diagnosis. **(Eine neue Methode zum Nachweis und zur Messung von Oestrogenen im Harn der Sau und ihre Anwendung zur frühzeitigen Trächtigkeitsdiagnose.)** Acta veterin. scand. 2 (1961) Nr. 4. S. 301–310. – 1 Tab., 10 Lit.
Mit der vom Vf. beschriebenen Methode können Oestrogene (vermutlich Oestron) im Harn der Sau quantitativ schnell bestimmt werden. Reaktionsprinzip: Durch Zugabe von Schwefelsäure zum Urin werden die Oestrogene hydrolisiert und danach mit Toluol ausgeschüttelt. Daraus werden sie mit Alkali extrahiert und mit Hydrochinon in eine hellgrün fluoreszierende und bei Tageslicht rosa aussehende Verbindung überführt (modifizierte Kober-Reaktion). Das gefärbte Reaktionsprodukt wird nunmehr mit Chloroform + p-Nitrophenol ausgeschüttelt und mit dem Spektrophotometer quantitativ bestimmt. Bei grob-visueller Beurteilung kann von Farbtiefe und Intensität der Fluoreszenz auf den Oestrogengehalt der Probe geschlossen werden. Im Urin von 16 trächtigen Sauen wurden die größten Oestrogenmengen während des letzten Teiles der 4. Woche nach dem Decken gefunden. Beginn und Höhepunkt der Oestrogenausscheidungen unterlagen großen individuellen Schwankungen. P. Kauffold. 1580.

C. GENETIK

Gluck, Louis und Kulovich, Marie V.; New Haven, Conn., Yale Univ., School of Med., Dep. of Pediatrics. RNA: A marker in embryonic differentiation. **(RNS: ein Anzeiger für die embryologische Differenzierung.)** Science [Washington] 138 (1962) Nr. 3539. S. 530–531. – 6 Abb., 7 Lit.
Vff. wandten in ihren Untersuchungen eine modifizierte Fluorochrom-Technik an, mit der die Kernsäuren in differenzierter Art im Gewebe nachzuweisen sind. Als Farbstoff diente Acridinorange, bei dessen Anwendung die DNS grün und die RNS rot fluoreszieren. – Bei beginnender Zelldifferenzierung der Primordialzellen von Hühnchenembryonen ist die RNS-Produktion ver-

folgt worden: Die RNS-Bildung setzt im Kern ein, es folgt darauf der perinucleare Bereich und schließlich das Zytoplasma. Bis zur Bildung von Epithelien steigt die RNS im Zytoplasma im Verein mit dem Zellwachstum an.

H. Freye. 1615.

Forsberg, John-Gunnar und Lindh, Johannes; Lund, Univ., Dep. of Anatomy. Sex chromatin in adult and foetal rat. **(Das Geschlechtschromatin bei adulten und fetalen Ratten.)** Nature [London] **195** (1962) Nr. 4848. S. 1329. — 1 Tab., 8 Lit.

Vff. prüften sowohl männl. und weibl. adulte Ratten als auch Rattenfeten im Alter von 16; 14; 13 und 12 Tagen post coitum auf das Vorhandensein von Geschlechtschromatin. Untersucht wurden von jedem Tier (200–) 500 Zellkerne der Spinalganglien. Das Geschlechtschromatin liegt in einem randständigen, ca. 1 μm großen dreieckigen oder plan-konvexen Körper der Kernmembran an. In einer (hier verkürzten) Tab. werden die Durchschnittszahlen mit randständigem Geschlechtschromatin in % der Gesamtzahl der untersuchten Kerne wiedergegeben.

	♀%	♂%
Adulte Ratten	39,9	3,6
16-Tage-Feten	48,4	8,7
14-Tage-Feten	50,9	8,8

H. Freye. 1615.

Böhme, G.; Berlin-Dahlem, Univ., Inst. für Veterin.-Anatomie. **Kritische Betrachtungen über die Geschlechtsdiagnose aus dem Blutbild bei den Haussäugetieren am Beispiel des Schafes.** Berliner Münchener tierärztl. Wschr. **75** (1962) Nr. 15. S. 289–295. — 13 Abb., 3 Tab., 45 Lit. Zus. in Engl.

Es wurde je ein Blutausstrich von insgesamt 60 Schlachtschafen (30♀, 13♂, 17♂, kastriert) im Alter zwischen 9 Mon. und 2 Jahren untersucht. In jedem Ausstrich wurden 500 segmentkernige (Einteilung nach Schilling) neutrophile Granulocyten ausgezählt und die dabei beobachteten segmentierten Kerne und ihre Anhänge gesondert registriert. Unberücksichtigt blieben alle diejenigen Zellen, deren Zugehörigkeit zu der einen oder anderen Gruppe zweifelhaft war. Als Anhänge wurden gefunden: 1. A: Drumstricks oder Trommelschlegel; 2. B_1: ungestielte Tropfen; 3. B_2: ungestielte Knoten; 4. C: Pseudotrommelschlegel; 5. C: Stab-, Haken- und Fadenformen (gehören mit zur Gr. C); 6. D: Rackets- oder Tennisschlägerform. Konnten 500 Granulocyten nicht gefunden werden, wurde der Ausstrich nicht bewertet. Männl. und kastrierte männl. Tiere wurden getrennt bewertet, signifikante Unterschiede ergaben sich nicht. Um verschiedene Möglichkeiten einer Geschlechtsdiagnose aus Zahlenverhältnissen zu ergründen, wurden neben den abs. Werten für 500 ausgezählte Zellen die Prozentsätze für A, $A+B_1$ und $A + B_1 + B_2$ errechnet sowie die Kernanhangsformel für $A + B_1 + B_2$ angewendet. Nach jeweils 100 ausgezählten Zellen wurde in der Registriertabelle ein Trennstrich gezogen, so daß später festgestellt werden konnte, wie sich die Anhänge auf die 500 Zellen verteilten. Regelmäßigkeiten ließen sich nicht ablesen. Die abs. und rel. Werte von A + B hatten allein noch keine geschlechtsspezifische Beweiskraft. Bei weibl. Tieren schwankte die Zahl der echten Trommelschlegel zwischen 0,2–5,2%. Bei männl. und kastrierten männl. Tieren wurden 0,2–0,4% Trommelschlegel gefunden. Ähnliche Verhältnisse wies Gr. B auf. Wurde die Gr. C mit in die Formel aufgenommen $\left[\frac{A+B}{C}\right]$, so traten deutliche Unterschiede auf. Die Kernanhangsformel ließ eine Geschlechtsdiagnose zu. Der Quotient bei weibl. Tieren betrug

0,15–1,2 (in der Mehrzahl 0,3–0,45). Bei männl. Tieren lag der Wert zwischen 0 und 0,086 (⌀ 0,01–0,035). Die Kernanhangsformel für Schafe lautete: $\frac{A+B}{C} > 0{,}1 = ♀$ und $\frac{A+B}{C} < 0{,}1 = ♂$. Chr. Garlt. 1615.

Kimura, Motoo; Madison, Univ. of Wisconsin. A suggestion on the experimental approach to the origin of supernumerary chromosomes. **(Ein Vorschlag zur experimentellen Näherung an den Entstehungsvorgang überzähliger Chromosomen.)** Amer. Naturalist **96** (1962) Nr. 890. S. 319–320. – 4 Lit. 1615.

Riley, Monica und Pardee, Arthur B.; Davis, Univ. of California, Dep. of Bacteriol; Princeton, N. J., Princeton Univ., Biol. Dep. Gene expression: Its specificity and regulation. **(Der Grad der Gen-Ausprägung, seine Besonderheiten und Regulierung.)** Annu. Rev. Microbiol. **16** (1962) S. 1–34. – 280 Lit. 1658.

Cooke, Patricia, Jones, Morley R., Mather, Kenneth, Bonsall, G. W. und Nelder, J. A. Estimating the components of continuous variation. I. Statistical. **(Die Schätzung der Komponenten der kontinuierlichen Variation. 1. Mitt. Statistisches.)** Heredity **17** (1962) Nr. 1. S. 115–133. – 12 Tab., 12 Lit.

Mit 2 Inzuchtlinien (S und B) von *Drosophila melanogaster* wurde ein Modellversuch durchgeführt. Die Stämme wurden reziprok gekreuzt, und aus den 4 F_1-Generationen wurde eine F_2-Generation gewonnen. Als Merkmal wurde die Zahl der sternopleuralen Borsten gewählt, es wurde an beiden Geschlechtern aller genotypischen Gruppen beobachtet. Die Variationskomponenten (D, H, E_1, E_2) wurden nach der Methode von Mather (1949) geschätzt. Eine einfache Analyse, die leicht zu berechnen ist, aber die ungleiche Genauigkeit der statistischen Maßzahlen und mögliche Korrelationen zwischen diesen nicht berücksichtigt, hatte eine rel. Effizienz von 60–90% gegenüber einer nur mit Elektronenrechnern durchzuführenden gewogenen Analyse unter Berücksichtigung der unterschiedlichen Präzision der Maßzahlen und der Korrelationen zwischen diesen. Ähnliche Ergebnisse ergaben sich für *Nicotiana rustica*. D. Rasch. 1667.

Cooke, Patricia und Mather, Kenneth. Estimating the components of continuous variation. II. Genetical. **(Die Schätzung der Komponenten der kontinuierlichen Variation. 2. Mitt. Genetisches.)** Heredity **17** (1962) Nr. 2. S. 211–236. – 12 Tab., 6 Lit. 1. Mitt. vgl. vorst. Ref.

Ausgehend von den Inzuchtlinien B und S von *Drosophila melanogaster* (vgl. vorst. Ref.) wurden die 8 Zuchtkombinationen BB, SSS, BBS, BSB, BSS, SBB, SBS und SSB, die möglich sind, wenn die 3 Hauptchromosomen als Vererbungseinheiten angesehen werden, gewonnen. Diese 8 Linien wurden auf alle möglichen Arten gepaart, so daß die 27 möglichen weibl. und die 18 möglichen männl. Genotypen entstanden. Die Zahl der Borsten wurde in diesen Gruppen ermittelt und für sie bei den weibl. Tieren 26, bei den männlichen Tieren 17 genetische Parameter geschätzt. Aus diesen Parametern wurden die Variationskomponenten *D* und *H* berechnet und mit den in der vorst. Mitt. statistisch aus F_1- und F_2-Generationen geschätzten verglichen, die neuen Werte lagen bei ca. 60% der früher geschätzten. D. Rasch. 1667.

Williams, J. S. Some statistical properties of a genetic selection index. **(Einige statistische Eigenschaften eines genetischen Selektionsindex.)** Biometrika [London] **49** (1962) Nr. 3/4. S. 325–337. – 6 Lit.

Ist p ein Vektor von q Phänotypen, g ein Vektor von q nicht beobachtbaren Variablen (Genotypen) und e ein Vektor von q Beobachtungsfehlern (Umwelt) wobei $p = \mu + g + e$ und $g : N(0, \sum_g)$, $e : N(0, \sum_e)$, $p : N[\mu, \sum_g + \sum_e + 2\sum_{ge}]$ ist, so besteht das Problem des Selektionsindex darin, den Wertindex $a'g$

(a ein Vektor mit bekannten ökonomischen Konstanten) so gut wie möglich durch einen Index der Beobachtungswerte $z'p$ zu schätzen. z' soll dabei so gewählt werden, daß die Korrelation r zwischen $a'g$ und $z'p$ ein Maximum wird. Vf. gibt die Momente für die Gewichte und für r an. Auf Grund von Eigenschaften dieser Momente wird eine optimale Aufteilung der Stichprobeneinheiten der Schätzstichprobe besprochen. Letztere muß von der Selektionsstichprobe verschieden sein. Es wird festgestellt, daß für die Berechnung der MQ zwischen den Mittelwerten (verschiedene genotypische Gruppen) mindestens $q + 5$ Individuen vorhanden sein müssen, und es wird eine Korrektur auf Erwartungstreue empfohlen. (Kenntnisse der Matrizenrechnung sind erforderlich.) D. Rasch. 1675.

Falconer, D. S.; Edinburgh, Inst. für Genetik der Tiere. Otbor v različnych uslovijach okružajuščej sredy. **(Selektion unter verschiedenen Umweltbedingungen.)** Žurnal obščej biologii, Moskva **23** (1962) Nr. 15. S. 344–349. – 2 Abb., 3 Tab., 3 Lit.
Versuche an weißen Mäusen zeigen, daß eine Auslese bei Tieren, die unter ungünstigen Bedingungen gehalten wurden, zu besseren Ergebnissen führt als eine Auslese bei Tieren, die unter günstigen Bedingungen gehalten wurden. In beiden Fällen werden während der Auslese verschiedene genetische Faktoren wirksam. H. Göring. 1675.

Griffing, B. Consequences of truncation selection based on combinations of individual performance and general combining ability. **(Folgen der Selektion durch Stutzung auf Grund von Kombinationen der Eigenleistung und der allgemeinen Kombinationseignung.)** Austral. J. biol. Sci. **15** (1962) Nr. 2. S. 333–351.
Vf. gibt Formeln für den zu erwartenden mittleren Genotyp der Nachkommen und für das Selektionsdifferential an, wenn die Selektion durch Stutzung nach den 9 Kombinationen vorgenommen wird, die sich aus der Anwendung einer der folgenden 3 Fälle auf die beiden Geschlechter ergibt: 1. keine Selektion, 2. Selektion der Individuen nach ihren Phänotypen, 3. Selektion der Individuen nach den Leistungen ihrer Halbgeschwister. Die Untersuchungen werden für einen Locus, für 2 (möglicherweise gekoppelt) und schließlich für mehrere Loci vorgenommen. D. Rasch. 1675.

Kojima, Ken-Ichi und Kelleher, Therese M.; Raleigh, North Carolina State Coll., Dep. of Genetics. Survival of mutant genes. **(Das Überleben mutanter Gene.)** Amer. Naturalist **96** (1962) Nr. 891. S. 329–343. – 7 Abb., 3 Tab., 7 Lit. 1680.

Richter, O.; München. **Blutgruppenforschung auch beim Schwein und Pferd.** Tierzüchter **14** (1962) Nr. 16. S. 594–595. 1690.

Schmid, D. O. und Erhard, L. **Über den Nachweis gemeinsamer Blutgruppenantigene bei Rind und Pferd sowie bei Mensch und Pferd im Immunhämolysetest.** Z. Immunitätsforsch. exp. Therap. **124** (1962) Nr. 2. S. 149–155. – 1 Tab., 36 Lit. Zus. in Russ., Engl., Franz., Span.
Beim Pferd sind bisher 10 Blutgruppenfaktoren bekannt. Nach Immunisierung wiesen von 32 Pferden 22 Tiere Antikörper auf. Bei 6 Tieren wurden Normalantikörper, allerdings mit außerordentlich schwachem Titer nachgewiesen. Zum Nachweis der Blutgruppenantigene A, C und H ist das Hämolyseverfahren der Agglutination vorzuziehen, da der Hämolysintiter um ein vielfaches höher ist als der Agglutinintiter. Die Normalantikörper waren im Immunhämolysetest nicht nachweisbar. Zur Konservierung der Pferdeerythrocyten ist Rous-Turner-Lösung ungeeignet, Acidum-citricum-Dextrose-Stabilisator dagegen hat sich bewährt. Als Komplement eignen sich 2mal mit Pferdeerythrocyten bei +4 °C absorbierte Kaninchenseren. Humansera anti-A und anti-AB enthalten in Verdünnungen von 1/4 bzw. 1/160 spez.

Heterohämolysine gegenüber dem Blutgruppenfaktor *C* des Pferdes. Nach Immunisation eines Pferdes wurde ein Heterohämolysin gegen den Blutgruppenfaktor *Z* des Rindes gefunden. G. Becker. 1690.

Schmid, D. O. **Zur Sonderstellung des Blutgruppensystems J beim Rind.** Z. Immunitätsforsch. exp. Therap. **124** (1962) Nr. 2. S. 101–114. — 7 Tab., 43 Lit. Zus. in Russ., Engl., Franz., Span.
Das Blutgruppensystem *J* ist primär ein System von löslichen Gewebsantigenen. Chem., immunochem. und serologisch ist das monovalente *J* mit dem Blutgruppen-Antigen *A* des Menschen, *R* vom Schaf, *A* vom Schwein verwandt und ist mit Normalantikörper nachweisbar. Von **311** untersuchten Feten war der Faktor *J* 31mal im Serum nachweisbar. Er unterliegt anscheinend einem pränatalen Reifungsprozeß, erst in den ersten Lebenswochen lagert er sich der Erythrocytenoberfläche an. Diese Anlagerung an *J*-negative Blutkörperchen kann auch experimentell sowohl in vivo als in vitro erfolgen. *J*-negative Erythrocyten sind nach Behandlung mit einer Taninlösung (1:20000) in der Lage, *J*-Substanz zu adsorbieren. Die Adsorbtion läßt sich im Immunhämolysetest nachweisen. Es gibt 3 Phänotypen: J^{cs} (*J* im Serum und an Erythrocyten nachweisbar), J^{s} (*J* im Serum nachweisbar, fehlt bei den Erythrocyten), J^{a} (*J* nicht nachweisbar). Diese Phänotypen werden in descendierender Ordnung dominant vererbt und anscheinend durch multiple Allele kontrolliert. J^{cs} -Phänotypen haben einen höheren Titer im Plasma als J^{s}-Phänotypen. Das *J*-Antigen konnte auch an der Magenschleimhaut und im Spermaplasma, nicht an den Spermien selbst nachgewiesen werden. Die höchste *J*-Konzentration liegt in der Ovarialzystenflüssigkeit vor. Die *J*-Substanz ist sehr hitzestabil, nach Erwärmung auf 98–100 °C (15 Min.) ist sie unverändert und läßt sich elektrophoretisch in 4 Fraktionen aufteilen. Die Fähigkeit zur Bildung von anti-*J* scheint auch unter genetischer Kontrolle zu stehen. *J*-Antigen und anti-*J* können beim selben Tier gleichzeitig vorkommen. G. Becker. 1690.

Bednekoff, A. G., Datta, S. P. und Stone, W. H.; Madison, Univ. of Wisconsin, Dep. of Biochem.; Dep. of Genetics. The J substance of cattle. VII. Production of immune anti-J in rabbits. **(Die J-Substanz beim Rind. 7. Mitt. Immun-anti-J aus Kaninchen.)** J. Immunology **89** (1962) Nr. 3. S. 408–413. 1690.

Eisen, Herman N. und Pearce, John H.; St. Louis, Mo., Washington Univ., School of Med., Dep. of Microbiol. The nature of antibodies and antigens. **(Die Natur von Antikörpern und Antigenen.)** Annu. Rev. Microbiol. **16** (1962) S. 101–126. — 165 Lit. 1690.

Reber, Elwood F. Nutrients of special importance to antibody formation. **(Nährstoffe mit spezieller Bedeutung für die Antikörperbildung.)** Veterin. Med. **57** (1962) Nr. 1. S. 23–26. — 2 Tab.
Die spez. Antikörper sollen sich von den normalen γ-Globulinen nur in der Bildung ihrer Peptidketten unterscheiden. Beide entstammen den gleichen Vorstufen. Nur bewirkt das Antigen eine bestimmte Peptidkettenform. Polypeptide bestehen aus Aminosäuren. Für die Bildung von Antikörpern werden die gleichen Nährstoffe benötigt, wie zur Bildung von γ-Globulinen. Beide haben ihre Entstehungsstätten in den Plasmazellen. Diese sind Gewebsbestandteile der Lymphknoten, des Knochenmarkes und der Milz. Die Zusammensetzung der Serumproteine dient als Indikator des Nahrungsbedürfnisses für die Antikörper- und γ-Globulinbildung. Die vorliegende Untersuchung erstreckt sich auf die Serumproteine bei der Zuchtsau während der Trächtigkeit und Laktation. Bei adaequater Futterration kommt es auch beim Futterwechsel zu keinen Veränderungen. Die γ-Globuline nehmen im Verlaufe der Trächtigkeit abs. und rel. ab. In den ersten 24 Std. nach der

Geburt ist die Abnahme bes. stark, danach erfolgt ein schrittweiser Anstieg bis zum Normalwert. Der Einfluß der Ernährung ist nicht signifikant. Der Gehalt an γ-Globulinen soll mit der Infiltration von Lymphocyten und Plasmazellen in das Eutergewebe zusammenhängen, die vor der Abgabe des Colostrum stattfindet. Das neugeborene Ferkel nimmt diese Proteine nur in den ersten beiden Tagen nach der Geburt auf. Eine uterine Passage der Antikörper wie beim Menschen findet beim Schweine nicht statt. Beim Menschen ist die placentare Schranke dünn, während sie beim Schwein aus 6 Zellschichten besteht. Die Nährstoffe im Colostrum bei der Kuh und der Zuchtsau sind für die Ausreifung der Serumproteine des Saugferkels unersetzlich. Das Colostrum beider Tierarten enthält die γ-Globuline, die für die Serumproteine des Ferkels benötigt werden, außerdem aber einen oder mehrere Faktoren, die zur spez. Antikörperbildung beitragen. Neugeborene Ferkel, die in den ersten 48 Std. nach der Geburt weder Kuh- noch Schweinecolostrum erhalten, müssen 6–8 Wochen isoliert gehalten werden, da sie mangels ausreichender Antikörperbildung in dieser Zeit äußerst krankheitsanfällig sind. Im Alter von 2–6 Mon. ist die Serumglobulinbildung am stärksten. Die Werte der Serum-α- und -β-Globuline sind, abgesehen von den Veränderungen bei Neugeborenen, später verhältnismäßig konstant. H. Busse. 1690.

Dodd, Matthew C., Bigley, Nancy J., Geyer, Virginia B., McCoy, Francis W. und Wilson, Henry E.; Columbus, Ohio State Univ., Dep. of Microbiol.; Dep. of Med. Autoimmune response in rabbits injected with rat and rabbit liver ribosomes. **(Autoimmunreaktionen von Kaninchen nach Injektionen von Ratten- und Kaninchen-Leberribosomen.)** Science [Washington] **137** (1962) Nr. 3531. S. 688–689. — 1 Tab., 9 Lit.

Nach i.m. Injektion von Ratten-Leberribosomen wurde bei den überlebenden Kaninchen nach 70 und 77 Tagen eine haemolytische Anaemie und Leukopenie gefunden. Autoantikörper konnten 2–3 Wochen nach der Injektion durch Agglutination der Erythrocyten von Kaninchen in Anti-Kaninchenglobulin-Hühnerserum nachgewiesen werden. Die γ-Globuline stiegen, die α-Globuline und Albumine sanken ab. Die histologische Untersuchung zeigte einen Verlust der Leberzellen an Cytoplasma und herdförmige Ansammlungen von Plasmazellen im Leberbindegewebe, Glycoproteinablagerung in der Milz, herdförmige Myocarditis sowie der Glomerulonephritis ähnliche Veränderungen. Von diesen Tieren wurde anderen Kaninchen Serum i.v. injiziert, es ergaben sich etwa die gleichen Befunde, die Veränderungen traten jedoch schneller auf. Kaninchen-Ribosomen hatten gleiche Wirkung wie die von Ratten. Es konnten Beziehungen zwischen Nucleotiden sowie Nucleosiden und der Autoimmunisierung nachgewiesen werden. Es wird vermutet, daß Autoimmunisationskrankheiten beim Menschen durch diese Substanzen bedingt sind, welche aus den Nucleinsäuren von Virusarten und Bakterien entstehen. B. Busch. 1690.

Kulangara, Abraham C. und Schechtman, A. M.; Los Angeles, Univ. of California, Dep. of Zool. Passage of heterologous serum proteins from mother into fetal compartments in the rabbit. **(Der Übergang heterologer Serumproteine vom mütterlichen Organismus auf den Fetus beim Kaninchen.)** Amer. J. Physiol. **203** (1962) Nr. 6. S. 1071–1080. 1690.

Coulson, E. J. und Jackson, R. H.; Washington, Dairy Product. Lab.; Allergens Lab. The mucoprotein of the fat/plasma interface of cow's milk. II. Immunochemical characterization. **(Das Mukoprotein der Fett-Plasma-Grenzfläche der Kuhmilch. 2. Mitt. Immunochemische Charakterisierung.)** Arch. Biochem. Biophysics **97** (1962) Nr. 2. S. 378–382. — 1 Abb., 4 Tab., 21 Lit. 1. Mitt. vgl. LZ. Abt. III 8 (1963) Nr. 3. S. 482.

Das Mukoprotein der Fett-Plasma-Grenzfläche ist ein wirksames Antigen und führt bei Verabreichung an Kaninchen zur Antikörperbildung. Es unterscheidet sich in der Immunitätsreaktion deutlich von anderen bekannten Milchproteinen. In der Immunitätsreaktion ist das Mukoprotein einheitlicher als die üblichen Milcheiweißpräparate. A. Hennig. 1690.

Valenta, Miloslav, Kaloušek, Jaroslav und Fulka, Josef; Uhříněves, Výzkumný Ústav Živočišné Výroby; Liběchov, Lab. pro Biol. Rozmnožování a Osemeňování Hospodářských Zvířat. Vliv ionizujícího záření na nukleové kyseliny, životnost a oplozovací schopnost spermií. **(Einfluß der ionisierenden Strahlung auf Nucleinsäuren und die Lebens- sowie Befruchtungsfähigkeit von männlichen Geschlechtszellen.)** Živočišná Výroba **7(35)** (1962) Nr. 7/8. S. 511–520. — 4 Abb., 3 Tab., 36 Lit. Zus. in Russ., Franz., Dtsch.

Ejakulate von Kaninchen, Schafböcken und Bullen wurden in einem temperierten Sammelgefäß aufbewahrt. Nach Bestimmung der Zahl der lebenden und toten Spermien mit Hilfe der Differentialfärbung wurde das Sperma mit Gaben von 10–150000 r röntgenbestrahlt und außerdem mit markiertem Co, Sr und Y behandelt. Bei Kaninchen wurde weiterhin die Befruchtungsfähigkeit nach künstlich hervorgerufener Brunst geprüft. In Spermien, die mittels eines Separators vom Ejakulat getrennt wurden, bestimmte man spektrophotometrisch den Gehalt an freien Nucleotiden und Nucleinsäuren nach ihrer Extraktion mittels Perchlorsäure. Der festgestellte Phosphorgehalt der Nucleinsäuren wurde auf die Spermientrockensubstanz umgerechnet. Die Beweglichkeit der Spermien wies bis zu Gaben von 1000 r nur kleine Unterschiede gegenüber der Kontrolle auf, ihre Persistenz hatte sich dabei praktisch nicht verändert. Eine beschleunigte Mortalität zeigte sich erst bei Gaben von 2000 r und mehr. Veränderungen in der Zusammensetzung der Nucleinsäuren traten jedoch bereits bei 100-r-Gaben auf. Diese Veränderungen sind die Hauptursache der gesteigerten Embryonalsterblichkeit und manchmal auch der abs. Befruchtungsunfähigkeit der bestrahlten Spermien.

J. Špinka. 1695.

Globerson, A., Fiore-Donati, L. und Feldman, M.; Rehovoth, Israel, Weizmann Inst. of Sci., Sect. of Cell Biol. On the role of the thymus in recovery of immunological reactivity following X-irradiation. **(Über die Rolle der Thymusdrüse bei der Erholung von immunologischen Reaktionen nach Röntgenbestrahlung.)** Exp. Cell Res. **28** (1962) Nr. 2. S. 455–457. — 1 Tab., 7 Lit. 1695.

D. FORTPFLANZUNG

Koller, Raphael. **Neue Erkenntnisse und Probleme der Sexualbiologie und -pathologie des Schweines.** Zuchthyg., Fortpflanzungsstör. Besam. Haustiere **6** (1962) Nr. 3. S. 174–195.

Die in den letzten Jahren im Schrifttum niedergelegten Versuchsergebnisse deuten darauf hin, daß in allen Ländern mit intensiver Schweinezucht Störungen der Fruchtbarkeit beim Schwein zu beobachten sind. Die Befruchtung der von den Eierstöcken gebildeten Eier scheint in der Regel nicht gestört zu sein, allerdings entwickeln sich nur etwa $^2/_3$ aller befruchteten Eier zu geburtsreifen Früchten. Ca. 60% aller Zuchtsauen werden wegen Fruchtbarkeitsstörungen gemerzt. Die Sauen bringen im Durchschnitt nur etwa 3 Würfe. Demnach wird beim Schwein nur ca. $^1/_4$ der tatsächlich vorhandenen Vermehrungspotenz genutzt. Die Ursachen scheinen mannigfaltiger Natur zu sein. Der genetischen Seite wird dabei eine große Bedeutung beigemessen, wobei allerdings die Umweltverhältnisse beim Zutagetreten bestimmter Eigenschaften eine große Rolle zu spielen scheinen. Neben psychosexuellen und genetischen Problemen muß aber die Klärung der Zusammenhänge zwischen Ernährung und Fruchtbarkeit im Vordergrund stehen. Über den Einfluß der einzelnen Futterbestandteile auf den Ablauf der Geschlechtsfunktionen ist bisher nur sehr wenig bekannt. Die Bearbeitung aller noch ungeklärten Fragen auf dem Gebiete der Sexualbiologie und -pathologie des Schweines erscheint dringend notwendig. K. Rothe. 1750.

Bratanov, K. **Immunobiologische Faktoren bei der Befruchtung und der Unfruchtbarkeit der Haustiere.** 12. int. Fachtag. künstl. Besam. Wels, Vortr. **1962** 9 S. [Maschinenschr. vervielfältigt].

Vf. weist auf immunbiologische Vorgänge bei der Fortpflanzung hin. So können sich Immunreaktionen zwischen Spermien und Sekret der Anhangdrüsen, zwischen Sperma und Verdünnern, zwischen Sperma und Sekret des weibl. Geschlechtsorgans, zwischen Samen- und Eizelle sowie zwischen Zygote und dem mütterlichen Organismus abspielen. In Versuchen des Vf. wurde gefunden, daß Kühe, Schafe und Ziegen auf Immunisierung durch Spermatozoen mit einer Antikörperbildung reagierten. 10–12% nicht zugelassener Färsen hatten natürlich vorkommende Spermaantikörper, bei älteren Kühen war das in noch größerem Maße der Fall. Im Blutserum war die höchste Antikörperkonzentration nachzuweisen. Kühe, die mehrmals mit dem Sperma eines Bullen besamt waren, ohne tragend zu werden, zeigten im Serum einen Agglutinationstiter bis zu 1:512, während Kühe, welche bei der 1. Besamung befruchtet wurden, nur einen bis zu 1:16 aufwiesen. Durch Spermaagglutinine konnte keine Erythrocytenagglutination erreicht werden. Die Komplementbindungsreaktion zeigte im Vergleich zur Agglutinationsprobe eine größere Empfindlichkeit. Weiterhin werden einige Unfruchtbarkeitsfälle (oestrale Metrorrhagien, Besamung in den ersten 30 Tagen p.p., Nachbesamungsendometritiden, Entzündungen, Schwergeburten, Autospermaimmunisierung männl. Tiere) als immunbiologisch bedingt angesehen.
B. Busch. 1750.

Anderson, L. L., Neal, F. C. und Melampy, R. M. Hysterectomy and ovarian function in beef heifers. **(Hysterektomie und Funktion der Eierstöcke bei Fleischvieh-Färsen.)** Amer. J. veterin. Res. **23** (1962) Nr. 95. S. 794–802. — 3 Abb., 2 Tab., 35 Lit.

Bei 16 Färsen wurde während der Corpus-luteum-Phase eine Hysterektomie durchgeführt. Alle Tiere hatten vorher normales Brunstverhalten und normale Intervalle gezeigt. Bei der Gr. A wurden Cervix, Uteruskörper und -hörner sowie die Hälfte der Eileiter und bei der Gr. B die Uterushörner und der caudale Teil der Eileiter exstirpiert. Bei der Gr. C betraf die Operation Cervix, Uteruskörper und $^3/_4$ der Uterushörner und bei der Gr. D Cervix, Uteruskörper und die Hälfte der Uterushörner. Die vorhandenen Gelbkörper wurden bei allen Tieren durch Injektion von Tierkohle gekennzeichnet. Nach der totalen Hysterektomie (Gr. A) blieben die Brunstsymptome aus, und die markierten Gelbkörper waren bei der nach 270 Tagen vorgenommenen Schlachtung noch vorhanden. Von den 4 Färsen der Gr. B zeigten 3 nach dem Eingriff wieder Brunstsymptome. Die Intervalle waren hier bei der 1. postoperativen Brunst um ca. 1 Woche verlängert und bei der 2. und 3. Brunst um 1–3 Tage verkürzt. In der Gr. C wiesen alle Tiere normales Brunstverhalten und normale Intervalle auf. Auch bei der Gr. D waren die Brunstsymptome in allen Fällen normal, während die Intervalle bei 2 Tieren vor der 1. Brunst 58 bzw. 113 Tage betrugen und die 3. Brunst 7 bzw. 8 Tage nach der 2. eintrat. Diese Untersuchungen zeigen, daß der nichtträchtige Uterus ein Stimulans produziert, welches an keine bestimmte Region gebunden ist und die Rückbildung des Corpus luteum, die Entwicklung der Follikel und das Auftreten der Brunstsymptome veranlaßt. J. Jürgens. 1763.

Short, R. V.; Cambridge, Univ., Dep. of Veterin. Clin. Studies, A.R.C. Unit of Reproduct. Physiol. and Biochem. Steroid concentrations in normal follicular fluid and ovarian cyst fluid from cows. **(Steroidkonzentrationen in nor-**

maler Follikel- und Ovarialzystenflüssigkeit von Rindern.) J. Reproduct. Fertility 4 (1962) Nr. 1. S. 27–45. – 9 Abb., 3 Tab., 40 Lit.
Bei 15 ausführlich charakterisierten Kühen wurden in 5 Proben normalen Follikelsekrets (**I**) und 24 Proben von Ovarialzystenflüssigkeit (**II**) entspr. früherer Arbeiten des Vf. folgende Steroide bestimmt: Progesteron, 17α-Hydroxyprogesteron, Androstendion, Oestron und 17β-Oestradiol. In 2 Fällen wurde in **II** 20β-Hydroxypregn-4-en-3-on gefunden. Testosteron wurde nicht festgestellt. Das Hauptsteroid in **I**, das dort in signifikant höherer Konzentration als in **II** vorkam, war 17β-Oestradiol. Die meisten Proben von **II** enthielten viel Progesteron, aber nur Spuren der übrigen Hormone. Histol. wurde Atresie oder Luteinisierung der Zystenwände festgestellt. Zwischen dem Steroidgehalt in **II** und den Verhaltenscharakteristika der betr. Kühe konnten keine Beziehungen ermittelt werden. Da die abs. und rel. Steroidkonzentrationen zwischen den Tieren und innerhalb eines Tieres stark variierten, kommt Vf. zu dem Schluß, daß die Ovarialzyste nicht den Primärdefekt bei der zystösen Eierstockserkrankung darstellt. Sie scheint vielmehr degenerativer Natur zu sein, indem die endokrine Aktivität erlischt, während das Follikelwachstum fortschreitet. F. Döcke. 1763.

Black, D. L. und Davis, John; Amherst, Univ. of Massachusetts, Dep. of Dairy and Animal Sci. A blocking mechanism in the cow oviduct. **(Ein Blokkierungsmechanismus im Eileiter der Kuh.)** J. Reproduct. Fertility 4 (1962) Nr. 1. S. 21–26. – 3 Tab., 8 Lit.
Im Eileiter der Kuh gibt es einen Mechanismus, der das Ausfließen der Eileiterflüssigkeit in den Uterus verhindert. Eileiter, die am ovarialen Ende unterbunden werden, schwellen bald nach der Ovulation infolge angesammelter Eileiterflüssigkeit an. Die Distension bleibt bis ca. 72 Std. nach der Ovulation erhalten und geht danach wieder zurück. Für diese Blockierung kann das Stratum circulare der Isthmus-Muskulatur eher verantwortlich gemacht werden als die Eileiter-Uterus-Junction. Insufflation des Eileiters in vitro zeigte, daß sich der Ort des größten Widerstandes gegen eine Gaspassage in den Uterus in den letzten 3–4 cm des Isthmus befindet. H. Cziharz. 1764.

Fallon, G. R. Oestrus detection in cattle: a factor in „management infertility“. **(Die Ermittlung der Brunst – ein Sterilitätsfaktor bei Rindern.)** Brit. veterin. J. **118** (1962) Nr. 8. S. 327–335. – 2 Abb., 3 Tab., 22 Lit.
Die Besamungserfolge sind am größten (69,1%), wenn die Kühe einzeln besamt werden, sie sinken bei gleichzeitiger Besamung von 2 Tieren auf 64,5% und bei Besamung von 3 und mehr Tieren auf 59,2%. Die Ergebnisse der Einzelbesamungen sind in großen Herden nicht schlechter als in kleinen. Da aber bei den Erstbesamungen der Anteil an Einzelbesamungen mit zunehmender Herdengröße abnimmt, ist die Befruchtungsquote der Erstbesamungen in größeren Herden niedriger. Nach erfolgloser Besamung setzt die Brunst i. allg. nach 8–9 oder 21 Tagen bzw. nach 28–29 oder 41 Tagen wieder ein. Kurze Intervalle zwischen Besamung und Wiederkehr der Brunst treten nach Gruppenbesamungen häufiger auf als nach Einzelbesamungen. Diese Zyklusverkürzung beruht möglicherweise darauf, daß durch die Gruppenbesamung die auf das Einzeltier einwirkenden Reize verstärkt werden. Die gleichzeitige Besamung von Kühen in guter und in schlechter Zuchtkondition kann eine der Ursachen für die Herabsetzung der Befruchtungsquote bei Gruppenbesamungen sein. J. Jürgens. 1765.

Anderson, L. L.; Ames, Iowa State Univ., Dep. of Animal Sci. Effect of uterine distention on the estrous cycle of the gilt. **(Einfluß der Uterusdehnung auf den Geschlechtszyklus der Sau.)** J. Animal Sci. **21** (1962) Nr. 3. S. 597–601. – 1 Abb., 1 Tab., 13 Lit.
Experimentelle Dehnung des Uterus durch chirurgische Einführung von Tantal-, Vitallum- (spez. Legierung) oder Plaste-Zylindern (Länge 24 mm,

⌀ 16 mm) sowie durch Glaskugeln (⌀ 16,5 mm) oder Polyvinylalkohol-Schwämmchen in 19 Sauen veränderte die Länge des darauffolgenden Zyklus nicht. Normaler Geschlechtszyklus wurde auch an 6 scheinoperierten Sauen beobachtet. Die durch Uterusdehnung an Sauen erzielten Ergebnisse stehen im Gegensatz zu den Beobachtungen anderer Forscher an Meerschweinchen, Schafen und Kühen. H. Ciharz. 1765.

Hogue, D. E., Hansel, Wm. und Bratton, R. W.; Ithaca, N. Y., Cornell Univ. Fertility of ewes bred naturally and artificially after estrous cycle synchronization with an oral progestational agent. **(Fruchtbarkeit natürlich und künstlich befruchteter Schafe nach Synchronisation des Geschlechtszyklus durch ein Progesteronmittel.)** J. Animal Sci. 21 (1962) Nr. 3. S. 625–627. — 2 Tab., 9 Lit.
Zur Synchronisation des Oestrus erhielten die Schafe oral 3 Wochen lang tägl. 60 mg 6-Methyl-17-Acetoxyprogesteron. Die Brunst zeigte sich 50–64 Std. nach Verabfolgung der letzten Dosis bei 37 von 40 Tieren. Die Konzeptionsraten (auf Grund der Ablammergebnisse) waren folgende: künstlich befruchtet bei normalem Oestrus — 49%; natürlich befruchtet bei normalem Oestrus — 50%; künstlich befruchtet bei synchronisiertem Oestrus — 16%; natürlich befruchtet bei synchronisiertem Oestrus — 61%. In allen Gruppen (außer der letzten) war die Non-return-Rate nach 30 Tagen höher als das Ablammergebnis. In der letzten Gruppe wurden umgekehrt in den ersten 30 Tagen nach der Befruchtung einige Schafe als brünstig beobachtet, die später ablammten. Die Fruchtbarkeit der verwendeten Schafböcke war sehr variabel(!). H. Cziharz. 1765.

Grindeland, Richard E. und Folk jun., G. Edgar; Iowa City, State Univ. of Iowa, Coll. of Med., Dep. of Physiol. Effects of cold exposure on the oestrous cycle of the golden hamster (Mesocricetus auratus). **(Effekte einer Kälteexposition auf den Geschlechtszyklus des Goldhamsters.)** J. Reproduct. Fertility 4 (1962) Nr. 1. S. 1–6. — 4 Tab., 18 Lit.
Die Kontrolltiere wurden bei einer Temperatur von ⌀ 21,4 °C gehalten. Nach einer Kältebehandlung (⌀ 7,5 °C) von 30, 60 oder 90 Tagen hatten alle Tiere ihren Geschlechtszyklus verloren ($P < 0,002$). 8 von 14 Kontrolltieren verloren ebenfalls ihren regelmäßigen 4 tägigen Zyklus. Ein kleiner Teil der Versuchstiere zeigte nach 80tägiger Exposition eine Restauration der Geschlechtsfunktion infolge Kälteadaptation. Bei Tieren, die nach einer 60tägigen Kälteexposition wieder in den warmen Raum zurückgebracht wurden, stellte sich der normale Geschlechtszyklus wieder ein. Vaginal-Ausstriche eines Hamsters lassen auf einen Wechsel vom Anoestrus zum späten Pro-Oestrus während des Winterschlafes schließen. H. Cziharz. 1765.

Venkatachalam, P. S. und Ramanathan, K. S.; Hyderabad, Indian Council of Med. Res., Nutrit. Res. Lab. Effect of moderate heat on the testes of rats and monkeys. **(Einfluß mäßiger Hitze auf die Hoden von Ratten und Affen.)** J. Reproduct. Fertility 4 (1962) Nr. 1. S. 51–56. — 6 Lit.
Das Skrotum wurde 8 Wochen lang tägl. 20 Min. in warmes Wasser getaucht (44 °C ± 1 °C) und der Einfluß dieser Behandlung auf die Struktur und Funktion der Hoden untersucht. Sowohl bei Ratten als auch bei Affen zeigte sich eine Verminderung des Hodengewichts, Atrophie der Samenkanälchen und Degeneration des Keimepithels. Befruchtungsversuche mit behandelten Ratten blieben erfolglos. In den Nebenhoden der Affen konnten mikroskopisch keine Spermien mehr nachgewiesen werden. Unterbrechung der Tauchbehandlung für 6 Wochen führte bei Ratten zu einer teilweisen Regeneration des Keimepithels. H. Cziharz. 1773.

Amann, R. P. und Almquist, J. O.; Pennsylvania State Univ., Dep. of Dairy Sci. Reproductive capacity of dairy bulls. VIII. Direct and indirect

measurement of testicular sperm production. **(Fortpflanzungsleistung von Bullen. 8. Mitt. Direkte und indirekte Messung der Spermienproduktion der Hoden.)** J. Dairy Sci. **45** (1962) Nr. 6. S. 774–781. — 3 Tab., 20 Lit. 5. und 6. Mitt. vgl. LZ. Abt. III 8 (1963) Nr. 3. S. 456.
Es werden 2 voneinander unabhängige Methoden für die Berechnung der tägl. Spermienproduktion beschrieben, die an 8 zweijährigen und 4 ausgewachsenen Bullen durchgeführt wurden. Die 1. Methode (I) basiert auf der Auszählung der Spermienreserven in den Gonaden, die 2. (II) auf quantitativen histologischen Hodenuntersuchungen. Die Grenzen der vorgeschlagenen Methoden und Formeln werden diskutiert. Es wurde berechnet, daß die Dauer der Spermiogenese beim Bullen 60 Tage beträgt. Die durchschnittl. tägl. Spermienproduktion je Bulle wurde auf 9,98 (I) und 12,76 (II) Md. errechnet. Der tägl. Samenausstoß bei wöchentl. 6maliger Ejakulation betrug 4,81 Md., das sind ca. 42% der durchschnittl. tägl. Samenproduktion (11,49 Md.). Die signifikanten Beziehungen zwischen tägl. Samenausstoß und tägl. Samenproduktion lassen es berechtigt erscheinen, die tägl. Samenproduktion eines lebenden Bullen aus seinem tägl. Samenausstoß (bei geeigneter hoher Ejakulationshäufigkeit) zu berechnen. H. Cziharz. 1775.

Bane, Allan und Hansen, Hans-Jörgen. Spinal changes in the bull and their significance in serving inability. **(Spinale Veränderungen bei Bullen und ihre Bedeutung für die Deckfähigkeit.)** Cornell Veterinarian **52** (1962) Nr. 3. S. 362–384. — 9 Abb., 3 Tab., 21 Lit.
Die bei 24 Bullen mit Deckschwierigkeiten bzw. Deckunfähigkeit festgestellten spinalen Veränderungen bestanden in Spondylosis deformans, Spondylarthrosis und lumbosacraler Osteochondrosis. In einigen Fällen kam ein Zwischenwirbelscheibenvorfall dazu. Die Spondylosis trat besonders bei älteren Bullen auf, während die Spondylarthrosis in ihrer schweren Form mit Fissuren und Erosionen der Knorpel und Miterkrankung des subchondralen Knochens häufig bei Jungbullen festzustellen war. Eine leichte Spondylarthrosis wurde auch bei der Mehrzahl der Kontrolltiere ermittelt. Weiterhin konnte bei einigen Tieren eine Gonitis und in einem Falle das spastische Syndrom nachgewiesen werden. J. Jürgens. 1778.

Menge, A. C., Tyler, W. J. und Casida, L. E.; Madison, Univ. of Wisconsin, Dep. of Genetics and Dairy Husbandry. Factors affecting the removal of spermatozoa from the rabbit uterus. **(Faktoren, welche das Verschwinden der Spermatozoen aus dem Kaninchenuterus bewirken.)** J. Reproduct. Fertility **3** (1962) Nr. 3. S. 396–404. — 5 Tab., 10 Lit.
Gewaschene oder mit Uterusschleim der gleichen oder der anderen Tierart behandelte Bullen- (BS) und Kaninchenspermien (KS) wurden während Oestrus- und Lutealphase in den ligierten Kaninchenuterus injiziert. Aus der Differenz der in Zählkammern vor der Injektion und nach der Wiedergewinnung erfolgten Zählung wurden Schlüsse auf die Phagozytose gezogen. — Während bei BS, lebend und tot injiziert, signifikante Unterschiede zuungunsten der toten auftraten, zeigten sich diese bei KS nicht. — Im Oestrus war die Phagozytose verstärkt. — Brunstschleimbehandlung scheint im Vergleich zu salinischer Behandlung den Spermien vermehrten Phagozytoseschutz zu gewähren. — Aus Kaninchen mit Leukopenie wurden 70–80% der injizierten Spermien wiedergewonnen, aus Kaninchen mit normalem Blutbild nur 20%. — Signifikante Unterschiede im Gehalt an Leukocyten im Uterus bei allen Versuchsanstellungen traten nicht auf. Die Zahl der Uterusschleimleukocyten gibt also keinen Aufschluß über stattgefundene Phagozytose, für deren Anregung bisher unbekannte Faktoren verantwortlich gemacht werden.
J. Bergfeld. 1785.

Shannon, P. und Searle, S. R. Heritability and repeatability of conception rate of bulls in artificial breeding. **(Heritabilität und Wiederholbarkeit des**

Befruchtungsergebnisses bei Besamungsbullen.) J. Dairy Sci. **45** (1962) Nr. 1. S. 86–90. — 4 Tab., 5 Lit.

In Neuseeland fällt die max. Milchproduktion mit dem intensivsten Weidewuchs im Frühjahr zusammen. Daher ist das Interesse an einer guten Befruchtungsfähigkeit der KB-Bullen in der 2 Mon. dauernden Hauptbesamungssaison sehr groß. Heritabilitäts- und Wiederholbarkeitsschätzungen ergaben eine Heritabilität von 0,55 ± 0,28 bei 75 Vater-Sohn-Paaren im 3jährigen Einsatz, wobei die Väter ⌀ 1792 und die Söhne ⌀ 376 Inseminationen aufwiesen. Der Wert der Wiederholbarkeit bei 314 Bullen im 2jährigen Einsatz betrug 0,69 ± 0,05, wobei 1344 Inseminationen pro Bulle und Jahr zur Verfügung standen. Die Bestimmungen basierten auf dem Verhältnis der nicht umrindernden Kühe (Non-return innerhalb 49 Tagen) nach der 1. Besamung zur Gesamtzahl bei der 1. Besamung. — Die überaus hohen Werte gegenüber den Ermittlungen anderer Autoren werden darauf zurückgeführt, daß in den meisten Fällen die Mütter- und Töchter-Leistungen untersucht wurden. Obwohl der wirkliche Heritabilitätswert von den Vff. mit 0,30 angenommen wird, ist eine Selektion auf Befruchtungsfähigkeit gut möglich, da die Väter gewöhnlich infolge ihrer höheren Konzeptionsrate mehr Söhne als minderfruchtbare Bullen aufweisen. Jedoch kann dadurch eine Überkonzentration der Söhne weniger Bullen in einer Zucht eintreten, der durch züchterische Planung und Lenkung begegnet werden muß. G. Koriath. 1793.

Blackburn, P. S. und Castle, M. E. The use of the consistometer in the diagnosis of pregnancy in dairy cattle. **(Die Verwendung des Konsistometers zur Trächtigkeitsdiagnose beim Milchrind.)** Brit. veterin. J. **118** (1962) Nr. 8. S. 321–326. — 2 Abb., 1 Tab., 2 Lit.

Da der Konsistenzindex des Cervicalschleimes bei trächtigen Kühen höher ist als bei nicht trächtigen, kann die Konsistenzbestimmung unter Verwendung eines dazu konstruierten Konsistometers zur Trächtigkeitsdiagnose herangezogen werden. Beurteilt man die Tiere als trächtig, deren Konsistenzindex über 9 liegt, so entsprechen die Untersuchungsergebnisse bei 75% der Kühe und 44% der Färsen den tatsächlichen Trächtigkeitsverhältnissen. Setzt man anstelle von 9 den Index 5, so steigt die Zahl der richtigen Ergebnisse auf 83% bei Kühen und 50% bei Färsen. Bei dem Index 2,5 stimmen die Befunde bei 91% der Kühe und 69% der Färsen mit den vorliegenden Trächtigkeiten überein. Bei nicht tragenden Tieren lag der Konsistenzindex in 79% der Fälle unter 5. Zur Stellung exakter Diagnosen wären weitere Untersuchungen zur Ermittlung der Indexwerte für die einzelnen Rassen und Altersgruppen erforderlich. Es scheint aber fraglich, ob die Trächtigkeitsbestimmung unter Verwendung des Konsistometers gegenüber der rectalen Trächtigkeitsdiagnose wesentliche Vorteile bietet. Vielleicht kann die gleichzeitige Anwendung beider Methoden in manchen Fällen von Nutzen sein. J. Jürgens. 1830.

Cochrane, R. L. und Shackelford, R. M.; Univ. of Wisconsin, Dep. of Genetics; Madison, Wis., U.S. Dep. of Agric. Effects of exogenous oestrogen alone and in combination with progesterone on pregnancy in the intact mink. **(Die Einflüsse von Oestrogen allein und in Kombination mit Progesteron auf die Trächtigkeit gesunder Nerze.)** J. Endocrinology **25** (1962) Nr. 1. S. 101–106. — 1 Tab., 15 Lit.

In mehreren Versuchen wurde der Einfluß von Hormonen auf tragende Nerzfähen untersucht. In Gr. I erhielten 10 tragende Fähen 2,4 mg Progesteron und 24 mg Oestradiol-Benzoat 12 Tage lang. Von diesen wurde insgesamt 1 Welpe nach 64 Tagen Tragezeit geworfen. Die Fähen der Gr. II, die 20 Tage lang dieser Behandlung unterzogen wurden, brachten keine Würfe. Erhielten die Fähen 8 mg Progesteron und 2 mg Oestron pro Tag über eine

Zeit von 12 Tagen (Gr. III), erfolgte eine Verringerung des Wurfdurchschnittes gegenüber der Kontrollgruppe. Den Fähen der Gr. IV wurden 3 mg Oestron 8 Tage lang verabreicht, wodurch eine Verlängerung der Tragezeit und Verringerung der Wurfgröße eintrat. Aus den Untersuchungen geht hervor, daß die Oestrogen-Gaben allein oder in Verbindung mit Progesteron die Wurfgröße reduzieren und eine Verzögerung der Ei-Implantation beim Nerz bewirken. H. Zimmermann. 1830.

Tret'jakov, N. N. (Tretjakow, N. N.) Linejnyj rost skeleta gissarskich ovec po sravneniju s rostom skeleta sovetskogo merinosa v tečenie vnutriutrobnogo razvitija. **(Linearwachstum des Skeletts der Gissarschafe im Vergleich zum Skelettwachstum der Sowjetjschen Merinos während der Entwicklung im Mutterleibe.)** Trudy Instituta morfologii životnych im. A. N. Severcova. Akademija nauk SSSR, Moskva **35** (1961) S. 215–257. — 16 Abb., 36 Tab., 32 Lit.

Das lineare Wachstum des Skelettes von Gissar- und Sowjetischen Merinoschafen zeigt eine Reihe gleichartiger Gesetzmäßigkeiten: Beide Rassen weisen bis in den 4. Mon. hinein ein vorrangiges Schädelknochenwachstum — bezogen auf die Endgröße bei erwachsenen Schafen — auf. Danach geht bis zur Geburt diese Vorrangstellung auf die Körpergliedmaßen über. Bei der Geburt ist an den langen Teilen des Skelettes — insbesondere an den Gliedmaßen — bereits eine höhere Ausformungsstufe festzustellen (ca. 60% der Endgröße) als an den Wirbelsäulenknochen (ca. 40% der Endgröße). Der abs. tägl. Zuwachs der Skeletteile erfolgt bei beiden Rassen mit einem periodischen Wechsel zwischen höheren und niedrigeren Wachstumsgeschwindigkeiten. Vf. weist auf die tägl. und monatl. Zuwachsunterschiede zwischen den einzelnen Knochenarten hin, deren Wachstumsverlauf u. a. in der Arbeit ermittelt wurde. Hierbei wurden sowohl der abs. Wert als auch Relativgrößen des Knochenwachstumes bei beiden Rassen, bezogen auf den Endwert, festgestellt. Als Wachstumsendwert wurde ein Durchschnitt erwachsener Tiere der entspr. Rasse verwendet. Bei der Knochenbildung ist bes. die Sauerstoffaufnahme zur Bildung des Knochenmarkes auffällig. Mit dem Alter verringert sich das Verhältnis von Knochenbreite zu -länge. Bei den Gliedmaßen und peripheren Knochen werden die endgültigen Proportionen schon vor Geburt erreicht, während sie sich bei den Knochen der Wirbelsäule unmittelbar nach der Geburt allmählich einstellen. Vf. vergleicht noch verschiedene Wachstumsbesonderheiten des Skelettes der Sowjetischen Merinoschafe mit solchen bei den Gissarschafen. Auf Grund des intensiven Wachstums der Gissarschafe wird das Melken der Muttertiere in den ersten Monaten nach der Geburt der Lämmer als bes. schädlich für die Jungtierentwicklung bei dieser schnellwüchsigen Rasse angesehen. M. Achmedowa. 1840.

Hafez, E. S. E.; Washington State Univ., Dep. of Animal Sci. „Differential cleavage rate“ in 2-day litter mate rabbit embryos. **(„Unterschiedliche Teilungsrate“ bei 2tägigen Wurfgeschwistern von Kaninchenembryonen.)** Proc. Soc. exp. Biol. Med. **110** (1962) Nr. 1. S. 142–145. — 1 Abb., 2 Tab., 13 Lit.

Von juvenilen Weibchen der großwüchsigen New-Zealand-Kaninchen (nach Injektion zur Superovulation gebracht) wurden 2 Tage nach erfolgtem Deckakt gleich alte Embryonen, die man aus der Tube herausgespült hatte, in 2 Gruppen geteilt: in langsam- und in schnellteilende Keime, wobei als Maßstab die Zahl der ausgebildeten Blastomeren diente. Für die sich langsam teilenden Keime war 7, für die sich rascher teilenden dagegen 15 die durchschnittl. Blastomerenanzahl. Die frühen Keime wurden in ein Empfängerweibchen übertragen, nach 29 Tagen durch Sektion freigelegt und untersucht. Dabei ergab sich, daß in den meisten Fällen die Embryonen, deren frühe Keime zur Gruppe mit der größeren Blastomerenzahl gehörten, einen höheren

Prozentsatz an Implantaten und schwerere Feten aufwiesen als solche mit der geringeren Blastomerenanzahl; diese Unterschiede konnten aber bisher nicht statistisch gesichert werden. H. Freye. 1840.

Movčan, N. A. (Mowtschan, N. A.) Ob antibiotičeskich svojstvach belkovoj oboločki jaic kuricy, utki i cesarki. **(Über antibiotische Eigenschaften der Eihülle von Hühner-, Enten- und Perlhuhneiern.)** Vestnik Leningradskogo universiteta **17** (1962) Nr. 3. Serija biologii Nr. 1. S. 54–65. – 3 Abb., 5 Tab., 26 Lit. Zus. in Engl.
Die verschiedenen Schlupfergebnisse bei Enten-, Gänse-, Hühner- und Perlhuhneiern veranlaßten Vf., vergleichende Untersuchungen über die antibiotischen Eigenschaften der Eiweißhülle der Eier einiger Geflügelarten durchzuführen. Die antibiotische Aktivität der natürlichen Eiweißhülle von Eiern des Hausgeflügels gegenüber verschiedenen Organismen ist unterschiedlich. Bakterien und ihre vegetativen Formen gehen bei Kontakt mit der Eiweißhülle des Eies in wenigen Tagen zugrunde. Die im Versuch benutzten für Geflügel pathogenen Mikroorganismen, wie *S. pullorum*, *St. aureus* (*M. Ryogenes* var. *aureus*), und einige Saprophyten, wie *E. coli*, sind gegen die Wirkung der natürlichen Eiweißhülle widerstandsfähiger. Eine stärkere antibiotische Wirkung besitzt die Eiweißhülle des Hühnereies; geringer ist sie bei Enten- und Perlhuhneiern. Von allen Schichten der Eiweißhülle ist die äußere die wirkungsvollste, z. B. gegen *Sarcina lutea, Proteus vulgaris, E. coli.* Im ersten Entwicklungsstadium des Keimes, solange der Embryo noch keinen eigenen Abwehrmechanismus besitzt, sind die Eihüllen ein zuverlässiger Schutz.
W. Strack. 1840.

Becze, J. A magzatelhalás okainak vizsgálata a sertéstenyésztésben. **(Untersuchung der Ursachen der Embryonalsterblichkeit in der Schweinezucht.)** Állattenyésztés [Tierzucht] **11** (1962) Nr. 1. S. 93–96. – Aus: Ung. Agrar-Rdsch. **1962** Nr. **4.**
Vf. untersuchte an 229 Sauen das Ausmaß und den Charakter der in Ungarn vorkommenden Embryonalsterblichkeit beim Schwein. Er stellte fest, daß bei 85% der Sauen die Zahl der Embryonen geringer war als die der Gelbkörper. Unter ungarischen Verhältnissen kann die Abweichung zwischen der Zahl der Eizellen und der der gesund geborenen Ferkel mit 33–40% angesetzt werden. Da das Vorkommen von mehrreihigen Follikeln nicht ausgeschlossen ist, kann dieser Wert als untere Grenze betrachtet werden. Die Verringerung der Nachkommenzahl wird in entscheidender Weise durch Verluste an Eizellen während der Befruchtung verursacht; das embryonale Absterben erreicht nicht einmal 3%, obwohl in einer trächtigen Sau 35–40% der Eizellen zugrundegehen. Das Absterben von entwickelten Feten kommt hauptsächlich bei eiweißbedürftigen Rassen vor. Das Ausmaß der fetalen Mortalität nach der Konzeption erhöhte sich bei einer Fütterung, bei der das Eiweiß zur Hälfte aus Zein bestand, um 9%. Carotinmangel kann die embryonale Sterblichkeit nur unter ungewöhnlichen Umständen erhöhen; durch eine Steigerung der tägl. Carotingaben auf 70–80 mg lassen sich die intrauterinen Verluste nicht vermindern. Dasselbe gilt auch für die Erhöhung des Progesteron-Spiegels. Bei der Beurteilung von atrophischen Verhältnissen muß berücksichtigt werden, daß die Geschlechtsorgane von ca. 20% der Erstlingssauen noch unentwickelt sind. Das Ergebnis des morphologischen und histochem. Befundes wird durch eine verringerte Eiweißversorgung nach der Konzeption nicht beeinträchtigt. Bis zum 45. Tage der Trächtigkeit weist der Gesamteiweißgehalt des Blutes und sein Albumin: Globulin-Quotient Werte von 7,4 bzw. 1,6 auf. Bei einer unzureichenden Eiweißfütterung vor der Befruchtung verringerten sich diese Werte am 45. Tage der Trächtigkeit auf 6,6 bzw. auf 1,3. Zur Verringerung der aus fetalen Ferkelverlusten entstandenen Nachkommenschaftsausfälle schlägt Vf. vor: 1. Eine sorgfältige Wahl des Deckzeitpunktes,

um eine Befruchtung in der ersten Brunsthälfte und nicht erst nach 36 Std. zu ermöglichen, 2. eine genetische Erhöhung der Fruchtbarkeit der Sauen, 3. eine den Bedürfnissen der Fortpflanzungsvorgänge angepaßte Fütterung, die vor der Befruchtung reichlicher bemessen sein soll als unmittelbar danach; dabei ist jedoch ein entspr. Niveau der Eiweißversorgung während der ganzen Trächtigkeitsdauer von Wichtigkeit. 1844.

Paršutin, G. V., Rumjanceva, E. Ju., Testov, L. L., Evseev, N. K. und Novikova, A. N. (Parschutin, G. W., Rumjanzewa, Je. Ju., Testow, L. L., Jewsejew, N. K. und Nowikowa, A. N.); Unions-Inst. für Physiol. und Biochem. Landwirtsch. Nutztiere; Gebiet Moskau, Sowchos „Gorki-II". Vlijanie nekotorych aminokislot na formirovanie pola u ptic. **(Der Einfluß einiger Aminosäuren auf die Ausbildung des Geschlechts beim Geflügel.)** Životnovodstvo, Moskva **24** (1962) Nr. 6. S. 89–93. — 5 Tab.

Während eines 10wöchigen Versuchs (3 Wochen Vorperiode, 4 Wochen Versuchsperiode, 3 Wochen Nachperiode) erhielten Hennen der Russischen Weißen Rasse zusätzlich Methionin (5 Tage — 0,5 g/Tier/Tag, 5 Tage — 1 g, 19 Tage — im Mittel 2 g als Maximaldosis). Die Legeleistung der Versuchstiere (I) sank Ende Aug. gegenüber dem 1. Juni auf 81% ab, die der Kontrolltiere (II) auf 54%. Die Befruchtung der Eier betrug 94,8% (I) und 86,7% (II). In der 5., 6. und 7. Woche schlüpften bei **I** 159 Hennenküken auf 100 Hahnenküken und in den folgenden 3 Wochen 146,6 Hennenküken auf 100 Hahnenküken. Bei **II** waren es 107,8 und 102,8 Hennenküken auf 100 Hahnenküken. F. Schenk. 1850.

Cjupko, V. V., Azimov, G. J. und Kaplan, V. A. (Zjupko, W. W., Asimow, G. J. und Kaplan, W. A.); Charkow, Forsch.-Inst. für Tierzucht des Waldsteppen- und Polessje-Gebietes der Ukrain.SSR. Vmist letkych žyrnych kyslot u krovi laktujučych koriv ta poglynannja ïch vym-jam. **(Flüchtige Fettsäuren im Blute laktierender Kühe und ihre Absorption im Euter.)** Ukraïnškyj biochimičnyj žurnal, Kyïv **34** (1962) Nr. 4. S. 496–503. — 3 Tab., 7 Lit. Orig.: ukrain., Ausz.: russ., engl.

Die Bestimmung des Gehaltes an flüchtigen Fettsäuren (**I**) (Methode: Wasserdampfdestillation aus dem eiweißfreien Zentrifugat des Blutes im Markham-Apparat; Titration mit 0,01 n NaOH [Mikrobürette]) im arteriellen (vor Eintritt) und venösen (nach Austritt) Blut des Euters ergab: 1. Die Resorption der Essigsäure im Euter steigt mit der Erhöhung des %-Gehaltes an **I** im arteriellen Blut. 2. Die Resorption der **I** im Euter ist mehrere Std. nach dem Melken (65,3%) höher als nach 1 Std. (57,6%). 3. Durch Injektion von Thyroxin sinkt der %-Gehalt an **I** im arteriellen Blut (⌀ 9,91 → 8,54) sowie deren Resorption im Euter (⌀ 72,0 % → 61,5%). Bei Hypothyreose erreicht die **I**-Resorption wieder den Ausgangswert, während der %-Gehalt im arteriellen Blut ansteigt. Die erhöhende Wirkung der Schilddrüsenhormone bei der Milchfettsynthese kann nicht durch eine Veränderung der Resorption im Euter erklärt werden. A. Chudy. 1864.

Whittlestone, W. G.; Sydney, Univ., Dairy Husbandry Res. Foundation. Management and the physiology of milk production. **(Haltung und Pflege und Physiologie der Milchproduktion.)** J. Austral. Inst. agric. Sci. **28** (1962) Nr. 2. S. 127–140. — 90 Lit.

In einer größeren Arbeit gibt Vf. einen Überblick über die Fortschritte in der Physiologie der Laktation und prüft die Beziehungen zwischen der Milchejektion und der Milchsekretion. Die praktische Anwendung dieser Kenntnisse für ihre Handhabung in Milchviehherden wird diskutiert. Behandelt werden die Milchdrüse, deren Wachstum, die Einleitung und das Erhalten der Laktation, die Milchhergabe und die Rolle der Neurohypophyse bei letzterer, weiterhin die nervöse Kontrolle der Hypophyse. In den folgenden Abschnitten werden die Ausnutzung der wiss. Ergebnisse beim Handmelken, Fragen der

Zwischenmelkzeit, der Häufigkeit des Melkens, der Restmilch und der Stimulierung besprochen. Die Lit. bezieht sich hauptsächlich auf Veröffentlichungen in englischer Sprache. R. Neseni. 1864.

Desai, I. D. und Patel, B. M.; Anand, Inst. of Agric. Effect of feeding thyroactive material on milk secretion. **(Der Einfluß der Thyroxinfütterung auf die Milchsekretion.)** Indian J. Dairy Sci. **15** (1962) Nr. 2. S. 68–76.

Der Einfluß der Thyroxinfütterung auf die Milchsekretion wurde an einer Gruppe von 10 reinrassigen Kankrej-Kühen mit annähernd gleichem Milchertrag, gleichem Laktationsstand und gleichem Alter geprüft. Die Versuche erstreckten sich über rund 9 Mon. Während der einleitenden 4wöchigen Vorbereitungsperiode erhielten die Versuchs- und die Kontrollgruppe eine auf die Milchproduktion ausgerichtete Standardration. In der folgenden Versuchsperiode bekamen die Versuchstiere tägl. mit der Futterration 8 g einer 1%igen L-Thyroxinlösung verabfolgt. Die Thyroxinfütterung brachte zwar einen zeitlich begrenzten Erfolg mit einer Steigerung der Milchmenge; sie konnte aber bei Betrachtung der Laktationsleistung keine Leistungssteigerung zeitigen. Der prozentische Fettgehalt der Milch erhöhte sich signifikant nur während der ersten 3 Versuchsmonate mit je 0,30%, 0,71% und 0,62% pro Mon. In dieser Zeit stieg die Gesamttrockenmasse der Milch entspr. der Fettgehaltserhöhung auf 0,39%, 0,79% und 0,72% an und nahm nach dem 3. Versuchsmonat ständig ab. Ähnliche Versuche dieser Art haben schon früher keinen Erfolg zu verzeichnen gehabt, wobei der Aufwand den Ertrag nicht zu rechtfertigen schien. Davon unberührt bleibt die Frage nach der Belastungsgrenze der Kühe bei derartigen Versuchen. W. Gimmler. 1866.

Sedgwick, F. J. und Doyle, B. J. Artificial breeding in France. **(Die künstliche Besamung in Frankreich.)** Milk Board J. **13** (1962) Nr. 9. S. 21–25. – 8 Abb., 1 Tab.

Beschrieben wird die Organisation der KB-Station Douai, 100 Meilen von Paris, die ein Gebiet mit 385000 Kühen betreut und 220376 Erstbesamungen im Jahre 1960 durchführte. Es werden 70 Zweigstellen unterhalten. Die Bullen werden 2mal wöchentl. abgesamt, um den Wünschen der Züchter Genüge leisten zu können. Der Spermaverdünner besteht aus 50 g Trockenmilchpulver, 500 cm³ aqua bidest., 50 cm³ Eidotter, 500000 IE Penicillin und 25 g Streptomycin. Verdünnt wird auf einen Spermiengehalt von 30 Mill./cm³. Als Ampullen werden 6 cm lange Plastikstrohhalme ähnlich den zum Trinken benutzten verwendet, in die das Sperma maschinell abgefüllt wird. Die farbig gehaltenen Halme entsprechen den verschiedenen Blutlinien. Tiefgefrorenes Sperma wird wenig (nur 2000 Kühe von 220000) benutzt. Jeder Besamer hat einen Block, mit dem er Bescheinigungen für jede Besamung in 3 facher Ausfertigung ausstellt: das Original für die Zentralstation, ein Blatt für den Farmer, ein Blatt zu seiner Verwendung. In der Zentralstation wird von der Meldung für die statistische Auswertung eine Lochkarte angefertigt. Die Konzeptionsrate betrug im Jahre 1960 63% nach der NR-Methode. 1960 wurden 220376 Erstbesamungen, 91109 Zweit- und 38360 Drittbesamungen durchgeführt. H. Senger. 1881.

Csomós, Z. A tenyésztő munka korszerü szervezése a Heves megyei szarvasmarha mesterséges termékenyitő állomáson. **(Zeitgemäße Organisierung der züchterischen Arbeit auf der Rinder-Besamungsstation des Komitates Heves.)** Állattenyésztés [Tierzucht] **11** (1962) Nr. 1. S. 1–4. – Aus: Ung. Agrar-Rdsch. **1962** Nr. 4.

Die Ausdehnung des Netzes der Besamungsstationen in Ungarn macht, um Inzucht zu vermeiden, eine nach einem festgelegten System durchgeführte Benutzung der KB-Bullen erforderlich. In der Besamungsstation von Füzesabony wird die regelmäßige Spermaversorgung der Besamungskreise mit

20 Bullen sichergestellt und die Nachkommenschaftsprüfung von 6 Bullen mit dem CC-Test durchgeführt. Von 20 Bullen wurden 5 Gruppen gebildet, die Gruppe 6 besteht aus den zur Nachkommenschaftsprüfung eingeteilten Bullen. Bei der Gruppierung werden die Leistungen der Mutter und Großmutter väterlicherseits berücksichtigt. Die miteinander verwandten Bullen kommen in gleiche Gruppen. In jedem der den Bullengruppen entspr. gestalteten 6 Besamungskreise stehen 3300–3500 Kühe. Den einzelnen Kreisen wird nach einer Rotations-Tabelle während der Zeit von 24 Mon. der Samen jeweils einer Bullengruppe gesichert. Die der Nachkommenschaftsprüfung unterzogenen Bullen bleiben 1 Jahr lang in der für sie bestimmten Gruppe, nachher kommen sie in ein Depot. Infolge der Rotation kann auf der Station ohne Bullenwechsel 10 Jahre lang Inzucht vermieden werden. Das Ausmerzen der Bullen oder ihr zeitweiliger Ausfall hat keine Umgruppierung zur Folge, da in der Station alle 2 Jahre 2 Reserve-Bullen eingestellt werden, deren Samen in jedem Kreis verwendbar ist. Der Vorteil des Verfahrens besteht darin, daß es, ohne die regelmäßige Arbeit der Besamungsstation zu gefährden, den Gebrauch der züchterisch hochwertigen Bullen unter Vermeidung von Inzucht für eine lange Zeitdauer gewährleistet, ferner eine Nachkommenschaftsprüfung auf Grund des Vergleiches gleichaltriger Stallgefährtinnen ermöglicht und schließlich durch Konzentrierung der Nachzucht auf einem kleinen Raum Gelegenheit zur frühzeitigen Merzung jener Bullen bietet, die eine konstitutionelle Schwäche oder unerwünschte Körperformen vererben. 1881.

Feredan, T. und Slăvescu, E. Cercetări asupra însămințările artificiale la porcine (Recoltarea, diluarea, conservarea și inocularea spermei). **(Untersuchungen über die künstliche Besamung bei Schweinen: Spermaentnahme, -verdünnung, -konservierung und Sameneinführung.)** Lucrările științ. Inst. Cercetări zootehn. **19** (1961) S. 359–384. — 10 Abb., 3 Tab., 26 Lit. Zus. in Russ., Engl., Franz., Dtsch.

Die Versuche erfolgten an 34 Ebern verschiedener Rassen. Vff. erörtern Einzelheiten der selbstentworfenen Apparatur. Untersuchungen über den Geschlechtsakt beim Schwein ergaben eine Dauer von ⌀ 11–12 Min. An 127 Ejakulaten wurden weiterhin die Spermaeigenschaften ermittelt (Volumen — 238 ml, Spermien je ml — 0,306 Md., je Ejakulat — 42 Md., Beweglichkeit — 0,85, pH — 7,41, Widerstandsfähigkeit gegenüber HCl — 1600). 55 Sauen wurden mit einem entspr. verdünnten und konservierten Sperma künstlich besamt, man erzielte eine Befruchtung von ⌀ 61,8% und eine Fruchtbarkeit von ⌀ 8,6 Ferkeln. Die besten Ergebnisse brachten die 12 bis 24 Std. nach Auftreten der Brunst vorgenommenen Besamungen. Die Versuche werden fortgeführt, um den Befruchtungsprozentsatz zu steigern.
R. Petrovszky. 1881.

Debruyne, R. Het opvangen van sperma bij stieren door massage der zaadampullae en de bruikbaarheid van deze metode voor K. I. doeleinden. **(Die Gewinnung von Bullensperma durch Massage der Samenleiterampullen und die Brauchbarkeit dieser Methode für die Zwecke der künstlichen Besamung.)** Vlaams diergeneeskund. Tijdschr. **30** (1961) Nr. 9/10. S. 221–237. — 1 Abb., 9 Tab., 8 Lit. Zus. in Engl., Franz., Dtsch.

Im Laufe eines Jahres wurde an 21 Besamungsbullen in 102 Fällen Massage der Samenleiterampullen zur Gewinnung von Sperma durchgeführt. 96% der Massagen führten zur Ejakulation von Sperma. In 86% der Fälle erfüllte das aufgefangene Sperma hinsichtlich Dichte und Beweglichkeit die Bedingungen, die an das zur Besamung verwendete Sperma gestellt werden, während 91,1% der im gleichen Zeitraum und von den gleichen Bullen mittels der künstlichen Vagina gewonnenen Ejakulate diesen Bedingungen genügten. In den meisten Fällen reichte eine höchstens 4 Min. dauernde Massage

aus. Auch bei häufiger Samenentnahme durch Massage der Samenleiterampullen traten keine Schäden auf. Hinsichtlich der Dichte und Beweglichkeit lag das Sperma im Durchschnitt etwas unter den Werten des mit der künstlichen Vagina entnommenen Spermas, und der Keimgehalt war ca. 15mal so hoch. Die Befruchtungsresultate lagen bei dem durch Massage gewonnenen Sperma um 0,9% niedriger. Es ergaben sich keine Hinweise dafür, daß der höhere Keimgehalt zu einer Senkung der Befruchtungsresultate oder zu Metritis führen würde. Auf Grund der guten Resultate wird die Samenentnahme durch Massage der Samenleiterampullen für solche Bullen empfohlen, die nicht mit der künstlichen Vagina abgesamt werden können.
W. Wittig. 1885.

Freund, M.; New York, N. Y., New York Med. Coll., Dep. of Physiol. and Pharmacol., Flower and Fifth Avenue Hospital. Interrelationships among the characteristics of human semen and factors affecting semenspecimen quality. **(Beziehungen zwischen charakteristischen Merkmalen menschlichen Spermas und den Spermaproben beeinflussenden Faktoren.)** J. Reproduct. Fertility **4** (1962) Nr. 2. S. 143–159. – 2 Abb., 9 Tab., 13 Lit. 1886.

Beck, J. Swanson, Edwards, R. G. und Young, M. R.; Mill Hill, London, Nat. Inst. for Med. Res., Div. of Immunol.; Div. of Exp. Biol.; Div. of Biophysics. Immune fluorescence technique and the isoantigenicity of mammalian spermatozoa. **(Die Immunfluoreszenztechnik und die isoantigene Wirkung von Säugerspermatozoen.)** J. Reproduct. Fertility **4** (1962) Nr. 1. S. 103 bis 110. – 4 Abb., 1 Tab., 28 Lit.

Die Akrosomen homologer und heterologer Spermien wurden durch Normalserum erwachsener Meerschweinchen, Kaninchen, Mäuse oder Menschen angefärbt. Durch Inaktivierung der Seren und Filtern (Seitz-Filter) konnte die Färbung abgeschwächt bzw. verhindert werden. Die Immunisierung von Meerschweinchen mit homologen Spermien bewirkte zusätzlich eine Anfärbung des Schwanzes. Der Serumfaktor ähnelt einem Antikörper, ist hitzestabil bei 56 °C, bei jungen Tieren nicht oder in niedrigerem Titer vorhanden und als γ-Globulin anzusehen. B. Busch. 1887.

Nicander, Lennart und Bane, Allan. Fine structure of boar spermatozoa. **(Die Feinstruktur der Spermatozoen des Ebers.)** Z. Zellforsch. mikroskop. Anatom. **57** (1962) Nr. 3. S. 390–405. – 14 Abb., 28 Lit.

An Spermatozoen des Ebers, die aus dem Nebenhoden entnommen wurden, untersuchten Vff. einige Fragen der Ultrastruktur. Das Acrosom des Kopfes der Eberspermatozoen besteht aus einem homogenen Material von unterschiedlicher Dichte und ist von einer einzigen Membran umgeben. Zwischen der Zellmembran und der Kernmembran findet sich eine dichte, amorphe postnucleare Kappe, die eine deutliche Affinität zu Schwermetallen (Phosphorwolframsäure) besitzt. Auffallend ist das Vorkommen von ausgedehnten Falten der Kernmembran in der Nackenregion. Der Achsenfaden zeigt im Mittel- und Hauptstück, nicht im Endstück, das bekannte 9 + 2-Schema. Die 2 zentralen Fibrillen sind im Querschnitt deutlich tubulär. Die 9 peripheren Fibrillen dagegen sind definitiv doppelt und bestehen jeweils aus einer tubulär ähnlichen Fibrille und einer kleineren allg. nicht tubulären Fibrille, welche 2 Arme und 1 Speiche besitzt, die in charakteristischer Art und Weise zu dem zentralen Fibrillenpaar ziehen. G. Michel. 1889.

Tomov, Cvetan und Kazakov, Ljubomir. (Tomow, Zwetan und Kasakow, Ljubomir.) Prinos kŭm izkustvenoto osemenjavane na kravi sŭs sperma, razredena s bikarbonatno-fosfaten razreditel. **(Beitrag zur künstlichen Besamung von Kühen mit Sperma in einem Bikarbonat-Phosphat-Verdünner.)** Životnovŭdstvo, Sofija **16** (1962) Nr. 4. S. 40–42. – 2 Tab.

Im ersten Halbjahr 1961 wurden 2781 Kühe mit Bullensperma, das mit dem Bikarbonat-Phosphat-Verdünner nach Milowanow verdünnt worden war, besamt. Das Sperma war in Thermosflaschen ohne Eis in Brunnen bei einer Wassertemperatur von ca. 10–18 °C aufbewahrt worden. Die Befruchtung nach der 1. Besamung belief sich auf 84%, die Gesamtbefruchtung auf 94%. 2848 Kühe wurden als Kontrolltiere mit einem mit Eigelb-Glukose-Citrat-Verdünner versetzten Bullensperma besamt. Die Gesamtbefruchtung lag bei 88,2%. Es werden die Vorzüge des Phosphat-Bikarbonat-Verdünners hervorgehoben: a) erhöhter Gesamtbefruchtungsprozentsatz und bessere Befruchtung nach der 1. Besamung; b) leichte Aufbewahrung und reduzierte Aufbewahrungskosten; c) Einhaltung der Deckpläne usw. Auf Grund dessen erweist sich der Bikarbonat-Phosphat-Verdünner für die weite Praxis der KB als geeignet und wirtschaftlich. G. Radew. 1891.

Norman, C., Johnson, C. E., Porterfield, I. D., Goldberg, E., Dunbar jun., R. S., Min, H. S. und Dunn, H. O. Survival and fertility of bovine sperm kept at variable temperatures in coconut milk extender. **(Befruchtungsfähigkeit und Überleben von Rindersperma nach Aufbewahrung in Kokosnußmilchverdünner bei verschiedenen Temperaturen.)** J. agric. Sci. **59** (1962) Nr. 1. S. 33–39.

Rinderspermien, die in einem Kokosnußmilchverdünner bei einer Raumtemperatur von 18–30 °C ein Alter von 6–7 Tagen erreichten, behielten ihre Befruchtungskapazität bei. Ihre Befruchtungsfähigkeit schien jedoch durch negativ wirkende Umgebungsfaktoren (Sauerstoffschäden, Einwirkung sichtbaren Lichtes und Temperaturschock) beeinträchtigt zu sein. Die bei der Spermabehandlung und -aufbewahrung erarbeiteten und angewandten Schutzmaßnahmen zur höchstmöglichen Einschränkung frühzeitiger Spermaschädigungen beinhalten auch den Zusatz von Katalase und Eidotter zum Verdünner sowie die Aufbewahrung der Zellsuspensionen bei völliger Dunkelheit in Ampullen mit min. Luftraum. Die mit diesem verbesserten Verdünner im Versuch gemachten Erfahrungen begründen dessen Fähigkeit, die Befruchtungskapazität von Rindersperma 6–7 Tage bei Zimmertemperatur auf gleicher Höhe zu halten, wie bei Herunterkühlung in bereits gebräuchlichen Verdünnern. Der durch Zusatz von 5% Eidotter modifizierte Kokosnußmilchverdünner erwies sich auch als zufriedenstellendes Aufbewahrungsmedium für Sperma bei niedrigen Temperaturen. Er zeigte sich sowohl den Eidotter-Citrat als auch den Magermilchverdünnern hinsichtlich der Erhaltung der Spermienmotilität nach der Konservierung bei + 5 °C überlegen. Bez. des Anteils beweglicher Spermien nach Tiefgefrierung bei — 79 °C kam dieser Verdünner ebenfalls den Eidotter-Citrat- und Magermilchverdünnern gleich. Die Ergebnisse dieses Versuches zeigen, daß Kokosnußmilchverdünner ein vielseitiges und einfach herzustellendes Medium ist, die Spermafunktionen innerhalb eines weiten Temperaturbereiches aufrecht zu erhalten. W. Schäfer. 1891.

Rosłanowski, Kazimierz; Poznań, Państwowy Zakład Unasieniania Zwierząt. Zachowanie się plemników buhaja w rozceińczalnikach z dodatkiem glicerolu. Część IV. Wpływ ilości glicerolu w rozcieńczalnikach na czas przeżywania plemników oraz wyniki zapłodnień krów unasienionych. **(Verhalten von Bullenspermatozoen in Verdünnungsflüssigkeiten mit Glycerinzusatz. 4. Mitt. Einfluß der Glycerinmenge in Verdünnungsflüssigkeiten auf die Spermienüberlebensfähigkeit sowie den Befruchtungserfolg.)** Med. weteryn. 18 (1962) Nr. 7. S. 425–428. — 7 Tab., 12 Lit. Zus. in Russ., Engl.

Im Experiment wurde das Verhalten der Spermien im Milch-Eidotter-Verdünner mit 0,5- bis 60%igem Glycerinzusatz untersucht. Zur Kontrolle wurden Spermien in reinem Glycerin beobachtet. Streptomycin war ein ständig angewendeter Zusatz. Im 2. Teil der Untersuchungen wurden die Befruchtungserfolge des in Milch-Eidotter-Verdünner mit 7- bis 10%igem Glycerinzusatz verabfolgten Spermas festgestellt. Die Beobachtungen betreffen 4400 inseminierte Kühe. Ergebnisse: 1. Glycerinzusatz in Mengen von 0,5–24% verlängert die Überlebensdauer im Milch-Eidotter-Verdünner. Als am günstigsten erwies sich ein 7- bis 10%iger Glyceringehalt. 2. Das mit 7–10% Glycerin versetzte, verdünnte Bullensperma kann in der Praxis im Laufe von 4 Tagen zur Besamung verwendet werden. Es wurden keine statistisch signifikanten Unterschiede im Befruchtungserfolg bei Glycerinkonzentrationen in den Grenzen von 7–10% festgestellt. 3. Bei dem 4 Tage lang ohne Glycerinzusatz zum Verdünner aufbewahrten Sperma wurde ein Nachlassen der Befruchtungsfähigkeit um 16% festgestellt, bei Glycerinverwendung betrug der Rückgang nur 4%. W. Radomiński. 1891.

Smirnov, I. V. und Postavnaja, V. I. (Smirnow, I. W. und Postawnaja, W. I.) Vlijanie stepeni razbavlenija i veličiny dozy semeni byka na oplodotvorjaemost' korov. **(Einfluß von Verdünnungsgrad und Größe der Dosis von Bullensamen auf die Befruchtung der Kühe.)** Naučnye trudy. Kievskaja opytnaja stancija životnovodstva 7 (1961) S. 82–88. — 2 Abb., 7 Tab., 13 Lit.

Vff. überprüften in Laborversuchen gewonnene Ziffern von Verdünnungsresultaten unter Praxisbedingungen an 2571 Kühen in 23 Kolchosbesamungseinrichtungen. Die individuellen Eigenschaften des Spermas verschiedener Bullen machten sich stark bemerkbar. Die unterschiedliche Einrichtung der Besamungsstellen beeinflußte ebenfalls die Resultate. Das Sperma wurde 10-, 20- und 40fach verdünnt. Die höchste Verdünnung kann nur für Sperma sehr wertvoller Zuchtbullen empfohlen werden, wobei 1 ml Sperma nicht weniger als 1 Md. Spermien enthalten soll, die bei 40facher Verdünnung gute Überlebensfähigkeit besitzen. Für die überwiegende Zahl von Bullen ist es zweckmäßiger, geringere Verdünnungen von 1:9–1:19 und bei Spermamangel eine Dosis von 0,5 ml an Stelle von 1 ml (bes. bei 10facher Verdünnung) anzuwenden. Das ermöglicht die rationellere Nutzung der Bullen ohne Sinken der Befruchtungsquote der Kühe. K. Neumann. 1891.

Wettke, K. und Huhn, J. E.; Berlin-Dahlem, Univ., Klin. für Tiergeburtshilfe und Klauentierkrankh. **Beitrag zur Spermagewinnung beim Eber und vergleichende Konservierungsversuche bei Temperaturen von plus 4 °C und plus 12 °C unter besonderer Berücksichtigung eines Magermilchverdünners.** Berliner Münchener tierärztl. Wschr. 75 (1962) Nr. 11. S. 211–214.; Nr. 12. S. 221–225.

An insgesamt 80 Ejakulaten von 6 Ebern werden die konservierenden Eigenschaften eines Magermilchverdünners aus „Molico“ (Diätmagermilchpulver) unter Zugrundelegung der Vorwärtsbewegung geprüft. 10 mit einer einfachen Vagina gewonnene Ejakulate enthalten pro 1 ml Sperma 200–25000 Keime. Im Durchschnitt werden 3300 Keime pro 1 ml gefunden. Die Samenentnahme erfolgt meist unter Zuhilfenahme eines im Deckstand fixierten Schweines. Zur Verdünnung eignen sich Molico und Eidotter in folgenden Mengen: 10,0 Molico, 100,0 aqua dest. und 5 Vol% Eidotter. Der Verdünnerlösung werden pro 1 ml 1000 I E Penicillin und 1 mg Dihydrostreptomycin zugegeben. Die Spermaverdünnung (nur Sperma der 1. Hauptphase) wird unmittelbar nach der Samengewinnung durchgeführt und das verdünnte Sperma bei 4 °C und 12 °C aufbewahrt. Die Aufbewahrung bei 12 °C erweist sich der kälteren Lagerung überlegen. 20 Ejakulate von 4 Ebern werden gleichzeitig mit Molico-Verdünner, Glukose-Eidotterverdünner nach Hoffmann (1959) und Citrat-Glycin-Verdünner nach Rothe (1960) 1:6 verdünnt und aufbewahrt. Die Aufbewahrung bei 4 °C ergibt bei allen Verdünnern einen gleichschnellen Abfall der Beweglichkeitsrate. Bei einer Aufbewahrungstemperatur von 12 °C ist Molico-Verdünner den anderen leicht überlegen. Das Keimwachstum ist in Samenportionen mit Antibioticazusatz und Aufbewahrungstemperaturen von 12 °C so gering, daß derart behandeltes Sperma bis zu 72 Std. ohne hygienische Bedenken zur Anwendung gelangen kann.

K. Rothe. 1891.

Smirnov, I. V. und Postavnaja, V. I. (Smirnow, I. W. und Postawnaja, W. I.) Sravnitel'naja ocenka razbavitelej dlja semeni chrjakov. **(Vergleichende Bewertung von Verdünnern für Ebersamen.)** Naučnye trudy. Kievskaja opytnaja stancija životnovodstva 7 (1961) S. 89–94. – 6 Tab., 10 Lit.

Ungeachtet dessen, daß die KB der Schweine in wachsendem Maße angewendet wird, sind die bestehenden Methoden der Verdünnung und Aufbewahrung des Eberspermas noch unbefriedigend. Dadurch wird der Transport von den Besamungsstationen zu den Farmen erschwert. Die z.Z. von unterschiedlichen Autoren vorgeschlagenen Verdünner für Ebersperma lassen sich in 5 Gruppen einteilen. Die Verwendung in der Praxis ergibt oft unbefriedigende Resultate. Vff. führten spez. vergleichende Untersuchungen an 12 Verdünnern in 6 Varianten durch, wobei die Überlebensfähigkeit der Spermatozoen bei unterschiedlichen Temperaturbedingungen erforscht wurde. Der Einfluß der individuellen Besonderheiten des Ebers ist so groß, daß gefordert werden muß, neu vorgeschlagene Rezepte an einer möglichst großen Anzahl verschiedener Eber zu prüfen. Die Hauptschlußfolgerung aus den Versuchen ist, daß vollkommene Verdünner bisher noch nicht vorgeschlagen wurden und eine beständige Aufbewahrung hochaktiver Eberspermatozoen selbst für die kurze Dauer von 2 Tagen noch nicht gewährleistet werden kann.

K. Neumann. 1891.

Wettke, K., Meyer, W. und Huhn, J. E.; Berlin-Dahlem, Univ., Klin. für Tiergeburtshilfe und Klauentierkrankh. **Der Einfluß von Gelatinezusätzen auf die Sedimentation und das Anhalten der Vorwärtsbewegung der Eberspermien bei der +12 °C-Konservierung im Magermilchverdünner und in einem zentrifugierten Na-Citrat-Eidotter-Verdünner.** Berliner Münchener tierärztl. Wschr. **75** (1962) Nr. 15. S. 284–287.

Bei der Konservierung des Eberspermas sind fast in allen Verdünnermedien schon nach rel. kurzer Zeit mehr oder weniger starke Bodensätze zu erkennen. Diese für die Konservierung in verschiedener Hinsicht ungünstig zu beurteilende Sedimentierung des verdünnten Spermas soll durch Gelatinezusätze verzögert oder gar unterbunden werden. Dazu werden 36 Ejakulate von 4 Ebern mit gelatinehaltigen und gelatinefreien Verdünnerlösungen versetzt und das Absetzen der Spermien und ihre Vorwärtsbeweglichkeit beurteilt. Als Verdünnerflüssigkeiten werden Magermilch (Wettke und Huhn, 1962) und Na-Citratverdünner (Rothe, 1960) und eine Aufbewahrungstemperatur von 12 °C gewählt. Zusätze von 350 mg% verhindern die Sedimentation weitgehend, solche von 525 mg% nahezu vollständig. Die Kontrollproben ohne Gelatinezusätze haben aber nach 120stündiger Aufbewahrung die besseren Prozentsätze an vorwärtsbeweglichen Spermien. Nach 20 Min. Zentrifugieren des Na-Citratverdünners bei 5000 Umdrehungen/Min. zeigt sich eine Verbesserung der in-vitro-Konservierungsergebnisse. Die mit dem zentrifugierten Citratverdünner beobachteten Konservierungsresultate stimmen annähernd mit denen überein, die mit Magermilchverdünner erzielt werden.

K. Rothe. 1891.

Ebertus, R.; Schönow bei Bernau, Inst. für Künstl. Besam. **Die Verdünnung von Hengstsperma mit Rindervollmilch.** Mh. Veterinärmed. **17** (1962) Nr. 15. S. 618.

Die Arbeiten auf dem Gebiet der Pferdebesamung sind im Jahre 1960 wieder aufgenommen worden. Die Verdünnung des Hengstspermas erfolgt bei 32 °C unmittelbar nach der Samengewinnung. Der Verdünnungsgrad hängt von der Qualität der Ejakulate ab. Verdünnungen unter 1:2 scheinen nicht günstig zu sein. Der erprobte Verdünner aus: 1,4 Glukose, 25,0 Eidotter, 100,0

Rindervollmilch (sterilisiert), 50000 IE Penicillin und 0,05 g Streptomycin eignet sich gut. Die Aufbewahrung des verdünnten Spermas erfolgt bei 2–4 °C. Die Veränderung des Eidotterzusatzes nach oben oder unten bewährt sich nicht. Nach 48stündiger Aufbewahrung des verdünnten Spermas werden noch 50% der anfangs geschätzten vorwärtsbeweglichen Spermien beobachtet. Die äußerste Lebensdauer beträgt ⌀ 9–15 Tage, höchstens aber 15 Tage. 5 besamte Stuten konzipierten. Auch über 40 Std. altes Sperma erweist sich als befruchtungsfähig. K. Rothe. 1891.

Müller, Egon. **Statistische Untersuchungen über die Einflüsse von Spermaqualität, Verdünner und Aufbewahrungstemperatur auf die Lebensdauer von Rinderspermien.** Wiener tierärztl. Mschr. **49** (1962) Nr. 8. S. 657–680.

Es werden über 10 Tage hinweg an jeweils 10 Ejakulaten von verschiedenen Bullen Untersuchungen über den Einfluß der individuellen Verschiedenheit der Ejakulate, biochem. Unterschiede der Verdünner, Aufbewahrungstemperatur und die Umweltbedingungen der Bullen auf die Haltbarkeit des Spermas gemacht. Von bes. Bedeutung sind die Umweltbedingungen, vor allem die Ernährung der Bullen. Der Einfluß der Umwelt ist etwa 4mal größer als die individuelle Veranlagung der Bullen. Die verschiedenen Verdünner, die für die Konservierung des Spermas Verwendung finden, unterscheiden sich in ihrer Wirkung auf die Haltbarkeit des Spermas nur unwesentlich. Die Aufbewahrungstemperatur ist von weit größerer Bedeutung. Als günstigste Aufbewahrungstemperatur wird 4 °C ermittelt. Bei 0 °C werden ein wenig schlechtere Ergebnisse beobachtet. Die Untersuchungen ergeben außerdem, daß nicht alle Ejakulate auf Verdünner und Aufbewahrungstemperatur gleich reagieren. Die Lebensdauer der Spermien ist also in erster Linie durch Ernährung und Haltung und durch Selektion der Vatertiere auf Samenqualität zu beeinflussen. K. Rothe. 1892.

Milovanov, V. K. (Milowanow, W. K.) **Biologija vosproizvedenija i iskusstvennoe osemenenie životnych.** (Fortpflanzungsbiologie und künstliche Besamung bei landwirtschaftlichen Nutztieren.) Moskva: Sel'chozizdat. 1962. (696 S. m. 285 Abb., 166 Tab. u. 91 Lit.) 4°. Rbl. 2,06. Das Gesamtwerk besteht aus 2 Teilen in einem Band. Der 1. Teil beinhaltet in 6 Kapiteln (Vermehrung, Geschlechtsprozeß, Vitalität und Fortpflanzung der Nachkommen; die neurohumorale Regulierung der Fortpflanzungsprozesse; der Einfluß der Ernährung auf die Fortpflanzung; die Gameten, das Sperma, die natürliche Besamung, Befruchtung und Frühentwicklung der Zygote) die Fortpflanzungsbiologie der landwirtsch. Nutztiere. Im 2. Teil behandelt Vf. ebenfalls in 6 Kapiteln die Grundlagen der KB bei landwirtsch. Nutztieren (Spermaentnahme, -untersuchung, -verdünnung, -aufbewahrung, Methoden der KB, die KB als zootechnisches Verfahren). Das Werk ist reich illustriert und mit einem umfangreichen Sachregister ausgestattet. B. Schenk.

Instrukcija po provedeniju iskusstvennogo osemenenija ovec i koz. (Anleitung für die Durchführung der künstlichen Besamung bei Schafen und Ziegen.) Hrsg.: Minist. sel'skogo chozjajstva SSSR. Moskva: Izd. Minist. sel'skogo choz. SSSR. 1959. (31 S.) 8°. (DA 1422)

E. ZÜCHTUNG

Fewson, D.; Hohenheim, Landwirtsch. Hochschule, Inst. für Tierzuchtlehre. **Versuch einer Neugliederung der Zuchtmethoden.** Züchtungskunde **34** (1962) Nr. 8. S. 337–349. — 3 Abb., 9 Lit.

Der herkömmlichen Gliederung der Zuchtmethoden nach dem vorherrschenden Paarungsverfahren, das seit Settegast im wesentlichen über Jahrzehnte beibehalten wurde, stellt Vf. die Unterteilung nach genetischen Gesichtspunkten, die bei der Auswahl und Durchführung der Zuchtmethoden im Vordergrund stehen, gegenüber. Dabei sind die Heterosis-Zuchtmethoden zu einer selbständigen Gruppe zusammengefaßt. Vf. unterscheidet zwischen Zuchtverfahren zur Ausnutzung der Eltern-Nachkommen-Ähnlichkeit (Inzucht, Linienzucht, Reinzucht, Veredelungskreuzung, Kombinationskreuzung, Verdrängungskreuzung), solchen zur Ausnutzung von Heterosiseffekten (Inzuchtlinienkreuzung, Zuchtlinienkreuzung, wiederholte Selektion auf spez. Kombinationseignung) und Gebrauchskreuzungen ohne spez. Kombinationseignung (Gebrauchskreuzung, Wechselkreuzung, Artkreuzung). Während im 1. Fall zum Aufbau einer Population von Tieren mit den gewünschten Reaktionsnormen nach dem allg. Zuchtwert selektiert wird und keine Trennung von Zucht- und Nutztieren erfolgt, ist im 2. Fall eine gleichzeitige Haltung mehrerer Linien oder Populationen zum Zwecke der Produktion von Nutztieren erforderlich. Die Selektion erfolgt nach dem spez. Zuchtwert.

A. Schaaf. 1920.

Konstitutionsforschung in der Pferdezucht. Halle/Saale, Institut für Tierzucht der Martin-Luther-Universität Halle-Wittenberg **1961** 25 S. Plan-Nr.: 2155 19 h/1–13/9. Abschlußber.
In der Anzahl der Zyklen von der ersten Bedeckung bis zur Konzeption wurde ein Maßstab für die Fruchtbarkeitsleistung als Konstitutionsmerkmal gefunden. Zwischen dem Lebensalter der Stute zum Zeitpunkt der Konzeption und dem Konzeptionszyklus konnten Beziehungen nachgewiesen werden. Ein weiterer Zusammenhang zeigte sich zwischen Vorjahresleistung hinsichtlich Fruchtbarkeit und Aufnahmebereitschaft der Stute im folgenden Jahr. Zwischen einzelnen Leistungsfaktoren (Schrittlänge-Geschwindigkeit; Trittlänge-Geschwindigkeit; Anzahl der Atemzüge nach der Schritt- und Trabprüfung) konnten positive Korrelationskoeffizienten berechnet werden.

1940.

Florentin, P. und Lauvergne, J.-J. Une nouvelle anomalie héréditaire chez les bovins: le caractère „tête de mouton". **(Eine neue erbliche Mißbildung beim Rind. Das Merkmal „Hammelkopf".)** Recueil Méd. vétérin. **138** (1962) Nr. 5. S. 341–356. – 9 Abb., 3 Tab. Zus. in Engl., Span.
Es werden die äußeren klinischen und anatomischen Befunde bei 9 mit der erblichen Mißbildung behafteten Kälbern eines Bullen der Limousine-Rasse beschrieben. Hierzu gehören eine Knochendelle infolge Ausbleibens der Ossifikation eines dreieckigen Nahtstreifens der Sutura frontonasalis, weiterhin das konvexe Profil der Nasenpartie, die Brachygnathia inferior, der beiderseitige Exophthalmus und die starke Vergrößerung der Zunge. Wegen der letzteren und der Brachygnathia war bei den Saugkälbern bereits die Nahrungsaufnahme erschwert. Als morphopathologische Veränderungen im Verdauungskanal wurden Mißbildungen im Blättermagen, die zu häufigem Aufblähen führten, und im Herzen als kommunizierende Öffnung zwischen den Vorkammern ein Foramen Botali persistens, sowie die Umbildung der Cordae tendineae zu fibrösen, verdickten membranartigen Gebilden beobachtet. Die meisten dieser Veränderungen zeigten einen unterschiedlichen Grad der Ausprägung. Die bisher nicht beschriebene Mißbildung soll als „Hammelkopf" in die genetische Terminologie aufgenommen werden. Die Untersuchung der Fortpflanzungsorgane beider Geschlechter wurde durch die Mitarbeiter der physiol. Abt. einer zootechnischen Versuchsanstalt in die Wege geleitet. H. Busse. 1950.

F. WACHSTUM UND ENTWICKLUNG

Polivanova, T. M. (Poliwanowa, T. M.); Sagorsk, Gebiet Moskau, Unions-Forsch.-Inst. für Geflügelzucht, Abt. für Zucht. Operjaemost' mjasnych cypljat. **(Die Befiederung bei Fleischküken.)** Trudy Vsesojuznogo naučno-issledovatel'skogo instituta pticevodstva, Moskva **27** (1961) S. 45–53. – 2 Abb., 6 Tab., 11 Lit.
Die Bestimmung der Befiederungsgeschwindigkeit erfolgte im 10-Tage-Alter nach der Länge der Flügelschwingen und Schwanzfedern und im 60-Tage-Alter nach dem Verlauf der Jugendmauser. Bei der Kreuzung der sich langsam befiedernden Sagorsker Lachsfarbenen mit den sich schneller befiedern-

den Kutschinoer Jubiläum zeigte sich deutlich, daß langsame Befiederung geschlechtsgebunden vererbt wird. Dienten die Sagorsker als männl. Ausgangsrasse, zeigten alle Nachkommen langsame Befiederung, dienten dagegen die Kutschiner als männl. Ausgangsrasse, zeigten nur die männl. Nachkommen langsame Befiederung. Auf die weibl. Kreuzungsnachkommen war im letzten Fall die schnelle Befiederung von den Kutschinoer Hähnen vererbt worden. Die Hennenküken wiesen allg. eine etwas schnellere Befiederung auf als Hahnenküken. Die Schlachtprodukte mit dem besseren Äußeren wurden erzielt, wenn wenigstens eine Ausgangsrasse weißes Gefieder hatte.

H. Pingel. 2110.

Bogoljubskij, S. N. (Bogoljubski, S. N.) O vesovom rost skeleta, myšc i vnutrennich organov posleutrobnom ontogeneze sovetskogo merinosa i drugich porod ovec. **(Über die Gewichtszunahme des Skeletts, der Muskeln und der inneren Organe in der Ontogenese nach der Geburt bei den sowjetischen Merinos und anderen Schafrassen.)** Trudy Instituta morfologii životnych im. A. N. Severcova. Akademija nauk SSSR, Moskva **35** (1961) S. 7–57. — 23 Abb., 31 Tab., 35 Lit.

Während bei der Geburt das Skelettgewicht noch 15–20% vom Körpergewicht beträgt, verringert sich dieser Anteil bes. in den ersten 2–3 Lebensmonaten. Danach setzt sich diese Verringerung mit geringerer Geschwindigkeit fort und erreicht bei erwachsenen Tieren 8–11%. Bei einigen Fleischrassen beträgt der Skelettanteil am Gesamtkörpergewicht nur noch 6%. Wenn man das Skelett in einen axialen und einen peripheren Teil aufgliedert, so ist hier unter den einzelnen Schafrassen bez. der Skelettentwicklung keine gesicherte Gesetzmäßigkeit festzustellen. Auf diesen Kennwert haben Wachstumsgeschwindigkeiten der Schädelknochen und des Rückgrades großen Einfluß. Die Entwicklungsgeschwindigkeiten beider Knochengruppen unterscheiden sich um 5–10% und die Peripherieknochen entwickeln sich anfangs stärker. Anschließend holen die Knochen des Brustkorbes, der Wirbelsäule, des Bekkens den Entwicklungsrückstand auf, bes. in den ersten 3 Mon. Die Gewichtsuntersuchungen zur Bestimmung der Muskulaturentwicklung haben bei den sowjetischen Merinos und den dagestaner Bergschafen die größte Wachstumsgeschwindigkeit in den ersten 3 Lebensmonaten ergeben. Danach ist die Entwicklungsintensität der Muskulatur unterschiedlich, obwohl eine abs. Gewichtsvergrößerung der Muskulatur zu verzeichnen ist. Die Entwicklung verschiedener Muskelgruppen wurde bei den beiden genannten Schafgruppen verfolgt und gewisse Ähnlichkeiten der Entwicklungsgeschwindigkeit festgestellt, obgleich z. B. bei Muskelgruppen der Brust- und Bauchpartien bei den sowjetischen Merinos im 3. Mon. ein Entwicklungshöhepunkt vorliegt, während bei der gleichen Muskelgruppe bei den Dagestaner Bergschafen derartige Entwicklungshöhepunkte zu Beginn des 3. Mon. mit 1 Jahr festgestellt wurden. Vf. geht ferner auf die Unterschiedlichkeit der Muskulaturentwicklung in einer Kontrolgruppe ein, weist auf den Einfluß der Lebensbedingungen hin, die z. B. bes. deutlich nach dem Herbstabtrieb von alpinen Weiden bei den Dagestaner Bergschafen festgestellt werden konnte und zählt die Muskelgruppen auf, deren Wachstumstempo bes. hoch ist (lange Muskel) bzw. bes. niedrig ist. Auch auf den Wachstumsverlauf der inneren Organe geht Vf. ein. Auf Grund einiger Wachstumsbesonderheiten der inneren Organe der untersuchten Rassen teilt Vf. das Wachstum in 3 Zeitspannen ein.

M. Achmedowa. 2110.

Wulff, V. J., Quastler, H. und Sherman, F. G.; Utica, N. Y., Masonic Res. Lab.; Syracuse Univ. An hypothesis concerning RNA metabolism and aging. **(Eine Hypothese zur Bestimmung des RNS-Stoffwechsels und des Alterns.)** Proc. nat. Acad. Sci. USA **48** (1962) Nr. 8. S. 1373–1375. — 1 Abb., 23 Lit.

Die in dieser Arbeit mitgeteilten Ergebnisse über die unterschiedliche Weise der H^3-Cytidin-Inkorporation erweitern diese bereits bekannten Beobachtungen auch auf Tiere, deren Altersgruppen bisher noch keiner Prüfung unterzogen wurden. — In den Leberzellkernen nimmt der Cytidin-Gehalt zunächst ab, um danach mit zunehmendem Alter der adulten Mäuse beträchtlich anzusteigen; ganz ähnliches Verhalten bei den dorsalen Ganglienwurzeln. Die Purkinje-Zellen dagegen zeigen ein altersbezogenes Abnehmen der Inkorporation des Teststoffes. — Alte wilde Ratten hatten den RNS-Gehalt der Leber um 10% höher als jüngere; bei Laborratten war der Unterschied von alten zu jüngeren Adulten sogar doppelt so groß. Vff. nehmen für ihre Hypothese an, daß die Zellen solange überleben und normal funktionieren, wie die enthemmte RNS-Synthese eine adäquate Menge von Enzymen wirksam werden läßt; können aber die entspr. Enzyme nicht mehr in der genügenden Menge gebildet werden, dann ist eine Verschlechterung der Zellfunktion die Folge, die schließlich zum Absterben der Zelle führt. H. Freye. 2145.

G. ÖKOLOGIE EINSCHLIESSLICH HALTUNG UND PFLEGE

Adám, T.; Budapest, Forsch.-Inst. für Tierzucht. **Bioklimatische Gesichtspunkte bei der Offen- und Massivstallhaltung der Kühe in Ungarn.** Dtsch. Akad. Landwirtsch.-Wiss. Berlin, Tagungsber. **1963** Nr. 59. S. 145—150. — 3 Tab. nach Zus.

In Ungarn wurden 3 Jahre an je einem offenen und geschlossenen Kuhstall makro- und stallklimatische Untersuchungen durchgeführt. Der Temperaturverlauf im Offenstall lehnte sich stark an die Außentemperatur an, während der Massivstall die Kälte besser abschirmte. Die rel. Luftfeuchtigkeit und die Kata-Werte unterschieden sich in beiden Unterkünften kaum, während der Dampfdruck im Herbst und im Winter im Massivstall am höchsten war. Die Durchschnittswerte der CO_2-, NH_3- und H_2S-Konzentrationen konnten durch Sauberkeit und Belüftung im Massivstall günstig gehalten werden. Bei Temperaturen zwischen —15 °C und +30 °C wurden Messungen von Atmungs- und Pulszahlen je Minute und Körpertemperaturen vorgenommen und ihre Abhängigkeit von den klimatischen Werten und Gaskonzentrationen untersucht. In Kälteperioden sanken Körpertemperatur und Atmungsfrequenz, während Appetit und Schilddrüsenfunktion gesteigert wurden. Bei ansteigenden Temperaturen erhöhen sich Atmungsfrequenz, Körpertemperatur und Herzfrequenz. Große Wärme ruft durch Appetitmangel Depressionen in der Milchleistung hervor. Vf. empfiehlt Massivställe und tägl. Bewegung der Kühe in beschatteten Ausläufen. 2165.

Martinot, R.; Paris. **Die Bedeutung des Klimas in Rinder- und Schweineställen und deren Bau. Die Situation in Frankreich.** Dtsch. Akad. Landwirtsch.-Wiss. Berlin, Tagungsber. **1963** Nr. 59. S. 151—154. — nach Zus.

Der Einfluß des Klimas, in dem die Tiere leben, spiegelt sich in ihren Leistungen, im Futterverbrauch pro kg Gewichtszunahme, pro kg Milch usw. und in ihrem Gesundheitszustand wider. Die Unbeständigkeit der Umwelt begrenzt die Entwicklung der tierischen Leistungen auch bei Tieren bester Abstammung und guten Futterzustandes. Um diesen Einfluß näher bestimmen zu können, werden grundlegende Untersuchungen in Klimaräumen gefordert. Die darin festgestellten optimalen Bedingungen für das Tier lassen sich in der Praxis oft jedoch nicht reproduzieren. Deshalb muß bes. auf die Auswahl zwischen den unterschiedlichen Stallgebäudetypen geachtet werden. In Frankreich werden Offenställe für Kälber, Jungrinder, Milchkühe und tragende Sauen empfohlen, während geschlossene Ställe für Mastrinder, Mastschweine und ferkelführende Sauen vorgezogen werden. Aus den erzielten techn. Ergebnissen sollten nicht zu schnell Schlüsse gezogen werden; denn es muß der Einfluß des Gebäudetyps auf die Rentabilität der Tierzucht insgesamt berücksichtigt werden. 2165.

Ivoš, J.; Zagreb. **Einige Probleme der Bioklimatologie bei Rindern und Schweinen.** Dtsch. Akad. Landwirtsch.-Wiss. Berlin, Tagungsber. **1963** Nr. 59. S. 137–143. – nach Zus.
Einige Umweltfaktoren müssen bez. der Reaktion des tierischen Organismus noch näher untersucht werden. Die Haut als Grenzfläche zwischen Organismus und Außenwelt spielt in biol. Prozessen eine wesentliche Rolle. Bei jüngeren Schweinen muß die je nach Außentemperatur variierende Hauttemperatur als Indikator des Stoffwechsels untersucht werden. An der Klärung des Zusammenhanges zwischen Fe-Ausscheidung durch die Haut und Anämie der Ferkel wird z.Z. gearbeitet. Ob Hochleistungskühe auf ungünstige klimatische Bedingungen anders reagieren als leistungsschwache Tiere und wie sich ständig kalte Umwelt auf Tiere bei niedrigem Ernährungsstand auswirkt, muß ebenfalls noch geklärt werden. Die Möglichkeiten, genetische Veränderungen durch ökologische Einflüsse herbeizuführen und die Schilddrüse in produktivem Sinne zu beeinflussen, bedürfen noch eingehender Untersuchungen. Die bioklimatische Forschung muß sich stärker mit dem Klimaeinfluß auf wichtige Krankheiten befassen. Für den allseitigen Erfolg ist die gute Zusammenarbeit zwischen Physiologen und Biochemikern erforderlich. 2165.

Goloviznin, Ju. (Golowisnin, Ju.) Ul'trafioletovoe oblučenie skota. **(Die UV-Bestrahlung der Tiere.)** S.ch. Sibiri **1961** Nr. 12. S. 43–46. – Aus: Referativnyj žurnal. Biologija, Moskva **1962** Nr. 7. L 135. S. 18.
Bei der UV-Bestrahlung war die embryonale und postembryonale Entwicklung der Kälber besser als bei Verabreichung von Vit. D. Der Zusatz von $CoCl_2$ und die Bestrahlung übten einen günstigen Einfluß auf die trockenstehenden Kühe aus und normalisierten die biochemischen Prozesse im Blutserum. Die Synthese von Vit. A aus Carotin wurde günstig beeinflußt. Die Kälber der UV-bestrahlten Kühe waren schwerer als die der nicht bestrahlten Kühe. übersetzt v. Th. C. Boetticher. 2170.

Ustinov, D. A. und Kozunin, I. I. (Ustinow, D. A. und Kosunin, I. I.); Dubrowizy, Gebiet Moskau, Unions-Inst. für Tierzuchtforsch. Izučenie propuskaemosti ul'trafioletovych lučej šerstnym pokrovom životnych. **(Untersuchung der Durchlässigkeit des Tierfelles für ultraviolette Strahlen.)** Veterinarija, Moskva **39** (1962) Nr. 10. S. 68–70. – 1 Tab. Zus. in Engl.
Vf. beschreiben die Arbeitsmethoden zur Untersuchung der Durchlässigkeit des Fells für UV-Strahlen. Sie bedienen sich der spektrophotometrischen Methode. Sie konstruierten eine Anlage auf der Grundlage des Quarz-Spektrophotometers SF-4 mit Registriereinrichtung auf dem Elektronenphotovervielfältiger FEU-18. Die Versuche zeigen, daß das Fell von Kälbern der Cholmogoryer Rasse im Alter von 11 Mon. 10,6–16,3% der UV-Strahlen der Spektralzone von 220–400 mμ durchläßt. Weiße Teile lassen durchschnittl. 10,7%, schwarze 19,2% durch. Die spektrophotometrische Untersuchungsmethode der Durchlässigkeit des Fells weist auf die Zweckmäßigkeit der Bestrahlung der Tiere mit UV-Strahlen hin. R. Filina. 2170.

Hart, D. S. The effect of light-dark sequences on wool growth. **(Der Einfluß von Licht-Dunkel-Perioden auf das Wollwachstum.)** J. agric. Sci. **56** (1961) Nr. 2. S. 235–242. 2170.

Debruyckere, M.; Gent, Inst. für Ländl. Bauwes. und Elektrifizier. **Beitrag zur Verbesserung der Lüftungsberechnung in Ställen.** Dtsch. Akad. Landwirtsch.-Wiss. Berlin, Tagungsber. **1963** Nr. 59. S. 167–177. – 7 Abb. nach Zus.
Die Konzentrierung von Schweinen und Geflügel in geschlossenen Ställen erfordert eine stärkere Beachtung des Stallklimas. Obwohl die optimalen Klimagrößen weitgehend bekannt sind, bereitet die Realisierung der geforderten Faktoren meist Schwierigkeiten. Die Berechnung der Stallüftung nach der

bisherigen Formel ist bei höheren Produktionsforderungen unzureichend, da mehrere wichtige Faktoren, die für die Klimagestaltung große Bedeutung haben, unberücksichtigt bleiben. Es handelt sich dabei um Wärmegewinn oder -verlust durch Fermentierung der Einstreu, Strahlungswärme, Aufnahme oder Abgabe bzw. Verdunstungswärme durch Evaporation des Wassers vom Fußboden, aus den Tränken, durch Kondensation an Fenstern und Wänden. Da das Dach in einem Stall 60–70% der raumumschließenden Teile ausmacht, wurde der Temperaturverlauf in je einer Dachkonstruktion aus Asbestzementplatten und aus Schaumplastik mit Aluminiumbelag untersucht. Die Ergebnisse zeigten, daß neben gut isolierendem Material auf ein genügendes Wärmespeicherungsvermögen geachtet werden muß, um rasche Klimawechsel auffangen zu können. Weiter soll neben der quantitativen Lufterneuerung die Luftbewegung verfolgt werden, damit die Frischluft nicht ungenutzt den Stall wieder verläßt, wie es in 60–70% der Fall ist. 2175.

Siegl, O.; Knau, Inst. für Tierhalt. der Dtsch. Akad. der Landwirtsch.-Wiss. zu Berlin. **Untersuchungen über die Beziehungen zwischen Stallluftfeuchtigkeit und Mastleistungen bei Schweinen unter Berücksichtigung der in der Mastleistungsprüfanstalt Knau erzielten Ergebnisse.** Arch. Tierzucht **6** (1963) Nr. 3. S. 231–245. – 3 Abb., 6 Tab., 14 Lit. nach Zus. vgl. LZ. Abt. III **6** (1962) Nr. 10 S. 2036.

Von den in der Zeit von 1957-60 in der MPA für Schweine in Knau in Einzelhaltung geprüften insgesamt 628 Tieren der 3 Rassen Deutsches veredeltes Landschwein, Deutsches weißes Edelschwein und Deutsches Sattelschwein wurden die Tageszunahmen sowie der Futteraufwand für 1 kg Zuwachs im Durchschnitt von jeweils 10-kg-Gewichtsabschnitten errechnet, diese Werte der im gleichen Zeitraum registrierten rel. Luftfeuchtigkeit des Stalles – unterteilt in 4 Temperaturbereiche – gegenübergestellt und ihre Abhängigkeit variationsstatistisch geprüft. An insgesamt 4013 Einzelfeststellungen von den 3 Rassen in 4 Temperaturbereichen zeichneten sich folgende Ergebnisse ab: Die Korrelationen zwischen rel. Luftfeuchtigkeit des Stalles und Tageszunahmen bzw. Futteraufwand der Tiere sind zwar mit nur wenigen Ausnahmen signifikant, jedoch ist der Einfluß dieses Klimafaktors unter Berücksichtigung verschiedener Temperaturbereiche auf die Nutzleistung sehr gering. Nach dem Bestimmtheitsmaß unterliegen max. 10% der Resultate einer durch die Luftfeuchtigkeit bedingten Veränderung. Der Luftfeuchtigkeitsbereich zwischen 60 und 78% stellte sich bei allen Rassen und in allen Temperaturbereichen als weitgehend indifferent heraus, ließ also keine hervortretende Leistungsbeeinflussung erkennen. Bei Stalltemperaturen unter +18 °C und einer rel. Luftfeuchtigkeit unter 60% wurden etwas höhere Tageszunahmen erzielt, während sich der Futteraufwand je Erzeugungseinheit ohne klar erkennbare Tendenz verhielt. Bei einer rel. Luftfeuchtigkeit zwischen 78 und 86% wurden zwischen ± 0 und 15 °C Stalltemperaturen unter dem Mittel liegende Tageszunahmen registriert. Über +15 °C Temperatur war der Einfluß leicht positiv. Von den 3 Rassen waren die DvL am anspruchlosesten gegenüber der rel. Luftfeuchtigkeit, während sich Edelschweine und Sattelschweine nur geringfügig voneinander unterschieden. Da bei den zur Auswertung herangezogenen Abschnitten der Maximalwert für die Luftfeuchtigkeit 86% betrug, der aber in der Praxis bes. bei Großgruppenhaltung von Mastschweinen weiter überschritten und z. T. bis zu 100% ansteigen wird, wäre der Einfluß dieses Feuchtigkeitsbereiches bei verschiedenen Temperaturen auf die Mastleistung in weiteren Versuchen zu prüfen. 2175.

Nikulickij, I. V., Artemičev, M. A., Sadovskij, T. und Kimrjakov, V. A. (Nikulizki, I. W., Artjomitschew, M. A., Sadowski, F. T. und Kimrjakow, W. A.) Aėroionizacija pri vyraščivanii cypljat. **(Aeroionisierung bei der Kükenaufzucht.)** Pticevodstvo, Moskva **1962** Nr. 8. S. 34-36. – 2 Abb., 1 Tab.

Die Ionisierung der Luft erfolgt zum Zweck der Reinigung der Stalluft von Staubteilchen und Mikroorganismen. Die Luftionisation von 20 Min. bis 4 Std. je Tag wirkte sich bei der Käfigaufzucht von Küken bis zum 60-Tage-Alter günstig aus. Das Körpergewicht wurde um 8%, der Hb-Gehalt des Blutes um 14% und die Sterblichkeit um die Hälfte verringert. Zur Klärung der Dauer der Ionisierung im Zusammenhang mit der Ionenkonzentration sind weitere Studien erforderlich. H. Pingel. 2175.

Olufsen, P.; Kopenhagen, Dän. Staatsinst. für Bauforsch. **Theorie und Praxis der Stallisolierung und -lüftung in Dänemark.** Dtsch. Akad. Landwirtsch.-Wiss. Berlin, Tagungsber. **1963** Nr. 59. S. 159–166. — 4 Abb. nach Zus.

Das Dänische Staatliche Bauforschungsinstitut befaßte sich mit stallklimatischen Versuchen bei Mastschweinen unter Verwendung eines Klimalaboratoriums. Die Untersuchungen erstreckten sich jeweils auf eine Zeitdauer von 4 Mon. und wurden an Gruppen von je 13 Tieren im Gewichtsabschnitt von 20-90 kg durchgeführt. Die günstigste Futterverwertung liegt bei +15 °C Stalltemperatur. Ebenso ist die Fleischqualität mit dem geringsten Fett- und höchsten Proteingehalt bei 15 °C am besten. Deshalb wird für Schweinemastställe eine Temperatur zwischen +12 °C und +20 °C empfohlen. Um Temperatur und Luftfeuchtigkeit in gewissen Grenzen zu halten, sind Wärmeisolierung und Lüftung der Stallgebäude, evtl. auch künstliche Erwärmung, erforderlich. Stallisolierung und Lüftung werden durch Aufstellen einer Wärme- und einer Wasserdampfbilanz berechnet. In Ställen mit Auftriebslüftung soll bei einer Außentemperatur von +5 °C eine Stalltemperatur von +17 °C gehalten werden können. Bei ganzjähriger Stallhaltung wird man jedoch in den meisten Fällen mechanische Lüftungssysteme vorziehen. 2180.

Gysel, A.; Liebefeld, Eidg. Landwirtsch. Versuchsanst. **Erhebungen über Temperatur und Luftfeuchtigkeit in Schweineställen samt einigen Unterlagen zur Gestaltung des Stallklimas auf Grund ausländischer Angaben.** Schweiz. landwirtsch. Mh. **40** (1962) Nr. 7/8. S. 311-334. — 9 Abb., 4 Tab., 9 Lit.

Dänische Versuche (1930-36) ergaben für Mastschweine eine optimale Temperatur von 16-18 °C bei 55-80% rel. Luftfeuchtigkeit. Unterhalb dieses Wertes hatte jedes Grad C pro kg Zunahme 0,05 FE Mehrverbrauch zur Folge. Nach Heitman waren 1949 bei Mastschweinen (Duroc-Jersey- und Poland-China-Rasse) die Tageszunahmen der 75-120 kg schweren Tiere bei ca. 15,5 °C und bei den leichteren Tieren von 32-65 kg bei 24 °C am größten; auch der Futterverbrauch war bei diesen Temperaturen am günstigsten. Für neugeborene Ferkel werden nach Henriksson 26-27 °C empfohlen; mit 3 Wochen genügen 22 °C. Im Zuchtstall sollen ständig 16-18 °C herrschen. Die Luftfeuchtigkeit wird mit 70% angestrebt. Vf. geht bes. auf die klimatischen Verhältnisse in der Schweiz ein und beschäftigt sich mit der Berechnung der notwendigen Lufterneuerung und des Wärmehaushaltes. Die Ergebnisse der Erhebungen in Schweineställen wertet Vf. an Hand von Graphiken aus. Schlußfolgernd stellt er fest, daß Mastställe noch am ehesten die Forderungen an ein gesundes Stallklima erfüllen, bei den Zuchtställen ist dies oft nicht der Fall. Weitere Untersuchungen an Ställen sollen Unterlagen für praktische Empfehlungen für den Stallbau erbringen. F. Schenk. 2180.

Kappéter, I.; Budapest, Landwirtschaftsmin. **Musterstallbauten und deren Untersuchung als Grundlagen für die Typisierung.** Dtsch. Akad. Landwirtsch.-Wiss. Berlin, Tagungsber. **1963** Nr. 59. S. 73–87. — 12 Abb. nach Zus.

In Ungarn sollen künftig neue Methoden und Bauten vor der breiten Einführung in die landwirtsch. Praxis erprobt werden. Einzelgebäude werden von komplexen, spezialisierten Anlagen abgelöst, in denen ca. 300-500 Milchkühe oder 200 Zuchtsauen oder 2000 Mastschweine untergebracht werden können. Beim Entwurf dieser neuen Projekte arbeitet der Tierzuchtfachmann eng mit dem Projektanten zusammen. Zu jedem Projekt werden Betriebskostenberechnungen und Betriebsschemen ausgearbeitet, die im Laufe des Begutachtungsverfahrens von den zuständigen Fachleuten des Ministeriums für Landwirtschaft erörtert und beurteilt werden. Ab 1963 werden die Bauprojekte auf wiss. Grundlage durch Versuchsbauten überprüft und beurteilt. Für deren Untersuchung gibt es zwar noch keine endgültig festgelegte Methode, aber schon eine gewisse Praxis. Aus den Untersuchungsergebnissen können Abänderungen in der Konstruktion und im Baumaterial abgeleitet werden, oder es wird das Projekt, das den Erfordernissen der Praxis nicht entspricht, vollkommen verändert. Die Methode der Überprüfung von Typenprojekten ist als ein großer Fortschritt anzusehen, da hierdurch die zweckmäßigste Stallform gefunden werden kann. 2260.

Lilliehöök, B.; Stockholm. **Bauberatung bei der Errichtung von Rinder- und Schweineställen in Schweden.** Dtsch. Akad. Landwirtsch.-Wiss. Berlin, Tagungsber. **1963** Nr. 59. S. 89—97. — nach Zus.

Durch das starke Ansteigen der Arbeits- und Baukosten in Schweden wird die Forderung nach neuen Bautypen gestellt, die sich arbeitsparenden Betriebsmethoden und niedrigeren Baukosten anpassen lassen. Die größten Veränderungen vollziehen sich dabei auf dem Gebiet der Rinderhaltung vom Anbindestall zur freilaufenden Herde. Bei freilaufenden Tieren werden 3 Formen unterschieden: geschlossener Freilaufstall, Freilaufstall mit Spaltenboden und offener Freilaufstall. Als Baumaterial kommen vorwiegend Holz, als Dacheindeckung zunehmend Aluminium und für Rohre Kunststoffe zur Anwendung. Das Grundfutter soll durch Selbstfütterung aus großen Turmsilos verabreicht werden. Kraftfutter wird brikettiert während des Melkens gefüttert. Je nach Kuhzahl werden verschiedene Melksysteme empfohlen. Für das Kühlen, Lagern und Abtansportieren der Milch werden Kühltanks verwendet. Für Schweineställe wird eine künstliche Klimatisierung empfohlen. In der Schweinefütterung wird mit Futterautomaten und brikettiertem Futter sowie mit mechanisierter rationierter Fütterung gearbeitet. Als Leitgedanke für die Bauplanung ist die Vereinfachung zu sehen, die erst eine Mechanisierung und Automatisierung ermöglicht. 2260.

Rosenkranz, O.; Gundorf, Inst. für Landwirtsch. Betriebs- und Arbeitsökon. der Dtsch. Akad. der Landwirtsch.-Wiss. zu Berlin. **Rentabilitätsfragen bei Bau und technischer Einrichtung von Rinder- und Schweineställen.** Dtsch. Akad. Landwirtsch.-Wiss. Berlin, Tagungsber. **1963** Nr. 59. S. 7—16. — nach Zus.

Läßt sich die notwendige oder gewünschte Produktion nicht ohne Gebäude erzielen, so ist zu überprüfen, ob sie nicht durch bessere Nutzung von Altbauten erreicht werden kann. Dafür können Aufwendungen bis zur Höhe von Neubauten gemacht werden, gleiche Produktionsleistungen und gleiche erreichbare Arbeitsproduktivität vorausgesetzt. Muß neu gebaut werden, dann kommt es darauf an, die Neubauten mit geringstmöglichen Kosten zu errichten, damit sie, ggf. schon in rel. kurzer Zeit, durch neue ersetzt werden können. Bei beschränkten Mitteln darf ein Bau mit kürzerer Lebensdauer, auf die Kosten der Produktionseinheit bezogen, teurer werden als einer mit langer Lebensdauer; er kann aber wegen fehlender Mittel gar nicht gebaut werden. — Künftig muß mehr zwischen Hülle und Einrichtung der Ställe unterschieden werden, um auf der geschaffenen Produktionsfläche mit unterschiedlichen Verfahren produzieren zu können. Durch die Weiterentwicklung der Technologie in landwirtsch. Bauten und des Bauwesens selbst wird es in zunehmendem Maße gelingen, nicht nur die Effektivität von Aufwendungen für den Stallbau zu erhöhen, sondern auch zur Industrialisierung der Produktion in der Landwirtschaft und damit zur Behebung des Unterschiedes zwischen Stadt und Land beizutragen. 2260.

Holmqvist, N.; Lund, Schweden. **Ökonomische und technische Beurteilung von Versuchen mit Spaltenböden für Rinder und Schweine in Schweden.** Dtsch. Akad. Landwirtsch.-Wiss. Berlin, Tagungsber. **1963** Nr. 59. S. 99—106. — 3 Tab. nach Zus.
Die Betriebsgröße liegt in Schweden bei ⌀ 10 ha, auf diese Größenklasse entfällt der Hauptteil der Milchproduktion. Die Verbesserung der Rentabilität der Milchproduktion wird in der Leistungssteigerung und Bestandeserhöhung gesehen. Das Ziel ist, Betriebe von 20-30 ha zu schaffen. Die Viehbestände müssen auf die volle Auslastung 1 AK abgestimmt sein, dabei ist die Anpassung an die 5-Tage-Woche der Industrie zu beachten. Da die Bauplanung nicht nur die Bau-, sondern auch die Arbeits- und Futterkosten beeinflußt, wird den Fragen des Stallbaues große Bedeutung beigemessen. Vergleichende Untersuchungen bei Laufställen ließen u.a. erkennen, daß der Auslauf befestigt sein muß, die Fütterung außerhalb des Stalles erfolgen soll und ein bes. Melk- und Milchraum benötigt wird. Das Problem des Ausmistens soll durch Auspumpen von Kotgräben oder durch Schwemmentmistung gelöst werden. Die Weiterentwicklung des Anbindestalles muß dahin gehen, daß auch dieser für verschiedene Zwecke genutzt werden kann. Es wird vorgeschlagen, die Untersuchungen verschiedener Gebäudetypen auf internationaler Basis durchzuführen. 2260.

Nordbø, H.; Vollebekk, Landbauhochschule, Inst. für Bautechn. **Versuche und Erfahrungen mit Spaltenfußböden für Rinder und Schweine in Norwegen.** Dtsch. Akad. Landwirtsch.-Wiss. Berlin, Tagungsber. **1963** Nr. 59. S. 107—116. — 1 Tab. nach Zus.
Für Kälber, Schafe und Ziegen war der Spaltenboden seit langem in Gebrauch, und es wurden Versuche über seine Verwendbarkeit bei Milchkühen und Schweinen angestellt. Zweck dieser Spaltenböden ist neben der Stroheinsparung eine weitgehende Sauberhaltung der Tiere. Die Spaltenbreite ist von der Tierart, dem Alter und der Klauenbeschaffenheit abhängig. 40% der Klauenbreite haben sich als brauchbar erwiesen. Die Rostbalken werden aus Holz mit Zementasbestverstärkung oder aus armiertem Beton hergestellt. Am günstigsten erscheint die Verlegung der Balken parallel zur Krippe. Die mit Spalten versehene Fläche muß unterkellert und mit entspr. Entmistungsanlagen versehen sein. Bei der Haltung von Mastschweinen auf Spaltenböden treten die gleichen Vorteile in Erscheinung wie beim Großvieh. Allerdings ist es günstiger, junge Schweine und ferkelführende Sauen auf dichtem Boden zu halten. 2265.

Krause, O.; Tützpatz, Anklam, Inst. für Agrarökon. der Dtsch. Akad. der Landwirtsch.-Wiss. zu Berlin. **Hat der Anbindestall als Kaltstall eine Perspektive?** Tierzucht **16** (1962) Nr. 11. S. 489-490. — 1 Abb.
Sowohl bei der Kalt- als auch der Warmstallhaltung des Milchviehes können hohe Milchleistungen erreicht werden, wobei in kompletten Kaltstallanlagen gegenüber dem Warmstall die Arbeitsproduktivität erhöht, die Arbeit erleichtert und die Investitionskosten je Kuhplatz gesenkt werden können. Weshalb sich der als Offen- oder Laufstall ausgeführte Kaltstall bisher nur wenig durchsetzte, hat im wesentlichen folgende Ursachen: Die ersten Typenbauten waren infolge der Vernachlässigung der Nebeneinrichtungen nicht funktionsfähig, wiesen arbeitswirtschaftliche und technol. Mängel auf, die meist durch die zu kleinen Anlagen begünstigt wurden. Erst bei einer Kapazität von 180-240 Kühen werden die Vorteile der Laufstallhaltung offensichtlich. Unzureichend wurde das Personal auf die Laufstallhaltung vorbereitet und vielfach eine umfassende Ausbildung der Viehpfleger, bes. am Fischgrätenmelkstand, versäumt. Erschwerend kommen hinzu der hohe Einstreubedarf, das Enthornen der Rinder und die Probleme des Einfangens und Identifizierens der Tiere. Der aus diesen Gründen vielfach erfolgte Umbau der vorhande-

nen Offen- und Laufstallanlagen in geschlossene und offene Anbindeställe mit teilweiser Stillegung der Fischgrätenmelkstände ist unzweckmäßig und unvertretbar. Kaltställe sind als Laufställe zu nutzen. Um funktionsfähige Anlagen zu erhalten, wird auf bewährte Ausbauvarianten und Lösungsmöglichkeiten zur Komplettierung von Laufställen hingewiesen, bei denen das Kaltstallprinzip gewahrt bleibt. J. Strecke. 2275.

Farmer, Bob. **Losestall mit Einzelständen.** Tierzüchter **14** (1962) Nr. 15. S. 564-565. — 3 Abb.
Um Streustroh einzusparen, saubere Kühe zu haben und die arbeitswirtschaftlichen Vorteile des Laufstalles nutzen zu können, baute ein nordirischer Farmer in seinen Rinderhof, der aus einem Stall mit davor befindlicher Tränke, einem überdachten betonierten Auslauf und einer Silage-Selbstfütterungseinrichtung besteht, Liegeboxen für die Tiere ein. Die als Kurzstände von 213 cm Länge und 110-120 cm Breite ausgebildeten Einzelstände sind gegeneinander durch Stahlrohrgeländer abgeteilt und gegenüber dem Mistgang um 25-30 cm erhöht. Die Einzelstände weisen weder Krippen noch Tränken auf. Als Einstreumaterial finden kurzes Stroh oder Sägespäne Verwendung. Durch eine Abschlußleiste am Kurzstand wird verhindert, daß beim Heraustreten der Tiere aus dem Stand Einstreumaterial verwüstet wird. Die Reinigung des Mistganges erfolgt durch einen Traktor mit Frontschaufel. Der umgebaute Stall hat sich hervorragend bewährt. Allein die Einstreukosten konnten von jährl. 3500 DM auf DM 350 gesenkt werden.
J. Strecke. 2275.

Volik, G. P. und Demin, Ju. P. (Wolik, G. P. und Demin, Ju. P.); Krasnodar, Zweigstelle des Forsch.-Inst. für Ländl. Bauwes. Malogabaritnyj stanok dlja rodil'nych otdelenij. **(Ein kleiner Abferkelkäfig.)** Svinovodstvo, Moskva **16** (1962) Nr. 2. S. 40-41. — 3 Abb.
In dem 1,50 m breiten und 2,25 m langen Abferkelkäfig befinden sich die Sauen von 3-4 Tagen vor dem Abferkeln bis 2 Wochen danach. Da die Sau darin nur stehen oder liegen kann, kann sie die Ferkel nicht verletzen oder erdrücken. Das untere Brett der Seitenwände liegt 30 cm über dem Fußboden, so daß die Ferkel an die Zitzen gelangen können. Die Ferkel halten sich sonst rechts oder links von der Sau in den umzäunten 43 cm breiten Gängen auf, die eingestreut sind und in denen sich kleine Tröge für Mineralfutter, geröstetes Getreide und Wasser befinden. F. Schenk. 2275.

Hutschenreuther, G.; Weimar. **Zu Fragen des Offenstallbaues im Gebirge.** Dtsch. Akad. Landwirtsch.-Wiss. Berlin, Tagungsber. **1960** (hrsg. 1961) Nr. 38. S. 99-101.
Der Offenstallbau im Gebirge ist problematischer, da Klima, Baugelände und Transportfragen z. B. für die Größe der Projekte oft begrenzende Faktoren darstellen. Es sollte genau überlegt werden, ob man in Kammlagen überhaupt Offenställe baut. Etwa 80% der Offenställe in gebirgigen Gegenden haben eine Kapazität von 120-180 Tieren. Hierbei ergibt sich zwangsläufig die Frage nach einem geeigneten Melkhaus. Die für Offenstallanlagen mit 500 Tieren projektierten Melkstände (Typ 1960) sind für die kleinen Offenställe zu aufwendig. Vf. empfiehlt für Gebirgslagen vor allem den Bau von Einraumställen und schlägt für bes. komplizierte Fälle deckenlastige Bergeräume vor. Auf überdachte Wege ist bes. Wert zu legen, um Schneeverwehungen vorzubeugen. Als Beispiele werden zwei in einer Flucht stehende Ställe für je 60-90 Tiere vorgeschlagen. Der evtl. zu überdachende Zwischenraum zwischen beiden Ställen kann das Melkhaus und die Vorratsräume aufnehmen. Lastwege sollten immer bergab verlaufen. Versuche hinsichtlich des Kleinklimas im Offenstall ergaben, daß im Winter ein 30 cm dickes Mistpolster für die notwendige Wärme sorgt. Liege- und Freßplatz sollten, wie z. B. in Dornburg, Jena durch einen 20 cm hohen Betonwulst getrennt werden. Dies

ermöglicht eine Einsparung der Jaucherinne und ergibt gleichzeitig eine Führung für den Schiebeschild. Für den Kotabtransport im Ge birge wird eine Dungmulde empfohlen. Bes. wichtig sind Windschutzanlagen, aber auch Aufenthaltsräume für das Personal. E. Kieslinger. 2320.

Rohrer, Mathäus; Langenthal. **Ziele und Möglichkeiten des Laufstalles für Rindvieh unter schweizerischen Verhältnissen.** Schweiz. landwirtsch. Mh. **40** (1962) Nr. 7/8. S. 286-304. — 10 Abb., 4 Tab., 24 Lit.

Vf. behandelt die Frage, ob die Offenstallhaltung unter schweizerischen Klimaverhältnissen ohne Ertragseinbuße möglich ist. Auf Grund der theoretischen Grundlagen ergibt die Berechnung der unteren kritischen Temperatur nach der Formel $Tk = 39\ °C - \frac{Wt - (Ek + Wf)}{Ws}$ (Tk = kritische Temperatur, Wt = totale Wärmeproduktion in thermoneutraler Umgebung, Ek = Wärmeverlust durch Evaporation bei Vasokonstriktion, Wf = Wärmeerhöhung des aufgenommenen Futters auf Körpertemperatur, Ws = sensibler Wärmeverlust pro °C, Unterschied zwischen Körper- und Umgebungstemperatur) für eine 500-kg-Milchkuh mit 10 kg (20 kg) Tagesgemelk z. B. −7 °C (−15 °C), bei einer Luftgeschwindigkeit bis zu 15 cm/s. Steigt diese z. B. auf 356 cm/s, so steigt die untere kritische Temperatur der 10 kg-Tagesgemelk-Kuh auf +5 °C. Unter Berücksichtigung der Wärmeabgabe des Tiefstall-Mistpolsters sinkt die untere kritische Temperatur einer 500-kg-Kuh mit 10 kg Tagesgemelk sogar auf −29 °C. Somit ist sowohl in praktischer als auch in theoretischer Hinsicht die Möglichkeit der Haltung von Milchkühen in Offenlaufställen gegeben. Von den betriebswirtschaftlichen Problemen werden bes. die arbeitswirtschaftlichen Fragen, die Selbstfütterung und die Strohfrage behandelt. Da durch das Hintereinander des Fütterns und Melkens eher ein Arbeitsmehraufwand eintritt, muß die „Selbstfütterung des Hauptfutters" angestrebt werden. Die Kühe fressen dabei mehrmals z. B. am Silo, was auch im Interesse einer besseren Pansenverdauung liegt. Das Nebenfutter (z. B. Heu, Rüben, Kraftfutter) soll weiterhin rationiert gegeben werden. Bei Weidegang ist die Zufütterung von rohfaserreichem, aber schmackhaftem Beifutter nach Selbstfütterungsart zu erwägen. Für intensive Getreidebaugebiete wird der Einraumstall mit Tiefstalldung und „Strohbalkon" empfohlen, für die übrigen Gebiete der Mehrraumstall mit erdlastiger Strohlagerung. Die Freßplätze (je Tier 1 Freßplatz) müssen befestigt bzw. können als Rost ausgeführt sein. Zum Melken sind bei bis zu 30 Kühen der Zweier-, bei über 30 Kühen der Dreier- und bei über 60 Kühen der Fischgrätenmelkstand am günstigsten. Der Spaltenbodenstall wird in seiner jetzigen Form vorläufig abgelehnt. E. Kulpe. 2320.

Hauptman, J.; Uhrineves, Forsch.-Inst. für Tier. Produkt. **Die Technologie der Großproduktion in der Milchviehhaltung der ČSSR.** Dtsch. Akad. Landwirtsch.-Wiss. Berlin, Tagungsber. **1963** Nr. 59. S. 27–36. — 4 Tab., 24 Lit. nach Zus.

Durch Regelung der Umwelt kann die Körperentwicklung der landwirtsch. Nutztiere und ihre Leistungsfähigkeit wesentlich beeinflußt werden. Deshalb ist es unerläßlich, die Umweltbedingungen so zu gestalten, daß die volle Ausschöpfung der genetischen Leistungseigenschaften möglich ist. Bei ordnungsgemäßer Offenstallhaltung der Milchkühe werden Voraussetzungen für eine optimale Umweltgestaltung geschaffen. Vergleichsweise Haltung von Milchkühen in Offen- und Massivställen ergab bei richtiger Bewirtschaftung der Offenställe eine geringe Überlegenheit gegenüber der im Anbindestall. Jedoch sind noch viele Probleme bez. der Haltungsform zu klären. 2320.

Czakó, J.; Budapest, Inst. für Tierzuchtforsch. **Lage und Ergebnisse der Milchvieh-Offenstallhaltung in ungarischen Großbetrieben.** Dtsch. Akad.

Landwirtsch.-Wiss. Berlin, Tagungsber. **1963** Nr. 59. S. 47-51. — 1 Tab. nach Zus.

Die günstigen Versuchsergebnisse der Offenstallhaltung von Milchkühen wiederholten sich nicht in den Großbeständen der Praxis, sondern es trat ein Abfall der Milchleistung ein. Das ist nicht als Folge der Haltungsmethode anzusehen, sondern auf unzureichende Fütterung und Stallruhe, zu wenig Streustroh, ungenügende Fachkenntnisse des Melkpersonals, Arbeitskräftemangel und ungeeignete Ställe zurückzuführen. Die Offenstallhaltung von Milchkühen ist für die VR Ungarn noch eine Forschungsaufgabe und nicht allg. in die Praxis übertragbar. Die in Großbetrieben gesammelten Erfahrungen lassen erkennen, daß die Offenstallhaltung vielmehr durch fütterungs- und züchtungstechnische Verfahren als durch klimatologische Faktoren beeinflußt wird. Es müssen Möglichkeiten gesucht werden, bei denen die natürliche Haltung der Kühe in großbetrieblichen Anlagen ohne Produktionsrückgang verwirklicht werden kann. 2320.

Iwanoff, P.; Sofia, Landwirtsch. Hochschule „G. Dimitroff", Lehrstuhl für Rinderzucht. **Die Offenstallhaltung von Rindern in Bulgarien.** Dtsch. Akad. Landwirtsch.-Wiss. Berlin, Tagungsber. **1963** Nr. 59. S. 37–46. — 4 Abb., 1 Tab. nach Zus.

Die VR Bulgarien hat Kontinentalklima mit Jahresdurchschnittstemperaturen von 10-12 °C, bei einem Maximum von +45,2 °C und einem Minimum von −38,3 °C. Die Jahresniederschläge betragen ⌀ 600-650 mm. Unter diesen Bedingungen wurden in verschiedenen Bezirken des Landes Kälber und Färsen der bulgarischen Rinderrassen mit gutem Erfolg in Offenställen gehalten. Seit 4 Jahren werden für Jungrinder nur noch Offenställe gebaut. Dagegen brachte die Offenstallhaltung von Milchkühen, die in Fischgrätenmelkständen gemolken wurden, keine positiven Ergebnisse. Um die Ursachen der verminderten Milchleistung zu definieren und auszuschalten, werden 4 Varianten der Offenstallhaltung mit Fischgrätenmelkstand geprüft. Durch Beseitigung der festgestellten Mängel (plötzliche Umstellung von Stallhaltung mit Handmelken auf Offenstallhaltung mit Fischgrätenmelkstand, ungenügende Fütterung, unzureichende Einstreu, zu große Tiergruppen, unzulängliche Qualifikation des Personals) konnten normale Milchleistungen erreicht werden. 2320.

Hvidsten, Harald. **Die Haltung von Milchkühen im Offenstall im Vergleich zum Massiv-Anbindestall.** Z. Tierphysiol., Tierernähr. Futtermittelkunde **17** (1962) Nr. 4. S. 223-235. — 3 Abb., 2 Tab., 21 Lit.

In 4 Versuchen mit insgesamt 76 Kühen wurden Leistung, Gewichtsveränderung, Futterverbrauch, Milchqualität und Gesundheitszustand von im wärmegedämmten Anbindestall auf 1,60 m-1,65 m langen und 1,20 m breiten Kurzständen aufgestallten Tieren denen im nichtisolierten Offenstall gehaltenen gegenübergestellt. Die Temperaturen im Anbindestall betrugen zwischen 12-15 °C, während im 60 m² großen Liegeraum der Offenstallanlage die Temperaturen 4-5 °C über den Außenwerten lagen. Im 210 m² großen Auslauf der Offenstallanlage, der durch eine Öffnung vom Liegeraum aus zu erreichen ist, wird gleichzeitig Rauhfutter verabreicht. Zur Gesamtanlage gehören ferner ein 38 m² großer Fütterungs- und Sammlungsraum und ein 30 m² großer Melkraum, die ebenso wie die Kälberställe und die Wirtschaftsräume heizbar sind. Folgende Unterschiede wurden ermittelt: Im Mittel der 4 Versuche lieferten die Offenstallkühe 3% weniger Milch; jedoch ließ sich dieser Unterschied nicht statistisch sichern. Bezogen auf 100 FE war die Milcherzeugung im Offenstall ebenfalls um 3% geringer. Für den Erhaltungsbedarf wurde ein 8% höherer Futterverbrauch ermittelt. Obwohl im Offenlaufstall mit einer verringerten Leistung und Futterausnutzung gerechnet werden muß, wird das untersuchte Offenlaufstallsystem als brauchbare Alternative gegenüber dem wärmegedämmten Anbindestall unter norwegischen Verhältnissen angesehen. J. Strecke. 2320.

Zelsmann, R.; Schkölen, Kreis Eisenberg, LPG „Alfred Kästner". **Schköler Erfahrungen bei der Komplettierung von Offenstallanlagen.** Wiss.-techn. Fortschr. Landwirtsch. 3 (1962) Nr. 10. S. 463-465.

Vf. berichtet über im eigenen Betrieb durchgeführte Vorarbeiten zum Umbau eines Offenstalles (Flachlaufstall) zum Boxenliegestall sowie über die Ausführung des Stalles „Typ Schkölen" selbst. Der Stall bietet 84 Kühen Platz gegenüber 60 vorher. Die Stroheinsparung beträgt 0,5 kg/GV; 1 AK kann bis zu 40 Kühe betreuen. Die Baukosten liegen ebenfalls niedriger. Die Milchleistung ist gestiegen. 2320.

Hussel, L. **Tiergesundheitspflege im Offenstallkombinat und in der Schweinemastanlage.** Z. ges. Hyg. Grenzgebiete 8 (1962) Nr. 8/9. S. 683-686.

Vf. gibt das Durchschnittsalter der Rinder mit 7 Jahren an. Fruchtbarkeitsstörungen, Tbc und Eutererkrankungen verursachen die frühzeitige Schlachtung. Scép stellte bei Rindern Depressionserscheinungen bei +30 °C fest, da die Wärmeregulierung des Körpers versagt. Auf die notwendige Luftumwälzung im Massivstall wird wegen der hohen Wärmeentwicklung und der H_2O, CO_2- und NH_3-Ausscheidung durch die GV hingewiesen. Bei hoher Luftfeuchtigkeit mindern Temperaturen von 2-4 °C die Milchleistung im Gegensatz zu trockener Kälte. Ferkel bedürfen eines zusätzlichen Wärmeschutzes; Läufer sollen „abgehärtet" werden, um den Masterfolg zu sichern. Vf. bezeichnet Klimafaktoren als das A und O der Tiergesundheitspflege im Offenstall und in der Schweinemastanlage. Hunger im Winter, kaltes Wasser bei Frost, Liegeflächen unter 3,5 m² mit schlechter Wärmedämmung verursachen Panaritium, Mastitis, Pneumonie und Trichophytie. Das Fehlen des Abkalbestalles fördert die Brucellose und des Abortes, für die Pfleger die Salmonellose. 10-20% der Futtermagermilch sieht Vf. trotz Molkereibehandlung als tuberkulosebakterienhaltig an. Die jährl. gesammelten 200000 t Küchenabfälle müssen nochmals gekocht werden, um Seuchen (Schweinepest) zu vermeiden. Die Tierkörperbeseitigung ist nicht nur ein Hygiene-Problem, sie ermöglicht auch die Gewinnung wertvollen Futters. Arzt und Tierarzt haben die Aufgabe, durch hygienische Aufklärung auf dem Lande die Prophylaxe durchzusetzen. K. Neuffer. 2410.

Heckl, R.; Gmunden, Österreich. **Güllewirtschaft in Österreich.** Dtsch. Akad. Landwirtsch.-Wiss. Berlin, Tagungsber. **1963** Nr. 59. S. 123–132. — 1 Tab. nach Zus.

Der Stallmisttechnik stehen 2 grundsätzlich verschiedene Möglichkeiten offen: die Fest- und die Flüssigmistmethode. Obwohl sich für Sammlung und Ausbringung von flüssigem Stalldung weitgehende Möglichkeiten der Mechanisierung anbieten, wird das Sammeln, Ausfahren und Verteilen der Jauche als belastend empfunden. Aufgetretene Gülleschäden wurden vielfach auf das Eingrubensystem zurückgeführt. Deshalb wird ein Zweigrubensystem gefordert, bei dem Kot und Harn getrennt gelagert und erst unmittelbar vor dem Ausbringen durch dosierten Wasserzusatz vergüllt werden. Als Haupthindernis für eine intensive Güllewirtschaft werden ein zu kleiner Grubenraum sowie Umständlichkeit und zu hoher Arbeitsaufwand der Mistverflüssigung genannt. Obwohl die Schwemmentmistung eine vollständige und einfache Lösung der Entmistung zu sein scheint, können auch hier die Probleme des erforderlichen Grubenraumes, Brechens der Schwimmdecke, Zerkleinerns von Streu und Futterresten und des Rührwerkes in der Grube nicht unbeachtet bleiben. Entscheidend für Wahl und Erfolg der einzelnen Systeme ist stets die Einstellung und Organisation des Betriebes. 2425.

Huisman, L.; Wageningen, Holland. **Der Bau moderner Anbindeställe.** Bauen auf d. Lande **13** (1962) Nr. 11. S. 276-277. — 1 Tab.

Neben geringen Baukosten bietet der Offenlaufstall mit Melkstand arbeitswirtschaftliche Vorteile, bes. wenn Vorrats- oder Selbstfütterung möglich ist. Da vielfach dem Anbindestall der Vorzug gegeben wird, wurde nach Möglichkeiten gesucht, in diesem gleich hohe oder höhere Arbeitsleistungen als im Laufstall zu erbringen. Während im Anbindestall das Melken bereits mechanisiert ist und es für eine automatische Entmistung verschiedene Lösungen gibt, können durch eine günstige Mechanisierung der Fütterung weitere Arbeitsersparnisse erreicht werden. Mit Erfolg wurden für den Silagetransport Schubstangenanlagen, Kettenförderer, Transportbänder, Förderschnecken und Selbstentladewagen benutzt. Auch eine Vorratsfütterung von Heu aus großen Heuraufen ist im Anbindestall möglich. So wurde für einen Grünlandbetrieb ein Anbindestall mit Rohrmelkanlage, automatischer Entmistung und mechanischem Futtertransport aus einer dahinter liegenden Scheune mit Gärfuttersilo und Heulager sowie Kraftfutter-Dosieranlage geplant, der 80 Standplätze für Milchvieh mit Nachzucht aufweist. Gegenüber anderen Stallarten unterschiedlichen und ungünstigeren Mechanisierungsgrades ergab sich für diesen Stall ein kalkulierter Arbeitskräftebedarf von 45 AKh/GV und Jahr. Es wird festgestellt, daß im Anbindestall auf diese Weise eine zweckmäßige Arbeitsrationalisierung möglich ist. J. Strecke. 2425.

Lugg, G. W. Choosing a milking parlour. **(Die Auswahl eines geeigneten Melkstandes.)** J. Brit. Dairy Farmers' Assoc. **64** (1960) S. 20-26. — 7 Tab.

Vf. gibt eine Anleitung, wie eine Stundenleistung von 30 Gemelken pro Melker erreicht werden kann. Es werden Tab. angegeben, mit deren Hilfe es möglich sein soll, den geeigneten Melkstand entspr. den Gegebenheiten der jeweiligen Farm bei obiger Leistung auszuwählen. Auf Grund von Arbeitszeitstudien für die verschiedenen Melkstände werden Arbeitsabläufe angegeben, bei deren Einhaltung die angegebene Leistung pro Melker erreicht wird.
J. Bossmann. 2425.

Boer, F. de. **Zelfvoedering bij melkvee in Engeland.** Wageningen: Minist. van Landbouw en Visserij. 1962. (16 S.) 4° = Nieuwe bedrijfssystemen in de landbouw. Mededeling. Nr. 10. (SR 2709, 10)
Literatur über Dauergrünland und Dauerweiden. Hrsg. Instn: Deutsche Bücherei, Leipzig. Titelanzahl: 19. Ber.-Zeit: 1945-1961.)

H. NUTZUNG UND QUALITÄT TIERISCHER ERZEUGNISSE

Thimm, Heinz U.; München-Weihenstephan, TH, Inst. für Agrarpolitik und Landwirtsch. Marktwes. **Saisonschwankungen des Angebots und der Preise landwirtschaftlicher Veredelungsprodukte im Bundesgebiet.** Bayer. landwirtsch. Jb. **39** (1962) Nr. 6. S. 653-703. — 40 Abb., 17 Tab., 19 Lit. 2505.

Anonym. **Die Durchführung der Lebensmittelkontrolle in der Schweiz im Jahre 1961.** Mitt. Gebiete Lebensmittelunters. Hyg. [Bern] **53** (1962) Nr. 5. S. 331-378. 2505.

Thiel, C. C. Recorder jars versus milk meters for milking machines. **(Meßgefäße oder Zählapparate für Melkmaschinen.)** J. Soc. Dairy Technol. **15** (1962) Nr 4. S. 181-185. — 3 Abb., 11 Lit.

Meßgefäße wie Zählapparate haben beide Vor- und Nachteile. Die Pipeline löst ein Problem der Milchgewinnung, es mangelt aber an der Leistungsübersicht der einzelnen Kuh und der Entnahme individueller Milchproben. Zählapparate dürfen nach Standards der American Dairy Science Association nur um 3% oder ½ lb. schwanken. Es gibt eine Konstruktion, die nach Durchfluß von jeweils 1 lb. Milch über eine elektr. Steuerung Kraftfutter freigibt. Ein anderer Apparat hält genau 1/100 des Gemelks fest, wodurch sich über das spez. Gew. der Gehalt des Gemelks errechnen läßt. Meßgefäße können bei zu kleinem Milchauslaß die Melkzeit verlängern. Meßfehler können auf $\pm$ 1/4 lb. zurückgeführt werden. Wegen der nötigen zusätzlichen Schläuche und Ventile ist der Zählapparat mit Rücksicht auf die leichte Sauberhaltung vorteilhafter, unter den britischen Bedingungen und wegen der leichteren Überwachung der Kühe ist das kalibrierte Meßgefäß aber vorzuziehen. H. Senger. 2511.

Monro, R. F. Materials for the construction of milking machines. **(Materialien zum Bau von Melkanlagen.)** Milk Board J. **13** (1962) Nr. 10. S. 31. 33-36.
Für die Qualität der Milch hinsichtlich der Reinheit und bakteriellen Beschaffenheit ist der Erzeuger verantwortlich, für die geschmackliche Beeinflussung der Qualität aber wesentlich auch der Konstrukteur. Geringster Cu-Gehalt in der Milch (bereits 0,2 ppm) auch Fe führen nicht nur zur geschmacklichen Beeinflussung, sondern fördern auch den Oxydationsprozeß bes. unter Einwirkung des Lichtes. Das Inlösunggehen von Metall wird durch 2 verschiedene Metalle in der Melkanlage gefördert, durch Verzinnung zunächst verhindert. Die Verzinnung leidet durch Verkratzen und durch Nichtinnehalten des vorgeschriebenen Verdünnungsgrades der Reiniger. Auch schlecht gekühlte Legierungen begünstigen eine Elektrolyse. Nur die Verwendung von rostfreiem Stahl für alle Ausrüstungsteile garantiert bei Verwendung der üblichen Reiniger beste Qualität der Milch. H. Senger. 2511.

White, J. C. Observations on the effectiveness of bactericidal agents in rubber and rubber-like materials used in milking machine inflations. **(Beobachtungen über die Wirksamkeit bakterieider Stoffe in Gummi und gummiähnlichem Material für Melkstrümpfe.)** J. Milk Food Technol. **25** (1962) Nr. 10. S. 312-315. — 2 Tab., 4 Lit.
Die elastischen Ausrüstungsstücke der Melkmaschine werden nicht nur durch das Fett, sondern auch durch Licht, Sauerstoff, Ozon und Abnutzung wie auch durch chem. und phys. Mittel angegriffen. Auf der zerstörten Gummioberfläche nisten sich Bakterien ein, wodurch die Qualität der gewonnenen Milch sinkt. Man prüfte deshalb den Wert der Einmischung bakterieider Stoffe bei der Herstellung von Melkstrümpfen. Versuche mit o-phenylphenol ergaben bei Neopren beste Ergebnisse. Bei diesen Untersuchungen ergab sich allg., daß das trockene Aufbewahren nach der Reinigung und Sterilisation bis zur nächsten Melkzeit in jedem Falle der feuchten weit überlegen war. Da der schwarze Kunstgummi durch seine Abnutzung, insbesondere bei Verwendung chlorhaltiger alkalischer Reiniger, zu dunklen Niederschlägen auf den Metalloberflächen führt, erscheint auch durch diese Untersuchungen bewiesen, daß Neopren-Melkstrümpfe zur einwandfreien Milchgewinnung besser sind. H. Senger. 2511.

Voigtländer, K. H.; Leipzig, Karl-Marx-Univ., Inst. für Tierzucht und Milchwirtsch. **Untersuchungen über den Mineralstoffgehalt der Milch von Kühen des Deutschen schwarzbunten Rindes.** Arch. Tierzucht **6** (1963) Nr. 3. S. 186–209. — 4 Abb., 5 Tab., 8 Lit. nach Zus.
Untersuchungen an 35 Schwarzbunten Kühen mit 53 Laktationen aus 11 Betrieben ergaben einen mittleren Mineralstoffgehalt der Milch von 0,175% CaO, 0,207% P_2O_5, 0,162% K_2O, 0,098% Na_2O, 0,021% MgO und 0,101% Cl. Der Ablauf der Laktation bedingte charakteristische Veränderungen der Gehaltswerte, bes. zu Laktationsbeginn und -ende. Mittels Korrelationsrechnung konnte nachgewiesen werden, daß Ca, P und Mg sowohl untereinander als auch mit dem Fett-, Eiweiß- und Aschegehalt gleichsinnig verbunden waren, während Ca und Cl zueinander und zu allen anderen Milchbestandteilen negative oder nicht signifikante Korrelationen zeigten; das Na nahm mit nicht gesicherten, schwach positiven oder negativen Korrelationen eine Mittelstellung ein. Gemäß den diesbezüglichen Regressionen sind die abs. Veränderungen einer Komponente mit der anderen nicht sehr groß, so daß bes.

bei der Erhöhung des Fettgehaltes mit keiner tiefgreifenden Veränderung der Mineralstoffzusammensetzung zu rechnen ist. Eine gute Nährstoffversorgung der Kühe hatte gegenüber mittlerer und schlechter Fütterung höhere Gehalte an Ca, P und Mg sowie geringere Werte an Chlor zur Folge, während das K nicht und das Na nur wenig beeinflußt wurden. Die korrelativen Bindungen der Bestandteile unterlagen keinen fütterungsbedingten Veränderungen, so daß sich eine unterschiedliche Nährstoffversorgung stets auf alle Milchbestandteile auswirken wird. 2512.

Davidson, J. und McDonald, I.; Bucksburn, Aberdeen, Rowett Res. Inst. The calcium and phosphorus content of milk from hill ewes. **(Der Kalzium- und Phosphorgehalt der Milch von Mutterschafen der Bergrasse.)** Proc. Nutrit. Soc. **21** (1962) Nr. 2. S. XXIII. — 1 Tab., 10 Lit.

Bei je zehn Schafen der Blackface- und Cheviotrasse wurden während der gesamten Laktation der Gesamtmineralsalzgehalt und der Gehalt an Ca und P in der Milch bestimmt. Bei beiden Rassen wurde am Ende der Laktation ein Anstieg des Mineralstoffgehaltes festgestellt. Der durchschnittl. Gehalt während der gesamten Laktation, bezogen auf 1 kg Milch, betrug für Ca 1,84 g und für P 1,53 g. H. Hauke. 2512.

Popov, V. und Colov, V. (Popow, W. und Zolow, W.) Izmenenija v ksantindechidraznata aktivnost na mljakoto. **(Veränderungen in der Xanthindehydrase-Aktivität der Milch.)** Naučni trudove. Visš veterinarnomedicinski institut „Prof. Dr. G. Pavlov", Sofija **10** (1962) S. 41–48. — 3 Tab., 7 Lit. Zus. in Russ., Dtsch.

Nach Versuchen der Vff. aktiviert sich die Xanthindehydrase der Milch mit wenigen Ausnahmen bei Abkühlung, doch ist die Saponinaktivierung immer positiv und stärker als die bei der Abkühlung. Es wird vorgeschlagen, die Bestimmung der Xanthindehydrase nach ihrer vorhergehenden Aktivierung mit Saponin durchzuführen. Z. Tomow. 2512.

Fincher, M. G., Kosikowski, F. V., Guthrie, R. S., Hodges, H. G. und Johnson, S. D. Relative importance of persistence, transfer, and milking technique to antibiotic residue contamination of milk. **(Die relative Bedeutung der Persistenz, des Übertritts und der Melktechnik bei Milch, die mit Antibioticaresten kontaminiert ist.)** J. Amer. veterin. med. Assoc. **141** (1962) Nr. 2. S. 223–228. — 6 Tab., 11 Lit.

Präparate mit verschiedenem Antibioticagehalt wurden in Salbenform, wäßriger und öliger Emulsion z. T. intramammär, z. T. i.m. 61 Kühen verabreicht. Danach entnahm man tägl. je Kuh 2 Milchproben der einzelnen Viertel und eine Sammelmilchprobe und untersuchte diese auf ihren Antibioticagehalt mittels einer Umkehr-Plattenmethode und der Standard APHA Plattenmethode, wobei *Bac. subtilis* als Teststamm diente. Die Empfindlichkeit dieser Methoden betrug 0,01–0,02 IE/ml. Über 50% der Kühe zeigten noch nach 72 Std. bei intramammärer Applikation von Wasser-Öl-Emulsionspräparaten Antibioticareste in der Milch (120–180 Std.). Wasserlösliche Antibioticapräparate waren in der Regel nur bis zu 48 Std. nachweisbar. Salben sind z. T. nach 144–180 Std. noch in Resten vorhanden. Bei ca. 10% der Tiere war ein Übertritt von Penicillin in die unbehandelten Viertel zu beobachten (Verweildauer bis ca. 21 Std.), wobei Chlortetracyclin häufiger, jedoch in rel. geringeren Mengen nachzuweisen war. Bei i.m. Injektion wasserlöslicher Antibioticapräparate (3–27 Mill. IE) waren nach 72 Std. keine Spuren mehr zu bemerken. Die Gefahr einer Antibioticakontamination der Milch durch unsaubere Melkarbeit ist jedoch sehr groß. Vf. wies in der Milch eines unbehandelten Tieres 0,27 IE/ml nach, womit in einem Milchtank die gesamte Milchproduktion von 6 unbehandelten Kühen kontaminiert wurde. Die Ursache war ein ungenügend ausgespülter Melkeimer. Z. Z. sind 0,5% aller Milchen mit Antibioticaresten kontaminiert. Um diesen Prozentsatz weiter zu senken, ist eine genaue Prüfung aller im Handel erhältlichen Antibioticapräparate auf ihre Persistenz nötig, eine Einschränkung der Anwendung derjenigen Präparate, die länger als 72 Std. im Euter verweilen und eine Betonung einer äußerst sauberen Melktechnik. H. Heimbürge. 2512.

Stüber, Otto; Rotholz, Landwirtsch.-Chem. Versuchs- und Untersuchungsanst. **Zur Milcheiweißbestimmung.** Förderungsdienst [Wien] **10** (1962) Nr. 11. S. 373–377.

Da der Milcheiweißgehalt in den alpinen Rinderzuchtgebieten Österreichs für die Hartkäseherstellung von bes. Bedeutung ist, wurde bei 486 Herdbuchkühen des Tiroler Fleckviehs und Braunviehs mit Hilfe der Formoltitration und der Kjeldahlmethode der Eiweißgehalt bestimmt. Das Häufigkeitsmaximum der über zwei Laktationsperioden hinweg untersuchten Milchproben entfiel bei beiden Rassen auf 3,1% Eiweißgehalt. Parallel zur Eiweißbestimmung wurde die Fettgehaltsuntersuchung durchgeführt. Es ergab sich, daß bei steigendem Fettgehalt die Durchschnittswerte des Eiweißgehaltes ebenfalls steigende Tendenzen aufwiesen. Da aber die Einzelwerte stark streuten, konnte die Fettgehaltsbestimmung allein keinen hinreichend genauen Aufschluß über den zu erwartenden Eiweißgehalt geben. Der Eiweißgehalt erhöhte sich sprunghaft bei dem im Frühjahr üblichen Futterwechsel, ein langsamer Anstieg trat am Ende der Laktationsperiode auf. Der regelmäßigen Eiweißbestimmung der Milch und der züchterischen Auswertung der Ergebnisse wird in Österreich eine große Bedeutung beigemessen, deshalb wurde 1962 in Rotholz eine Untersuchungsanstalt spez. für diese Aufgaben gegründet. H. Hauke. 2512.

Heidler, W. und Heidler, G.; Rostock, Univ., Inst. für Tierzucht; Inst. für Anatomie und Physiol. der Haustiere. **Die kolorimetrische Bestimmung des Eiweißgehaltes der Milch mit Amidoschwarz 10 B.** Arch. Tierzucht **6** (1963) Nr. 3. S. 176–185. – 2 Abb., 3 Tab., 27 Lit. nach Zus.

Auf Grund der hohen Verdaulichkeit und biol. Wertigkeit besitzt das Milcheiweiß eine hervorragende ernährungswirtschaftliche Bedeutung. Zu seiner schnellen Erfassung sind in den letzten Jahren verschiedene Methoden erarbeitet worden, unter ihnen die colorimetrischen Methoden mit den Farbstoffen Orange G und Amidoschwarz. Über das Prinzip und die Entwicklung dieser Methoden sowie über die bisher mit ihnen erzielten Ergebnisse wird berichtet. Durch eigene Untersuchungen sollte die Brauchbarkeit der Farbstoffbindungsmethode überprüft werden. Für diese Untersuchungen fanden 2 Amidoschwarzlösungen (pH 2,35) Verwendung, die pro Liter 0,7 bzw. 0,75 g Amidoschwarz enthielten. Davon wurden 20 ml mit 1 ml Milch vermischt und bei 2500 U/min zentrifugiert. Die Bestimmung der Farbtiefe des ungebundenen Farbstoffes erfolgte mit dem Universal-Colorimeter „UK VII“ bei einer Wellenlänge von 560 nm und einer Küvettenschichtdicke von 1 mm. Zwischen den Absorptionswerten und dem Eiweißgehalt, bestimmt nach Kjeldahl, wurde bei Verwendung der 0,7 g Amidoschwarz enthaltenden Lösung ein Korrelationskoeffizient (r) von $-0{,}971$ und ein Regressionskoeffizient (b) von $-0{,}020$ gefunden. Damit besteht die Möglichkeit, den Eiweißgehalt der Milch aus der Absorption nach folgender Gleichung zu berechnen: $E\% = -0{,}020$ Abs. $+ 4{,}42$; Standardabweichung: $\pm 0{,}07$. Bei Verwendung der 0,75 g Amidoschwarz enthaltenden Lösung betrug $r = -0{,}954$, $b = -0{,}024$. Die Regressionslinie ist gegeben durch die Gleichung: $E\% = -0{,}024$ Abs. $+4{,}98$; Standardabweichung: $\pm 0{,}08$. Die eigenen Untersuchungen bestätigen die in der Literatur genannten Ergebnisse und unterstreichen die Brauchbarkeit der Farbstoffbindungsmethode mit Amidoschwarz zur schnellen Bestimmung des Eiweißgehaltes der Milch. 2512.

Neseni, R.; Rostock, Univ., Inst. für Anatomie und Physiol. der Haustiere. **Die fettfreie Trockensubstanz der Kuhmilch, ihre Bestandteile, Bestimmung und Berechnung.** Arch. Tierzucht **5** (1962) Nr. 6. S. 433–448. — 69 Lit.
Eingangs wird ausführlich über die Einflüsse, die auf Menge und Zusammensetzung der fettfreien Tr.-Subst. der Milch einwirken, referiert. Anschließend werden eigene Erfahrungen bei der Ermittlung der fettfreien Tr.-Subst. der Milch und des Eiweißgehaltes mitgeteilt. Zur Bestimmung der fettfreien Tr.-Subst. wurde die gravimetrische Methode und eine Berechnungsmethode unter Berücksichtigung des spez. Gew. verwendet. Die zuerst aufgeführte Methode war besser zur Erfassung der individuellen Schwankungen bei den einzelnen Kühen geeignet. Der Eiweißgehalt wurde vergleichend nach den Methoden von Kjeldahl und Kofranyi, mit Hilfe der Formoltitration, der Farbstoffbindung des Eiweißes und der Berechnungsmethode nach Baintner bestimmt. Das Verfahren nach Kofranyi ergab die beste Übereinstimmung mit der klassischen Kjeldahl-Methode. Außer bei frisch- und altmelkenden und sekretionsgestörten Tieren wurden auch mit Hilfe der Formoltitration gute Ergebnisse erzielt. Die Farbstoffbindungsmethode kommt für praktische Zwecke nicht in Frage, die Berechnungsmethode ergab mit dem von Baintner angegebenen Faktor zu hohe Werte. H. Hauke. 2512.

Wälzholz, G. und Lang, R.; Kiel, Bundesforsch.-Anst. für Milchwirtsch., Prüfungsamt für Milchwirtsch. Maschinen, Apparate, Geräte und Anlagen. **Bericht über die technische Begutachtung der Kühleinrichtung „Milchprämie" System Lübbert, zur Kühlung von Milch auf dem Bauernhof.** Kieler milchwirtsch. Forsch.-Ber. **14** (1962) Nr. 6. S. 477–484.
Es handelt sich um eine Einrichtung, in der die Milch in Kannen (bis zu fünf 20-l-Kannen) gekühlt wird. 2516.

Rao, Suryanarayana R. und Laxinarayana, H. Dairy cleaning mixtures for use dairies and village milk-handling units. **(Reinigungsmittel für Milchgeräte in Molkereien und Milchsammelbetrieben in Dörfern.)** Indian Dairyman **14** (1962) Nr. 10. S. 325–328. — 4 Tab.
Da sich die Milchwirtschaft in Indien weiter verbreitet, mußten billige und wirksame Reinigungsmittel aus eigener Produktion erarbeitet werden. Nach einem Versuchsschema wurden diese vom Nationalen Milchforschungsinstitut entwickelt und erprobt und auch Anwendungsvorschriften herausgegeben. Die Mischungen der Reinigungs- und Sterilisationsmittel betr. bes. Molkereien und dann dörfliche Betriebe, und zwar je 2. Alle enthalten in der Hauptsache Trinatriumphosphat und gelten entspr. ihrer weiteren Zutaten für den allg. Gebrauch, dann auch für Aluminiumgeräte und für verzinnte Geräte. H. Senger. 2516.

Howey, R. I. Systems of bulk milk handling. **(Die verschiedenen Tankarten zur Milchaufbewahrung.)** Milk Board J. **13** (1962) Nr. 10. S. 15–17.
Es gibt gewöhnliche Tanks mit isolierten und nichtisolierten Wänden ohne bes. Kühlung und Tanks mit Eisbank- und direkter Expansionskühlung in verschiedenen Ausführungen. Hierzu werden die wichtigsten australischen Standards der „Refrigerated Farm Milk Tank-Units" erwähnt: die Tankgröße, das Material, die fertige Oberfläche, die Entleerung, die Kühlleistung, die Kühlkapazität, die Temperaturmessung, das Rührwerk und verschiedene andere Anforderungen betr. Isolierung, elektrische Sicherheitsvorschriften, Kalibrierung und Reinigung. H. Senger. 2516.

Wilson, J. W. The refrigerated system. **(Die Arten der Milchkühlung.)** Milk Board J. **13** (1962) Nr. 10. S. 19–21. 23. — 1 Tab.
Die Milchkühlung entwickelte sich in 2 verschiedenen Richtungen, nämlich der Eisbank- und der Expansionskühlung. Die Eisbankkühlapparate fanden viele Anhänger wegen der großen Kühlreserve. Die direkten Expansionskühl-

anlagen wurden wegen der höheren Investitionskosten weniger beachtet, auch wurde wegen des Energieverbrauches gewarnt. In Victoria und Neusüdwales durchgeführte Untersuchungen ergaben aber, daß die Kosten zur Kühlung je gal. Milch bei Verwendung der direkten Expansionskühlung um 50% billiger sind als bei der Eisbankkühlung. 500 gal. Milch sind bereits 5 Min. nach Beendigung des Melkens auf 40 °F abgekühlt im Tank. Das schnelle Kühlen fördert die Milchqualität und verlängert die Lebensdauer des Aggregates. Es folgt eine Kostenrechnung für eine Molkerei und für einen Farmer.

H. Senger. 2516.

Major, W. C. T. Sterilization of milking machine rubberware. **(Die Sterilisation von Gummistücken für die Melkmaschine.)** Queensland J. agric. Sci. **19** (1962) Nr. 1. S. 117–121. — 1 Tab., 4 Lit.

Bei einwandfreier Beschaffenheit des Gummis ergab die Spülung mit heißem Wasser zu 98% unter 30000 Kolonien/ml, andernfalls nur 86%. Beim Eintauchen in heißes Wasser war das Ergebnis in jedem Fall zu 100% unter 30000 Kolonien/ml. Das Einweichen in kaustischer Soda- oder Natriummetasilikatlösung ergab dem der Heißwasserspülung ähnliche Resultate. Natriumhypochlorit erodierte die Gummioberfläche. Die Ergebnisse mit den verschiedenen Sterilisationsmitteln sind tabellarisch zusammengestellt.

H. Senger. 2516.

Hauke, H. **Die hygienische Beschaffenheit von Milch aus Rinderoffenställen** Z. ges. Hyg. Grenzgebiete 8 (1962) Nr. 8/9. S. 686–689.

Vf. sieht Offenstall und Melkhaus als notwendige Einheit und bestimmende Faktoren bei der Qualitätsbeurteilung der Milch an. Untersucht wurden 100 Sammelmilchproben aus 25 Betrieben mit Offenstallhaltung auf unspezifisch aeroben und anaeroben Keimgehalt sowie den Titer coliformer Bakterien. Spez. Untersuchungen erstreckten sich auf das Vorkommen von Salmonellen, Brucellen und Tuberkulosebakterien. Der unspezifische Keimgehalt wurde mit durchschnittl. 35,1 Mill. Keimen/ml Milch — lt. TGL zulässig für „rohe Kuhmilch" 500000 Keime/ml — ermittelt. Von anderer Seite untersuchte 269 Tankmilchproben hatten einen Keimgehalt von 10–80 Mill. Keimen/ml. Da bei der Kurzzeiterhitzung die Keimflora nur zwischen 96,4 und 68,8% (Minimum) abgetötet wird, besteht auch für pasteurisierte Milch Zersetzungsgefahr. Die Methylenblau-Reduktionsprobe ergab Reduktionszeiten von 20–120 Min.; das entspricht nur der Qualitätsstufe III. Der qualitative Colinachweis war bei allen Proben positiv, quantitativ betrug er 1,3 Mill. Keime/ml. 75% der Milchproben enthielten Anaerobier. 29% der Proben zeigten mikroskopisch Eiter. 22% der Proben enthielten lebende Brucellen, in 14% wurden vollvirulente bovine Tuberkulosebakterien nachgewiesen. Folgende Fehler wurden in den Offenstallkombinaten festgestellt: Ungenügende Komplettierung, mangelhafte Einstreu, Verschmutzung der Tiere und Euter, Kühe mit schlechten Euterformen — ungeeignet fürs Maschinenmelken — ungenügende Reinigung der milchführenden Anlagen, poröse Gummiteile, mangelhafte Kühlung, Verstöße gegen die Grundregeln der hygienischen Milchgewinnung. Der Milcherzeuger-Beratungsdienst wird gefordert und die Herausstellung der Qualität der Milch.

K. Neuffer. 2516.

Major, W. C. T. Importance of milking machine rubberware as a source of bacterial contamination. **(Die Bedeutung der Gummiteile einer Melkmaschine als Quelle der bakteriellen Verseuchung.)** Queensland J. agric. Sci. **19** (1962) Nr. 1. S. 123–125. — 1 Tab., 1 Lit.

Die Gegenüberstellung einwandfrei im Laboratorium sterilisierter Gummiteile mit solchen unter den Bedingungen der Praxis sterilisierten, ergab bei der Untersuchung der jeweils gewonnenen Milchproben je nach Beschaffenheit der Gummiteile in den Betrieben in der überwiegenden Mehrzahl der Vergleiche bis bzw. über 500000 Kolonien/ml. Wenn nicht einwandfreier Gummi durch neue Stücke ausgetauscht wurde, hatte die dann ermolkene Milch weniger als 30000 Kolonien/ml. Die bakterielle Verseuchung war durch den Gummi in jedem Falle größer als durch die Metallteile. H. Senger. 2516.

Génin, G. Le lait dans le monde. **(Die Milch auf der Welt.)** Lait 42 (1962) Nr. 418. S. 509–516. 2518.

Krüger, W. und Wenk, B.; Oranienburg, Inst. für Milchforsch. **Die Leistungen der Milchindustrie der DDR für die Versorgung des Verbrauchers mit Milch und Milcherzeugnissen und für die Eiweißversorgung in der Landwirtschaft.** Dtsch. Milchwirtsch. **10** (1963) Nr. 1. S. 2-6. — 6 Tab., 2 Lit.
Die jährl. Milcherzeugung in der DDR beträgt ca. 6 Mill. t, der Bevölkerung standen davon aber nur ca. 40% zur Verfügung, die größere erzeugte Milchmenge verbleibt in der Landwirtschaft oder wird dahin zurückgeliefert. Die erzeugte Milch ist 1961 im Vergleich zu 1958 um 400000 t zurückgegangen. Auf Grund der Kürzung des Rücklieferungssatzes von Magermilch an die Landwirtschaft konnte die Produktion von Frischkäse, Speisequark, Weich- und Hartkäse nahezu auf dem Niveau von 1958 gehalten werden. Die Trinkmilchproduktion ist erfreulicherweise angestiegen. Für die Städte Berlin und Jena sind für die wichtigsten Lebensmittel der Pro-Kopf-Verbrauch in den Jahren von 1958-61 und die daraus resultierenden Ernährungsbilanzen angegeben. Aus den Tab. ist zu ersehen, daß nur in Berlin der Trinkmilchverbrauch angestiegen ist. In beiden Städten war ein verstärkter Fleisch- und Konditoreiwarenverzehr festzustellen. Die mitgeteilten Ernährungsbilanzen weisen einen fast um 100% die physiol. Normen überschrittenen Fettverzehr auf, der Eiweißbedarf wurde gerade gedeckt, für den Verzehr von Kohlenhydraten ergab sich eine Unterbilanz. Die zurückbehaltene bzw. -gelieferte Milchmenge deckte zu 75% den Eiweißbedarf der Landwirtschaft an tierischem Eiweiß. Da auch in Zukunft das Milcheiweiß die Tierernährung entscheidend beeinflussen wird, werden Vorschläge für die rationelle Verwertung des anfallenden Milcheiweißes gemacht. Die Trocknung des im Sommer reichlich anfallenden Milcheiweißes wird bes. empfohlen, um damit die im Winter entstehende Eiweißlücke schließen zu können. H. Hauke. 2518.

Schwendinger, Wolfgang. **Von der Milchwirtschaft in den Vereinigten Staaten von Amerika. Die Trinkmilchindustrie.** Österr. Milchwirtsch. **17** (1962) Nr. 6. S. 103-106.; Nr. 10. S. 166-170. — 6 Abb.
Vf. macht zunächst Ausführungen über die Trinkmilchindustrie, da diese funktionell streng von der Butter- und Käsereiindustrie getrennt ist. Der immer härter werdende Konkurrenzkampf in der Trinkmilchindustrie zwingt je nach den betrieblichen Verhältnissen zur Mechanisierung, Automatisierung bzw. Systematisierung (das ist vollständige automatische Kontrolle der Mechanisierung. Mehrere vorhandene „Systeme“ verlangen nach „Synchronisierung“.). Die Zweckmäßigkeit von Molkereianlagen wird nach dem „Wirkungsgrad“ gemessen, dessen Einheit ist

$$1\ \text{GPMH} = \frac{\text{Max. verarbeitete Milchmenge}}{\text{AK} \times \text{Summe der Arbeitsstunden}}$$

(GPMH = Gallons per man hours). Die Rohmilch kommt über die Kette „Hofmilchtank - Tanksammelwagen - Milchsammelbetrieb-Großtanksammelwagen“ tiefgekühlt in den Trinkmilchbetrieb. Die Auslieferung der Trinkmilch an die Kunden erfolgt über vollverantwortliche Fahrer (Übernahme von Bestellungen bis zur Abrechnung im Betrieb). Gegenübergestellt werden ein Kostenbild der Trinkmilchindustrie aus USA und Österreich. Im 2. Teil wird das Verkaufswesen für Milchprodukte behandelt, das durch Preisgefüge, Reklame und Marktforschung bestimmt wird. Zu diesen 3 Komponenten des Preisgefüges werden charakterisierende Ausführungen gemacht.
J. Bossmann. 2518.

Mickelberry, W. C., Schwall, D. V. und Stadelman, W. J.; Lafayette, Ind., Purdue Univ., Dep. of Animal Sci. The effect of ice: water coolant ratios upon moisture absorption and rate of chilling of eviscerated chicken carcasses. **(Der Einfluß des Verhältnisses von Eis: Wasser bei Kühlflüssigkeiten auf die Wasseraufnahme und Kühlung von ausgeschlachtetem Mastgeflügel.)** Poultry Sci. **41** (1962) Nr. 5. S. 1550-1553. — 1 Abb., 2 Tab., 15 Lit.
Ausgenommene Broiler und Roaster wurden 8 Std. lang in 7 verschiedenen Kühlmedien (variierendes Verhältnis von Eis: Wasser) gekühlt. Der Eisanteil im Kühlwasser beeinflußte die Wasseraufnahme der Schlachtkörper bei beiden Gewichtsklassen, wobei Broiler höhere Werte als die schwereren Roaster erreichten. Jedoch war die größte Wasseraufnahme nicht immer mit der höchsten Wasserretention verbunden. Die schnellste Kühlung wurde mit 66%igem Eiswasser erreicht. Es wird gefordert, bei künftigen Untersuchungen über die Wasseraufnahme gekühlten Geflügels das Verhältnis von Eis: Wasser vorher festzulegen. W. Rudolph. 2522.

Koch, V.; Hamburg. **Mastgeflügel-Vermarktung.** Tierzüchter **14** (1962) Nr. 15. S. 558-559.
In der Bretagne und einigen anderen Departments wurde vor 2 Jahren eine Aktiengesellschaft zur Verbesserung der Mastgeflügelproduktion gegründet, der Produzenten, Futtermittelhersteller und Geflügelhändler angehören. Diese Gesellschaft soll eine Entwicklung und Angleichung der Produktionsverhältnisse bewirken, Produktionsmittel liefern und für Vermarktung und Absatz der Produkte sorgen. Die Gesellschaft wurde mit einem Grundkapital von 400000 NF gegründet, wobei 2000 Aktien ausgegeben wurden. Ein Verwaltungsrat ist mit umfassenden Vollmachten ausgestattet. Die Generalversammlung repräsentiert die Gesamtheit der Aktionäre. Eine interne Geschäftsordnung regelt die Belange der Produktion und Vermarktung.
W. Rudolph. 2522.

Hauke, H. **Zu den Möglichkeiten der Übertragung von Geflügelkrankheiten auf den Menschen.** Fleischermeister **16** (1962) Nr. 11. S. 297-299.
Die Ansteckungsmöglichkeiten für den Menschen sind bei Tuberkulose hauptsächlich der direkte Kontakt mit verseuchtem Geflügel, weniger der Genuß von Fleisch oder Eiern. Indirekt evtl. das für Geflügeltuberkulose empfängliche Schwein. Bei Salmonellose ist es der Verzehr des Fleisches oder der Eier von Dauerausscheidern, vor allem der Enteneier, aber auch Schmierinfektionnen in Fleischereien. Bei Ornithose ist es die Aufnahme von Staubteilchen, die mit Virus behaftet sind (Atmen bzw. sonstiger Kontakt). Weitere Krankheiten, die nur selten vom Geflügel übertragen werden, sind: Rotlauf, Listeriose, Brucellose, Tollwut, atypische Geflügelpest. — Vorbeugende hygienische Maßnahmen werden im einzelnen besprochen. A. Schwarz. 2522.

Linke, H. **Die histologische Untersuchung im Rahmen der Auslandsfleischuntersuchung.** Fleischwirtschaft **14** (1962) Nr. 5. S. 405-406. 409. — 1 Tab., 15 Lit.
Vf. beleuchtet die Verhältnisse der Einfuhr von zubereitetem Fleisch. Beim Nachweis der Verarbeitung von Körperteilen, die nach den westdeutschen fleischbeschaurechtlichen Vorschriften für den menschlichen Genuß untauglich sind, ist die Sendung zurückzuweisen. Bei Einfuhr aus Ländern, über deren gewissenhafte Fleischbeschau Zweifel bestehen, sind stichprobenweise histol. Untersuchungen durchzuführen. Vf. gibt Hinweise für die mikroskopische Diagnose einer Verarbeitung von genußuntauglichen Organen und Fleischwaren. F. Westphal. 2524.

Bethcke, H. H. **Erste Erfahrungen mit der Untersuchung von Fleischwaren, Organen usw. im Rahmen des neuen Fleischbeschaurechts.** Fleischwirtschaft **14** (1962) Nr. 5. S. 404-405.

Bei der Einfuhr von frischem Fleisch wird ein amtsärztliches Gesundheitszeugnis verlangt. Es ist erforderlich (wurde auch im neuen Fleischbeschaugesetz aufgenommen), daß nach dem Auftauen eine Überprüfung der einzelnen Organe stattfindet. Vf. berichtet über Versuchsergebnisse bei der tierärztlichen Kennzeichnung der Organe mit Brennstempeln. — Nach dem neuen Fleischbeschaugesetz sind auch für zubereitetes Fleisch Gesundheitszeugnisse erforderlich. Vor Einführung der Ware in den Handel ist eine Probeuntersuchung notwendig. F. Westphal. 2524.

Goodwin, T. L., Mickelberry, W. C. und Stadelman, W. J. Methods of aging and muscle flexing and their effects upon the tenderness of turkey meat. **(Über Methoden des Alterns und der Muskeldehnung und ihren Einfluß auf die Zartheit des Putenfleisches.)** Poultry Sci. **41** (1962) Nr. 1. S. 193-198. — 1 Abb., 3 Tab., 7 Lit.

Die Wirkung des Anteils der mechanischen Kühlung und der Dehnung der Flügel- und Keulenmuskulatur auf die Zartheit des Endproduktes sollte untersucht werden. Die überprüften 4 Methoden zeigten, daß schnelle Kühlung nicht die Lösung für ein beschleunigtes Zartmachen des Putenfleisches ist. Bei den Flügeln und Beinen verzögerte die rotierende Behandlung während des Abkühlens die Entwicklung der max. Zartheit, jedoch war dieser Nachweis nicht signifikant, wenn die Puten die max. Zeit von 32 Std. dem Kühlverfahren ausgesetzt wurden. Bei dem Rotations-Kühlprozeß nahmen die Puten einen größeren Prozentsatz an Wasser auf. Die Tiere, die während des Abkühlens ansehnliche Gewichtszunahmen hatten, zeigten beim Kochen eine erheblich höhere Schrumpfung. W. Greiner-Petter. 2524.

Holdas, Sándor, Tóth, Sandor und Csire, Lajos. Adatok a hosszanti hátizom (m. longissimus dorsi) minőségi mutatói és a dobozsonka zselétartalma közötti összefüggésekhez. **(Angaben über den Zusammenhang zwischen den qualitativen Kennziffern des langen Rückenmuskels [M. longissimus dorsi] und dem Geleegehalt des Büchsenschinkens.)** Állattenyésztés [Tierzucht] **11** (1962) Nr. 2. S. 165-168. — 2 Tab., 7 Lit. Zus. in Russ., Dtsch. Aus: Ung. Agrar-Rdsch. **1963** Nr. 1.

Vff. untersuchten an Ungarischen Yorkshire-Schweinen, die mit durchschnittl. 90 bzw. 110 kg Lgw. geschlachtet wurden, inwiefern sich aus den Qualitätsmerkmalen des langen Rückenmuskels (M. long. dorsi) und des Speckes auf den Geleegehalt des Büchsenschinkens Schlüsse ziehen lassen. Aus Proben von Koteletts und der sie überlagernden Speckschicht, die hinter dem letzten Lendenwirbel entnommen wurden, stellten Vff. den Tr.-Subst.-, Eiweiß- und Fettgehalt, den Kochverlust, den Extraktstoff- und auspreßbaren Wassergehalt des Fleisches sowie die durchschnittl. Dicke der Muskelfasern bzw. den Tr.-Subst.- und Fettgehalt des Speckes sowie die JZ des Fettes fest und ermittelten durch direkte Messung den Geleegehalt des Büchsenschinkens. Auf Grund von Korrelationsberechnungen fanden sie zwischen diesen Kennziffern und dem Geleegehalt des Büchsenschinkens i. allg. nur geringfügige und nicht signifikante Zusammenhänge. Eine Ausnahme bildete der auspreßbare Wassergehalt, der bei 90 kg schweren Schweinen einen Korrelationswert von $r = +0{,}28$, bei Schweinen von 110 kg einen von $r = +0{,}34$ zeigte bzw. die JZ des Fettes, die mit dem Geleegehalt in beiden Gewichtsgruppen mit $r = -0{,}62$ in einer stark signifikanten negativen Korrelation stand. Zwischen dem Tr.-Subst.- und Fettgehalt des Speckes und dem Geleegehalt ließ sich kein Zusammenhang finden. Durch eine objektive Untersuchung des langen Rückenmuskels kann man keine Anhaltspunkte über den Geleegehalt des Büchsenschinkens finden. 2524.

Tarladgis, B. G.; East Lansing, Mich., Dep. of Food Sci. Interpretation of the spectra of meat pigments. I. Cooked meats. **(Deutung der Spektra**

von Fleischfarbstoffen. 1. Mitt. Gekochtes Fleisch.) J. Sci. Food Agric. **13** (1962) Nr. 9. S. 481-484.

Von bei 70 °F gekochten Fleischscheiben (**I**) und gekochtem Fleisch, das vor der Untersuchung 20 Min. in eine Reduktionslösung (5% $NaHSO_3$ + 2% $NaHCO_3$) (**II**) und eine Oxydationslösung (0,1% $[K_3Fe(CN)]_6$ getaucht wurde (**III**), wurden Remissionsspektra aufgenommen. Für **I** und **III** ergab sich ein ganz gleichartiger Spektralkurvenverlauf, während bei **II** eine Kurve mit zwei ganz ausgeprägten Maxima bei 565 und 432 mμ erhalten wurde. Die Ergebnisse des Kurvenverlaufes wurden nach der mechanischen Quantentheorie gedeutet und die Farbbindung des gekochten Fleisches als ein hochspiniger Eisenporphyrinkomplex erkannt. Die 5. und 6. Co-ordinationsstellung des Eisenions sind durch ein Carboxylion eines denaturierten Globulinmoleküls und durch Wasser besetzt. Die Farbverbindung wird als ein Metmyochromogen angesehen. H. Steger. 2524.

Tarladgis, B. G.; East Lansing, Mich., Dep. of Food Sci. Interpretation of the spectra of meat pigments. II. Cured meats. The mechanism of colour fading. **(Deutung der Spektra von Fleischfarbstoffen. 2. Mitt. Gepökeltes Fleisch. Der Mechanismus von Farbschwankungen.)** J. Sci. Food Agric. **13** (1962) Nr. 9. S. 485-491. — 1. Mitt. vgl. vorst. Ref.

In weiteren Spektralstudien mit Auszügen von frischem, gepökeltem und bei 70 °F gekochtem, gepökeltem Fleisch wurde festgestellt, daß der vorliegende Farbstoff ein denaturiertes NO-Hämoglobin ist. Es handelt sich um einen niedrigspinigen Eisen-Porphyrin-Co-ordinationskomplex. Es ließ sich zeigen, daß die Spektra des NO-Hämochroms, welches aus eingesalzenem Fleisch hergestellt wurde und die acetonischen Extrakte vom gleichen Material sich einander gleichen und die 5. und 6. Co-ordinationsstellung des Eisenions beide durch NO besetzt sind. Globulin ist nicht mit dem Molekül verbunden. Durch elektronen-paramagnetische Resonanzstudien wurde gefunden, daß der acetonlösliche Farbstoffkomplex von gepökeltem Fleisch diamagnetisch ist. Auch der Farbstoff von soeben mit Pökelsalz behandeltem Fleisch ist ein NO-Hämoglobin. Hier sind die 5. und 6. Co-ordinationsstellungen des Eisenions durch NO und Globulin besetzt. In theoretischen Betrachtungen wird der Mechanismus der Farbschwankungen bei Pökelfleisch erörtert.
H. Steger. 2524.

Könz, R.; Bern, Eidg. Veterinäramt. **Die neue Instruktion für die Fleischschauer vom 1. September 1962.** Schweiz. Arch. Tierheilkunde **104** (1962) Nr. 12. S. 673-680. 2524.

Solowjew, W. I. **Beitrag zum Problem der chemischen Vorgänge, die zur Verbesserung der Fleischkonsistenz bei der Reifung und Bearbeitung des Fleisches mit proteolytischen Fermenten beitragen.** Vortr. 8. europ. Kongr. Fleischforsch.-Inst. 20-27/8. 1962, Moskau. — 3 Abb., 3 Tab., 33 Lit.

Die Untersuchung von Rindfleisch ergab, daß sowohl Reifung als auch Bearbeitung des Fleisches mit proteolytischen Fermenten biochemisch gesehen gleiche Prozesse sind, die zur Konsistenzverbesserung führen. Bei beiden Prozessen treten kontinuierliche Veränderungen in der Zusammensetzung der Myosinfraktionsproteine auf. Proteolytische Fermente lassen die Labilität der fibrillären Komponenten und des Grundstoffes des intermuskulären Bindegewebes sowie Zartheit und Hydration des Fleisches zunehmen, ebenso wie bei der Reifung. Beeinflußt werden diese Vorgänge durch 1. Dissoziation von Actomyosin zu Actin und Myosin (Steigerung des Extraktionsvermögens der salzlöslichen Proteine), 2. proteolytische Prozesse (Zerstörung der Peptidverbindungen in den Molekülen der Myosinfraktionsproteine und Bildung freier Amino- und Carboxylgruppen), 3. Bindung von Kationen durch freie, sich nach der Proteolyse bildende Carboxylgruppen der Myosinfraktionsproteine. Durch Anwendung proteolytischer Fermente ist eine wirksame Möglichkeit zur Intensivierung des Reifevorgangs gegeben. A. Schwarz. 2524.

Fredeen, H. T. und Jarmoluk, Leon; Lacombe, Alberta, Canada Dep. of Agric. Note on photography as an aid in carcass evaluation. **(Bemerkungen zur Fotografie als einer Hilfe in der Schlachtkörperbewertung.)** Canad. J. Animal Sci. **42** (1962) Nr. 1. S. 114-117. – 3 Abb., 2 Tab., 2 Lit.
Die Bestimmung der Anteile von Fett und Fleisch sind ein wichtiger Teil der Schlachtkörperbewertung. An der 12. Rippe wurden an 10 Rindern die Untersuchungen vorgenommen. Wie die Abb. zeigen, wurde mit Hilfe eines Podestes und einer feststehenden Fotoapparatur der Anschnitt fotografiert. Das Negativ wurde mit einem Projektor auf eine durchsichtige Platte in normale Größe projiziert und die Flächen mit einem Planimeter ausgemessen. Die Methode eignet sich für Routineuntersuchungen. E. Otto. 2526.

Proudfoot, F. G.; Kentville, Nova Scotia, Canada Res. Stat., Dep. of Agric. The decline of internal egg quality during storage at 30 °F. and 70 °F. among six strains of Leghorns reared in confinement and on range. **(Die Abnahme der inneren Eiqualität bei sechs intensiv und extensiv aufgezogenen Leghorn-Linien während der Lagerung bei 30 °F und 70 °F.)** Poultry Sci. **41** (1962) Nr. 1. S. 98-103. – 5 Tab., 10 Lit.
Insgesamt wurden die Ergebnisse von 3840 Eiern ausgewertet, die nach unterschiedlichen Lagertemperaturen in differenzierten Zeitabständen entnommen waren. Ungeachtet der großen Unterschiede in der Qualität zwischen den Linien ergaben sich keine gesicherten Differenzen zwischen den Gruppen mit und ohne Auslauf. Eine geringe Abweichung zwischen den Aufzuchtmethoden der Linien und der Lagerungsperiode konnte demonstriert werden. Es wird gefolgert, daß das Sinken der inneren Eiqualität während der Lagerung leicht beeinflußt wird durch die Methode der Aufzucht und durch die Lagerzeit. Vor allem Linien mit geringer Eiqualität zeigten diese Beeinflussung. E. Urban. 2535.

Kaloyereas, Socrates A., Novak, Arthur F. und Watts, Alva B.; Baton Rouge, La., Univ., Biochem. Dep.; Poultry Dep. Heat sterilization of liquid eggs after stabilization treatment with various proteinases. **(Hitzesterilisierung von flüssigen Eiern nach stabilisierender Behandlung mit verschiedenen Proteinasen.)** Poultry Sci. **41** (1962) Nr. 1. S. 284-288. – 2 Tab., 16 Lit.
Die Resultate dieser Untersuchungen zeigen, daß eine Teilhydrolyse des Eiweißes des Dotters aus der Behandlung mit Ficin, Papein und Bromelin mit oder ohne Zugabe von Gluthathione erreicht wird. Die Zugabe dieser verschiedenen Proteinasen beeinflußt die Stabilisierung des Kolloidalenstatus des Eidotters so, daß eine Härtung durch Einfrieren vermieden wird und gleichzeitig eine vorsichtige Pasteurisierung der Produkte erlaubt ist. Die proteolytischen Enzyme wurden in einer Dosierung von 500 ppm zugegeben.
E. Urban. 2535.

Cachariev, C. und Dinčeva, E. (Zachariew, Z. und Dintschewa, E.) Proučvanija vŭrchu mikroflorata na presni i konservirani kokoši jajca. **(Untersuchungen über die Mikroflora frischer und konservierter Hühnereier.)** Naučni trudove. Visš veterinarnomedicinski institut „Prof. Dr. G. Pavlov", Sofija **10** (1962) S. 365-375. – 3 Tab., 10 Lit. Zus. in Russ., Dtsch.
Es wurden die Eidotter und Eiweiß von 1590 Eiern unterschiedlicher Kategorien auf Anwesenheit von Mikroorganismen untersucht. Positiv war das Ergebnis bei: 7,69% der ganz frischen (bis 24 Std. nach der Ablage), 8, 57% der frischen (bis 30 Tage nach der Ablage), 6,77% der Kühlhauseier (nach 6monatiger Lagerung) usw. In allen Fällen war das Eidotter schwächer von Mikroorganismen befallen als das Eiweiß. Es wurden Bakterien der Gruppe

Coli aerogenes Proteus, Sarzinen, Staphylokokken, milchsaure Mikroorganismen, Bakterien aus der Gruppe *Mesentericus subtilis*, Chromobakterien u.a. isoliert. Nur bei 0,5% der Eier wurde Salm, *Pullorum gallinarum* isoliert. Der letzten Tatsache wird bes. Beachtung geschenkt und dabei zahlreiche Empfehlungen gegeben, wie: es soll streng dafür gesorgt werden, daß die Diäteier aus pullorumfreien Hühnerfarmen stammen. Z. Tomow. 2535.

Cachariev, C. und Dinčeva, E. (Zachariew, Z. und Dintschewa, E.) Antibakterialni svojstva na presni i konservirani kokoši jajca. **(Antibakterielle Eigenschaften frischer und konservierter Hühnereier.)** Naučni trudove. Visš veterinarnomedicinski institut "Prof. Dr. G. Pavlov", Sofija **10** (1962) S. 377 bis 391. — 5 Abb., 4 Tab., 14 Lit. Zus. in Russ., Dtsch.

Die antibakteriellen Eigenschaften des Eiweißes unterschiedlicher Eierkategorien wurden nach verschiedener Aufbewahrungsdauer untersucht. Den unterschiedlichen Mikroorganismen gegenüber waren die antibakteriellen Eigenschaften von unterschiedlicher Wirksamkeit, die selbst bei anhaltender Aufbewahrung der Eier erhalten bleibt. Z. Tomow. 2535.

Puti uveličenija proizvodstva mjasa. (Materialy sessii.) (Wege zur Steigerung der Fleischproduktion.) Hrsg.: Ukrain. akad. sel'skochoz. nauk, otdelenie životnovodstva. Kiev: Izd. Ukrain. akad. sel'skochoz. nauk. 1962. (199 S.) 8°. (1962 A 1078)

I. INHALTSSTOFFE TIERISCHER ERZEUGNISSE

Tunmann, P. und Silberzahn, H.; Würzburg, Univ., Inst. für Pharmaz. und Lebensmittelchem. **Über die Kohlenhydrate im Hühnerei.** Z. Lebensmittel-Unters. u. -Forsch. **115** (1961) Nr. 2. S. 121-128. — 2 Tab.

Eigelb und Eiklar frischer und gelagerter sowie befruchteter und unbefruchteter Hühnereier wurden auf Menge und Zusammensetzung der freien Kohlenhydrate (KH) untersucht. Durch Äthanolfällung der Eiweiße wurden die freien KH in äthanollösliche und -unlösliche KH getrennt. Beide Fraktionen wurden nach den verschiedensten Methoden aufbereitet, die qualitative und quantitative Bestimmung erfolgte papierchromatographisch. Zwischen befruchteten und unbefruchteten Eiern zeigten sich keine Unterschiede. Frisches Eiklar enthielt 0,43-0,48% freie KH, die zu 99% aus Glucose bestehen. Bei 7 Mon. alten Eiern war das Eiklar wegen der eingetretenen Hydrolyse dünnflüssig geworden, Mannose und Galactose waren auf dem Durchlaufchromatogramm ohne vorherige Anreicherung zu erkennen. Das Eigelb bestand zu 0,13-0,20% aus freien KH mit einem Glucosegehalt von 98%. Die restlichen freien KH des Eiklars und Eigelbs waren Mannose, Galactose, Arabinose, Xylose, Ribose und Desoxyribose. Mit den durchgeführten Analysenmethoden gelang es nicht, in frischen und gelagerten Eiern Oligo- und Polysaccharide festzustellen. H. Sommerfeld. 2560.

K. TIERPSYCHOLOGIE

Baeumer, Erich; Weidenau-Sieg, Westf. **Lebensart des Haushuhns. 3. Teil — über seine Laute und allgemeine Ergänzungen.** Z. Tierpsychol. **19** (1962) Nr. 4. S. 394-416. — 2 Abb., 1 Tab., 8 Lit. Zus. in Engl. 2. Mitt. vgl. LZ. Abt. III **6** (1961) Nr. 10. S. 1724.

Vf. berichtet über seine jahrelangen Beobachtungen in bezug auf die stimmlichen Ausdrucksmittel des Haushuhns, vom Küken vor dem Schlupf bis zum erwachsenen Huhn in allen nur möglichen Situationen und vergleicht die von ihm z.T. in Sonogrammen erfaßten und emotional erläuterten 30 Lautäußerungen mit den 13, die Schjelderup-Ebbe 1922 und 1924 beschrieb. Die sehr aufschlußreiche Arbeit von Collias und Joos (vgl. Behaviour **5** [1953] S. 175.) ist nur im Literaturverzeichnis, nicht im Text erwähnt. C. Engelmann. 2610.

Porzig, E.; Leipzig, Univ., Inst. für Tierzucht und Milchwirtsch. **Verhaltensforschung beim Rind.** Arch. Tierzucht **5** (1962) Nr. 5. S. 391–400. – 35 Lit. Zus. in Russ., Engl.

In diesem Beitrag gibt der Vf. – vom Standpunkt des Tierzüchters aus – einen Überblick über die Untersuchungsmethoden in der Ethologie und geht auf einige Verhaltensweisen ein, die für die Beobachtung am Rind wichtig und bes. geeignet erscheinen: 1. Aktivität, Ruhe und Schlaf, 2. Orientierung, 3. Soziale Strukturen. Die Darstellung ist als Anleitung gedacht und zählt 35 Literaturangaben auf, deren Besprechung Vf. einer späteren Arbeit vorbehält. C. Engelmann. 2610.

L. MASSNAHMEN ZUR FÖRDERUNG DER TIERZUCHT

Strümpf, K.-H.; Berlin. **Die Aufgaben der Tierärzte bei der Erhöhung der Fleischproduktion und der Viehbestände.** Mh. Veterinärmed. **17** (1962) Nr. 22. S. 874–877. – 10 Lit. 2670.

Brodauf, H. **Ein Beitrag zur Diagnostik im Rahmen des Eutergesundheitsdienstes.** Berliner Münchener tierärztl. Wschr. **75** (1962) Nr. 21. S. 407–408. – 1 Abb., 2 Lit. Zus. in Engl.

Im Eutergesundheitsdienst kommt es in erster Linie darauf an, aus der Masse der Proben Gesundes von Krankem möglichst rationell zu trennen. Ein Auswertungsschema ist dann von Vorteil, wenn Milchproben bestandsweise zur Untersuchung kommen. Auf den Protokollen, welche Angaben über Laktationsstadium, Fruchtbarkeitslage, Euterbefund und Laborbefund enthalten, wird die Art der Sedimentbeschaffenheit vermerkt und in allen Fällen mit abweichender Sedimentmenge geklärt, ob diese als physiol. oder pathol. anzusehen ist. Alle Sedimente werden auf Blutplatten ausgestrichen; am bakteriologischen Bild eines Bestandes erkennt man erst die Pathogenität des Erregers. W. Kötsche. 2670.

Jungk, E.; Stendal, Bezirks-Tierzuchtinspektion Magdeburg. **Wie kann die staatliche Leitungstätigkeit auf dem Gebiet der Tierzucht verbessert werden?** Tierzucht **17** (1963) Nr. 1. S. 10–13. 2690.

SPEZIELLE GROSSTIERZUCHT

A. ALLGEMEINES

Schäfer, H. **Tierzucht und Tierhaltung in Steppengebieten.** Mitt. dtsch. Landwirtsch.-Ges. **77** (1962) Nr. 40. S. 1320–1323.

Vf. gibt einen Überblick über den Witterungsverlauf der Jahre 1951–60 auf der Farm Haribes. Die mittlere Jahrestemperatur betrug 21,0 °C, die durchschnittl. Niederschlagsmenge 202,0 mm. Die völlig unzureichenden Niederschlagsmengen und vor allem ihre Verteilung sind im Steppengebiet für die geringe Besatzdichte an Vieh und für die extensive Wirtschaftsweise verantwortlich zu machen. Hinzu kommt, daß die Mon. Mai–Okt. fast regenfrei sind und sowohl in den einzelnen Jahren als auch in den restlichen Monaten außerordentlich unterschiedliche Regenmengen fallen. Versuche, Niederschläge durch Aussprühen von Silberjodid auszulösen oder durch Schießen mit Raketen zu erzwingen, brachten recht unsichere Erfolge.

Herbert Winkler. 3001.

Bonadonna, Telesforo; Milano, Univ. degli Studi, Ist. di Zootecn. Gen., Staz. Sperimentale di Zootecn. Alcuni aspetti della zootecnia nei paesi del Mediterraneo e del vicino oriente. **(Gesichtspunkte zur Tierzucht in den Mittelmeerländern und im Nahen Osten.)** Zootecn. e Veterin. **17** (1962) Nr. 7/8. S. 130–150. 3001.

Straub, O. C.; Blaubeuren. **Nutztierhaltung und Veterinärmedizin in Australien.** Tierärztl. Umschau **18** (1963) Nr. 2. S. 55–60. 63. – 10 Abb., 2 Tab., 17 Lit. 3001.

Scholz, K.; Knau, Inst. für Tierhalt. der Dtsch. Akad. der Landwirtsch.-Wiss. zu Berlin. **Entwicklungstendenzen in der Rinder- und Schweinehaltung.** Dtsch. Akad. Landwirtsch.-Wiss. Berlin, Tagungsber. **1963** Nr. 59. S. 19–23. – nach Zus.
Die Erhöhung des Lebensstandards bringt andere Verzehrsgewohnheiten der Bevölkerung mit sich. Es ergibt sich ein erhöhter Bedarf an hochwertigen landwirtsch. Erzeugnissen, z. B. an Milch und Milcherzeugnissen, Rind- und Schweinefleisch. Die notwendigen größeren Leistungen der landwirtsch. Veredlungswirtschaft müssen durch Steigerung der Arbeitsproduktivität, durch arbeitsparende Methoden und bauliche sowie techn. Einrichtungen erreicht werden. Neben Fütterungs- und Züchtungsproblemen sind auch bei Rindern und Schweinen die Haltungsfragen unter diesen Gesichtspunkten zu beachten. Im Zusammenhang mit der Schaffung von landwirtsch. Großbetrieben macht sich die Verhaltensforschung bei landwirtsch. Nutztieren notwendig, deren Ergebnisse wichtige Rückschlüsse auf die optimale Umweltgestaltung für die Tiere zulassen. Ein wesentlicher Faktor zur Leistungssteigerung in der Rinder- und Schweinehaltung sind Arbeitsteilung und Spezialisierung, wobei der Gesamtüberblick und die Zusammenhänge zwischen den einzelnen Abteilungen gewahrt bleiben müssen. Die zweckmäßigen Haltungsformen der einzelnen Tiergattungen werden skizziert, und auf eine nährstoff- und arbeitsökonomische Ausnutzung der wirtschaftseigenen Futtermittel wird hingewiesen 3001.

Holzschuh, W.; Bernburg, Hochschule für Landwirtsch., Inst. für Tierzucht und Tierernähr. **Gedanken zur industriemäßigen Gestaltung der Produktion in der Viehwirtschaft.** Tierzucht **17** (1963) Nr. 1. S. 8–10. 3001.

Spitzmüller, E., Bartholome, H., Noa, M., Schneider, H. und Krieg, W. **Durch Wettbewerb zu höheren Leistungen in der LPG Obhausen, Kreiskonsultationspunkt Querfurt.** Tierzucht **16** (1962) Nr. 12. S. 516–519. 3001.

Anonym. **Erklärung der Deutschen Akademie der Landwirtschaftswissenschaften zu Berlin zu grundsätzlichen Fragen der Entwicklung der Vieh- und Futterwirtschaft in der DDR.** Dtsch. Landwirtsch. **14** (1963) Nr. 1. S. 36–37. 3001.

Unter d. Red. v. *Balmont, V. A.* **Porody sel'skochozjajstvennych životnych, vyvedennye v Kazachstane.** (Rassen in Kasachstan gezüchteter landwirtschaftlicher Nutztiere.) Alma-Ata: Kazachskoe gosud. izd. 1960. (366 S.) 8°. (1962 A 1184)

Állattenyésztés. 2. Második kiadás. (Tierzucht.) 2. Aufl. Budapest: Mezögazdasági kiado. 1962. (494 S.) 8°. (1962 A 1106)

B. PFERDE

Deym, Constantin. **Sage, Wahrheit und Ursprung der arabischen Rassepferde.** Sankt Georg, Z. Pferdesport u. Pferdezucht **64** (1963) Nr. 1/2. S. 15–16.
Vf. negiert die Ansicht, Zentralarabien, der Nedschd und die südlichen Oasengruppen seien die Urheimat des Pferdes (auch des Arabischen Pferdes), und führt zum Beweis verschiedene geschichtliche Überlieferungen an (1095 v.u.Z. Feldzug des Königs Saul gegen Arabien; 350 u.Z. Geschenk Kaiser Constantins an den Yemen); auf die Sage über die Abstammung der edlen Pferde von den 5 Stuten des Propheten, die Abstammung der englischen Vollblutzucht („Darley Arabien", "Byerly Turk", „Godolfin Barb"), auf Gesichtspunkte bei der Bewertung edler Pferde sowie den Vergleich zwischen dem englischen Vollblutpferd und dem original Arabischen Pferd wird eingegangen.
H. Schwarz. 3010.

Müller, Wilhelm; Bad Driburg/Westf. **Römische Hufeisen und die Varusschlacht.** Forsch. u. Fortschr. **36** (1962)Nr. 12. S. 375–378. – 2 Abb., 16 Lit. 3010.

Breidbach, S. **Fjordpferde in landwirtschaftlichen Betrieben Rheinland-Nassaus.** Tierzüchter **14** (1962) Nr. 15. S. 556–557.

Im Gebiet Rheinland-Nassau wurden im Zuchtjahr 1961 gegenüber 80 im Jahre 1950 nur noch 4 Kaltbluthengste gekört. Obwohl bestimmte Ackerbaugebiete das trockene, gängige Kaltblutpferd, bes. als Einspänner weiterhin benötigen, ist der Rückgang nicht aufzuhalten. Ungeklärt bleibt, wie der Ersatz für 20000 Arbeitspferde geschaffen werden soll. Gegensätzlich zu dieser Entwicklung verläuft der Aufbau einer bodenständigenFjordpferdezucht. Dieses Pferd erfüllt im Rhein-Bergland alle Anforderungen bei alleiniger Anspannung wie als Schlepperergänzungspferd. Die Zucht kann den Bedarf gerade decken, so daß bei steigendem Bestandesumfang die wirtschaftliche Bedeutung dieser Zuchtrichtung voll anerkannt werden muß. 24 Hengste, 400 eingetragene Zuchtstuten und ca. 1800 Fjord-Gebrauchspferde bilden den gegenwärtigen Bestand des Zuchtgebietes. H. J. Schwark. 3165.

Göbel, F. und Zeeb, K.; Freiburg/Br. **Primitivpferde und ihre Haltung.** Tierärztl. Umschau **18** (1963) Nr. 2. S. 64–67. 71. 3165.

Reziproke Kreuzungen extremer Rassen beim Pferd. Dummerstorf, Institut für Tierzuchtforschung der Dtsch. Akad. der Landwirtsch.-Wiss. zu Berlin **1960** Plan-Nr.: 17 01 16 h 0–04/6. Abschlußber.

An Hand des Ergebnisses von reziproken Kreuzungen zwischen Kaltblutpferden und Shetlandponys wird der mütterliche Einfluß auf die Nachkommen, seine Ursachen und Konsequenzen beschrieben. Danach ist die pränatale Entwicklung weitgehend und im Rahmen der quantitativen Möglichkeiten durch das Muttertier bestimmt. Das postnatale Entwicklungsstadium scheint unter Berücksichtigung der anatomischen Vorgabe durch das Muttertier genetisch reguliert zu werden. – Für die praktische Tierzucht ergibt sich demnach u.a. die Selektion der Muttertiere auf hohe fetale Ernährungsleistung, weiterhin die Konzentrierung der Fütterung und Haltung während der postnatalen Wachstumsperiode auf die Körperabschnitte, die bis zum Erreichen des Endwachstums am stärksten beeinflußbar sind. 3306.

Rommel, P.; Leipzig Karl-Marx-Univ., Ambulator. und Geburtshilfl. Tierklin. **Untersuchungen zum indirekten Trächtigkeitsnachweis bei der Stute durch chemische Östrogenbestimmung im Urin.** Mh. Veterinärmed. **18** (1963) Nr. 3. S. 103–107 3312.

C. RINDER

Abel, Wilhelm; Göttingen. **Rinderhaltung in Grünlandgebieten im Mittelalter.** Z. Tierzücht. Züchtungsbiol. **76** (1961) Nr. 1. S. 88–100. – 29 Lit.

Unter Berücksichtigung von Haltungsweise, Stallformen und Weidemethoden im Gebiet zwischen den Marschen der deutschen Nordseeküste und den Alpenrandgebieten wird die Rassenbildung des Rindes erörtert. Diese Formbildung wird durch den schon im frühen Mittelalter einsetzenden Handel beeinflußt, der das gesamte Gebiet berührte. Es wird angenommen, daß durch den Handel zwar die Typenbildung begünstigt wurde, er aber auch zu erneuten Blutmischungen führte. – Eine bes. „Friesische Rasse" ist erst seit dem 16. Jh. zu erkennen. F. Lüpnitz. 3405.

Ėjsner, F. (Eisner, F.) O povyšenii produktivnosti skota na Ukraine. **(Leistungsverbesserung der Rinder in der Ukraine.)** Moločnoe i mjasnoe skotovodstvo, Moskva **7** (1962) Nr. 1. S. 28–32.

Vf. bespricht im einzelnen die Maßnahmen, welche geeignet sind, eine Leistungsverbesserung in der Rinderhaltung der Ukraine zu erzielen. Futterbau, Fütterung, Haltung, Bestandsvermehrung, züchterische Verbesserungen u.a.m. werden behandelt. W. Sommerfeld. 3410.

Bonadonna, Telesforo. Lo zebu' e le razze tauroindiche nel presente e nell' avvenire della produzione zootecnica nei paesi a clima caldo. **(Zebu und Rinder, ihre gegenwärtige und zukünftige Bedeutung für die tierische Produktion in Ländern mit heißem Klima.)** Zootecn. e Veterin. **15** (1961) Nr. 3/4. S. 68–94. 3434.

Köppe, H.; Norden. **Zweinutzungsrassen am Scheideweg?** Tierzüchter **14** (1962) Nr. 18. S. 661–662. – 2 Abb. 3446.

Litscher, G. **Gelbviehzucht in der Steiermark.** Fortschr. Landwirt [Graz] **40** (1962) Nr. 19. S. 2(290)–4(292). – 8 Abb.
Auf der Grazer Frühjahrsmesse 1962 hat die Österreichische Arbeitsgemeinschaft der Gelbviehzüchter mit einer Sammlung von 95 Zuchttieren gezeigt, wie sehr die seit 1954 – zuerst nur versuchsweise – durchgeführte Einkreuzung von Gelben Franken in die Murbodner- und Blondviehzuchten Fleischwüchsigkeit, Frühreife und Milchleistungsanlagen verbessert. Neben vor allem importierten Altstieren waren typische Murbodner Altkühe mit sehr guten Milchleistungen sowie F_1- und F_2-Tiere zu sehen, die die geglückte Kombination von Milch- und Fleischleistung zeigen. E. Höpler. 3480.

Lindberg, Ernst. SRB – NRF i Norge. **(SRB — NRF in Norwegen.)** Svensk Husdjursskötsel **1962** Nr. 12. S. 432–434. – 3 Abb.
Es wird ein Reisebericht von Züchtern des Schwedischen Rotbunten Rindes (SRB) in das Zuchtgebiet des Norwegischen Roten Rindes (NRF) gegeben, das z.T. in den für die Landwirtschaft günstigsten Gebieten liegt. Schon Mitte des 18. Jh. wurden Ayrshires zur Verbesserung des Roten Tröndervíehs eingeführt. Durch eine immer wieder stattfindende Einfuhr von SRB-Kühen und -Bullen wurden die Milch- und Fleischeigenschaften des einheimischen Rindes wesentlich verbessert. Die 1930 entstandene Züchtervereinigung für Rotbuntes Vieh hat sich mit der Züchtervereinigung für Rotes Vieh zum Verband für Norwegisches Rotvieh (NRF) zusammengeschlossen. 1961 brachten 9000 Kühe eine Leistung von ∅ 4825 kg Milch mit 4,21% Fett. J. K. Hinrichsen. 3480.

Nikol'skij, A. und Ragimov, M. (Nikolski, A. und Ragimow, M.); Perm, Landwirtsch. Prjanischinkow-Inst. Suksunskij skot. **(Das Suksuner Rind.)** Moločnoe i mjasnoe skotovodstvo, Moskva **7** (1962) Nr. 9. S .36–38. – 1 Abb.
Durch Kreuzung der im vorigen Jahrhundert nach Suksun importierten Roten Dänen mit den einheimischen Rindern entstand im Laufe der Jahre eine selbständige Rasse. Die Zahl der Suksuner Rinder soll bis 1970 auf ca. 25% des gesamten Rinderbestandes des Bezirkes Perm vermehrt werden. Unter günstigen Umweltbedingungen erbringen die Kühe ca. 3500 kg Milch bei 4,1% Fett. Zu guten Ergebnissen führt auch die Weidemast der Jungtiere. Durch sehr gute Leistungen zeichnet sich die Linie des Bullen „Kasachstan" aus, die durch den Bullen „Prjanik" weitergeführt wird. Beste Kuhfamilienbegründer sind die Kühe „Gondale", „Krassotka" und „Wolga". R. Ihssen. 3490.

Schmid, D. O. und Burgkart, M.; **Die Nasolabioskopie als Hilfsmittel bei der Sicherung der Identität und bei der Abstammungskontrolle des Rindes.** Mh. Tierheilkunde **14** (1962) Nr. 2. S. 46–51. – 30 Lit.
Die Nasolabioskopie ist neben der Blutgruppenuntersuchung ein wichtiges Hilfsmittel beim Identitätsnachweis der Rinder. Trotz erwiesener hoher

Heritabilität des Hautleistenmusters besitzt das Nasolabiogramm keine Beweiskraft bei der Klärung strittiger Abstammungsverhältnisse.
Herbert Winkler. 3540.

Horn, Artur, Dohy, János, Bozó, Sándor und Dunay, Antal. A szarvasmarha testalkati bírálatának korszerüsített módszere. **(Ein zeitgemäß entwickeltes morphologisches Bewertungsverfahren für Rinder.)** Allattenyésztés [Tierzucht] **11** (1962) Nr. 2. S. 97–101. — 4 Tab., 4 Lit. Zus. in Russ., Dtsch. Aus: Ung. Agrar-Rdsch. **1963** Nr. 1.
Die in Ungarn bis jetzt gebräuchliche Beurteilungsmethode des ungarischen Fleckviehrindes an Hand eines 100-Punkte-Systems ist in mancher Hinsicht bereits veraltet. Ihr hauptsächlichster Nachteil besteht darin, daß sie den tierischen Organismus nicht einheitlich betrachtet und keine Möglichkeit zu einer gründlicheren Bewertung des Euters bietet, die beim Übergang zum Maschinenmelken und der großbetrieblichen Haltungsweise notwendig erscheint. Die einzelnen Merkmale werden mit verschiedener Punktzahl bewertet, wobei die Benennung einiger Eigenschaften ungenügend geklärt ist und zu Mißverständnissen Anlaß geben kann. Das von den Vff. empfohlene neue Bewertungsverfahren mit 100 Punkten bedeutet dagegen eine wesentliche Vereinfachung und verlangt anstelle von 14 die Beurteilung von nur 5 Merkmalen bei den Kühen und von 4 bei den Bullen. Die Einstufung der einzelnen Körperteile erfolgt — mit entspr. Multiplikatoren (1; 2 oder 3) gewogen — einheitlich mit höchstens 10 Punkten. Folgende Haupteigenschaften werden beurteilt: bei Kühen — 1. Typ und Rassencharakter (Gesamteindruck, Kopf, Wüchsigkeit, Rahmen, Längen-, Breiten- und Tiefenmaße, Farbe), max. erreichbare Gesamtpunktzahl: 30. — 2. Vorhand (Schulter, Widerrist, Brustkorb), max. erreichbare Gesamtpunktzahl: 10. — 3. Mittel- und Hinterhand (Rücken, Bauch, Lenden, Flanken, Kruppe, Schenkel), max. erreichbare Gesamtpunktzahl: 20. — 4. Euter (Größe, Beschaffenheit des Drüsengewebes, Ausgeglichenheit der Euterviertel, Lage und Ansatz, Form und Lage der Striche), max. erreichbare Gesamtpunktzahl: 30. Die Bewertung der äußeren Euterformen muß, bes. bei Stammkühen, mit exakten, zahlenmäßigen Daten bez. Melkbarkeit, Kapazität der vorderen und hinteren Euterhälften usw. ergänzt werden, um die endgültige Punktzahl des Euters feststellen zu können. — 5. Gliedmaßen und Bewegung, max. erreichbare Gesamtpunktzahl: 10. — Unter denselben prinzipiellen Gesichtspunkten werden auch die 4 Haupteigenschaften der Bullen bewertet: 1. Typ und Rassencharakter; — 2. Vorhand; — 3. Mittel- und Hinterhand; 4. —Gliedmaßen und Bewegung. Die max. erreichbare Gesamtpunktzahl der einzelnen Körpermerkmale der Bullen beträgt entspr. 30; 20; 30; 20. In den Jahren 1960 und 1961 wurden sämtliche Stammkühe und Bullenmütter nach dem neuen Bewertungsverfahren beurteilt. Das für Stammbullen empfohlene Boniturverfahren wird z.Z. noch erprobt. 3542.

Genetische Untersuchungen über spezielle Euteruntersuchungen in Verbindung mit Viertelgemelksprüfungen im Hinblick auf Zuchtwahl und Leistungssteigerung für den Bereich der sozialistischen Landwirtschaft. Halle/S., Institut für Tierzucht der Martin-Luther-Universität Halle-Wittenberg **1961** 36 S. Plan-Nr.: 2155 19h/1–17/9 Z. Abschlußber. — 7 Abb., 10 Tab.
Kühe des Rassenstalles wurden im Haustiergarten über 27 Kontrollmonate in Parallel- und Wiederholungsprüfungen mit einer Viertelgemelkmaschine auf Viertelverteilung und Melkbarkeit untersucht. Diese Prüfung wurde auch auf Kühe der Praxis ausgedehnt, die darüber hinaus, nach Bullentöchtergruppen differenziert, zur Auswertung kamen, um die wichtigsten Eutereigenschaften sowie die Erblichkeit derselben im Hinblick auf die weitere Verbesserung der Zuchtwertschätzung und den optimalen Melkmaschineneinsatz zu untersuchen. Es wurde nachgewiesen, daß große Unterschiede in den Melkbarkeitseigen-

schaften bestehen, die über die Selektion auf Leistung und subjektive Bonitur nicht genügend berücksichtigt werden. Unter Berücksichtigung der gefundenen Wechselbeziehungen wurde für einen Parallelvergleich ein Bewertungsschlüssel entwickelt, der den Umwelteinfluß der Gemelkmenge über die Regression ausgleicht. Eine Melknote als Resultat der Bewertung von Minutengemelk, Viertelverteilung und Nachgemelk wurde vielseitig überprüft und der Praxis empfohlen. 3546.

Aehnelt, E. und Hahn, J. **Rinderbesamung und Nachkommenprüfung.** Zuchthyg., Fortpflanzungsstör. Besam. Haustiere **6** (1962) Nr. 4. S. 197-206.
Als Voraussetzung für die Weiterentwicklung der Rinderbesamung wird in Zukunft eine einheitliche und umfassende Nachkommenschaftsprüfung der Besamungsbullen angesehen, mit der die bisherige Breitenarbeit auf dem Gebiet der KB in eine Tiefenarbeit umgewandelt werden muß. Dazu werden folgende Maßnahmen vorgeschlagen: 1. Für die Vorauswahl der Jungbullen sollen die Tiere mit der Abstammung aus langlebigen, fruchtbaren und leistungsstarken Kuhfamilien ausgewählt werden, deren Väter z.Z. der Auswahl mindestens 5jährig sind und befriedigende Töchterleistungen aufweisen können, und die selbst frei von körperlichen Mängeln sind. 2. Beim Jungbullenkauf werden staatliche Ankaufprämien und Ankaufsbeiträge von den Besamungsorganisationen oder Bullenhaltungsgenossenschaften vorgeschlagen. 3. Der Ersteinsatz der Jungbullen soll in geschlossenen Bezirken an ca. 800 Tieren erfolgen. 4. Die Weiterverwendung der Jungbullen könnte auf genossenschaftlicher Basis im natürlichen Deckakt erfolgen, bis 5. die Nachkommenschaftsprüfung durchgeführt werden kann, die sich bei 100-200 Töchtern auf die Prüfung der Milchleistung, Mastfähigkeit, Melkbarkeit, Gesundheit und Fruchtbarkeit erstrecken muß. 6. Bei der Zurücknahme bewährter Altbullen auf die Besamungsstationen wäre ein Rückkaufsrecht angebracht. — Mit der Durchführung der Besamungen und der Gesundheitsüberwachung der Tiere sollten bes. interessierte Tierärzte betraut werden; die Auswertung der Nachkommenprüfung müßte einer staatlichen Erbwertprüfstelle übertragen werden. Welche Vorteile diese Vorschläge der Hochzucht, den Zuchtverbänden, der Besamungsvereinigung und der gesamten Rinderzucht bringen können, wird erläutert. R. Menzel. 3550.

Gravert. **Nachkommenprüfungen auf Mastleistung und Schlachtwert beim Rind in Schleswig-Holstein.** Tierzüchter **14** (1962) Nr. 16. S. 592.
In Schleswig-Holstein wurden bisher 72 Nachkommengruppen (740 Mastbullen) schwarz- und rotbunter Besamungsbullen auf Mastleistung und Schlachtwert geprüft. Die Stallmast (unter Verabreichung von Trockenfuttermitteln) erstreckte sich auf den Gewichtsabschnitt bis zu 350 kg Lgw., gleichzeitig liefen Parallelprüfungen unter Weidemastbedingungen. An den Schlachtkörpern wurden folgende Auswertungen vorgenommen: Fett- und Wasserbestimmungen am M. long. dorsi; Messungen des Fett:Fleischverhältnisses durch Ausplanimetrieren des fotografierten Anschnittes zwischen der 8. und 9. Rippe; Fleischfülleberechnungen mit Hilfe von Keulenmaßen; Messungen der Schlachtlänge; Gewichtsermittlungen an Vorder- und Hintervierteln, Netzfett, Füßen, Leber und Haut. Die Prüfungsergebnisse sollen in Zukunft in den Abstammungsnachweisen der Besamungsbullen vermerkt werden, um eine sicherere Selektion der besten Vererber zu gewährleisten.
R. Menzel. 3550.

Held, A. und Jenni, E. **Tätigkeitsbericht der Schweiz. Herdebuchstelle für Simmentaler Fleckvieh für das Jahr 1961.** Mitt. schweiz. Fleckviehzuchtverb. **1962** Nr. 4. S. 39-50. — 1 Tab.
Während sich die Zahl der Herdbuchstiere im Berichtsjahr um 400 Stck. verringerte, nahm die Zahl der Herdbuchkühe und -rinder um 3016 Stck. zu. Die Herdbuchstelle darf sich nicht auf eine reine Registraturtätigkeit beschrän-

ken, sondern muß die Aufzeichnungen durch eine intensive Auswertung noch wirkungsvoller in den Dienst einer wirksamen Zuchtwahl stellen. Im Berichtsjahr wurde der 3. Jahrgang der lochkartenmäßig verarbeiteten Milchkontrollergebnisse nach Töchtergruppen stark verbreiteter Vatertiere zusammengestellt. In Übereinstimmung mit dem Tierzuchtstatut wird von der Herdbuchstelle die Zuchtbuchinspektion durchgeführt. Von den 1088 kontrollierten Genossenschaften konnten 92,1% in der I. Klasse prämiiert werden. Die modernen Arbeitsmethoden ermöglichen eine Rationalisierung der Arbeit der Herdbuchstelle. H. Kleiber. 3565.

Blackwell, R. L., Knox, J. H., Shelby, C. E. und Clark, R. T.; University Park, New Mexico Agric. Exp. Stat., Dep. of Animal Husbandry. Genetic analysis of economic characteristics of young Hereford cattle. **(Genetische Analyse ökonomischer Merkmale junger Herefordrinder.)** J. Animal Sci. **21** (1962) Nr. 1. S. 101-107. — 5 Tab., 17 Lit.

Vff. analysierten Daten von 10 Merkmalen junger Mastrinder (Absatzgewicht und -note, Jährlingsgewicht und -note, Zunahmen, Mastendgewicht, Schlachtwertklasse, Schlachtkörpergewicht, Ausschlachtungsprozentsatz, Schlachtkörperqualität), um Heritabilitätsschätzungen und genetische, phänotypische und umweltbedingte Korrelationen zwischen den Merkmalen zu erhalten. Getrennte Analysen der Absatz- und Jährlingsdaten von Bullen und Färsen ergaben für die meisten Merkmale ähnliche Heritabilitäten und vergleichbare Korrelationen. Zunahme und andere Wachstums- oder Größenmerkmale waren rel. hoch erblich, und auch die genetischen Korrelationen zwischen diesen Merkmalen waren hoch. Bonituren waren mäßig bis hoch erblich und i.allg. genetisch hoch korreliert. Zwischen Bonituren und Zunahmen oder Gewichten bestanden schwach negative genetische Korrelationen. A. Schaaf. 3578.

Bujna, P. M.; Askanija-Nowa, Gebiet Cherson, Ukrain. Iwanow-Forsch.-Inst. für Tierzucht der Steppengebiete. Vykorystannja geterozysu pry schreščuvanni tvaryn-odna z aktual'nišych problem zbil'šennja vyrobnyctva mjasa. **(Nutzung des Heterosiseffekts bei der Kreuzung, eines der aktuellsten Probleme bei der Steigerung der Fleischproduktion.)** Visnyk sil'śkogospodarśkoï nauky, Kyïv **5** (1962) Nr. 2. S. 85-90. — 5 Tab. Orig.: ukrain., Ausz.: russ.

Vf. berichtet über die biol. und ökonomische Bedeutung der Nutzung des Heterosiseffekts in der Fleischrinderzucht unter Verwendung fremder und eigener Untersuchungen seit dem Jahre 1934 an Gebrauchskreuzungen mit den Rassen Rotes Steppenrind, Shorthornrind und Santa Gertrudis. Vf. kommt zu dem Schluß, daß die Gebrauchskreuzung dieser Rassen zur Gewinnung von Material für die Jungtiermast nützlich ist. In Wachstumsenergie, Fleischformen, Fleisch- und Fettausbeute, Fleischmenge und -qualität sowie Lederqualität bei geringerem Futteraufwand übertreffen die Bastarde die Ausgangsformen. Günstige Entwicklungsbedingungen verstärken den biol. Wert der Jungtiere aus Kreuzungen. Richtige Anwendung der entspr. Zuchtmethoden und günstige Entwicklungsbedingungen für die Kreuzungsnachkommen sind die Grundvoraussetzungen für eine erfolgreiche Nutzung des Heterosiseffekts in der Tierzucht und damit für eine bessere Fleischversorgung. K. Neumann. 3606.

Dodsworth, T. L. Beef from the dairy herd. The Beef Shorthorn × Ayrshire. **(Fleischproduktion in Milchrinderherden. Kreuzung von Shorthorn mit Ayrshire.)** Ayrshire Cattle Soc. J. **34** (1962) Nr. 4. S. 204-206. — 2 Tab.

1953 begannen Versuche, durch Anpaarung von Fleischbullen (Shorthorn) auch aus Ayrshire-Kühen mastfähige Nachkommen zu erzeugen. Die Gewichte der Mastbullen betrugen bei 3 unterschiedlichen Versuchsanstellungen im Alter von 2 Jahren 1077 lb., mit 19 Mon. 969 lb. und mit 17,5 Mon. 935 lb.;

im letzten Versuch wogen die 17,5 Mon. alten Färsen 868 lb. Die verwendeten Futterrationen, die Zusammensetzung des Kraftfutters und die Kosten werden dargestellt. K. Damm. 3606.

Capenko, G. V. (Zapenko, G. W.); Charkow, Veterinärmed. Inst., Lehrstuhl für Tierzucht. Ulučšenie produktivnosti i ėksteŕernych kačestv serogo ukrainskogo skota putem vvodnogo skreščivanija s lebedinskoj porodoj. Soobščenie pervoe. **(Verbesserung der Leistungen und des Exterieurs beim Ukrainischen Grauvieh durch Einkreuzung der Lebediner Rasse. 1. Mitt.)** Sbornik trudov Chaŕkovskogo veterinarnogo instituta **24** (1960) S. 112-123. — 4 Abb., 5 Tab.
Unter den Bedingungen unzureichender Ernährung unterschieden sich Kreuzungstiere aus Lebediner Rind und Ukrainischem Grauvieh in verschiedenen Altersstufen bez. Wachstumsintensität und Lgw. nur unwesentlich von den Jungtieren der Ukrainischen Grauviehrasse. Das bestätigt die bekannte Tatsache, daß die Arbeiten zur Verbesserung der Rassen- und Leistungseigenschaften nur unter der Voraussetzung vollwertiger Ernährung sowohl für Alt- und bes. für Jungvieh durchgeführt werden können. Durch die Erhöhung des Stoffwechsels, die Intensivierung der Woll-, Milch- oder Fleischleistungsfähigkeit steigen die Anforderungen der Kreuzungsnachkommen an Ernährung und Pflege, so daß eine Vernachlässigung auf diesem Gebiet den Züchtungserfolg schmälern oder sogar annullieren kann.
M. Achmedowa. 3606.

Jakimčuk, I. L. und Tichomirova, O. N. (Jakimtschuk, I. L. und Tichomirowa, O. N.); Moskau, Veterinärmed. Akad. Ob optimal'nych srokach osemenenija korov posle otela. **(Optimale Besamungstermine nach dem Abkalben der Kühe.)** Veterinarija, Moskva **39** (1962) Nr. 12. S. 40—42. — 1 Tab.
Bei optimalen Fütterungs- und Haltungsbedingungen sollten die Kühe schon in der 1. Brunst nach dem Kalben besamt werden. Alle Kühe, die nicht aufnehmen oder die 1 Mon. lang nach dem Kalben nicht rindern, müssen tierärztlich untersucht werden. Die Trächtigkeitskontrolle soll 1,5—2 Mon. nach der Besamung durchgeführt werden. W. Plaschke. 3608.

Heinemann, F.; Bonn, Tiergesundheitsamt. **Fruchtresorptionen, Steinfrüchte und seuchenfreies Verkalben bei Kühen und Färsen.** Tierzüchter **14** (1962) Nr. 18. S. 664. 666. 3610.

Prandžev, I. (Prandshew, I.) Prinos kŭm vŭprosa za borbata s bezplodieto po bivolicite. **(Beitrag zur Frage der Bekämpfung der Unfruchtbarkeit bei Büffelkühen.)** Naučni trudove. Visš veterinarnomedicinski institut „Prof. Dr. G. Pavlov", Sofija **10** (1962) S. 335—343. — 2 Tab., 10 Lit. Zus. in Russ., Dtsch.
Es wurde festgestellt, daß die Anaphrodisie eine der häufigsten klinischen Formen der Unfruchtbarkeit bei Büffelkühen ist. Diese ungenügende Funktion der Geschlechtssphäre manifestiert sich durch anhaltende Geschlechtsruhe, seltenes Rindern oder stille Brunst (symptomlose). Zur Behebung der Anaphrodisie der Büffelkühe, beruhend auf persistierenden Gelbkörpern oder ovarieller Hypofunktion, wurde mit Erfolg Vit. B_1 appliziert. Die einmalige Injektion von 0,50 g Vit. B_1 löste nach 4—5 Tagen eine gut ausgeprägte, vollwertige Brunst aus. Bei Büffelkühen mit Stiller Brunst war eine 3mal in Abständen von 6—7 Tagen durch Injektion verabreichte Dosis von je 0,50 g Vit. B_1 von guter Wirkung. Von den in Abständen von 7 Tagen in 2maliger Wiederholung mit 0,20 g Pilokarpin injektierten Büffelkühen wurden 46,6% derselben bis zum 15. Tage nach der Injektion brünstig. Durch kombinierte Injektionen von Vit. B_1 und Pilokarpin in o. a. Dosen wurden bei Büffelkühen die besten Ergebnisse erzielt. 15 Tage nach solcher Behandlung wurden 76,8% der Tiere brünstig. Zur Heilung der anderen Unfruchtbarkeitsform der Büffel-

kühe, der katarrhalischen und eitrig-katarrhalischen chronischen Endometritiden, wurden durch i. m. Injektion von 0,40 g 2%iger Novocain-Lösung gute Ergebnisse erzielt. G. Radew. 3610.

Drejare, Lars. Dräktigheten hos SRB och SKB i Norrland. **(Die Trächtigkeit beim Schwedischen Rotbunten und beim Schwedischen Hornlosen Rind in Norrland.)** Svensk Husdjursskötsel **1962** Nr. 12. S. 428—430. — 1 Abb., 1 Tab.

Die Gegenüberstellung der Trächtigkeitsprozente von Rotbunten (SRB) und Hornlosen (SKB) Kühen nach Besamung durch insgesamt 70 Bullen der gleichen Rassen zeigt in allen Jahren von 1954—61 eine deutliche Überlegenheit der SKB um 3,9—6,4% im Jahresdurchschnitt. Als Ursache dieser Unterschiede wird die verschiedene Stärke der Brunst angesehen. SKB-Tiere lassen die Brunstzeichen deutlicher erkennen als SRB-Tiere und werden daher häufiger zum richtigen Zeitpunkt besamt. Beim SRB verbessern sich die Trächtigkeitsprozente in der Zeit von Mai—Sept., während beim SKB in dieser Zeit eine Verschlechterung erfolgt, die in den Jahren 1959—61 so stark ist, daß die SRB in den Mon. Juni und Juli den SKB überlegen sind. Als Erklärung hierfür wird das Auftreten von Hyper-Oestrogenismus bei den SKB angesehen. Eierstockszysten sind beim SKB etwas häufiger als beim SRB. Bei den in Mittelschweden gekauften SRB-Bullen treten allg. Akklimatisationsschwierigkeiten auf, die 6—9 Mon. dauern. Tiere in Ausstellungskondition reagieren bes. stark. Bei SKB-Bullen wurden ähnliche Störungen nicht beobachtet. Von den für beide Rassen gezeigten Merkmalen wird angenommen, daß sie in stärkerem Maße erblich als umweltbedingt sind.
J. K. Hinrichsen. 3612.

Rendel, J., Bouw, J. und Schmid, D. O. The frequency of cows served twice which remain pregnant to first service: A study of results from parentage tests. **(Die Häufigkeit einer Trächtigkeit aus Erstbesamung bei zweimal besamten Kühen: Eine Studie über Ergebnisse von Vaterschaftsnachweisen.)** Animal Product. 4 (1962) Nr. 3. S. 359—367. — 1 Abb., 4 Tab., 13 Lit.

Ergebnisse aus verschiedenen Ländern besagen, daß ca. 40% aller besamten Kühe 2mal und öfter besamt werden. Daher wurde an Hand von 1347 Vaterschaftsnachweisen die Notwendigkeit der Blutgruppenbestimmung und die Möglichkeit der Lösung von Zweifelsfällen durch Vergleich des errechneten und des tatsächlichen Abkalbetermins geprüft. Die Ergebnisse stammen aus Schweden, den Niederlanden und Deutschland. Von den Kühen, die in kurzen Abständen von 1—11 Tagen 2mal von verschiedenen Bullen besamt wurden, konzipierten bei der 1. Besamung: 36,6% bei 2maliger Besamung an einem Tag, 19,8% nach zwei, 6,5% nach drei und 12,6% bei Zweitbesamung innerhalb von 4—11 Tagen. $^2/_3$ der beobachteten Kühe zeigten den normalen 18-bis 24tägigen Zyklus. Bei Abständen von 18—24 Tagen zwischen Erst- und Zweitbesamung nahmen 6% dieser Kühe bei der ersten Besamung auf, von allen besamten Kühen waren das 1%. Die Notwendigkeit einer Blutgruppenbestimmung ist gegeben, wenn die Besamungen weniger als 16 Tage auseinanderliegen. Als Limit für die Trächtigkeitsdauer, gerechnet von der 2. Besamung bei mehr als 16 Tagen Zwischenzeit, werden für Schwarzbunte 291—293 Tage, für Fleckvieh 301—303 Tage angegeben. Ist die Trächtigkeitsdauer kürzer, ist eine Blutgruppenbestimmung erforderlich; ebenfalls dann, wenn bei einem 21tägigen Besamungsintervall die Abkalbung 8—10 Tage oder mehr zu früh, gerechnet von der 2. Besamung an, erfolgt.
K. Damm. 3612.

Logvynenko, N. M. (Logwynenko, N. M.) Perechodyty na rivnomirni otelennja. **(Auf gleichmäßiges Abkalben übergehen.)** Socialistyčne tvarynnyctvo, Kyïv **34** (1962) Nr. 7. S. 30—32. — 2 Abb.

Bei Kühen, die zwischen Nov. und Febr. kalbten, war kein schroffes Absinken der Milchleistung im Winter zu beobachten, auch das zu erwartende Absinken im 5.—6. Laktationsmonat trat nicht ein. Nur am Ende der Laktationsperiode im 9.—10. Laktationsmonat sank die Milchleistung etwas ab. Das erklärt sich dadurch, daß sich an den physiol. bedingten Höhepunkt nach dem Abkalben der fütterungsbedingte Höhepunkt der Laktation (junges Grünfutter im Frühjahr) anschließt. Außerdem können auch die im Herbst/Winter zur Welt gekommenen Kälber besser dieses Futter ausnutzen und gehen gestärkter in den Winter als die Frühjahrskälber. Vf. empfiehlt, bei gesicherten Futterverhältnissen 60—65% aller Kühe im Herbst/Winter abkalben zu lassen. X. Abelmann. 3614.

Aleksandrov, O. I. (Alexandrow, O. I.); Charkow, Forsch.-Inst. für Tierzucht des Waldsteppen- und Polessje-Gebietes der Ukrain.SSR. Vygidnyj sposib vyroščuvannja teljat. **(Vorteilhafte Methode der Kälberaufzucht.)** Visnyk sil'śkogospodarśkoï nauky, Kyïv **5** (1962) Nr. 3. S. 111—114. — 4 Tab. Orig.: ukrain., Ausz.: russ.

Vf. zeigt die Möglichkeit der Kälberaufzucht mit geringen Milch- und Magermilchmengen. Die Vollwertigkeit der Rationen wird durch Zusatz von Hefe und Fischmehl zu den Futtermischungen erreicht. Die Versuchskälber (bis 6 Mon.) wiesen tägl. Gewichtszunahmen von 657 g auf. Frühzeitige Gewöhnung der Kälber an Mischfutter beschleunigte die Entwicklung und erhöhte die Funktionstüchtigkeit der Verdauungs- u. a. inneren Organe. Die Nährstoffe wurden bei den Kälbern der Versuchsgruppe im Alter von 2—5 Mon. besser verdaut; im Alter von 5 Mon. zeigten die Tiere bei gleichen Rationen pflanzlicher Herkunft eine bessere N-Ausnutzung. Die vorgeschlagene Fütterungsweise ist ökonomisch zweckmäßig, da die Futterkosten für Kälber bis zum Alter von 6 Mon. um 30% sinken. K. Neumann. 3634.

Potechin, S. und Vasil'ev, V. (Potechin, S. und Wassiljew, W.); Krasnodar, Forsch.-Inst. für Landwirtsch. Vyraščivat' teljat pri dvukratnom kormlenii vygodno. **(Kälberaufzucht bei täglich zweimaliger Fütterung.)** Moločnoe i mjasnoe skotovodstvo, Moskva **7** (1962) Nr. 9. S. 26—27. — 1 Tab.

Anstelle der bisher üblichen 3- bis 4maligen Fütterung am Tag werden die Kälber vom 10.—15. Lebenstag an nur noch 2mal gefüttert. Die Umstellung vom 3maligen zum 2maligen Füttern ist innerhalb von 6 Tagen möglich, indem man die Milchmengen am Morgen und Abend ständig erhöht und die Mittagsration entspr. senkt. Versuche haben ergeben, daß die 2mal gefütterten Kälber gewichtsmäßig nicht hinter den tägl. 3mal gefütterten zurückstehen. R. Ihssen. 3634.

Christov, V. (Christow, W.); Knesha, Bulgarien, Landwirtsch. Forsch.-Inst. Rastež i razvitie na teleta simentalski krŭstoski, chraneni s različni količestva mljako. **(Wachstum und Entwicklung von Simmentaler Kreuzungskälbern bei Ernährung mit verschiedenen Milchmengen.)** Izvestija na Selskostopanskija naučnoizsledovatelski institut — Kneža, Sofija **3** (1962) S. 213—237. — 7 Abb., 17 Tab., 28 Lit. Zus. in Russ., Engl.

In 2 Versuchen mit je 8 Gruppen zu je 6 (3 ♂ und 3 ♀) Kreuzungskälbern (Iskârrind × Simmentaler) 2. und 3. Generation wurden 8 verschiedene Fütterungsschemata für Kälber bis zum 6. Lebensmonat geprüft, in denen folgende Futtermengen vorgesehen waren: Vollmilch 300→150 l, Magermilch 600→400 l, Kraftfutter 170→120 kg, Heu 230—260 kg, Runkelrüben 480 bis 500 kg, Gärfutter 200—400 kg, Grünfutter 1250—1550 kg. Die Gesamtmenge des je Kalb in den ersten 6 Lebensmonaten aufgenommenen Futters variierte im 1. Versuch zwischen 507,4 und 561,0 FE, im 2. Versuch zwischen 449,9 und 566,2 FE. Der tägl. Gewichtszuwachs betrug in dieser Altersperiode 756→646 g bei einem Futteraufwand von 4,34→3,83 FE je kg

Zuwachs. Das mittlere Lgw. der Kälber betrug mit 6 Mon. 179,2→147,6 kg. Das zweckmäßigste Fütterungsschema ist nach Vf. das, welches für Zuchtkälber 200 l Vollmilch, 600 l Magermilch, 120 kg Kraftfutter, 218 kg Heu, 260 kg Gärfutter und 450 kg Runkelrüben (im Sommer werden die voluminösen Futterstoffe durch 1260 kg Grünfutter ersetzt) und für Gebrauchskälber 150 l Vollmilch, 400 l Magermilch, 144 kg Kraftfutter, 194 kg Heu, 330 kg Gärfutter und 412 kg Runkelrüben (im Sommer statt der voluminösen Futtermittel 1250 kg Grünfutter) vorsieht. Die entspr. gefütterten Kälber erreichen mit 6 Mon. 165—170 kg bzw. 150—155 kg Lgw. Der Artikel enthält ausführliche Angaben über Lgw. und Körpermaße der Kälber nach Gruppen und Monaten, über die Schlachtanalyse, die wirtschaftliche Bewertung der Aufzucht u. a. N. Platikanow. 3634.

Schreiter, M. **Die Bedeutung der ordnungsgemäßen Jungviehaufzucht für die späteren Leistungen.** Dtsch. Landwirtsch. **14** (1963) Nr. 1. S. 40—44.
Die in mehreren wiss. Untersuchungen getroffenen Feststellungen, daß eine mangelhafte Aufzucht von Jungrindern und eine ungenügende Vorbereitung der Färsen auf die Laktation sich negativ auf deren spätere Milchleistung auswirken, werden an Hand von Beispielen aus LPG mit unterschiedlich gestalteter Jugendernährung der Jungrinder des Bezirkes Karl-Marx-Stadt erhärtet. K. Pilz. 3636.

Laube, W. **Empfehlungen zur diesjährigen Winterfütterung von Milchvieh (1962/63).** Wiss.-techn.-Fortschr. Landwirtsch. **3** (1962) Nr. 12. S. 567—568.
Ausgehend von der Futterernte 1962 werden für Milchkühe Fütterungsbeispiele für verschiedene Tagesmilchleistungen angegeben und ihre Anwendung und Abänderung entspr. den betrieblichen Gegebenheiten erläutert. Auf ausreichende Mineralstoffversorgung wird hingewiesen. Silage sollte nur 12—24 Std. zwischengelagert werden. G. Leisner. 3638.

Šmerha, Josef, Zeisberger, Evžen, Novotný, Stanislav und Šulcová, H.; Praha, Vysoká Škola Zemědělská, Katedra Obecné a Spec. Zootechn.; Liběchov, Výzkumný Ústav Živočišné Výroby, Lab. pro Biol. Rozmnožování a Osemeňování Hospodářských Zvířat. Úroveň výživy plemenných býků vevztahu k růstu, vývinu a využití živin. **(Das Ernährungsniveau bei Zuchtbullen in Beziehung zum Wachstum, zur Entwicklung und Nährstoffverwertung.)** Živočišná Výroba **7(35)** (1962) Nr. 7/8. S. 439—452. — 8 Abb., 10 Tab., 25 Lit. Zus. in Russ., Franz., Dtsch.
Untersuchungen an 4 Zwillingspaaren von Bullen des Tschechischen Rotfleckviehs erwiesen die Zweckmäßigkeit einer Herabsetzung der für KB-Bullen bisher festgesetzten Futternormen um 30% bzw. der von Šmerha früher ermittelten Stärkewertnormen um 20%. Diese Senkung hatte weder auf das Wachstum noch auf die körperliche Entwicklung von Rotfleckvieh-Bullen vom Alter von 1,5 Jahren an einen ungünstigen Einfluß. Bei jüngeren Bullen in der Altersperiode von 0,75—1,5 Jahren hatte jedoch die Senkung des Eiweißgehaltes um 15—20% und des StW.-Gehaltes um 20—30% im Vergleich zu den bisher üblichen Normen eine ungünstige Auswirkung auf Wachstum und Entwicklung, bes. der Brust und auch anderer Körperteile. Weitere Untersuchungen des Stoffwechsels sind zur Klärung des Nährstoffbedarfes von Bullen unbedingt nötig. Das betrifft bes. auch die Frage der Bedeutung und Funktion von Amiden in der Ernährung dieser Tiere.
F. Svoboda. 3644.

Fulka, Josef, Pavlok, Antonín und Novotný, Stanislav; Uhříněves, Výzkumný Ústav Živočišné Výroby; Liběchov, Lab. pro Biol. Rozmnožování a Osemeňování Hospodářských Zvířat. Vliv výživy plemenných býků na produkci semene. **(Einfluß der Ernährung der Zuchtbullen auf die Samenproduktion.)** Živočišná Výroba **7(35)** (1962) Nr. 7/8. S. 453—458. — 2 Abb., 1 Tab., 10 Lit. Zus. in Russ., Franz., Dtsch.

Untersuchungen an 4 Zwillingspaaren des Tschechischen Rotfleckviehs ergaben eine Verringerung des Ejakulatvolumens der Tiere bei herabgesetzter Intensität der Ernährung. Die Unterschiede betragen bis zum Alter von 21 Mon. 0,4–0,8 ml je Ejakulat zugunsten der intensiver ernährten Bullen. Später gleichen sich die Unterschiede allmählich aus. Der Spermiengehalt je 1 ml Ejakulat zeigte bei beiden Bullengruppen keine wesentlichen Unterschiede. Der Fructosegehalt des Ejakulats betrug bei der intensiv gefütterten Bullengruppe ⌀ 552 mg%, bei der Gruppe mit herabgesetztem Ernährungsniveau 523 mg%. Ausgeprägt aber war der Einfluß der erblichen Veranlagung der einzelnen Zwillingspaare auf das Spermavolumen je Ejakulat. Die Zwillinge Cs 1 und Cs 2 wiesen je Ejakulation ⌀ 2,50 und 2,80 ml, die Zwillinge Bo 1 und Bo 2 dagegen 3,55 und 3,90 ml Sperma auf, ohne Rücksicht auf die Ernährung. In der Spermienkonzentration war der Unterschied wesentlich geringer. F. Svoboda. 3644.

Valenta, Miloslav und Petrovský, Eduard; Uhříněves, Výzkumný Ústav Živočišné Výroby; Liběchov, Lab. pro Biol. Rozmnožování a Osemeňování Hospodářských Zvířat. Chemické složení spermatu plemenných býků s odlišnou úrovní výživy, získaného při vyčerpávacích zkouškách. **(Chemische Zusammensetzung des nach Erschöpfungsversuchen gewonnenen Spermas von unterschiedlich ernährten Bullen.)** Živočišná Výroba **7(35)** (1962) Nr. 7/8. S. 459–472. – 10 Abb., 4 Tab., 20 Lit. Zus. in Russ., Franz., Dtsch.

Untersuchungen an 4 Zwillingspaaren von Bullen des Tschechischen Rotfleckviehs ergaben, daß in sog. Erschöpfungstesten bei unterschiedlicher Ernährungsintensität der Tiere der Gehalt an Tr.-Subst., Gesamt-N, P und Ca in den Spermien und bes. im Samenplasma mit zunehmender Zahl an Absamungen ohne Rücksicht auf die Ernährung unregelmäßig abfiel. Der P- und N-Gehalt in den Spermien variiert parallel zum Tr.-Subst.-Gehalt und zur Spermienkonzentration im Ejakulat. Auf Grund der festgestellten Veränderungen im Tr.-Subst.-Gehalt der Spermien kann man darauf schließen, daß bei den Erschöpfungsversuchen auch unvollständig reife Spermien abgesamt werden. Der P-Gehalt im Samenplasma steht in direkter Korrelation zur Spermienkonzentration im Ejakulat und wahrscheinlich auch zur geschlechtlichen Reizung des Bullen. Der Ca-Gehalt des Samenplasmas verringert sich allmählich mit steigender Zahl an Absamungen. Nur in einigen Fällen äußerte sich der Einfluß einer unterschiedlichen Ernährung der Bullen, und zwar hinsichtlich der Zusammensetzung des Samenplasmas. F. Svoboda. 3644.

Anonym. **Fütterungsversuch mit Jungstieren.** Landwirtschaft [Wien] **1963** Nr. 2. S. 3–4. – Abb., Tab.

Je 14 ⌀ 400 kg schwere Bullen der Rassen Fleckvieh, Braunvieh, Murbodner und Pinzgauer wurden im Nov. 1961 in Versuch gestellt und 141 Tage später geschlachtet. Die Hälfte der Tiere, je 7 von jeder Rasse, wurde mit Zuckerrübenblattsilage, Luzerneheu, Gerstenstroh und Soja-Getreideschrotgemisch gemästet, die restlichen 28 mit Wiesenheu, Trockenschnitzeln und Schrotgemisch. Bei gleichem Nährstoffangebot haben beide Gruppen je Tier und Tag ca. 1150 g zugenommen. Die Futterkosten betrugen je kg Zuwachs S 8,42 in der Hackfruchtmast und S 10,48 in der Heumast. Unter den Verhältnissen des Versuches sichert erst ein Heupreis von nur S 0,30 je kg gleiche Futterkosten für 1 kg Zuwachs wie die Hackfruchtmast. Die Silagegruppe lieferte eine um 1% bessere Schlachtausbeute, in der Schlachtqualität bestand aber zwischen beiden Gruppen kein Unterschied. Eine Wintermast ist auch mit Heu und entspr. Zukaufsfutter möglich und liefert gute Schlachtergebnisse, sie kommt aber teurer als in Hackfruchtbetrieben. E. Höpler. 3652.

Kreft, H. W.; Pretoria, Univ., Fak. van Landbou. Produksie-eienskappe van verse van verskillende vleisrasse en -tipes. **(Leistungseigenschaften von Färsen**

verschiedener Fleischrassen und Typen.) South African J. agric. Sci. **5** (1962) Nr. 3. S. 483–490. – 5 Tab., 9 Lit. Zus. in Engl., Franz.
Färsen 6 verschiedener Rinderrassen, Hereford, Afrikaner, Aberdeen-Angus, ½ Aberdeen-Angus – ½ Afrikaner, ½ Hereford – ½ Afrikaner und Bonsmara wurden hinsichtlich Trächtigkeitsdauer, Milchleistung und Gewichtsveränderungen während einer Versuchszeit von 74 Wochen verglichen. Die Afrikaner (294,5 Tage) zeigten die längste, die Aberdeen-Angus (285,0 Tage) die kürzeste Trächtigkeitsperiode, was bestätigt, daß Rinder der *Bos-indicus*-Gruppe ca. 10 Tage länger tragen als die taurinen Ursprungs. Der mittlere Gewichtsverlust durch das Kalben war 104,0 lb., wovon 65,5% auf das Geburtsgewicht des Kalbes entfallen. Die Geburtsgewichte der verschiedenen Rassen zeigten keine statistisch gesicherten Unterschiede. Die höchste Milchleistung hatten die Aberdeen-Angus mit 3876,2 lb. in 8 Mon., die niedrigste die Afrikaner mit 2116,3 lb. Eine hohe negative Korrelation (r = –0,9) bestand zwischen Milchleistung und Gewichtsverlust während der Laktation.
K. Männel. 3660.

Benechis, B. M. Ocinka bugaïv za jakistju moloka ïch dočok. **(Bullenbewertung nach der Milchqualität ihrer Töchter.)** Socialistyčne tvarynnyctvo, Kyïv **34** (1962) Nr. 8. S. 41–43. – 4 Tab. Orig.: ukrain.
In Versuchen an Simmentaler Kühen in den ersten 6 Mon. der Laktation wurde der Zusammenhang zwischen den einzelnen Milchbestandteilen und ihre Veränderungen im Mütter-Töchter-Vergleich untersucht. Der Fettgehalt schwankte zwischen 2,20–6,30%, der Eiweißgehalt zwischen 2,50–4,16%. Der engste Zusammenhang besteht dabei zwischen dem Fettgehalt und dem Gehalt an Eiweiß einschließlich der restlichen Tr.-Subst., es besteht auch ein glaubwürdiger Zusammenhang zwischen dem Fett- und dem Eiweißgehalt der Milch (+0,4109). Da Milchmenge, Fett- und Eiweißgehalt der Milch sich unabhängig voneinander verändern, kommt der Vf. zu dem Schluß, daß der Eiweißgehalt der Milch als gesondertes Selektionsmerkmal in die Züchtung einbezogen werden soll. Es ist biol. möglich, hohe Milchergiebigkeit mit hohem Fett- und Eiweißgehalt der Milch züchterisch zu kombinieren.
X. Abelmann. 3662.

Petkov, P. (Petkow, P.); Widin, Bulgarien, Landwirtsch. Versuchsstat. Proučvane efekta ot ugojavane na kastrirani i nekastrirani kravi ot kulska poroda. **(Untersuchungen über den Masterfolg bei kastrierten und nicht kastrierten Kulaer Kühen.)** Izvestija na Selskostopanskija naučnoizledovatelski institut – Kneža, Sofija **3** (1962) S. 239–249. – 4 Abb., 9 Tab., 13 Lit. Zus. in Russ., Engl.
Zwei Gruppen zu je sechs 8,5- bis 9,5jährigen Kulaer Kühen von 368–484 kg Lgw. wurden 10 Tage nach Kastration der 6 Versuchsкühe auf Mast gestellt. Die Kühe beider Gruppen erhielten die gleichen Futterrationen, in denen der Kraftfutteranteil 57% betrug. Ergebnisse (die Angaben in Klammern beziehen sich auf die nicht kastrierten Kontrollkühe): tägl. Gewichtszuwachs 1040 (860) g; Futteraufwand je kg Zuwachs 8,835 (10,754) FE; Schlachtausbeute 56,7 (52,1) %; Nierenfett 8,550 (6,101) kg; chem. Zusammensetzung des Fleisches: Tr.-Subst. 38,45 (32,33) %; Proteingehalt 20,50 (20,11) %, Fettgehalt 17,03 (11,25)%, Rohasche 0,80 (0,81) %. N. Platikanow. 3664.

Mielke, H., Kleinke, G. und Tröger, F.; **Die laktationsphysiologischen Grundlagen der maschinellen Milchgewinnung.** Dtsch. Milchwirtsch. **9** (1962) Nr. 11. S. 322–328.
Es wird ein Überblick über die Physiologie der Laktation gegeben, wobei eine enge Verbindung zu den Erfordernissen der praktischen Melkarbeit hergestellt wird. Nach Ausführungen über Milchsekretion und Milchspeicherung, bei denen die Möglichkeit einer Speicherung der Milch im Zisternenteil des Euters betont wird, werden die Probleme des Milchentzuges behandelt. Entscheiden-

den Einfluß auf den ökonomischen Erfolg des Melkens hat die Eutervorbereitung. Sie ist ein komplexer Vorgang, der das Abmelken der ersten Milch, die Reinigung und die Massage des Euters umfaßt, 50—60 Sek. dauern und an den sich unmittelbar das Aufsetzen der Melkbecher anschließen soll. Eine Beeinflussung des Milchentzuges ist beim maschinellen Melken nur in dieser einen Min. möglich. Die sinnvolle Ausnutzung dieser Zeit verhindert eine fraktionierte Oxytocinausschüttung und damit unerwünscht große Nachgemelke. R. Held. 3677.

Murray, A. J. W. und Lightbody, Lorna G.; Queensland Dep. of Stock; Div. of Dairying. Effect of different premilking methods on the milking characteristics of Australian Illawarra Shorthorn cows. **(Der Einfluß verschiedener Anrüstverfahren auf die Melkeigenschaften australischer Illawarra-Shorthorns.)** Queensland J. agric. Sci. **19** (1962) Nr. 2. S. 255—265. — 2 Abb., 5 Tab., 13 Lit.

An Illawarra-Shorthornkühen wurde unter Verwendung von Alfa-Laval-Melkmaschinen bei 15 in. Unterdruck, 55 Takten/Min. und einem Verhältnis Arbeits- zu Ruhetakt von 40:60 der Einfluß verschiedener Anrüstverfahren auf die Melkeigenschaften nur beim Nachmittagsmelken geprüft. Morgens wurden die Tiere nach dem üblichen Verfahren mit dem Rest der Herde gemolken. In 5 unterschiedlichen Versuchsanstellungen wurden u. a. folgende Methoden verglichen: Melken ohne Vorbehandlung und Melken nach unterschiedlich langer Euterwäsche; Euterwäsche, Vormelken und anschließend unterschiedlich lange Wartezeiten bis zum Ansetzen der Melkbecher; nach unterschiedlichem ersten Anrüsten und 8 Min. Wartezeit nochmalige Euterwäsche. Als wesentlichste Ergebnisse sind zu nennen: Erhöhung des Minutengemelks, Verkürzung der Melkzeit, schnelleres Einsetzen des Milchflusses durch Euterwäsche gegenüber nicht vorbehandelten Kühen. Die Verlängerung der Euterwäsche von 5 auf 30 bzw. 60 Sek. verbesserte diese Resultate. Das Vormelken hatte einen gleich positiven Einfluß wie eine Eutermassage. Eine kurze Wartezeit von 30 Sek. nach dem Anrüsten erhöhte das Minutengemelk, längere Wartezeiten wirkten sich negativ aus. Die Milchflußkurve der Kühe differierte bei den verschiedenen Verfahren. K. Damm. 3677.

Czakó, J. und Illés, A.; A tejtermelés ingadozását és csökkenését befolyásoló tényezők vizsgálata a herceghalomi szinszerü istállóban. **(Die Untersuchung von Faktoren, die Schwankungen und Verringerung der Milchleistung hervorrufen im Offenstall des Versuchsbetriebes von Herceghalom.)** Állattenyésztés [Tierzucht] **11** (1962) Nr. 1. S. 11—17. — Aus: Ung. Agrar-Rdsch. **1962** Nr. **4.**

Vff. untersuchten an 10 Kühen, die aus einem im Offenstall gehaltenen Bestand ausgewählt wurden, in 3mal 10tägig periodisch durchgeführten Versuchen die Wirkung des Störens vor dem Melken und den Einfluß schwankender Zwischenmelkzeiten auf die Milchleistung von Kühen, die in einem Melkraum gemolken werden. Im 1. Abschnitt des Versuches erfolgte das Melken stets zur gleichen Tageszeit, wobei die Kühe, unabhängig von ihrem Willen, in den Melkraum getrieben wurden. Im 2. Abschnitt suchten die Kühe freiwillig den Melkraum auf, wobei der Zeitpunkt des Melkens verschieden war. Im 3. Versuchsabschnitt erfolgte das Melken wieder in gleichen Zeitabständen, doch war man bestrebt, die Ruhe der Kühe nicht zu stören. Aus den Versuchsergebnissen konnte festgestellt werden, daß die unregelmäßige Schwankung der Zwischenmelkzeiten sowie die rohe Behandlung der Tiere vor dem Melken die Milchleistung nachträglich beeinflussen. Die größten Schwankungen der Milchproduktion, $\pm$ 0,93 bzw. $\pm$ 0,96 l wurden im 1. Versuchsabschnitt beobachtet, beträchtlich waren sie auch mit $\pm$ 0,60 bzw. $\pm$ 0,59 im zweiten, die geringsten mit $\pm$ 0,55 bzw. $\pm$ 0,40 konnten im 3. Abschnitt festgestellt werden. Die unregelmäßigen Schwankungen in der Dauer der Zwischenmelkzeit stehen in engem Zusammenhang mit den Schwankungen der Milchleistung;

der Korrelations-Koeffizient hat einen Wert von r = 0,47. Aus Regressionskalkulationen ging hervor, daß bei Verkürzung der Zeit vor dem Melken um 1 Std. die gewonnene Milchmenge um 0,41 l geringer wurde; falls sie sich jedoch um 1 Std. verlängerte, war nur ein Mehrertrag von 0,25 l zu verzeichnen. Das Melken der im Offenstall gehaltenen und in einem Melkraum gemolkenen Kühe muß daher so organisiert werden, daß es die Ruhe der Tiere nicht stört und größere Schwankungen in der Zwischenmelkzeit verhindert werden. Aus diesem Grunde ist es ratsam, nur so viele Kühe — stets in der selben Reihenfolge — beim Melken gleichzeitig auf den Platz vor dem Melkraum zu treiben, daß 2 Melkgruppen bereitstehen. 3677.

Dimitrov, C. (Dimitrow, Z.) Konstitucionalna dispepsija. **(Konstitutionelle Dyspepsie.)** Veterinarna sbirka, Sofija **59** (1962) Nr. 6. S. 19—20.
Bei unrichtiger Fütterung der trächtigen Tiere und der Kälber noch am 2. Tage nach der Geburt mit Sammelmilch wurden Fälle von Erkrankungen beobachtet. Die Kälber bekamen nur einen Tag Colostrum. Nach getroffenen prophylaktischen Maßnahmen sank die Sterblichkeit der Kälber von 9,2% im Jahre 1960 auf 2,5% im Jahre 1961. Z. Tomow. 3680.

Obiger, Günter. **Zur Frage der Infektiosität der Staphylokokken für das Rindereuter.** Milchwissenschaft **17** (1962) Nr. 10. S. 550—557. — 8 Abb., 15 Lit. Zus. in Engl.
Staphylokokken sind fakultative euterpathogene Keime, die vorwiegend außerhalb des Euters vorkommen und bes. durch hygienische Maßnahmen bekämpft werden müssen. Die Pathogenitätskriterien der verschiedenen Stämme haben hinsichtlich einer evtl. Euterpathogenität nicht unbedingt Gültigkeit. Daher wird über 13 künstliche Infektionsversuche mit 11 Staphylokokkenstämmen an Rindereutern berichtet, wobei Zellbild, Katalasebildung, Chloridgehalt und kultureller Befund ausgewertet werden. Die Reaktion der Milchdrüse besteht in allen Fällen lediglich in einer vorübergehenden Sekretionsstörung und Erscheinungen einer klinischen Mastitis. Virulenz der Erreger und Abwehrmechanismus des Eutergewebes spielen im Infektionsgeschehen die wesentliche Rolle. W. Kötsche. 3680.

Marbach, F. und Wenger, H. **Geschäftsbericht pro 1961.** Mitt. schweiz. Fleckviehzuchtverb. **1962** Nr. 4. S. 3—38. — 6 Tab.
Der schweiz. Rindviehbestand nahm im Berichtsjahr um 1,2% zu, die Zahl der viehhaltenden Betriebe ging dagegen um 3,0% zurück. Der Fleckviehzuchtverband zählte am 1. 1. 62 1080 Verbandsgenossenschaften mit 34125 Mitgliedern. 8496 männl. und 224240 weibl. Tiere waren im Herdbuch eingetragen. Der sich in der Landwirtschaft vollziehende Strukturwandel sowie die nationalen und internationalen Marktansprüche zwingen zur Spezialisierung und Rationalisierung der Betriebe. Auf dem viehzüchterischen Sektor tritt die Qualität immer mehr in den Vordergrund. Das derzeitige Zuchtziel, „Gesundheit und Fruchtbarkeit, mehrseitige Nutzleistungen: Milch und Fleisch und zweckmäßige Körperform: Typ und Euter", bietet ausreichende Anpassungsmöglichkeiten an die verschiedenen Bedingungen, so daß es als unantastbar gelten darf. Im Rahmen der kombinierten Nutzung — Milch und Fleisch — wird in der 3. Laktation bei durchschnittl. Haltungsbedingungen eine Leistung von mindestens 4000 kg Milch und 4% und mehr Fett in 305 Tagen als gut bezeichnet. 1961 standen 104751 Herdbuchkühe unter Milchkontrolle. Auf dem 63. Zuchtstiermarkt in Bern wurden 778 Stiere aufgetrieben, davon wurden 88,5% prämiiert. Als Durchschnittspreis wurden 1990 Franken erzielt. 1961 wurden 1990 Fleckviehtiere exportiert. Hauptabnehmer waren die DBR, Italien, Ungarn und Frankreich. Die Qualitätsproduktion auf züchterischem Gebiet erfordert die zielbewußte Selektion der

Kühe und namentlich der Bullenmütter nach gutem Leistungsvermögen und zweckmäßiger Euterbeschaffenheit und -form sowie guter Melkbarkeit.

H. Kleiber. 3690.

Brown, J., Bartee, John D. und *Lewis, P. K.* **Relationships among performance records, carcass cut-out data, and eating quality of bulls and steers.** Fayetteville: Univ. of Arkansas. 1962. (19 S.) 8° = University of Arkansas. Bulletin 655. (SR 800, 655)
Csiszár, Vilmos. **Fejes, gépi fejés.** (Melken und maschinelles Melken.) 2. erw. Aufl. Budapest: Mezögazdasági kiadó. 1962. (291 S.) 8°. (1962 A 1114)
Günther, Manfred. **Beitrag zur Eutergesundheit bei der maschinellen Milchgewinnung unter besonderer Berücksichtigung des Gelben Galtes.** Diss. Vet. med. Fak. Leipzig. 1962. (84 S.) 8°. (Diss. 8480)
Haufe, W. O. **Control of cattle lice.** 2nd. rev. Ottawa: Canada Dept. of Agriculture. 1962. (12 S.) 8° = Canada Department of Agriculture. Publication. 1006. (SR 1366, 1006)
Politiek, R. D. und *Rooy, J. de.* **Namelken met de hand of met de melkmachine.** Zeist: Inst. voor Veeteeltkundig onderzoek „Schoonoord". 1962. (23 S.) 4° = Instituut voor Veeteeltkundig Onderzoek „Schoonoord". Rapport. Nr. 38. (SR 2812, 38)
Rinderrassen Österreichs. Auf Grund der Erhebung vom 3. Dez. 1959. Bearb. und hrsg. vom Österreichischen Statistischen Zentralamt. Wien: 1960. (XXXIV, 44 S.) 4°. (1962 B 254)
Milchkontrolle in Holland. Hrsg. v. Minist. f. Landwirtschaft und Fischerei. Haag: 1962. (11 S.) 4° = Veröffentlichung D 147. (SR 1213, 147)
Az allattenyésztési kutatointézet szaktanácsai a gyakorlat számára. 1. Szarvasmarhatenyésztés. (Fachliche Ratschläge des Forschungsinstitutes für Rinderzucht an die Praxis. 1. Rinderzucht.) Budapest. 1961. (42 S.) 8°. (DA 1417,1-)

D. SCHWEINE

Dehaye, L. und Camerlynck, R. Dix années de sélection et d'observations de la race porcine Piétrain en Belgique et à l'étranger. **(10 Jahre Selektion und Beobachtungen an Piétrain-Schweinen in und außerhalb Belgiens.)** Rev. Agric. [Bruxelles] **14** (1961) Nr. 11. S. 1399—1413.; (1962) Nr. 1. S. 35—52. — 17 Abb., 16 Tab.
Die Abstammung der in der Gegend von Jodoigne-Hannut gezüchteten und sich etwa seit 1950 in ganz Belgien und darüber hinaus ausbreitenden Schweinerasse konnte bisher nicht geklärt werden. Die größte Wahrscheinlichkeit besitzt die Annahme einer Mutation z. Z. von Kreuzungen zwischen verschiedenen Rassen. Ein Preisrückgang für fettes Schweinefleisch beschleunigte die plötzliche Verbreitung der Rasse. Das 1954 aufgestellte Zuchtziel (Körperpartien), das 100-Punktesystem für die Zuchttierbewertung, die Zuchtleistungen, Fragen der Aufzucht und Ergebnisse der Nachkommenprüfung auf Mast- und Schlachtleistung werden besprochen. 1960 wurden in 1143 Würfen (Provinz Brabant) ⌀ 10,2 Ferkel lebend geboren und 8,52 aufgezogen. Registrierte 3-Wochengewichte betrugen im ⌀ 6,124 kg. Das mittlere Lebensalter der Sauen wird mit 20,2 Mon. angegeben, 38% bringen nur 1 Wurf. Piétrains sind die fleischreichste Rasse und erfordern optimale, eiweißreiche Ernährung.

A. Schaaf. 3770.

Wilson, S. P., Whatley jun., J. A. Whiteman, J. V. und Morrison, R. D.; Stillwater, Oklahoma Agric. Exp. Stat. Influence of sire and line of breeding on sow productivity. **(Der Einfluß von Vater und Zuchtlinie auf die Produktivität der Sauen.)** J. Animal Sci. **21** (1962) Nr. 1. S. 119—122. — 3 Tab., 12 Lit.
Vff. analysierten Leistungsmerkmale (Ferkelzahl und Wurfgewicht bei Geburt und Absetzen) von 989 Würfen aus 4 Linien. Die Liniendurchschnitte waren in einigen Merkmalen signifikant verschieden, im Vergleich der Jahreszeiten jedoch sehr unbeständig. Zwischen den Nachkommengruppen verschiedener Väter waren wenig beständige genetische Unterschiede nachweisbar.

A. Schaaf. 3817.

Anonym. **Ergebnisse über die Mast- und Schlachtleistungsprüfung im 3. und 4. Quartal 1962.** Tätigkeitsber. Schweine-Versuchs- u. -Prüfanst. niederösterr. Landes-Landwirtsch.-Kammer **1963** 2 S.
Im 3. Jahresviertel wurden insgesamt 87 Gruppen, darunter 71 aus Niederösterreich (Werte in Klammern) geprüft. Eingestellt wurden je Gruppe 3,9

(3,9), geschlachtet 3,7 (3,7) Tiere. Die Schweine waren durchschnittl. bei der Einstellung 96 (96), bei der Schlachtung 182 (182) Tage alt, sie wurden 86 Tage lang geprüft und mit einem Endgewicht von 89,98 kg geschlachtet. Die Tiere haben tägl. ⌀ 697 (696) g zugenommen und 3,29 kg Futter pro 1 kg Zuwachs benötigt. Sie wurden mit B klassifiziert. Es betrugen: die Rückenspeckdicke 2,95 (2,88), die Bauchspeckdicke 3,04 (3,05) cm, die Größe der Karreerose 28,69 (28,79) cm^2, die Körperlänge 92,78 (93,22) cm, die Qualität des Bauchfleisches 12,2 von 15 Punkten. Insgesamt wurden bei der Schlachtprüfung 71,5 (72,9) Punkte von 100 gegeben. — Im 4. Jahresviertel wurden 81 (78) Gruppen zu 4 Tieren mit 98 Tagen eingestellt und ⌀ 3,8 Tiere 185 Tage alt geschlachtet. 87 Tage lang geprüft wogen sie bei Prüfungsende 90,00 (89,97) kg und haben ⌀ 689 (691) g zugenommen bei 3,32 (3,31) kg Futterumwandlung. Die Tiere wurden in B eingeteilt. Die Schlachtprüfung ergab 2,83 (2,82) cm Rückenspeck- und 2,97 (2,99) cm Bauchspeckdicke, 29,40 (29,37) cm^2 Karreerose, 93,15 (93,06) cm Körperlänge und 73,6 (73,6) Punkte in der Schlachtprüfung (Kl. II). E. Höpler. 3820.

McNab, A. P. The pick of Rhodesia's pigs — 1962. **(Die Eliteschweine Rhodesiens 1962.)** Rhodesia agric. J. **59** (1962) Nr. 3. S. 170—172. — 4 Abb., 11 Tab.

Vf. verweist auf die Bedeutung der Leistungsprüfungen für die züchterische Fortentwicklung in der Schweinezucht und gibt einen Überblick über die im Berichtsjahr in der Nachkommenprüfung erzielten Ergebnisse. Der größte Fortschritt wurde im durchschnittl. Schlachtalter erzielt, das bei der Landrasse von 193,5 auf 177,5 und bei Large White von 194,7 auf 184,7 Tage (bei 210 lb.) verringert werden konnte. Die Prüfungstage (70—210 lb.) verringerten sich nicht im selben Ausmaß, und auch die Kotelettfläche hat keine große Veränderung gezeigt. Die Futterverwertung beträgt für beide Rassen 3,5. Die Prüfungskapazität ist sehr beschränkt. A. Schaaf. 3820.

Szigeti, János und Fischer, János. Ivar szerinti különbségek hízékonyságra vizsgált sertéseken. **(Geschlechtsbedingte Unterschiede auf Mastfähigkeit geprüfter Schweine.)** Állattenyésztés [Tierzucht] **11** (1962) Nr. 2. S. 153—164. — 10 Tab., 10 Lit. Zus. in Russ., Dtsch. Aus: Ung. Agrar-Rdsch. **1963** Nr. 1.

Der exakte Vergleich von Schweinegruppen verschiedenen Geschlechts hinsichtlich ihrer Mastfähigkeit ist nur unter Berücksichtigung entspr. Korrekturen möglich. Vff. untersuchten an 456 Englischen bzw. mit schwedischen Großen Weißen Fleischschweinen veredelten Ungarischen Yorkshire aus 6 ungarischen Mastprüfstationen die geschlechtsbedingten Unterschiede und legten dabei für die auch statistisch signifikant verschiedenen Eigenschaften Korrekturen fest. Unter den untersuchten Eigenschaften fanden sie stark signifikante Unterschiede hinsichtlich der Rückenspeckdicke, des Schinkenanteils, der Körperlänge und der Dicke des Bauchspeckes. Das Verhältnis der Unterschiede zwischen den Geschlechtern war in den einzelnen Prüfstationen gleich. Die Korrekturwerte für Schweinegruppen, deren Geschlechtsverhältnis von 1:1 abweicht, werden mitgeteilt. 3820.

Untersuchungen über die genetische Variabilität der Mastleistungen sowie der quantitativen und qualitativen Schlachteigenschaften innerhalb ganzer Würfe. Halle/Saale, Institut für Tierzucht der Martin-Luther-Universität Halle-Wittenberg **1961** 10 S. Plan-Nr.: 2155 19 h/1—16. Abschlußber. — 2 Tab.

Die Untersuchungen sollten zunächst die Frage klären, wie groß die Variabilität der Schlachtmerkmale ist und welches die günstigste Gruppengröße sein soll, die den jeweiligen Wurf in der Mast- und Schlachtleistungsprüfung repräsentieren kann. Die Variabilität wurde durch die Wurfgröße und das Geschlechtsverhältnis nicht beeinflußt, jedoch waren die ♂ Tiere in der Speckstärke, Bauchdicke und im Fettanteil und die ♀ im Kotelett-, Schinkenanteil und in der Schlachtlänge überlegen. 4 Tiere würden hinsichtlich der Erfassung der Streuung und Schwankungsbreite ausreichend den Wurf repräsentieren. Bei weiteren Untersuchungen konnte aber ermittelt werden, daß für den Aussagewert einer Prüfungsgruppe die Streuung der Einzelwerte mit berücksichtigt werden müßte. 3825.

Omtvedt, I. T., Whatley jun., J. A., Whiteman, J. V. und Morrison, R. D.; Stillwater, Oklahoma Agric. Exp. Stat. Genotype-environment interactions in feedlot performance and carcass traits in swine. **(Genotyp-Umwelt-Wechselbeziehungen in Mastleistung und Schlachtmerkmalen beim Schwein.)** J. Animal Sci. **21** (1962) Nr. 1. S. 41–48. — 7 Tab., 11 Lit.

In 3 Versuchen wurden 240 Schweine aus 3 Inzuchtlinien vom Absetzen bis zum Marktgewicht (⌀ 208 lb.) zur Hälfte auf der Weide aufgezogen, während ihre Wurfgeschwister in betonierten Boxen gehalten wurden. Die Weidetiere erhielten nach freier Wahl ein Zusatzfutter aus geschältem Mais, Eiweißmischung und Mineralstoffen, die Stalltiere das pelletierte vitamin- und antibioticahaltige Futter aus der Mastleistungsprüfung. Bei allen Tieren wurden die tägl. Zunahme, die Rückenspeckdicke, die Gesundheit der Beine und bei den Börgen die Schlachtleistung bewertet. Die Stalltiere nahmen im Durchschnitt schneller zu, hatten dickeren Rückenspeck, größere Kotelettflächen, schwerere Bäuche, geringeren Schlachtverlust und einen höheren Anteil wertvoller Teilstücke als die Weidetiere, die gesündere Beine hatten. Liniendifferenzen waren für Zunahme, Speckdicke, Schlachtlänge, Lenden- und Bauchgewicht sowie Kotelettfläche nachweisbar. Wechselbeziehungen zwischen Linie und Haltungssystem waren i. allg. nicht signifikant. A. Schaaf. 3825.

Hofmann, F. und Barfuss, E.; Jena, Univ., Inst. für Tierzucht. **Untersuchungen über die Veränderung der Mast- und Schlachtleistungen in verschiedenen Gewichtsklassen bei verschiedenen Rassen.** Arch. Tierzucht **5** (1962) Nr. 5. S. 343–384. — 18 Abb., 34 Tab., 5 Lit. Zus. in Russ., Engl.

Von 144 Schweinen der Rassen DE, DVL, DS und DC bei Einzelfütterung und Getreidemast sind die Mastleistungseigenschaften von 20 kg an bis zur Schlachtung geprüft worden. Die Schlachtung und Feststellung der Schlachtleistung von je 2 Schweinen jeder Rasse erfolgte bei verschiedenen Endgewichten, und zwar beginnend mit 20 kg, dann um je 10 kg steigend, bis zum Mastendgewicht von 200 kg. Die Variation wurde durch Trendberechnungen nach Baranow ausgeglichen. Folgende Eigenschaften wurden in die Untersuchungen einbezogen: die tägl. Futteraufnahme, die tägl. Gewichtszunahme, die Gewichtsentwicklungsintensiät, ausgedrückt durch die Gewichtszunahme je kg Körpergewicht, die Zunahmen je Lebenstag, die Futteraufnahmeintensität, der Erhaltungsfutteranteil, die Futterverwertung, der Nüchterungsverlust, die Schlachtausbeute, der Kühlverlust, das Fett-Fleisch-Verhältnis, das Knochenwachstum, das Speck- und das Flomengewicht, die Schlachtlänge, die Speckdicke, die Lendenmuskelstärke, die Brusttiefe und der Fett-, Schwarten- und Knochenanteil des Schinkens. Der Rassenvergleich zeigt die Überlegenheit der weißen Rassen, bes. des DE, hinsichtlich einer wirtschaftlichen Mast. Dabei sind die Faktoren Frohwüchsigkeit, Futterverwertung und Fett-Fleisch-Verhältnis hervorzuheben. Eine Mast der pigmentierten Rassen über 110–120 kg ist abzulehnen. H.-G. Englisch. 3825.

Schaaf, A. und Menzel, R.; Dummerstorf, Abt. Eliteleistungsbuch des Inst. für Tierzuchtforsch. der Dtsch. Akad. der Landwirtsch.-Wiss. zu Berlin. **Die Schlachtleistung von Mastprüfungsschweinen im Lichte des neuen Bewertungsverfahrens.** Arch. Tierzucht **5** (1962) Nr. 5. S. 322–342. — 4 Abb., 5 Tab., 7 Lit. Zus. in Russ., Engl.

An 367 im Jahre 1960 auf Mast- und Schlachtleistung geprüften Nachkommengruppen der Rassen DVL und DE wurde das 1960 eingeführte 50-Punkte-

Bewertungsschema der Schlachtleistung untersucht. Dies Schema ist geeignet, die individuell unterschiedliche Ausbildung von Kotelett und Schinken und den Verfettungsgrad in einer Zahl auszudrücken. Es wird die Selektion nach abhängigen Selektionsgrenzen angeregt, die den größten züchterischen Fortschritt erwarten läßt. Zwischen Schlachtpunkten und Futterverwertung besteht keine Beziehung. Es muß folglich nach beiden Merkmalen getrennt selektiert werden. Für die Körung herdbuchfähiger Eber und die Herausstellung von Elitetieren schlagen Vff. Mindestanforderungen vor.

H.-G. Englisch. 3825.

Haiger, A. **Phänotypische Variation und Korrelationen zwischen Mast- und Schlachteigenschaften von Schweinen.** Tätigkeitsber. Schweine-Versuchs- u. -Prüfanst. niederösterr. Landes-Landwirtsch.-Kammer, Beil. **6** (1961, hrsg. 1962) S. 1–13. – 4 Tab. Zus. in Engl., Franz.

Die bei 161 Sauen von 90 kg errechnete Regression zwischen der Fläche des M. long. dorsi zwischen zweit- und drittletzter Rippe (wie in Österreich) und derselben in der Höhe der Spitze der letzten Rippe (wie in Dänemark) beträgt $b_{yx} = + 0{,}68$; $r = + 0{,}61$. Die Übernahme der dänischen Schnittführung in Österreich wird eine Zunahme der Fläche des M. long. dorsi bringen und die Feststellung des slight of lean erleichtern. Es sind phänotypische Variation und Korrelation der Mast- und Schlachteigenschaften von 4277 Edelschweinen und 334 veredelten Landschweinen untersucht worden, die im Gewichtsabschnitt von 30–90 kg in der MPA Wien-Schwechat geprüft wurden. Die Kastraten zeigen höhere Zunahmen, doch die Schlachtqualität der Sauen ist viel besser. Es besteht eine hohe negative Korrelation zwischen tägl. Gewichtszunahme und Futterumwandlungsquote (♂ – 0,78; ♀ – 0,70). Alle Korrelationskoeffizienten (**I**) zwischen Mast- und Schlachteigenschaften sind sehr niedrig (unter 0,20) und haben in beiden Geschlechtern oft ein verschiedenes Vorzeichen. Die **I** betragen zwischen Fleisch-Fettverhältnis und Rückenspeckdicke ♂ –0,58, ♀ – 0,54; zwischen Fleisch-Fettverhältnis und M. long. dorsi ♂ 0,49, ♀ 0,44; zwischen Fleisch-Fettverhältnis und Schinkenpunkten ♂ 0,29, ♀ 0,23; zwischen Körperlänge und Rückenspeckdicke ♂ –0,27, ♀ – 0,28; zwischen Rückenspeckdicke und Fleischigkeit des Bauches ♂ –0,27, ♀ –0,26; zwischen Fleischigkeit des Bauches und Schinkenpunkten ♂ 0,24, ♀ 0,25 und zwischen Schinkenpunkten und M. long. dorsi ♂ 0,28, ♀ 0,24. Alle anderen **I** zwischen Schlachtmerkmalen sind kleiner als 0,20.

H.-G. Englisch. 3825.

Große, F. und Pfeiffer, H. **Schlachtleistungsmerkmale und Meßwerte am Querschnitt zwischen 5. und 6. Rippe beim Schwein und ihre Beziehungen zueinander.** Arch. Tierzucht **5** (1962) Nr. 6. S. 466–475.–2 Abb., 2 Tab.

Es wurde versucht, bei 76 Schweinen verschiedener Rassen Zusammenhänge zwischen der Rückenform hinter der Schulter am lebenden Tier, der Rückenform hinter der Schulter am Schlachtkörper sowie Merkmalen am geschlachteten Tier zu anderen Schlachtleistungsmerkmalen zu finden. Von den erzielten Ergebnissen sind die errechneten Korrelationen zwischen Dornfortsatzhöhe zur Kotelettfleischfläche, Dornfortsatzhöhe plus Maß für die Rippenwölbung zur Kotelettfleischfläche und Speckstärke zwischen 5. und 6. Rippe zum Gesamtfettgehalt des Schweinekörpers von bes. praktischer Bedeutung. Es wird geschlußfolgert, daß dadurch der fleischverarbeitenden Industrie und dem Handel ausreichend genaue Maßstäbe zur Qualitätsbeurteilung von Schlachthälften gegeben würden. Werner Schlegel. 3825.

Peter, W.; Jena, Friedrich-Schiller-Univ., Inst. für Tierzucht. **Untersuchungen über die Anwendung des Ultraschall-Echolotgerätes in der Fleischschweinzüchtung.** Arch. Tierzucht **5** (1962) Nr. 5. S. 385–390. – 4 Tab., 4 Lit. Zus. in Russ., Engl.

Mit dem Ultraschallgerät wurde die Speckdicke bei 30 Schweinen getestet und nach erfolgter Schlachtung mit der Schublehre gemessen. Es wurde eine gute Übereinstimmung beider Methoden festgestellt (Mittelwert der Ultraschallmessung $\bar{x} = 4{,}66 \pm 0{,}465$; Mittelwert der direkten Messung $\bar{x} = 4{,}65 \pm 0{,}546$). Die am lebenden Tier mittels Ultraschall getestete durchschnittl. Rückenspeckdicke zeigt zur Kotelettfläche (Fläche des M. long. dorsi) hinter der 13. Rippe eine Beziehung von $r = -0{,}6009^{+++}$. Das berechtigt zu einer Anwendung der Speckdickenmessung mittels Ultraschall in der Selektion fleischwüchsiger Schweine. H.-G. Englisch. 3825.

Kliesch, J. und Horst, P.; Berlin, TU, Inst. für Tierzücht. **Untersuchungen zur Methodik der Ultraschallmessungen am lebenden Schwein unter Verwendung eines Schnittbildgerätes.** Züchtungskunde **34** (1962) Nr. 8. S. 350–358. – 2 Abb., 1 Tab., 2 Lit. Zus. in Russ., Engl., Franz.

Es wurde die Brauchbarkeit des Ultraschall-Schnittbildgerätes zur Anfertigung von Querschnittbildern der Koteletts lebender Schweine untersucht. Die Anfertigung von Längsquerschnittbildern lieferte keine brauchbaren Ergebnisse. Durch Konstruktion einer eigenen Aufnahmevorrichtung am Schnittbildgerät war es möglich, maßstabsgerechte Querschnittbilder im Drehschnittbildsystem anzufertigen. An 100–110 kg schweren lebenden Mastschweinen wurden 23 doppelseitige Ultraschall-Kotelettbilder hergestellt. Eine Gegenüberstellung der Ultraschall- und Ausschlachtungsergebnisse ergab bei den einzelnen Kotelettquerschnitten eine mittlere Abweichung von 2,57 cm^2. Die jeweils aus der linken und rechten Seite gebildeten durchschnittl. Kotelettflächen unterschieden sich nur um 2,10 cm^2. Die Höchstdifferenz beträgt hier mit 95%iger Sicherheit 2,90 cm^2. G. Koch. 3825.

Osińska, Zofia; Jabłonna bei Warschau, Inst. für Tierphysiol. und Ernähr. der PAW. Estimation of protein, chemical fat and energy content in pigs. **(Schätzung des Protein-, chemischen Fett- und Energiegehaltes von Schweinen.)** Animal Product. **4** (1962) Nr. 3. S. 391–398. – 4 Tab., 20 Lit.

Vf. analysierte 20 Large-White-Schweine aus der polnischen Nachkommenprüfung, die bei ⌀ 90,3 kg Lgw. geschlachtet worden waren. Bei ⌀ 86,5 kg leerem Körpergewicht (Lgw. abzüglich Inhalt des Verdauungstraktus, der Blase und der Gallenblase) betrug der Proteingehalt (N × 6,25) 12,7 kg, das chem. Fett 25,4 kg und der Energiegehalt 312 Therms. Die eßbaren Teile des Schlachtkörpers (Magerfleisch und separiertes Fett) enthielten nur 58,5% des Gesamt-N, aber 85% des gesamten chem. Fettes. Die Korrelationen zwischen Proteingehalt und chem. Fett schwankten zwischen –0,68 (im Schlachtkörper) und –0,72 (eßbare Teile). Die Korrelationen zwischen dem Eiweiß-, Fett- und Energiegehalt und einigen Schlachtmerkmalen lagen abs. in der Größenordnung von 0,6–0,9; sie waren für Fettgehalt höher als für Proteingehalt. Partielle Korrelationen zeigen, daß u. a. die polnische Methode der Schlachtkörperbewertung recht genaue Schätzungen der chem. Zusammensetzung und des Energiegehaltes der eßbaren Teile des Schlachtkörpers, des ganzen Schlachtkörpers und des leeren Körpers liefert. A. Schaaf. 3825.

Agarwala, O. P.; Allahabad, Allahabad Agric. Inst. Use of body weights at early age for slaughter for the selection of pigs. **(Die Verwendung des Körpergewichts im frühen Alter als Selektionsmaßstab für Schweine.)** Allahabad Farmer **35** (1961) Nr. 4. S. 143–148. – 2 Tab., 15 Lit.

Die Verwendung ausländischer Selektionsindices erscheint auf Grund der großen klimatischen und Fütterungsunterschiede nicht ratsam. Daher wurden von 1955–59 in Allahabad an Yorkshires Wägungen durchgeführt mit dem Ziel, aus den Geburts-, Absatz-, 3- und 6-Monatsgewichten diejenigen Daten herauszufinden, welche in gesicherten Beziehungen zum Schlachtgewicht stehen. Die arithmetischen Mittel dieser Gewichte waren folgende: 2,09; 19,16;

40,00 und 115,81 lb. Aus der Berechnung der verschiedenen Korrelationen ergab sich, daß zwischen Absatz- und 3-Monatsgewicht sowie zwischen 3- und 6-Monatsgewichten gesicherte, positive Beziehungen bestehen. Folgende Gleichung zur Schätzung des 6-Monatsgewichtes wurde errechnet: voraussichtliches 6-Monatsgewicht = 113 + 16 × Geburtsgewicht + Absatzgewicht — 3-Monatsgewicht. K. Damm. 3830.

Pedersen, O. K. **Die Bedeutung des Exterieurs für den Schlachtkörperwert beim Schwein.** Z. Tierzücht. Züchtungsbiol. **75** (1961) Nr. 1. S. 23-33.
An Hand umfangreicher Literaturstudien werden die Beziehungen zwischen Exterieur, bes. Messungen am lebenden Schwein und Schlachtkörperqualität untersucht. Dabei stellt Vf. fest, daß es bisher nicht gelang, ausreichende Beziehungen zwischen Körpermaßen am lebenden Schwein und der Schlachtkörperqualität zu finden. Große Fehler liegen allein in der Ungenauigkeit der Messungen, die, falls nicht Durchschnitte aus mehreren Messungen vorliegen, größtenteils nicht reproduzierbar sind. Erfolgreicher erscheint eine Beurteilung der Schlachtkörperqualität am lebenden Schwein mit Hilfe der Ultraschallmessungen. Damit kann sowohl die Speckdicke als auch die Kotelettfläche gemessen werden. Beide sind mit anderen Schlachtleistungsmerkmalen hoch korreliert. Die durch das Ultraschallverfahren ermittelten Werte sind mit denen am Schlachtkörper weitgehend übereinstimmend. Wenn diese durch Ultraschallmessungen am lebenden Tier gefundenen Werte als Selektionsbasis dienen sollen, sind jedoch die unterschiedlichen Umweltbedingungen zu berücksichtigen. Von der Art der Fütterung wird der Fleisch- und Fettansatz stark beeinflußt, deshalb müssen zur Vergleichbarkeit Fütterung und Haltung gleich sein. Weil das in den meisten Fällen nicht möglich ist, muß die Nachkommenprüfung in den MPA noch als beste Methode zur Ermittlung der Schlachtleistung eines Tieres angesehen werden. Die Exterieurbeurteilung hat nur für die subjektive Einschätzung der Konstitution des Schweines Bedeutung. G. Möbius. 3835.

Liebenberg, O.; Leipzig, Karl-Marx-Univ., Inst. für Tierzücht. und Milchforsch. **Moderne Schweinezucht und -haltung.** Z. landwirtsch. Versuchs- u. Untersuchungswes., Vortragstag. **1961/62** (hrsg. 1962) S. 7-23. — 3 Abb.
Die Kennzeichnung und Zuchtbuchführung wird als Voraussetzung für eine anzustrebende Linienzucht und systematische Leistungsprüfungen angesehen. Als Nahziel wird bei der Kotelettmuskelfläche 35 cm^2, als Fernziel 40 cm^2 festgelegt. Die Rückenspeckdicke soll 4 cm betragen. Die Jungebereigenleistungsprüfung wird als gutes Mittel für ein Herausfinden und Züchten von fleischwüchsigen Schweinen empfohlen. Bei der Zuchtwahl sollen lange Tiere bevorzugt werden, weil sie hinsichtlich des Fleischanteils nicht enttäuschen. Auch bez. der Zitzenzahl und der Verteilung der Zitzen ist eine größere Länge von Vorteil. Bei der Unterbringung der säugenden Sauen wird davor gewarnt, die Temperaturen längere Zeit unter 6 °C absinken zu lassen. Zwangsabferkelboxen sind dazu angetan, die Erdrückungsverluste auf ein Minimum zu senken. Die Weidehaltung wird stark propagiert, desgleichen das periodenweise Abferkeln in Hinsicht auf die Großbuchtenhaltung der Masttiere.
Werner Schlegel. 3902.

Savič, I. A. und Akopjan, N. S. (Sawitsch, I. A. und Akopjan, N. S.) Nekotorye osobennosti obmena veščestv u pomesnych i čistoporodnych svinej. **(Einige Besonderheiten des Stoffwechsels bei Kreuzungs- und reinrassigen Schweinen.)** Izvestija Timirjazevskoj sel'skochozjajstvennoj akademii, Moskva **1962** Nr. 2. S. 87-93. — 6 Tab., 13 Lit. Zus. in Engl.
Verwendet wurden die Große Weiße und die Muromer Rasse sowie Kreuzungstiere aus beiden. Untersucht wurden neben Futterverbrauch und Gewichtszunahme die Verdaulichkeit des Futters bei den verschiedenen Gruppen, die mittlere tägl. N-Bilanz, einige Kennziffern des Blutes, der Gehalt an Gesamt-

N und seiner Fraktionen im Blut und die Bestandteile des ausgeweideten Tierkörpers im Zusammenhang mit dem N-Haushalt. Das Blut wurde nach der Geburt und nach 2; 4 und 6 Mon. analysiert, die Verdaulichkeit des Futters nach 5,5-6 Mon. bestimmt. Bei den Bastarden lag die Verdaulichkeit der Trockenmasse um 4,07% und die der org. Subst. um 3,26% höher. Nach 6 Mon. erreichten sie ein um 17,3 kg höheres Gewicht als die Tiere der Großen Weißen Rasse und verbrauchten pro 1 kg Lgw.-Zuwachs 0,47 FE weniger. Mit dem Alter erhöht sich der Eiweißgehalt des Blutserums. Es wurde ein Zusammenhang zwischen schnellerem Wachstum und erhöhtem Eiweiß- sowie Globulingehalt des Blutserums festgestellt. Bei intensiver Fettbildung im Organismus verringert sich der Globulingehalt, ein erhöhter Albumingehalt wird festgestellt. H. Beyer. 3906.

Ferencz, Géza. A koca gyengén öröklödö tulajdonságának, a szaporaságnak fokozási lehetösége. **(Steigerungsmöglichkeiten der Fruchtbarkeit der Sau, einer Eigenschaft geringer Heritabilität.)** Állattenyésztés [Tierzucht] **11** (1962) Nr. 2. S. 133-151. — 4 Abb., 14 Tab., 16 Lit. Zus. in Russ., Dtsch. Aus: Ung. Agrar-Rdsch. **1963** Nr. 1.
Im Bestand an Ungarischen Yorkshire des Versuchsbetriebes von Herceghalom untersuchte Vf. an 570 Würfen von 194 Sauen die Möglichkeiten zur Verbesserung der Fruchtbarkeit durch Selektion. Er errechnete die Wiederholbarkeit der Ferkelzahl und fand einen Wert von 0,18. Weiterhin wurde untersucht, mit welcher Sicherheit man auf Grund des 1. Wurfes auf die Größe der folgenden Würfe schließen kann. Im Bestand von Herceghalom betrug der Durchschnitt der 1. Würfe 9,32 Ferkel. Unter den 194 Sauen fanden sich 95, die im Mittel der 1. Würfe 11,36 Ferkel warfen. Die durchschnittl. Wurfgröße der Sauen, die weniger als 9 Ferkel warfen, betrug 7,35. Die Lebensleistung der Sauen, deren 1. Wurf sich als überdurchschnittl. erwies, betrug im Mittel 11,34, die der unterdurchschnittl. Tiere 9,08 Ferkel je Wurf. Der Unterschied von 2,26 Ferkel zwischen den beiden Gruppen war signifikant. Durch Analyse der Gesetzmäßigkeit der nacheinanderfolgenden Würfe stellte Vf. fest, daß sie sich nach der Formel $y = a + \left(x \frac{x^2}{11}\right)$ richten, wobei $a = 8{,}5$ beträgt. Zwischen der Wurfgröße und dem Wurfabstand fand er eine sehr schwache, negative Korrelation mit einem Wert von $r = -0{,}08$. Eine gleiche Tendenz zeigte sich auch im Verhältnis der altersbedingten Erhöhung der Wurfgröße und der Verringerung des Wurfabstandes sowie in der Gestaltung der Zwischenferkelzeiten jener Sauen, die wegen ihrer Fruchtbarkeit zur Weiterzucht ausgewählt wurden. Während nämlich der durchschnittl. Wurfabstand aller untersuchten Sauen 234 Tage betrug, verkürzte er sich bei den überdurchschnittl., zur Weiterzucht bestimmten Sauen auf 202 Tage. Nach Vf. ist eine selbständige Selektion auf Wurfabstand um so begründeter, als man in dieser Hinsicht in Ungarn den größten Rückstand beobachten kann und sich durch eine solche Zuchtwahl der größte wirtschaftliche Vorteil erreichen läßt. 3910.

Paredis, F. und Vanschoubroek, F.; Gent, Veeartsenijschool, Klin. voor Verloskunde, Gynoecol. en Buitenpraktijk; Lab. voor Zootechn. Drachtduur bij het varken. **(Die Tragezeit bei Schweinen.)** Vlaams diergenesskund. Tijdschr. **30** (1961) Nr. 7/8. S. 197–203. — 3 Tab., 19 Lit. Zus. in Engl., Franz., Dtsch.
Literaturangaben über die Tragezeit bei Schweinen werden besprochen. Das bearbeitete Material umfaßt 6000 erste und zweite Besamungen bei Sauen, von denen 41% trächtig wurden. Die durchschnittl. Tragezeit bei ersten, zweiten und späteren Geburten lag bei 115 Tagen, wobei zwischen den 3 Gruppen kein signifikanter Unterschied bestand. Innerhalb dieser 3 Gruppen ergaben sich in allen Fällen signifikante negative Korrelationen zwischen

Tragezeit und Wurfgröße. Diese Beziehung ist bei Altsauen enger als bei Jungsauen. Bei Gegenüberstellung der Paarungspartner von 4 Landrasse- und 3 Piétrain-Ebern ergibt sich bei den Piétrains eine signifikant längere Tragezeit. Mit Hilfe der Varianzanalyse wurden hoch signifikante Unterschiede zwischen den Ebern hinsichtlich der Tragezeit der mit ihnen gepaarten Sauen nachgewiesen. J. K. Hinrichsen. 3912.

Große, F.; Halle/S., Martin-Luther-Univ. Halle-Wittenberg, Inst. für Tierzucht. **Der Einfluß des Kastrationsalters auf die Ansatzleistungen beim Schwein.** Arch. Tierzucht 6 (1963) Nr. 3. S. 210–230. 5 Abb., 11 Tab., 25 Lit. nach Zus. Die Untersuchungen über den Testosteroneinfluß sind vor allem im Rahmen der Leistungsbeurteilung bei Jungebern von Bedeutung. Dem vorliegenden Versuch lagen 20 männl. Tiere zugrunde. Entspr. der Gruppeneinteilung wurden die Jungeber mit 40; 50; 70; 90 und 110 kg Lgw. kastriert. Mit zunehmendem Kastrationsgewicht stieg die tägl. Zunahme, und der tägl. Futterverbrauch je kg Zunahme sank. Die höhere Tageszunahme beruhte im wesentlichen auf dem höheren tägl. Fleischansatz. Der tägl. Fettansatz blieb unbeeinflußt. Eine Verschiebung der Lokalisation von Fleisch und Fett zwischen den Teilstücken trat bis zum Mastende von ca. 115 kg nicht ein. Je später die Kastration erfolgte, um so höher wurde der Wassergehalt von Fleisch und Speck und der Bindegewebsgehalt des Speckes. Der Eiweißgehalt und z. T. der Fettgehalt des Fleisches nahmen ab. Die Wasserbindung und die Faserstärke des Fleisches und die Festigkeit des Speckfettes blieben unbeeinflußt. Die spez. Gew. standen in enger Beziehung zum Fett- und Fleischgehalt. Wegen der höheren Genauigkeit sollten die spez. Gew. von den Teilstücken bestimmt werden, von denen Fleisch- und Fettanteile ermittelt werden sollen. 3925.

Hoffman, Manfred; Rostock, Staatl. Fütterungsberatungsdienst. **Aktuelle Fragen der Schweine- und Rinderfütterung.** Z. landwirtsch. Versuchs- u. Untersuchungswes., Vortragstag. **1961/62** (hrsg. 1962) S. 24-41. – 21 Tab. Als Schwerpunkt werden die ausreichende und qualitative Futtererzeugung auf dem Acker- und Grünland, die verlustarme Futterkonservierung und der sachgemäße Einsatz der vorhandenen Futterstoffe genannt. Bei der Schweinefütterung gilt es, die Rationen für Sauen und Absatzferkel optimal zu gestalten, auch wenn die Kraftfuttermengen auf Kosten des Geflügel- oder Maststalles gehen. Die Absatzferkel sollten sofort intensiv weitergefüttert werden, da das billigste Fleisch das ist, was mit niedrigem Futteraufwand in kurzer Mastzeit bei hohen tägl. Zunahmen erzeugt wird. Im Gewichtsabschnitt 55—100 kg können bei der Mast mit Mischsilagen im Verhältnis 1 Teil Kartoffeln zu 1 Teil Grünfutter die gleichen Zunahmen und die gleiche Futterverwertung erreicht werden wie bei reinen Kartoffelsilagen. Zuckerrüben können bei über 50 kg schweren Tieren an Stelle der Kartoffeln treten, wenn der Eiweißanteil auf mindestens 250 g festgelegt wird. Beim Ersatz der Kartoffeln durch Naßschnitzel oder Rübenblattsilagen können bei getrennter Silierung nur volle Zunahmen erreicht werden, wenn höchstens $^1/_3$ ersetzt werden. Der Einsatz von heißluftgetrocknetem Grünfutter hat sich sehr gut bewährt, es lassen sich bei der Getreidemast 200—300 g, bei der Hackfruchtmast über 50 kg 400 g Getreide dadurch ersetzen. In der Anwendung von Wirkstoffkonzentraten ist eine der wichtigsten Maßnahmen zu sehen, um die vorhandenen Futterstoffe rationell einzusetzen. Bei der Rinderfütterung geht der Vf. auf die Möglichkeit der Harnstoff- und Ammoniumbicarbonatfütterung ein und weist auf die Wichtigkeit der Mineralstoff-Fütterung hin. Werner Schlegel, 3931.

Ritter, E. **Die Winterfütterung der Schweine – dargestellt am Beispiel der LPG „Neues Leben“ Krossen.** Wiss.-techn. Fortschr. Landwirtsch. 3 (1962) Nr. 12. S. 569-570.

Am Beispiel wird die Winterfütterung der Schweine erläutert. Ein gut ausgearbeiteter Futterverteilungsplan für die Schweine ermöglicht eine gleichbleibende Fütterung bis zum Anschluß an die kommende Ernte. Durch gute Futterplanung konnten bereits bei der Futterkonservierung die Belange der Schweine berücksichtigt werden. So wurden Kartoffelmischsilagen mit Zukkerrübenblättern und Maiskolben hergestellt, da die verbleibenden Futterkartoffeln nicht ausgereicht hätten. Auch wurden Grünmehle hergestellt. Die Futterrationen für die einzelnen Fütterungsgruppen wurden dargelegt.
G. Leisner. 3931.

Boaz, T. G. und Elsley, F. W. H.; Leeds, Univ., Dep. of Agric. The growth and carcass quality of bacon pigs reared to different weights at 56 days old. **(Das Wachstum und die Fleischqualität von Bacon-Schweinen bei verschiedenen Aufzuchtgewichten im Alter von 56 Tagen.)** Animal Product. **44** (1962) Nr. 1. S. 13–24. — 1 Tab., 9 Tab., 11 Lit.
Vff. führten 2 Versuche durch, um den Einfluß unterschiedlicher Ferkelgewichte im Alter von 56 Tagen auf Lebendgewichtszunahmen, Futterausnutzung und Bacon-Fleischqualität zu untersuchen. In Versuch I wurden Ferkel gegenübergestellt, die bis zum Alter von 56 Tagen saugen und mit 31,0 lb. bzw. 45,4 lb. Gewicht abgesetzt werden konnten. Die leichteren sowie die schwereren Tiere wurden dann in je einer Gruppe bis zum Bacon-Gewicht geprüft. Die im höheren Gewicht abgesetzten Ferkel erreichten das Gewicht von 200 lb. 18 Tage früher als die leichteren Ferkel. Diese Differenz ergab sich ausschließlich aus der langsameren Wachstumsrate der leichten Ferkel bis zu 50 lb. Lebendgewicht. Der Futteraufwand je 1 lb. Zuwachs betrug 3,59 bzw. 3,50 lb. im Mastabschnitt. Diese geringe Differenz war ebenso wie die kleinen Unterschiede in der Schlachtqualität nicht signifikant. — Der Versuch II umfaßte sowohl an der Sau aufgezogene als auch früh entwöhnte Ferkel, die bis zum Alter von 56 Tagen 30,4 bzw. 50 lb. Gewicht erzielten und anschließend bis zu 200 lb. in Einzelmast geprüft wurden. Das Gewicht von 200 lb. wurde in folgenden Tagen erreicht: beim Absatzgewicht von 50 lb. in 168,6 Tagen, bei 40 lb. in 176,6 Tagen und bei 30 lb. in 182,1 Tagen. In der gleichen Reihenfolge veränderte sich der Futteraufwand je 1 lb. Zuwachs von 3,24 über 3,19 zu 3,03 lb. Zwischen den beiden Aufzuchtmethoden ergaben sich keine Differenzen. Von 50—200 lb. differierten die Masttage zwischen 110,4 und 106,3. Differenzen in der Futterausnutzung und zwischen den beiden Aufzuchtmethoden ergaben sich nicht. Weder das Ferkelgewicht im Alter von 56 Lebenstagen noch die Aufzuchtmethode beeinflußten signifikant die Fleischqualität, wenn man von der andeutungsweise größeren Variationsbreite der Schlachtresultate bei den früh abgesetzten Ferkeln absieht.
O. Siegl. 3936.

Weniger, J. H.; Göttingen, Univ., Inst. für Tierzucht. **Theorie und Praxis der Schweinefütterung.** Kraftfutter **45** (1962) Nr. 11. S. 540–542. — 2 Abb., 2 Tab.
Vf. legt die Verzehrsgewohnheiten in einigen europäischen Ländern dar und weist in diesem Zusammenhang auf die Notwendigkeit hin, fleischreiche Schweine auf den Markt zu bringen und dieselben billig zu erzeugen. — Die Beimengung von Fett zum Futter scheint sich auf den Masterfolg günstig auszuwirken und wird in Zukunft noch größere Bedeutung erlangen. Es bedarf aber noch der Klärung, inwiefern sich beigemengtes Fett auf die Fettqualität auswirkt. Von den zugunsten eines mageren Endproduktes bekannten Methoden einer rationierten Fütterung hält Vf. eine solche für am geeignetsten, die das Maximum der Wachstumskurve berücksichtigt. Dieses liegt zwischen dem 140. und 180. Lebenstag. H. Jung. 3952.

Siegl, O.; Knau, Forschungsstelle für Tierhalt. der Dtsch. Akad. der Landwirtsch. Wiss. zu Berlin. **Das Verhalten von Mastschweinen bei der Möglichkeit**

wahlweiser Aufnahme von Trocken- und Naßfutter. Arch. Tierzucht **5** (1962) Nr. 5. S. 307–321. — 4 Abb., 5 Tab., 11 Lit. Zus. in Russ., Engl.
In einem mit 26 Edelschweinen durchgeführten Versuch bei Getreidemast erhielten die Tiere das gleiche Futtergemisch in trockener und dickbreiiger Konsistenz zur wahlweisen, beliebigen Aufnahme angeboten. An je einem Tag jeder Woche wurde das Verhalten von 5 gekennzeichneten Schweinen beobachtet. Von der insgesamt verzehrten Menge nahmen die Tiere 32,5% in trockener und 67,5% in breiiger Konsistenz auf. Die Futteraufnahmedauer am Trockenfutterautomat und Naßfuttervorratstrog war individuell sehr verschieden. Im Durchschnitt der 5 Tiere wurde eine Futteraufnahmedauer von tägl. 85,1 Min. ermittelt, wovon die Tiere 50,7 Min. tägl. am Trokkenfutterautomat verbrachten. Im Beobachtungszeitraum von 6—18 Uhr wurde ein Anteil von ca. 70% Ruhezeit, ca. 10—15% Futteraufnahmezeit und ca. 15—20% Restzeit ermittelt. Die Futterverzehrszeiten hatten im Tagesablauf 2 Höhepunkte. H.-G. Englisch. 3954.

Vincze, L.; Budapest, Forsch.-Inst. für Tierzucht. **Entwicklung der Schweinehaltungsmethoden in Ungarn und neuere Versuche zu ihrer Verbesserung.** Dtsch. Akad. Landwirtsch.-Wiss. Berlin, Tagungsber. **1963** Nr. 59. S. 57-69. — 5 Tab. nach Zus.
Die derzeitigen Marktanforderungen orientieren auf ein Fleischschwein, das den Verbraucherwünschen hinsichtlich Schinken, Kotelett usw. gerecht wird. In Ungarn werden heute zu 60—70% Fleischschweine gehalten, aber die übernommenen Haltungsmethoden entsprechen nicht mehr den neuen Bedingungen. Versuche bez. der optimalen Gruppengröße ergaben, daß die beste Futterverwertung bei Gruppen unter 20 Tieren zu finden ist. Ferkel wurden mit gutem Erfolg in den herkömmlichen, billigen, mit Schilf gedeckten Abferkelhütten gehalten. Der Entwicklungsstillstand der Ferkel nach dem Absetzen wurde durch den Verbleib der Tiere auf dem Abferkelplatz vermieden. Das gewohnte Milieu und Mikroklima und die unveränderte Mikroflora spielen dabei eine wichtige Rolle. Aus dieser Erkenntnis wurde das System der „ungestörten Mast" entwickelt. Die Ferkel verblieben von ihrer Geburt bis zum Mastende an demselben Platz und wiesen gegenüber den Kontrolltieren eine bessere Futterverwertung, höhere durchschnittl. Tageszunahmen und kürzere Mastdauer auf. Die Fütterung kann kombiniert in nasser und trockener Futterkonsistenz durchgeführt werden. Neben den Fütterungs-, Stall- und Klimafragen spielt die Züchtungsarbeit bei der Schaffung des erwünschten Fleischschweines eine erstrangige Rolle. 3977.

Baker jun., W. L. Confinement swine feeding. **(Die Schweinefütterung im Buchtenlaufstall.)** Veterin. Med. **57** (1962) Nr. 1. S. 27–29. — 3 Abb., 1 Tab.
Aufgestallte Schweine hatten 8% höhere Gewichtszunahmen bei einem um 3% niedrigeren Futteraufwand als Tiere, die zur Simulation der üblichen extensiven Haltungsweise tägl. 1 Meile getrieben wurden. 75% der Erzeugungskosten beim Schwein sind Futterkosten. Die Futterverwertung, deren Heritabilität bei 20—30% liegt, muß in Zukunft bei der Selektion mehr Beachtung finden. Auch der Arbeitsaufwand der Fütterung ist in Zukunft durch verstärkte Automation zu vermindern. Die Stalleinrichtungen, die Methoden der Entmistung und die Futterrationen der verschiedenen Gewichtsklassen der Schweine sowie deren Futterverwertung werden besprochen. Die Nachteile der beschriebenen Laufstallhaltung bei Schweinen liegen 1. im Problem der Dungbeseitigung, 2. in der erhöhten Investition, 3. in der Möglichkeit der Selbstverstümmelung (Kannibalismus) und 4. in dem häufigen Nährstoffmangel. Als Vorteile werden angeführt: 1. die Arbeitsersparnis, 2. die Möglichkeiten einer verstärkten Automatisierung, 3. höhere Gewichtszunahmen, 4. leichtere Umweltkontrolle, 5. bessere Möglichkeiten der Parasitenbekämpfung, 6. teures Land wird für andere Zwecke frei, 7. der geringere

Futterverzehr und 8. die geringeren Futterverluste. Aus der Entwicklung wird die Schlußfolgerung gezogen, daß im Jahre 1975 ca. 3/4 des Schweinebestandes zur Ausmast aufgestallt werden. M. Busse. 3978.

Georgiev, I. und Vangelov, K. (Georgiew, I. und Wangelow, K.); Widin, Bulgarien, Landwirtsch. Versuchsstat. Ugojavane na svine v lek tip svinarnici ot podrŭčni materiali. **(Schweinemast in leichten Schweinehütten aus Wirtschaftsmaterial.)** Izvestija na Selskostopanskija naučnoizsledovatelski institut — Kneža, Sofija **3** (1962) S. 193-204. — 2 Abb., 8 Tab., 10 Lit. Zus. in Russ., Engl.
In einer Schweinehütte mit 2 gleichgroßen Abteilen (das eine als Offenstall), deren Wände aus Strohballen hergestellt waren, wurden 2 Ferkelmastversuche mit je 2 Gruppen (Gr. I im offenen, Gr. II im geschlossenen Abteil) während der Gewichtsperiode 24—25 bis 110 bzw. 100 kg Lgw. durchgeführt; Stärke der einzelnen Gruppen im 1. Versuch 62, im 2. Versuch 40 Ferkel. In allen Gruppen bekamen die Tiere die gleichen Futterrationen. Ergebnisse (in der Reihenfolge der Gruppen; die Angaben in Klammern beziehen sich auf den 2. Versuch): tägl. Gewichtszuwachs 481 und 480 (587 und 574) g; Futteraufwand je kg Zuwachs 6,58 und 6,57 (5,27 und 5,25) FE; Schlachtausbeute 73,4 und 74,5 (65,0 und 64,4) %. Der Artikel enthält auch Angaben über die Lufttemperatur und Luftfeuchtigkeit in beiden Abteilen der Schweinehütte während der Durchführung der Versuche. N. Platikanow. 3979.

Golstein Brouwers, G. W. M. van. **Huisvesting voor varkens in Denemarken.** Wageningen: Minist. van Landbouw en Visserij. 1962. (42 S.) 4° = Nieuwe bedrijfssystemen in de landbouw. Mededeling. Nr. 11. (SR 2709, 11)
Mügge, Bernhard. **Untersuchungen über die Mastentwicklung der Schweine in den einzelnen Gewichtsabschnitten von 20-110 kg.** Diss. Univ. Bonn, Landwirtsch. Fak. 1961. (74 S.)

E. SCHAFE

Nikolaev, A. I. (Nikolajew, A. I.) Nekotorye principial'nye voprosy dal'nejšego razvitija sovetskogo tonkorunnogo ovcevodsta. **(Einige prinzipielle Fragen zur weiteren Entwicklung der sowjetischen Feinwollschafzucht.)** Izvestija Timirjazevskoj sel'skochozjajstvennoj akademii, Moskva **1962** Nr. 2. S. 78-86. — 4 Tab. Zus. in Engl.
Es werden die Erfolge der sowjetischen Schafzucht seit 1917 dargelegt und auf die großen Aufgaben hingewiesen, die in den folgenden 20 Jahren gelöst werden müssen. Bis 1965 sollen 70% der anfallenden Wolle nicht gröber als 64iger Qualität sein. In vielen Fällen ist jedoch die Leistungsfähigkeit der Woll-Fleisch-Typen mit etwas gröberer Wollqualität bedeutend höher. Eine Vereinheitlichung der Wollqualitäten ist erforderlich, damit die Industrie mit ausgeglichenem Material beliefert wird. Die Industrie muß sich um die Erarbeitung neuer Technologien bemühen, um die vorhandenen Wollqualitäten wirtschaftlich, evtl. zusammen mit synthetischen Fasern zu verarbeiten. H. Beyer. 4010.

Anonym. **Aus der Tiroler Schafzucht.** Tiroler Bauern-Z. **1963** (10/1.)
Dem Landesschafzuchtverband gehörten im Jahre 1962 70 Zuchtvereine und 9 Einzelzüchter mit insgesamt 1100 Mitgliedern bei einem Bestand von 2200 Herdbuch-Tieren, davon 209 Böcken, an. Die Schurgewichtskontrolle wurde bei über 1300 Schafen durchgeführt. Das Jahresschurgewicht betrug ⌀ 3,87 kg Schweißwolle bei 61 kg Lgw., Böcke erreichten 4,50 kg mit 68 kg Lgw. Der höchste Wollertrag bei weibl. Tieren wurde mit 5,50 kg (90 kg Lgw.), bei Böcken mit 6,10 kg (107 kg Lgw.) ermittelt. Die Fruchtbarkeit betrug 167%. E. Höpler. 4010.

Nagarcenkar, R. S. Sheep industry in India. **(Die Schafhaltung in Indien.)** Poona agric. Coll. Mag. **51** (1960) Nr. 2. S. 5-9. 4010.

Olesnevyč, L. O. (Olesnewytsch, L. O.) Pol'ški girški vivci. **(Polnische Bergschafe.)** Socialist yčne tvarynnyctvo, Kyïv **34** (1962) Nr. 6. S. 31-32. – 1 Abb., 2 Tab. Orig.: ukrain.

Vf. stellt fest, daß in Polen die Arbeiten zur Verbesserung der grobwolligen Schafe vorläufig in wiss. Inst. durchgeführt werden, während man in der Ukraine bereits zur breitangelegten Verbesserung dieser Rassen überging. Durch Kreuzung der Zackelschafe mit Böcken des Transylvanischen und Friesischen Schafes und entspr. Selektion konnte bei guter Fütterung nach 12jähriger Arbeit unter Leitung von Czaj ein neuer Typ karpatischer Bergschafe gezüchtet werden, der den Namen Polnische Bergschafe bekam. Ungünstige Bedingungen für die Entwicklung der Schafe in den Karpaten stellen bes. Forderungen an die Tiere, denen das neugezüchtete Polnische Bergschaf besser entspricht. Leistungsdaten der Zackel- und Polnischen Bergschafe werden angeführt. I. Reich. 4080.

Krischke, H. **Aus einer Stammherde von 21 Karakulschafen wurden von 1945 bis heute 3000 wertvolle Zuchttiere.** Genossenschaft [Wien] **1963** Nr. 3.

1914 brachte Adametz die ersten Karakulschafe aus Südrußland nach Österreich, 1917 wurden nochmals 300 importiert. Aus dieser österreichischen Zucht stammen die Karakuls Südwestafrikas, das heute jährl. über 5 Mill. Felle exportiert. Die deutschen Truppen haben im Jahre 1944 Karakulschafe aus der SU verschleppt. Aus diesem Transport sind 7 marschunfähige Böcke und 14 Mutterschafe in Österreich zurückgeblieben, die zum Aufbau von 30 Herden verwendet worden sind. In Österreich werden gegenwärtig 350 Herdbuchtiere und insgesamt 3000 Karakulschafe gehalten. E. Höpler. 4080.

Muchamedgaliev, F. M. (Muchamedgalijew, F. M.); Inst. für Exp. Biol. der Akad. der Wiss. der Kasach. SSR. Nekotorye voprosy porodnoj morfologii. **(Einige Fragen der Rassenmorphologie.)** Trudy Instituta morfologii životnych im. A.N. Severcova. Akademija nauk SSSR, Moskva **31** (1960) S. 117-123. – 2 Lit.

Achar-Merinos gehören zu dem Typ von Schafen mit ausgeprägt kräftiger Konstitution, der in günstiger Weise viele biol. Eigenschaften der wilden Vorfahren und auch die Wollproduktivität der feinwolligen Schafe vereinigt. Die positiven Eigenschaften traten bei verschiedenen Untersuchungen an Organen zutage oder zeigten sich in der Anpassungsfähigkeit an verschiedene Lebensbedingungen; so weist z. B. die für Gebirgsausläufergegenden geeignete Achar-Merino-Rasse bei Haltung in der Ebene erhöhte Wolleistungen auf. Auch für Kreuzungen zur Verbesserung der Konstitution verschiedener Wollschafrassen sind beste Eigenschaften vorhanden. Gleichzeitig darf die Reinzucht dieser konstitutionell hochwertigen Rasse nicht vernachlässigt werden. M. Achmedowa. 4080.

Steklenev, E. P. (Steklenew, Je. P.) O nekotorych faktorach, obuslovlivajuščich povyšenie oplodotvorjaemosti ovec. **(Über Faktoren, die eine Steigerung der Befruchtungsrate bei Schafen bewirken.)** V sb.: Razvitie ovcevodstva na Juge Ukrainy, Kiev **1961** S. 45-59. – Aus: Referativnyj žurnal. Biologija, Moskva **1962** Nr. 8. L 92. S. 15.

Untersuchungen haben gezeigt, daß die gesetzmäßige Verringerung der Zahl von abgestoßenen Eizellen und die damit verbundene Herabsetzung der Fruchtbarkeit von Mutterschafen, die im Laufe der ersten 2 Mon. der Paarungsperiode besamt wurden (110% bei Winterlammung und 101,2 bei Frühjahrslammung), von einer Steigerung der Fruchtbarkeit bei den Muttern gefolgt wird, die am Ende der Paarungsperiode besamt wurden (entspr. 112,0 und 105,7%). Die Erscheinung läßt sich durch den Einfluß der verbesserten Fütterung vor und während der Paarung auf die generative Funktion der Eierstöcke erklären. Bei der Winterlammung fielen auch größere Lämmer. Der Unterschied im Lgw. erreichte in einzelnen Fällen 0,365 kg. Es wurde festgestellt, daß für die rationelle Ausnutzung des Spermas hochleistungsfähiger Böcke bei der KB und zum Erzielen einer guten Befruchtung des Mutterschafe Spermadosen verwendet werden müssen, die bei einem abs. Gehalt an Spermien von nicht weniger als 100 Mill. 0,1 ml nicht übersteigen dürfen. Ein Teil der Mutterschafe wurde infolge verschiedener Erkrankungen der Geschlechtsorgane nicht tragend. Die Ursache des Güstbleibens lag z. T. auch in der geringen Qualität des Spermas, die von der schlechten Vorbereitung der Zuchtböcke zur Paarung herrührte. übersetzt v. Th. C. Boetticher. 4168.

Nejčev, O. und Dimitrov, D. (Nejtschew, O. und Dimitrow, D.) Sravnitelni proučvanija vŭrchu kastracionnite metodi pri mŭžkite agneta vŭv vrŭzka s tjachnoto razvitie i produktivnost. **(Vergleichende Untersuchungen über die Kastrationsmethoden bei männlichen Lämmern in Zusammenhang mit ihrer Entwicklung und Leistungsfähigkeit.)** Naučni trudove. Visš veterinarnomedicinski institut „ Prof. Dr. G. Pavlov", Sofija **10** (1962) S. 355-364. — 5 Tab., 14 Lit. Zus. in Russ., Dtsch.

Auf Grund vergleichender Untersuchungen wurde festgestellt, daß nach der unblutigen Methode im Alter von 4—5 Mon. kastrierte männl. Lämmer sich körperlich am besten entwickeln und den höchsten Tageszuwachs aufweisen. Die besten klinischen Resultate wurden bei Lämmern erzielt, die zwischen dem 4. und 7. Lebensmonat kastriert wurden. Das Fleisch im Alter von 3—5 Mon. kastrierter Lämmer wies den höchsten Fettgehalt auf. Die Kastration von ganz jungen Lämmern (1—2 Mon. alt) wird durch die geringe Entwicklung von Hoden und Samenleitern erschwert. Die Kastration von älteren Lämmern (8—10 Mon. alt) wird dagegen von starkem und andauerndem Schmerz, starker Anschwellung und langsamer Resorption begleitet. Abschließend wird empfohlen, die Kastration von zuchtuntauglichen männl. Lämmern im Alter von 4—5 Mon. nach der unblutigen Methode mit Hilfe der Burdizzio-Zange vorzunehmen. G. Radew. 4180.

Antonova, V. (Antonowa, W.) Oborno ugojavane na agneta krŭstoski. **(Stallmast von Kreuzungslämmern.)** Izvestija na Kompleksnija selskostopanski naučnoizsledovatelski institut — Karnobat, Sofija **2** (1962) S. 151-1959. — 1 Abb., 6 Tab., 9 Lit. Zus. in Russ., Engl.

Es wurden 39 mit 2 Mon. abgesetzte männl. Kreuzungslämmer (Karnobat-Schaf × Kaukasisches Feinwollschaf) von 18,0—18,7 kg mittlerem Lgw. in 4 Gruppen eingeteilt und 67 Tage mit frischer Luzerne und folgenden Maisschrotmengen gemästet: Gr. I 0 g, Gr. II 100 g, Gr. III 200 g und Gr. IV 250 g. Ergebnisse (in der Reihenfolge der Gruppen): Mastendgewicht 27,1; 31,9; 33,7 und 31,3 kg; tägl. Gewichtszuwachs 135; 196; 220 und 194 g; Futteraufwand je kg Zuwachs 3,47; 2,90; 3,25 und 3,92 FE mit 490; 350; 350 und 399 g verd. E.; Schlachtausbeute 41,9; 42,8; 44,5 und 43,8%; Fettgehalt in der Tr.-Subst. des Fleisches 37,1; 40,8; 50,5 und 46,4%. N. Platikanow. 4198.

Karpova, N. A. (Karpowa, N. A.); Askanija-Nowa, Gebiet Cherson, Ukrain. Iwanow-Forsch.-Inst. für Tierzucht der Steppengebiete. Pidvyščennja m-jasnoï i vovnovoï produktyvnosti oveć Askanijśkoï porody. **(Verbesserung der Fleisch- und Wolleistung der Askanija-Schafe.)** Visnyk sil'śkogospodarskoï nauky, Kyïv **5** (1962) Nr. 4. S. 79-83. — 4 Tab., 7 Lit. Orig.: ukrain., Ausz.: russ.

Die Zucht von Feinwollschafen der Fleischwollrichtung ist für Gebiete intensiver Landwirtschaft die ökonomisch vorteilhafteste. Vf. erforschte in seinen Versuchen die potentiellen Möglichkeiten, Askanija-Schafe zu hohen Leistungen zu bringen, und prüfte Methoden, größere Wollmengen bei höherem Körpergewicht unter den Bedingungen intensiver Fütterung und entspr. Haltung zu erzielen. Die Versuche an 100 Bock- und 90 Schaflämmern werden beschrieben. Festgestellt wurde, daß die wichtigsten Mittel zur Leistungssteigerung die zielgerichtete Aufzucht der Lämmer bei vollwertigen Rationen, die vollwertige Fütterung der Zuchtböcke und Zuchtschafe, die Linienzucht, die Paarung innerhalb der Linie zwecks Festigung der Erbanlagen und die Zwischenlinienpaarung zwecks Vergrößerung des Leistungswachstums und Nutzung des Heterosiseffekts sind. K. Neumann. 4220.

Karpova, N. A. (Karpowa, N. A.); Askanija-Nowa, Gebiet Cherson, Ukrain. Iwanow-Forsch.-Inst. für Tierzucht der Steppengebiete. Napravlennoe vyraščivanie merinosovych barančikov askanijskoj porody. **(Gelenkte Aufzucht von Merinoböcken der Askanija-Rasse.)** Agrobiologija, Moskva **1961** Nr. 4. S. 544-552. – 4 Abb., 7 Tab., 5 Lit.

Unter den verschiedenen Schafrassen der UdSSR hat die Askanija-Rasse als Feinwollrasse für die intensive Haltung bes. Bedeutung. Vf. beschreibt Beobachtungen über die Entwicklung und die Leistungen verschiedener Linien dieser aus Askanija-Nowa stammenden Rasse. Als bes. für die intensive Aufzucht geeignet wurde die Linie 952 befunden. Das durchschnittl. Lgw. mit 15 Mon. lag bei diesen Böcken bei 101,6 kg, das Schurergebnis betrug 5,435 kg Reinwolle. Die Böcke dieser Linie übertrafen die anderen Tiere in Größe und Wollproduktivität, sie erwiesen sich als bes. anpassungsfähig an die Bedingungen der intensiven Haltung in der Ukraine. H. Sommerfeld. 4222.

Hutchinson, K. J. Measurements of wool production and its physiological components in a group of South Australian Merino sheep. **(Messungen der Wollproduktion und ihrer physiologischen Grundlagen bei einer Gruppe südaustralischer Merinoschafe.)** Austral. J. agric. Res. **12** (1961) Nr. 4. S. 696-714. — 7 Abb., 4 Tab., 14 Lit.

Bei 31 grobwolligen Merinoböcken wurden Wolleistung, Futteraufnahme und Körpergewicht genau registriert. Die Untersuchungen fanden bei Weidegang und einer ad-libitum-Fütterung im Pferch statt. Die Futteraufnahme auf der Weide wurde mit Hilfe einer Kotstickstoffbestimmungsmethode festgestellt. Die Wiederholbarkeit der Werte für die Bruttofutterverwertung in der Wollproduktion bei Weidegang war im Verhältnis zur Fütterung im Pferch hoch signifikant ($r = 0{,}79$). Das gleiche traf für die Wollerzeugung zu ($r = 0{,}77$), während die Wiederholbarkeit für die Futteraufnahme nur gering war ($r = 0{,}12$). Bei Pferchfütterung variierte die beliebige Futteraufnahme mit dem Körpergewicht. Die physiol. Grundlagen der Wollerzeugung wurden auf Grund der Daten aus dem Pferchfütterungsversuch untersucht. Die Bruttoverwertung des Futters zu Wolle stellte sich als der hauptsächliche bestimmende Faktor der Wollerzeugung heraus. Die Bruttofutteraufnahme je Einheit Körpergewicht war für die Wollproduktion von signifikantem Einfluß ($P < 0{,}05$), wogegen zwischen der Wolleistung und dem Körpergewicht keine gesicherte Beziehung bestand. H. Busse. 4222.

Judin, V. M. und Krymskaja, Ė. K. (Judin, W. M. und Krymskaja, E. K.) Novoe v plemennoj rabote s karakulskoj porodoj ovec. **(Neues in der züchterischen Arbeit am Karakulschaf.)** Tr. Mosk. vet. akad. **40** (1961) S. 104-107. – Aus: Referativnyj žurnal. Biologija, Moskva **1962** Nr. 15. L 128. S. 16.

Es gibt ca. 330 Sorten von schwarzen Karakulfellen, die je nach den Besonderheiten der Locke u. a. damit verbundenen Eigenschaften in 4 Felltypen zusammengefaßt werden können; letztere lassen sich entspr. auch auf die Schafe übertragen. Das Hauptziel der züchterischen Arbeit an schwarzen Karakulschafen muß auf die Züchtung von Schafen des Jackettyps gerichtet sein. Die Böcke des flachen Felltyps, die ein stark glänzendes und seidenweiches Vlies besitzen, können zur Kreuzung mit Mutterschafen anderer Felltypen verwendet werden, deren Vlies ungenügend glänzend und seidig ist. Konstitutionsbesonderheiten, die für die Lämmer unterschiedlicher Felltypen charakteristisch sind, bleiben auch bei den ausgewachsenen Tieren erhalten. Die längste Wolle (⌀ 10,01 cm) hatten die Schafe, die im Lammesalter bei der Bonitierung zum Kaukasischen Typ gerechnet wurden, darauf folgten die Schafe im Jackettyp (8,72 cm), die kürzeste Wolle (7,20 cm) hatten die Schafe mit rippenartigem Felltyp. I. Posdirca. 4222.

Morris, L. R. Photoperiodicity of seasonal rhythm of wool growth in sheep. **(Die Photoperiodizität und der jahreszeitliche Rhythmus im Wollwachstum bei Schafen.)** Nature [London] **190** (1961) Nr. 4770. S. 102-103. 4222.

Bankov, N. (Bankow, N.) Dejstvieto na akaricidnite sredstva vŭrchu količestvoto i kačestvoto na vŭlnata. **(Die Auswirkung der Milbenbekämpfungsmittel auf Menge und Güte der Wolle.)** Veterinarna sbirka, Sofija **59** (1962) Nr. 6. S. 12-14. — 2 Tab.
Drei Gruppen zu 12 Schafen wurden 4mal gebadet: nur im Wasser, mit Acaricid oder mit Kreolin. Bei der mit Acaricid gebadeten Gruppe wurde ein höherer Wollertrag festgestellt. Man ist der Ansicht, daß die Ursache in der chem. Zusammensetzung des Acaricid zu suchen ist. Bez. der Wollqualität der 3 Gruppen wurden keine Unterschiede festgestellt. Z. Tomow. 4222.

Berek, Gézáné, Báránykori és kifejlödöttkori gyapjúfinomság összehasonlító vizsgálata. **(Untersuchung der Faserfeinheit von Lammwolle im Vergleich zur Wolle ausgewachsener Tiere.)** Állattenyésztés [Tierzucht] **11** (1962) Nr. 2. S. 177-182. — 1 Abb., 1 Tab., 7 Lit. Zus. in Russ., Dtsch. Aus: Ung. Agrar-Rdschr. **1963** Nr. 1.
Vf. untersuchte 2 Jahre lang an 103 Bocklämmern die Frage, in welchem Alter man bei Merinoschafen frühestens aus der Feinheit der Lammwolle auf die spätere Feinheit der Wolle ausgewachsener Tiere Schlüsse ziehen kann. Von den im März geborenen Bocklämmern — teils reinrassige kaukasische Feinwollschafe, teils Kreuzungen kaukasischer Schafe und französischer Fleischmerinos bzw. Nachkommen aus deren Kombinationskreuzungen mit Ungarischen Kammwollmerinos — wurden erstmalig im Sept. (3 Mon. nach der Schur), das 2. Mal im Sept. des folgenden Jahres (im Alter von 1,5 Jahren) Wollproben genommen. Der biometrische Mittelwert der im Lammesalter gewonnenen Proben betrug 20,02 μm, der von ausgewachsenen Tieren gewonnenen 22,06 μm; es ergab sich somit bei den ausgewachsenen Schafen eine um 2,04 μm stärkere Faser. Dieser Unterschied von annähernd 2 μm fand sich auch bei den Kaukasischen Feinwollschafen sowie bei deren Kreuzungsnachkommen mit französischen Fleischmerinos. Die Unterschiede waren in jedem Fall statistisch gesichert. Bezogen auf das ganze untersuchte Material konnte zwischen der Faserfeinheit im Lammesalter und im ausgewachsenen Alter ein Korrelationskoeffizient von $r = 0{,}39$ bzw. ein Regressionskoeffizient von 0,44 festgestellt werden. Aus den Versuchsergebnissen geht hervor, daß man die Lämmer auf Grund ihrer Wollfeinheit schon im Alter von einem halben Jahr beurteilen kann, um sie zur Weiterzucht zuzulassen oder auszumerzen, wobei selbstverständlich die Verstärkung der Fäden um ca. 2 μm in Betracht gezogen werden muß. 4234.

Diomidova, N. A. (Diomidowa, N. A.) Individual'nye različija v razvitii šerstnych volokon u tonkorunnych ovec. **(Individuelle Unterschiede in der Entwicklung der Wollfasern bei Feinwollschafen.)** Trudy Instituta morfologii životnych im. A. N. Severcova. Akademija nauk SSSR, Moskva **35** (1961) S. 110—127. — 7 Abb., 17 Tab., 21 Lit.
Das Gesamtpotential der Haarfollikel ist ein beständiges, sich vererbendes Kennzeichen und unterliegt bis zum Alter von 3,5 Jahren sogar bei unterschiedlicher Fütterung und Haltung keiner Veränderung. Die Felldichte hängt nicht nur von den vorhandenen Haarfollikeln ab, sondern auch vom Umfang ihrer Entwicklung und Erscheinen an der Hautoberfläche. Die Wollfaser-

bildung ist ein verhältnismäßig labiler Kennwert, da wesentliche Einflüsse von Seiten der Ernährungsbedingungen, der Einzel- oder Mehrlingsgeburt usw. vorhanden sind. Bei neugeborenen Lämmern der Bjatsker Rasse ist z. B. das Verhältnis der Wollfaseranzahl zur Gesamtmenge vorhandener Follikel 19 bis 35:100, und im Alter von 1,5 Jahren erreicht der Wert 67—100%.
M. Achmedowa. 4234.

Chapman, R. E., Short, B. F. und Hyland, P. G. Abnormal crimping in Merino and Polwarth wools. **(Abnorme Kräuselung bei Merino- und Polwarth-Wollen.)** Nature [London] **187** (1960) Nr. 4741. S. 960–961.
4234.

Szilágyi, Géza. Adatok a magyar fésüs merinó juh prémtermeléséhez. II. **(Angaben über den Pelzertrag Ungarischer Kammwollmerino-Schafe. 2. Mitt.)** Állattenyésztés [Tierzucht] **11** (1962) Nr. 2. S. 183–186. — 2 Tab. Zus. in Russ., Dtsch. Aus: Ung. Agrar-Rdsch. **1963** Nr. 1. 1. Mitt. vgl. LZ. Abt. III **5** (1960) Nr. 1. S. 73.

Vf. untersuchte die optimale Reißfestigkeit bzw. Stärke der Wollfasern des „Panofix-Pelzes von Exportqualität" („Panofix"-Pelzbereitung ist ein ungarisches industrielles Kürschner-Verfahren) an exportfähigen, frisch eingesalzenen Häuten, an industriell bearbeiteten, fertigen „Panofix"-Pelzen sowie an Proben von zur „Panofix"-Pelzbereitung geeigneten Häuten Ungarischer Kammwollmerinos. Die Reißfestigkeit ermittelte er an je 30 Fasern aus der Gegend der letzten Rippe mit Hilfe eines hydraulischen Fadenreiß-Meßgerätes. Beim Vergleich der Proben von unbearbeiteten Häuten und Fertigwaren hinsichtlich der Dicke und der Querschnittfläche ihrer Fasern sowie deren abs. und spez. Stärke stellte Vf. als Folge der industriellen Bearbeitung eine geringfügige Erhöhung der Werte fest. Weiterhin wurde ermittelt, daß die Wollfasern sowohl der Rohfelle als auch der fertigen „Panofix"-Pelze hochgradig reißfest waren. Die durchschnittl. abs. Tragkraft sämtlicher Fäden von 7,53—9,85 g übertraf den in der ungarischen Norm für Wollfäden hoher Reißfestigkeit vorgeschriebenen Wert von 7,5 g. Zur Bestimmung des Kammwollmerinotyps, der sich auch zur Produktion von „Panofix"-Pelzen eignet, ist eine weitere Untersuchung der Wolleigenschaften notwendig. 4234.

Šabrov, G. T. (Schabrow, G. T.) Opyt soderžanija ovec v katonach. **(Erfahrungen in der Pferchhaltung von Schafen.)** S. ch. Povolž'ja **1961** Nr. 11. S. 66—68. — Aus: Referativnyj žurnal. Biologija, Moskva **1962** Nr. 8. L 101. S. 16.

Die Pferche werden als rundes Gehege ohne Dach mit 4,5—5 m hohen Wänden aus Rohr, Strauchwerk, Stroh oder anderem Material ausgebildet. Die Grundfläche beträgt bis zu 0,45 m² je Schaf, die Einstreu ist 10—12 cm dick. Es wird die Praxis der Haltung von Schafen in derartigen Pferchen besprochen, u. a. die Aufzucht des Jungviehs, die Ausnutzung natürlicher Winterweiden und die KB. übersetzt v. Th. C. Boetticher. 4275.

Iliev, I. (Iliew, I.) Proučvane vŭrchu njakoi ikonomičeski rezultati ot priloženieto na lečebno profilaktičnite meroprijatija protiv fasiolozata po ovcete. **(Untersuchung einiger wirtschaftlicher Ergebnisse aus der Anwendung therapeutisch-prophylaktischer Maßnahmen gegen die Fasciolose bei Schafen.)** Naučni trudove. Visš veterinarnomedicinski institut „Prof. Dr. G. Pavlov", Sofija **10** (1962) S. 483—489. — 3 Tab., 9 Lit. Zus. in Russ., Dtsch.

Zur Tilgung der Leberegelseuche in den Herden wurden komplexe Maßnahmen durchgeführt: planmäßige Behandlung der Einzeltiere, meliorative Entwässerungsmaßnahmen zur Trockenlegung der Morastwiesen und Weiden und Einsatz chem. Mittel in den Biotopen. Diese Maßnahmen waren von einem wirtschaftlichen Nutzen begleitet, der sich in einer Steigerung der

Milchleistung um 5,5%, einem Mehrertrag an Wolle von 10%, einer 10%igen Steigerung der Geburten, einem 10%igen Gewichtszuwachs der Jungtiere und einer Herabsetzung der Sterblichkeit um 37% ausdrückt. G. Radew. 4280.

SPEZIELLE KLEINTIERZUCHT

C. GEFLÜGEL

Pobisch, Adolf. **Zur Lage der österreichischen Geflügelwirtschaft.** Förderungsdienst [Wien] **10** (1962) Nr. 9. S. 299–302.

Der Gesamthühnerbestand betrug 1961 in Österreich 9943431 Stck., der prozentuale Anteil der Geflügelproduktion an der gesamten land- und forstwirtschaftlichen Erzeugung lag 1958 bei 3,55%. 20% des gesamten Kraftfutterverbrauches werden durch die Hühnerhaltung veredelt. 1960/61 wurden je Kopf der Bevölkerung 3 kg Geflügel und 11,5 kg Eier (207 à 55 g) verzehrt, dabei betrug der Anteil der inländischen Erzeugung am Gesamtverbrauch 86%. Der sich in den letzten Jahren anbahnende Aufbau einer gut geführten marktorientierten Qualitätsproduktion wird durch Spezialisierung und Bestandsaufstockung zu einer Verbesserung der heimischen Geflügelwirtschaft führen. Vf. weist auf die Notwendigkeit einer rationellen Erfassung und Vermarktung und gewisse marktordnende Lenkungsmaßnahmen bei der Einfuhr von Geflügelprodukten hin. U. Hofmann. 4601.

Anonym. **Die Geflügelwirtschaft in den nächsten 25 Jahren.** Dtsch. Geflügelwirtsch. **14** (1962) Nr. 52. S. 671–672. 4601.

Hühner

Bickel, R. **Neuere Versuchsergebnisse aus der Geflügelwirtschaft.** Geflügelhof [Zollikofen-Bern] **35** (1962) Nr. 47. S. 847–848.

Nachfolgende Versuchsergebnisse amer. Forschungsstellen werden besprochen: 1. Die große Bedeutung einer genügenden Trinkwasserversorgung zeigten Hennen, die 30 Std. lang kein Trinkwasser erhielten, denn sie brauchten danach mehr als 1 Mon., bis sie wieder normal legten. 2. Es genügt vollauf, wenn Legehennen pro Tag 13 Std. Licht haben. Fensterlose Ställe besitzen insofern einen Vorteil, als die Hauptlegeleistung mit einem Minimum an Umtrieben auf den Zeitpunkt der besten Eierpreise verlegt werden kann. Hühner mit bescheidener Leistungsveranlagung stellen an die Beleuchtung größere Ansprüche. 3. Hinsichtlich des Wirkstoffbedarfes bestehen recht bedeutende erbliche Unterschiede sowohl zwischen den Rassen als auch zwischen verschiedenen Zuchtstämmen einer Rasse. Tiere mit übergroßen Wirkstoffansprüchen sollten aus dem Zuchtbestand gemerzt werden, während für Nutztiere eine höhere Wirkstoffdosierung angebracht ist, um die volle Leistungsfähigkeit auszunutzen. U. Hofmann. 4604.

Berger, R. **Die Zukunft der Wirtschaftsgeflügelhaltung.** Geflügelhof [Zollikofen-Bern] **25** (1962) Nr. 45. S. 806–808.

Für die Erzielung eines angemessenen Einkommens aus der Wirtschaftsgeflügelhaltung ist die Entwicklung des Eierpreises eine wichtige Frage. Die Preiskurve wird in den nächsten Jahren vermutlich flacher verlaufen, daher wird eine über das ganze Jahr ausgeglichene Produktion durch gestaffelte Aufzucht als sicherster Weg angesehen. Der Geflügelhalter muß vor allem eine genaue Kenntnis der Produktionskosten in seinem Betrieb haben und laufend nach Möglichkeiten suchen, sie zu senken. Die Senkung der Produktionskosten durch Betriebsausweitung und das damit verbundene steigende Angebot an Eiern führt möglicherweise zu einem weiteren Preisabbau. Vf. hält es für vernünftiger, eine Senkung der Produktionskosten über eine mögliche

Leistungssteigerung als über eine Betriebsausweitung anzustreben. Die Futterkosten je Ei sind bei gleichem Leistungsniveau oft sehr unterschiedlich, was in erster Linie auf den unterschiedlichen Futterverzehr zurückzuführen ist, der auch durch ungeeignete oder überfüllte Futtertröge herbeigeführt werden kann. U. Hofmann. 4608.

Iofe, N. Š. (Iofe, N. Sch.); Min. für Landwirtsch. der UdSSR. Soveršenstvovat' plemennuju rabotu. **(Modernisierung der Zuchtarbeit.)** Pticevodstvo, Moskva **1962** Nr. 9. S. 14–17. – 1 Abb.
Die grundlegende Zuchtarbeit wird in staatlichen Zuchtbetrieben durchgeführt, und zwar werden spezialisierte Rassen und Linien geschaffen. Dabei wird die reziproke, reccurrente Selektion angewandt. Zur Bewertung der Zuchttiere wird vornehmlich die Nachzucht- und Voll- und Halbgeschwisterleistung herangezogen. Die Zuchtbuchführung wird durch die maschinelle Auswertung nach dem Lochkartenverfahren rationalisiert. H. Pingel. 4655.

Belov, L. M. (Below, L. M.) Podbor porod dlja proizvodstva mjasnych cypljat. **(Auswahl der Rassen bei der Mastkükenproduktion.)** Pticevodstvo, Moskva **1962** Nr. 8. S. 21. – 2 Tab.
Bei unvollkommener Fütterung hatten folgende Kreuzungen bis zum 90-Tage-Alter die beste Wachstumsgeschwindigkeit, Überlebensrate und prozentualen Anteil eßbarer Teile am Schlachtgewicht: Gestreifte Plymouth Rock × Rhodeländer (1430 g, 94,3%, 59,8%), Sussex × New Hampshire (1362 g, 98,4%, 62,3%), Sussex × Rhodeländer (1341 g, 98,6%, 62,0%). Die reinrassigen New Hampshire hatten ein 90-Tage-Gewicht von 1304 g, Rhodeländer 1260 g, Plymouth Rock 1134 g und Sussex 1102 G. H. Pingel. 4655.

Wallig, N. **Hühnerprüfanstalt in Schwechat.** Landwirtschaft [Wien] **1962** Nr. 21. S. 5–6.; Nr. 22. S. 6.
In einer 97 m langen Halle können in der 1962 in Benutzung genommenen Prüfanstalt 30 Hühnerstämme im Random-Sample-Test geprüft werden. Aus dem Eieranfall der Züchter werden je 250 Eier in Stichproben entnommen, in der Anstalt erbrütet, die Hennenküken bis zum Alter von 8 Wochen in Aufzuchtställen nach Stämmen getrennt und nach ihrer Kennzeichnung, zusammen mit Tieren anderer Herkunft, im Freiland aufgezogen. Von den 20 Wochen alten Tieren werden von jeder Herkunft 50 Tiere als Stichproben zur Prüfung von Legeleistung und Futterverbrauch, in Gruppen zu je 25 Tieren auf 30 Käfige verteilt. Zwei weitere Hallen stehen zur Prüfung der Mastleistung in Einzelkäfigen und auf Tiefstreu zur Verfügung. Die Anstalt hat 3 Aufgaben: die Prüfung von Lege- und Schlachtleistung als Grundlage der Zuchtwahl, die Durchführung von Versuchen und die Demonstration und Information in Kursen. E. Höpler. 4656.

Strain, J. H. und Nordskog, A. W.; Ames, Iowa Stat. Univ., Poultry Sci. Dep. The relative importance of breeder flock and broiler flock factors determining income over feed costs in Random Sample Broiler tests. **(Die relative Wichtigkeit von Zucht- und Broilerherdenfaktoren für die Bestimmung der die Futterkosten übersteigenden Einkünfte in Broiler-Stichprobenleistungsprüfungen.)** Poultry Sci. **41** (1962) Nr. 5. S. 1573–1577. – 5 Tab., 6 Lit.
Vff. analysierten 2 Gruppen von Produktivitätsmerkmalen [Legeleistung pro eingestallte Henne (X_1), Bruteieranteil (X_2), Schlupf (X_3) und Futterverwertung (X_4); Broilerlebensfähigkeit (X_5), 8-Wochen-Gewicht (X_6), Futterverwertung (X_7) und Anteil Broiler in Klasse A oder besser (X_8)] bez. ihres Einflusses auf die Differenz aus Einnahmen und Futterkosten je Broiler an Hand der Unterlagen aus 5 Jahrgängen „Maine Random Sample Broiler and Production Test". Jeder Jahrgang umfaßte 20 Broilerlinien zu je 50 Junghennen und 5 Hähnen für die Elternleistungsprüfung, jede Broilergruppe bestand aus je 135 ♂ und ♀ Küken. Für die einzelnen Jahre berechnete Regressions-

gleichungen zeigten gute Übereinstimmung zwischen den Prüfungen. Insgesamt waren die Faktoren mit dem größten Einfluß auf den Gewinn $X_6 > X_7 > X_5 > X_2$. Diese Ergebnisse zeigen, daß Broilerzüchter bei der Selektion vorwiegend die Verbesserung der Mastleistung und weniger eine Verbesserung der Zuchtleistung beachten sollten. A. Schaaf. 4656.

Bray, D. F., Biely, J. und Pope, W. H.; Vancouver, Canada, Brit. Columbia Univ., Dep. of Poultry Sci. The relationship of ration ingredients to the concept of genotype × environment interaction as demonstrated in British Columbia Random Sample broiler tests. **(Die Beziehung zwischen Rationsbestandteilen und Genotyp × Umwelt-Wechselbeziehungen in British-Columbia-Broiler-Stichprobentesten.)** Poultry Sci. **41** (1962) Nr. 5. S. 1367 bis 1374. — 8 Tab., 11 Lit.

Im 5. und 6. Broilerstichprobentest von British Columbia prüften Vff. insgesamt 8000 Küken mit zwei verschiedenen Futterrationen, die sich in ihren Bestandteilen unterschieden, aber in der chem. Zusammensetzung ähnlich waren. Es konnten keine Genotyp-Umwelt-Wechselbeziehungen (Prüfungsgruppe × Futtermischung) am gleichen Ort festgestellt werden. In ihren Bestandteilen unterschiedliche Rationen scheinen also, wenn sie nährstoffmäßig ausgeglichen sind, zu keinen unterschiedlichen Rangeinstufungen verschiedener Genotypen zu führen. A. Schaaf. 4656.

Becker, Walter A.; Pullman, Washington State Univ. Ranking all-or-none traits in Random Sample tests. **(Die Einstufung alternativer Merkmale in Stichprobenleistungsprüfungen.)** Poultry Sci. **41** (1962) Nr. 5. S. 1437—1438. — 1 Abb., 2 Lit.

Vf. dehnt seine frühere Untersuchung (vgl. LZ. Abt. III 8 (1963) Nr. 6. S. 1210.) über den Gruppenvergleich bez. quantitativer Merkmale auf qualitative Merkmale aus und gibt die Wahrscheinlichkeit der Erkennung der besten Gruppe für Gruppengrößen bis zu 600 Tieren bei Differenzen von 5—20% zwischen den beiden besten Gruppen an. Für einen Gruppenunterschied von 5% und eine Wahrscheinlichkeit von 80% für die richtige Eingruppierung sind in jeder Gruppe 600 Tiere erforderlich. Gruppengrößen unter 50 Tieren geben für einen Gruppenunterschied von 10% oder weniger nur niedrige Wahrscheinlichkeiten für die richtige Einstufung. A. Schaaf. 4656.

Jaap, R. G., Smith, J. H. und Goodman, B. L.; Columbus, Ohio Agric. Exp. Stat. A genetic analysis of growth and egg production in meat-type chickens. **(Eine genetische Analyse von Wachstum und Legeleistung bei Masthühnern.)** Poultry Sci. **41** (1962) Nr. 5. S. 1439—1446. — 1 Abb., 10 Tab., 6 Lit.

Vff. berechneten genetische Parameter für Wachstums- und Legeleistungsmerkmale einer Masthühnerpopulation und verglichen sie mit Reaktionen einer 4 Generationen auf schnelleres Wachstum selektierten Linie aus dieser Population. Die untersuchten Merkmale waren Körpergewicht bei 8, 16 und 24 Wochen; Legeleistung zwischen der 23. und 46. Woche, Eigewicht, Form und Höhe des Eiweißes der in der 30. Woche nach dem Schlupf gelegten Eier. Da die genetische Korrelation des 8-Wochen-Gewichtes mit sämtlichen Merkmalen positiv war, wurde bei dem durch Selektion um 0,48 lb. erhöhten 8-Wochen-Gewicht eine Steigerung der Legeleistung, des Eigewichtes, der Eibreite und der Eiweißhöhe erwartet. Tatsächlich zeigte die Legeleistung einen Rückgang von 5%, das entspricht einer genetischen Korrelation von —0,19. Die Steigerung des Eigewichtes war mit der aus den Parametern der panmiktischen Elternpopulation abgeleiteten Vorhersage identisch (+2,8 g), und die verwirklichten Reaktionen in der Breite der Eier und der Erhöhung des Eiweißes waren größer als vorhergesagt (erwartet +0,6 Einheiten in der Breite und +0,1 mm, erreicht +1,9 Einheiten und +0,3 mm). A. Schaaf. 4660.

Henderson, Earl W. Inheritance of egg weight not affected by sexlinked genes. **(Die Vererbung des Eigewichtes nicht durch geschlechtsgebundene Gene beeinflußt.)** Michigan State Univ., agric. Exp. Stat., quart. Bull. **44** (1962) Nr. 4. S. 736–738.
80 Geschwisterpaare von Silber-(S-) bzw. roten (r-) Hennen als Töchter heterozygoter Hähne (Sr) und roten Hennen unterschieden sich statistisch nicht im Frühlingseigewicht ihres ersten Legejahres (53,55 g bzw. 53,7 g). Bez. des Eigewichtes ist es also gleichgültig, ob eine Henne ihre Geschlechtschromosomen von der Vatersmutter oder vom Großvater erhält. Daraus resultiert, daß das Eigewicht durch Geschlechtschromosomen nicht beeinflußt wird. Andere, noch nicht auszuschließende Möglichkeiten sind, daß während der Synapsis ein wirksamer Austausch genetischen Materials zwischen den Geschlechtschromosomen der Hähne erfolgt, der genetische Differenzen zwischen den Chromosomen aufheben kann, oder daß der Einfluß der Autosomen bei der Vererbung des Eigewichtes so stark überwiegt, daß eventuelle geschlechtsgebundene genetische Einflüsse verdunkelt werden. A. Schaaf. 4660.

Moyer, S. E., Collins, W. M. und Skoglund, W. C.; Durham, New Hampshire Univ., Dep. of Poultry Sci. Heritability of body weight at three ages in crossbred broiler chickens resulting from two systems of breeding. **(Heritabilität des Körpergewichtes von Broilerkreuzungen aus zwei verschiedenen Zuchtsystemen in drei Altersstufen.)** Poultry Sci. **41** (1962) Nr. 5. S. 1374–1382. – 6 Tab., 22 Lit.
Vff. schätzten an Hand von ca. 4900 F_1-Nachkommen aus Kreuzungen zwischen 96 Hähnen und 653 Hennen die Heritabilität des Körpergewichtes von Broilern im Alter von 4, 6 und 8 Wochen. Die Hähne entstammten 2 verschiedenen Durham-Linien (C und R, entwickelt aus Cornish × New Hampshire), die durch Einzel- und Familienselektion nach dem 8-Wochen-Gewicht bzw. nach dem ihrer Kreuzungsnachkommen selektiert wurden. Die aus der Vaterkomponente geschätzten Heritabilitäten lagen für beide Linien zwischen 0,19 und 0,37, die aus der Mutterkomponente geschätzten waren wesentlich höher und betrugen 0,57–0,99. Geschlechtsgebundene genetische Einflüsse auf das Lgw. wurden nicht gefunden. Dagegen waren mütterliche Einflüsse (bes. beim 4-Wochen-Gewicht) und nicht additive genetische Einflüsse (bes. bei den Nachkommen der C-Linienkreuzungen) wirksam. A. Schaaf. 4660.

Hawes, Robert O. und Fox, Thomas W.; Amherst, Univ. of Massachusetts, Dep. of Poultry Sci. The influence of riboflavin and extended black pigmentation on a defective down condition in the domestic fowl. **(Der Einfluß von Riboflavin und ausgedehnt schwarzer Pigmentierung auf einen Daunendefekt beim Haushuhn.)** Poultry Sci. **41** (1962) Nr. 5. S. 1504–1508. – 3 Tab., 12 Lit.
Weibl. Nachkommen aus der Kreuzung von Rhodeländer ♂ mit gestreiften Plymouth Rock ♀ sind teilweise unverkäuflich wegen eines Daunendefektes, der von verkürzten Rückendaunen bis zu „zusammengeschlagenen" (clubbing) Daunen an Rücken, Kopf und Flügeln reicht. Durch zusätzliche Riboflavingaben an die Zuchttiere konnte dieser Defekt nicht verhindert werden; es erhöhte sich sowohl die Schlupffähigkeit (bei 2103 Bruteiern von 40,2% auf 60,7% der befruchteten Eier) als auch der Anteil an Küken mit defekten Daunen signifikant. Bei Zusammenfassung der geschlüpften Küken und der spät (am 17.–21. Inkubationstag) abgestorbenen Embryonen ergaben sich keine signifikanten Differenzen im Prozentsatz fehlerhafter Küken zwischen beiden Futterrationen. Die fehlerhaften Daunen wurden nur bei Küken mit nicht gestreifter, ausgedehnt schwarzer Daunenfarbe (E) beobachtet. Der pleiotrope Effekt der Gene für ausgedehntes Schwarz (E), der die fehlerhaften Daunen verursacht, kann nach Ansicht der Vff. durch den Restgenotyp des Individuums modifiziert werden. A. Schaaf. 4660.

Yao, T. S.; Lincoln, Univ. of Nebraska. Additive and dominance effects of genes in egg production and 10-week body weight of crossbred chickens. **(Die additiven und dominanten Effekte von Genen auf die Legeleistung und das 10-Wochen-Gewicht bei Kreuzungstieren.)** Poultry Sci. **38** (1959) Nr. 2. S. 284—287. — 4 Tab., 7 Lit.

Die erbliche Variation setzt sich aus einem additiven und einem nichtadditiven Teil zusammen, wobei letzterer auf Geninteraktionen zurückgeht. Es sind 2 Typen von Gen-Wechselwirkung bekannt: Dominanz und Epistasie. Dominanzeffekte gehen von der Wechselwirkung zwischen allelen Genen (Loci) aus, während epistatische Effekte auf die Wechselwirkung nicht alleler Gene (Loci) zurückgehen. Die Heritabilität im engeren Sinne für eine bestimmte Population repräsentiert additive Genwirkungen, während Heterosis bei Kreuzungsnachkommen den Einfluß von Dominanz- und Epistasie-Effekten zum Ausdruck bringt. Ein Test auf Legeleistung und 10-Wochen-Gewichte von 3 Leghorn-Inzuchtlinien, einer Gray-Inzuchtlinie, den Ausgangszuchten und diallelen Kreuzungen zwischen Leghorn- und Gray-Linien zeigt folgende Ergebnisse: Für die Legeleistung traten additive und dominante Effekte bei Leghorn-Inzuchtlinienkreuzungen und Kreuzungen von Leghorn- und Gray-Inzuchtlinien auf. Das 10-Wochen-Gewicht zeigt additive Genwirkungen nur bei Leghorn- und Gray-Inzuchtlinienkreuzungen, nicht bei Leghorn-Linienkreuzungen, dagegen sind signifikante Dominanzeffekte in beiden Fällen für beide Merkmale vorhanden. Überdominanz ließ sich nur bei den Inzuchtlinienkreuzungen von Gray und Leghorn, allerdings für beide Leistungseigenschaften feststellen. E. Urban. 4660.

Hayes, J. B., Brevik, T. J., Sunde, M. L., McGibbon, W. H. und Todd, A. C. The laying flock feeding-managing-housing. **(Die Legeherde: Fütterung-Organisation-Haltung.)** Univ. Wisconsin, agric. Exp. Stat., Circ. **1961** Nr. 593. S. 1—28.

Vff. geben einen kurzen Überblick für den Praktiker über die Probleme der Legehennenhaltung. Sie behandeln Tierzukauf, Fütterung, Haltung, Betriebsführung und Unterbringung. Für die Batteriehaltung werden niedrige Kochsalzgaben empfohlen, um die Kotkonsistenz zu verbessern. Mischfutter wird in mehliger, pellierter und krümeliger Form geliefert. Hauptsächlich werden 3 Fütterungssysteme angewendet: 1. Alleinfutter aus mechanischen Fütterungseinrichtungen; 2. Mischfutter aus Automaten mit zusätzlicher Körnergabe; 3. wahlweise Körner und Mischfutter jeweils aus Automaten. Der Proteingehalt des Mischfutters beträgt bei 1. 14—17%, bei 2. 20% und bei 3. 26—32%. Freßlänge 30—40 ft./100 Hennen, Tränklänge 8 ft./100 Hennen. Als Beleuchtungssystem wird vorgeschlagen: Tageslänge bei Legebeginn ausrechnen (22. Lebenswoche), 7 Std. zuzählen und diese Beleuchtungsdauer in der 1. Lebenswoche geben, Beleuchtung dann wöchentl. um 20 Min. verkürzen, von der 22. Woche an wieder wöchentl. um 20 Min. verlängern, bis ein 20-Std.-Tag erreicht ist, bis zum Ende des Legejahres diesen Wert beibehalten. Die Haltung auf Rosten ohne Tiefstreu wird als weniger produktiv angesehen als die Verwendung von 60% der Stallgrundfläche als Tiefstreufläche. Verschiedene Luftwechsel- und Wärmesysteme werden besprochen. H. Sommerfeld. 4667.

Thiel, W. und Schaal, E. **Untersuchungen über den Nachweis von östrogenen Stoffen in tierischen Lebensmitteln, insbesondere in Geflügelfleisch. 1. Mitt. Probleme und Nachweismethodik.** Fleischwirtschaft **14** (1962) Nr. 5. S. 400 bis 404. — 12 Abb., 1 Tab., 24 Lit.

Vff. behandeln die hormonelle Kastration von Hähnchen mit Hilfe von Kapaunetten. In diesem Zusammenhang werden die gesetzlichen Forderungen diskutiert. Zur Überprüfung werden verschiedene biol. Hormon-Nachweisverfahren angeführt. Vff. berichten über eigene Versuche mit einer größeren Anzahl juveniler weißer Mäuse. F. Westphal. 4679.

Tomov, V. (Tomow, W.); Knesha, Bulgarien, Landwirtsch. Forsch.-Inst. Ustanovjavane naj-podchodjaštata vŭzrast za klane na pileta, otgleždani za meso pri dve različni smeski. **(Feststellung des günstigsten Schlachtalters für Fleischhähnchen bei Aufzucht derselben mit zwei verschiedenen Futtermischungen.)** Izvestija na Selskostopanskija naučnoizsledovatelski institut — Kneža, Sofija **3** (1962) S. 251—266. — 11 Tab., 4 Lit. Zus. in Russ., Engl.
Es wurden 2 Versuche mit je 4 Gruppen zu je 100 Küken (Gr. I und II Weiße Leghorn, Gr. III und IV im 1. Versuch Gesperbertes Landhuhn, im 2. New Hampshire) durchgeführt, wobei die Küken nach dem 10. Lebenstag folgende Futtermischungen erhielten: Gr. I und III Kraftfuttermischung aus 57% Maisschrot, 6% Haferschrot, 23% Sonnenblumenextraktionsschrot und 14% Tierkörpermehl; Gr. II und IV Kraftfuttermischung aus 40% Maisschrot, 5% Gerstenschrot, 7% Weizenkleie, 15% Weizentrieurabfällen, 21% Sonnenblumenextraktionsschrot und 12% Tierkörpermehl, zuzüglich 20 g Magermilch und 10 g frischer Luzerne je Tag und Kopf. Der Masteffekt wurde bis zum 150. Lebenstag der Hühner laufend kontrolliert. Ergebnisse (in der Reihenfolge der Gruppen; die Angaben in Klammern beziehen sich auf den 2. Versuch): Lgw. mit 90 Tagen 1098, 1192, 1166 und 1330 (1073, 1090, 1620 und 1740) g, mit 150 Tagen 1766, 1805, 2006 und 2028 (1656, 1649, 2576 und 2649) g; Futteraufwand je kg Zuwachs bis zum 90. Lebenstag 4,10, 4,12, 4,19 und 4,05 (5,05, 5,00, 4,05 und 4,01) FE; Schlachtausbeute der Hähnchen mit 90 Tagen 61,6, 62,1, 66,1 und 65,1 (63,3, 65,1, 69,1 und 69,0) %, mit 150 Tagen 66,5, 65,6, 68,2 und 71,0 (67,7, 68,5, 70,3 und 71,0)%.
N. Platikanow. 4690.

Dimov, A. (Dimow, A.); Widin, Bulgarien, Landwirtsch. Versuchsanst. Uskoreno ugojavane na petleta, izključeni ot razplod. **(Schnellmast zuchtuntauglicher Hähnchen.)** Izvestija na Selskostopanskija naučnoizsledovatelski institut — Kneža, Sofija **4** (1962) S. 215—224. — 6 Tab., 13 Lit. Zus. in Russ., Engl.
Es wurden zwei Versuche mit 75tägigen zuchtuntauglichen New-Hampshire-Hähnen (Gr. I französischer Stamm, Gr. II deutscher Stamm, Gr. III dänischer Stamm) zur Feststellung ihrer Mastfähigkeit durchgeführt. Die für die 3 Gruppen gleiche Mastration bestand aus 40 g Körnermischung, 80 g Mehlfuttergemisch (90% pflanzliches Kraftfutter und 10% Tierkörpermehl), 100 g Magermilch und 40 g frischer Luzerne. Die Stärke der einzelnen Gruppen betrug 60 Hähne, die Versuchsdauer 2 × 15 Tage. Ergebnisse (in der Reihenfolge der Gruppen nach Perioden; die Angaben in Klammern beziehen sich auf die zweite, 15tägige Periode): mittlerer Gewichtszuwachs im 1. Versuch 801 (700), 630 (523) und 576 (463) g, im 2. Versuch 685 (360), 668 (335) und 583 (360) g; Futteraufwand/kg Zuwachs im 1. Versuch 2,714 (3,420), 3,450 (4,582) und 3,666 (5,163) FE; Schlachtausbeute im 1. Versuch 77,4, 78,2 und 78,9%, im 2. Versuch 78,1, 76,8 und 79,6%; Chem. Zusammensetzung des Fleisches: Wasser 66,0, 65,0 und 66,3%, Eiweiß 19,3, 20,5 und 19,2%, Fett 11,5, 10,0 und 10,5%, Mineralstoffe 1,00, 1,02 und 1,03%.
N. Platikanow. 4690.

Ratcliff, Robert G., Day, Elbert J., Grogan, Clarence O. und Hill, James E.; State College, Mississippi State Univ., Dep. of Poultry Husbandry. Sources of xanthophyll for pigmentation in broilers. **(Xanthophyllquellen für die Pigmentierung von Broilern.)** Poultry Sci. **41** (1962) Nr. 5. S. 1529—1532. — 3 Tab., 15 Lit.
In den ersten 4 Wochen wiesen Broilerküken bei Verwendung eines Futters mit bes. xantophyllreichen Maisanteilen eine stärkere Pigmentierung ($p < 0{,}01$) auf als durch Klee- oder Luzernegrünmehl erreicht wurde. Kleemehl

war dem Luzernegrünmehl ebenfalls überlegen ($p < 0{,}01$). Im Vergleich zu handelsüblichem wurden bei dem auf hohen Xanthophyllgehalt selektierten Mais nur 50% des sonst verwendeten Anteils gebraucht, um die gleiche Pigmentierung hervorzurufen. Sind diese Maissorten zu 60% im Futter enthalten, so beträgt der Xanthophyllgehalt 10 mg/lb. Verglichen mit Mais war das Xanthophyll bei Kleemehl zu 86,4% und bei Luzernegrünmehl zu 73,8% verwertbar. W. Rudolph. 4690.

Wessels, J. P. H.; Natal, Univ., Fac. of Agric. Relationships between weight increase, feed intake, age at sexual maturity and early egg production in New Hampshire pullets. **(Beziehungen zwischen Gewichtszunahme, Futterverzehr, Alter bei Geschlechtsreife und Beginn der Legetätigkeit bei New-Hampshire-Junghennen.)** South African J. agric. Sci. **5** (1962) Nr. 3. S. 427–431. – 2 Tab., 7 Lit. Zus. in Franz., Holländ.
In einem 2jährigen Versuch mit New Hampshire wurden die Beziehungen zwischen Körpergewicht, Futterverbrauch bis zum 18-Wochen-Alter, Alter bei Geschlechtsreife und Eierproduktion der ersten 30 Tage nach Legebeginn sowie die Futterausnutzung (= Verhältnis von Futteraufnahme: Wachstum) untersucht. Die Futterausnutzung im 6- bis 18-Wochen-Alter war nicht korreliert mit der Eierproduktion der ersten 30 Tage und nur in einem Fall mit dem Alter bei Geschlechtsreife (?). Alle anderen Eigenschaften zeigten keine gemeinsamen Beziehungen. K. Männel. 4700.

Bräunlich, K. **Die Eidotterfarbe als Qualitätsfaktor.** Geflügelhof [Zollikofen-Bern] **25** (1962) Nr. 26. S. 448–449. 451.
Da mit Hilfe natürlicher Pigmentquellen eine einheitliche Dotterfarbe nicht mit Sicherheit zu erzielen ist, wurde nach mehrjähriger Forschungsarbeit ein praxisreifes Carotinoid-Präparat mit konstanter Färbekraft entwickelt. Das „Carophyll“ 10 enthält als Wirkstoff β-Apo-8'-carotinsäure-äthylester in 10%iger Konzentration und besitzt zu seiner Pigmentwirkung eine Provitamin-A-Aktivität von 42000 IE/g. Als Norm für die Verwendung wird ein Zusatz von 15–30 mg „Carophyll“ 10/t Futter genannt. „Carophyll“ 10 ermöglicht einerseits eine flexiblere Anpassung an den Markt (z. B. Verringerung des Anteiles von gelbem Mais durch Hybridmais oder Milo) und andererseits eine preisgünstigere Mischfutterproduktion bei höherer Qualität. U. Hofmann. 4700.

Noles, R. K., Driggers, J. C., Laurent, C. K. und Page, W. O.; Athens, Ga., Univ., Poultry Dep. Floor space requirements of S. C. White Leghorn hens. **(Der Stallplatzbedarf von Weißen-Leghorn-Hennen.)** Poultry Sci. **41** (1962) Nr. 3. S. 887-891. – 3 Tab., 14 Lit.
Die Aufgabe bestand darin, für den Südosten der USA den Platzbedarf für Legehennen zu ermitteln. Die Stallfläche je Tier lag zwischen 1,5–4 sq.ft. Die Ergebnisse zeigen, daß die Platzbeschränkung die Legeleistung nicht signifikant beeinflußt. Dsgl. war kein Einfluß auf die Mortalität und das Eigewicht festzustellen. Die Futterverwertung nahm mit steigender Vergrößerung des Hennenplatzes zu. Weiter fand die Begrenzung des Platzbedarfes ihre Auswirkung im Anteil der Schmutzeier. In der Parallelgruppe wurden die Schnäbel der Hennen gestutzt, es zeigte sich auch hier kein eindeutiger Einfluß auf die Legeleistung, nur in der Futterausnutzung waren die Tiere mit gestutzten Schnäbeln den anderen überlegen, und die Differenzen bei unterschiedlicher Größe des Hennenplatzes traten stärker hervor. Ein Einfluß auf das Eigewicht sowie auf die Sauberkeit der Eier konnte nicht bemerkt werden. E. Urban. 4707.

Fritzsche, K.; Koblenz, Landes-Veterinäruntersuchungsamt. **Zuchthygienische Aufgaben in Geflügelbeständen.** Tierärztl. Umschau **18** (1963) Nr. 1. S. 30–37. – 8 Abb., 4 Lit.

Im Rahmen der Großraumwirtschaft erhalten auch beim Geflügel die zuchthygienischen Fragen bes. Bedeutung. Sie umfassen die Hygiene der Brut, Kükenaufzucht, Junghennenaufzucht und Legehennenhaltung. Das Brutergebnis wird wesentlich beeinflußt vom Alter und von der Art der Aufbewahrung der Bruteier sowie von der sachgemäßen Fütterung und Haltung der Zuchttiere. Eine mangelnde Desinfektion der Brutapparate bedingt die Übertragung von Leukose, Mycoplasmose, Pullorum- u. a. Salmonella-Infektionen, Aspergillose. Bei steckengebliebenen Küken muß die Ursache ermittelt werden. Das Kükenaufzucht- und das Althennengelände müssen möglichst weit voneinander entfernt sein, damit sich die empfindlichen Küken in den ersten 8 Lebenswochen nicht mit Erregern anstecken können, die gesunde Alttiere ausscheiden. Küken sollen in den ersten 4 Wochen in einem gut geheizten und belüfteten Stall und erst später mit Auslauf gehalten werden. Jeder frische Kükenschlupf ist mit einer neuen, trockenen Einstreu zu versehen. Die Fütterung muß vielseitig sein, um die Tiere widerstandsfähig gegen Krankheitserreger zu machen. Vorbeugend sind die Küken durch Verabreichung der Trinkwasser-Lebendvaccine im Alter von 3 Tagen, 3 Wochen und 3 Mon. gegen die Newcastle Disease zu schützen. Bei der Junghennenaufzucht werden 3 Methoden unterschieden: 1. extensive Aufzucht mit Auslauf, 2. Intensivaufzucht im Freien (Freilandbatterien), 3. Intensivaufzucht im Stall. Der Erfolg der letzteren Methode ist von einer vielseitigen Fütterung und guten Lüftung abhängig. Die Tiere müssen durch Immunisierungen gegen Newcastle Krankheit und Geflügelpocken, ggf. auch gegen infektiöse Bronchitis geschützt werden. Außerdem sind Wurmkuren durchzuführen. Bei den Legehennen geht man mehr und mehr zur Intensivhaltung über. Neben der reichhaltigen Fütterung ist das Verhüten zu großer Feuchtigkeit im Stall das Hauptproblem. Sie wird vermieden durch tägl. Entfernen des Kotes und durch Klimaanlagen bzw. Belüftungsanlagen. Bes. hohe Anforderungen stellt die Haltung in Legebatterien dar. E. Tempel. 4708.

Anonym. **Erfahrungen mit einem unschädlichen Kokzidiostatikum in der Kückenaufzucht.** Geflügelhof [Zollikofen-Bern] **25** (1962) Nr. 26. S. 452. 454. Die Formo-Cibazol-Vormischung (CIBA) als Futtermittelzusatz im Verein mit vorzüglichen Hygiene- und Haltungsbedingungen und richtiger Fütterung wird den strengen Anforderungen in bezug auf Wirksamkeit und Unschädlichkeit gerecht. Sie hat sich in den 3 Jahren seit ihrer Einführung — auch bei Überdosierung — als völlig ohne Nebenwirkungen erwiesen und bietet außerdem einen hinreichenden coccidiostatischen Schutz. Darüber hinaus vermag die CIBA — dank ihrer baktericiden Wirkung — Durchfällen und Eileiterentzündungen im Legehennenalter wirksam vorzubeugen. U. Hofmann. 4710.

Meyer, W.; Otterwisch. **Der ansteckende Schnupfen — die chronische Atemkrankheit.** Garten u. Kleintierzucht, Ausg. B **1** (1962) Nr. 6. S. 9. 4710.

Prusas, E.; Damsdorf, Inst. und Klin. für Geflügelkrankh. und Forschungsstelle der Humboldt-Univ. zu Berlin. **Enzootischer Herztod der Hühner.** Tierzucht **16** (1962) Nr. 12. S. 551–552. 4710.

Wegner, R.-M. und *Staufenbiel, J.* **Inzucht-Heterosiswirkung bei der Durchführung von Einzel- und Doppelkreuzungen mit Hühnern.** Forsch.-Auftr. Ministerium für Ernähr., Landwirtsch. und Forsten des Landes Nordrhein-Westfalen; Bonn, Univ., Inst. für Tierzucht und Tierfütter. 1961.

Enten

Ash, William J.; Ithaca, Cornell Univ., Dep. of Poultry Husbandry. Studies of reproduction in ducks. 1. The duration of fertility and hatchability of White Pekin duck eggs. **(Studien über die Fortpflanzung der Enten. 1. Mitt.**

Dauer der Befruchtung und Schlupffähigkeit der Eier von Weißen Pekingenten.) Poultry Sci. **41** (1962) Nr. 4. S. 1123–1126. – 1 Abb., 9 Lit.

In 7 Stämmen mit einem Geschlechtsverhältnis von 1:8 wurden im Febr., als die Befruchtung 90% erreicht hatte, die Erpel herausgenommen. Diese hohe Befruchtungsrate wurde bis 4 – 5 Tage nach Entfernen der Erpel gehalten, fiel dann aber bis zum 13. Tag gleichmäßig auf 0% ab. Die Schlupffähigkeit betrug in der 1. Woche nach Entfernen der Erpel 75,8%, in der 2. Woche 60,5%. Ein mehrfacher Erpelwechsel kann folgendermaßen durchgeführt werden: 5 Tage nach Entfernen des 1. Erpels wird der folgende Erpel eingesetzt. Vom 7. – 12. Tag nach Erpelwechsel werden keine Bruteier gesammelt. Es gehen nur 6 Tage beim Erpelwechsel für die Bruteiersammlung verloren. Durch KB kann diese Zeit noch verkürzt werden. H. Pingel. 4965.

Mišin, G. M. (Mischin, G. M.) Vlijanie sapropelja na jajcekladku utok i privesy molodnjaka. **(Einfluß des Sapropels auf die Legeleistung der Enten und die Gewichtszunahme der jungen Tiere.)** Tr. Ural'skogo n.-i. in-ta s. ch. **3** (1961) S. 213–222. – Aus: Referativnyj žurnal. Biologija, Moskva **1962** Nr. 6. L 199. S. 26.

Die Verwendung von Sapropel als mineralisches Beifutter für Enten führte zu positiven Ergebnissen: Die Legeleistung wurde besser, die Qualität der Eier höher, und die Gewichtszunahme der jungen Tiere stieg. Die Mineralstoffe des Sapropels wurden gut aufgenommen. Th. C. Boetticher. 5000.

Kolčev, N. A. (Koltschew, N. A.); Orenburg, Landwirtsch. Inst. Vlijanie skarmlivanija židkogo i kristalličeskogo terramicina na jajcenoskost' utok. **(Der Einfluß der Fütterung von flüssigem und kristallinem Terramycin auf die Legeleistung der Enten.)** Veterinarija, Moskva **39** (1962) Nr. 8. S. 64–66. – 2 Tab.

3 Versuchsgruppen erhielten gleiches Grundfutter (Kraftfutter, tierisches Eiweiß, Mineralfutter und Mischsilage). Gr. I erhielt zusätzlich flüssiges, Gr. II kristallines Terramycin (Gr. III = Kontrollgruppe). Die Legeleistung der Enten in Gr. I und Gr. II war um 12 – 14,6% höher. Die Schlupfergebnisse lagen in Gr. I um 4,9%, in Gr. II um 8,4% höher. Der Prozentsatz unbefruchteter Eier betrug in der Kontrollgruppe 7 %, mit abgestorbenem Embryo 19,5%; in Gr. I entspr. 9% und 12,6%, in Gr. II – 5,3 % und 12,8%. Die Verfütterung von Terramycin in flüssiger und kristalliner Form wirkt nicht nur positiv auf die Legeleistung der Enten, sondern führt zur Senkung der Aufzuchtverluste und zu einer Steigerung der Lebensfähigkeit der Jungtiere. R. Filina. 5000.

Truthühner

Anonym. **Putenzucht und Putenhaltung in der DDR.** Garten u. Kleintierzucht, Ausg. B **1** (1962) Nr. 6. S. 3. 5052.

Voris, John C. und Shultz, Fred T.; Sonoma, Calif., Nicholas Oak Hill Res. Farm. The effect of crinoline cloth and crowding of turkey eggs on hatchability and spraddle legged poults. **(Der Einfluß von Krinolinhorden und Zusammenlegen der Eier auf Schlupfprozente und Auftreten von Beinspreizen bei Putenküken.)** Poultry Sci. **41** (1962) Nr. 1. S. 337–338. – 1 Tab.

Die Zahl der Eier in einem Stammschlupfabteil vermindert den Anteil der Putenküken mit gespreizten Beinen. Die Ursache hierfür ist noch nicht geklärt. Die Verwendung einer Krinolin- anstelle einer Drahthorde blieb ohne Erfolg. Bei einer dichten Belegung der Stammschlupfabteile war der Schlupf der Küken um 18% besser. Unterschiede zwischen den Zuchtstämmen sowie differenzierte Eibehandlung spielen ebenfalls eine Rolle, während genetische Einflüsse nicht in Frage kommen. Weitere beeinflussende Faktoren sind die

Fütterung und Haltung der Zuchttiere sowie die Lagerung der Eier vor der Einlage. Der Anteil der Küken mit gespreizten Beinen schwankte zwischen 1,3–11,7%. E. Urban. 5090.

D. KANINCHEN

Stengel, Hans. **Herz- und Körpergewicht und deren korrelative Beziehungen bei der Kreuzung extremer Kaninchenrassen.** Z. Tierzücht. Züchtungsbiol. 77 (1962) Nr. 4. S. 374–381. – 2 Abb.
In der Literatur sind verschiedentlich Störungen im Körperbau bei Bastarden aus Kreuzungen extrem großer und kleiner Rassen beschrieben worden. Es stellte sich jedoch heraus, daß die Aussagen über Disharmonien infolge Rassekreuzungen auf ungenügenden Untersuchungen beruhten; sie haben sich aber bis heute im Schrifttum gehalten. Zur Klärung der Probleme wurden von 1953–56 am Max-Planck-Institut für vergleichende Erbbiologie und Erbpathologie in Berlin-Dahlem unter anderem Untersuchungen über Körper- und Herzgewichte bei großen (Riesen) und kleinsten Kaninchenrassen (Hermelin) und deren Kreuzungen angestellt. Dabei zeigte sich, daß das Herzgewicht nicht im gleichen Verhältnis wie das Körpergewicht ansteigt. Die Berechnungen zeigten, daß bei der Kreuzung extrem kleiner und großer Kaninchenrassen sowohl bei den Ausgangstieren, als auch bei den Bastarden der F_1- und F_2-Generationen ein Zusammenhang zwischen Herz- und Körpergewicht vorherrscht. Die von einigen Autoren angenommene getrennte Vererbung und die damit verbundenen Disharmonien wurden durch Modellversuche am Tier widerlegt. K. Löhle. 5260.

E. PELZTIERE

Schmidt, Fritz. **Neujahrsbetrachtungen zur Lage der hiesigen Pelztierzucht.** Dtsch. Pelztierzüchter **37** (1963) Nr. 1. S. 1–4. – 1 Abb. 5301.

Tjul'panov, N. (Tjulpanow, N.) Veterinarnaja profilaktika i gigiena v pušnom zverovodstve skandinavskich stran. **(Veterinärprophylaxe und Hygiene in der Pelztierzucht der skandinavischen Länder.)** Veterinarija, Moskva **39** (1962) Nr. 8. S. 80–83.
Infolge der niedrigen Preise für langhaarige Felle ging die Fuchs- und Polarfuchszucht zugunsten der Nerzzucht zurück. Die meisten Pelztierfarmen liegen in den Fischereigebieten und sind klein. Die tierärztliche Betreuung erfolgt durch Privatärzte. Kleine Züchter können ihre Hilfe jedoch nicht in Anspruch nehmen, da die Preise zu hoch sind. Hauptmittel der Prophylaxe und Hygiene sind Sauberkeit in den Ställen, Desinfektion und einwandfreie Futteraufbewahrung. Die Aufsicht über alle Pelztierfarmen obliegt dem staatlichen Kreistierarzt. Große Farmer sind meist selbst veterinärmedizinisch ausgebildet. Für diagnostische Untersuchungen haben Aktiengesellschaften Laboratorien eingerichtet. Als Vorbeugungsmittel werden sehr stark Antibiotica verfüttert; ebenso stark sind in den Rationen Vitamine und Spurenelemente enthalten. Neben den Infektionskrankheiten treten folgende Krankheiten rel. häufig auf: Hitzschlag, Gastroenteritis und Wurmbefall. Die Prophylaxe gegen Infektionskrankheiten sieht vor: Gegen Pest – Injektion verschiedener Vaccinen; gegen Botulismus – Verabreichung von Antitoxin S-Toxoid; gegen Virus-Enteritis des Nerzes – Verabreichung von Antibiotica und Sulfonamide; gegen die Aleuten-Krankheit des Nerzes – Desinfektion der Ställe und vor allem Rattenbekämpfung. R. Filina. 5301.

Schulenburg, Karl-Heinz. **Die Nerzzucht in den USA und hier bei uns.** Dtsch. Pelztierzüchter **36** (1962) Nr. 12. S. 225–228.
Betriebsvergleiche sollten heute auf internationaler Basis vorgenommen werden. Es ist festzustellen, daß sich die Fütterungsmöglichkeiten in Europa

und Amerika grundsätzlich unterscheiden. So stellt sich der Futterkostenanteil pro Fell für den amer. Züchter 50—60% höher als in Deutschland. Doch ist das Futter qualitativ besser, wodurch sich wieder in Typ und Qualität hochwertige Felle erzeugen lassen. Man wird in Amerika niemals billige Futterkosten erreichen, muß daher besser bezahlte Nerze erzeugen. Andererseits wird man in Deutschland nicht die Möglichkeit haben, so wie in Amerika zu füttern. So sind die Zerealien im Gegensatz zu europäischen Verhältnissen dort außerordentlich billig, der Preis erreicht knapp die Durchschnittsfutterkosten. Antibiotica werden in den USA vielfach nicht als Dauergabe, sondern 2mal monatl. jeweils 3 Tage hintereinander in einer Menge von 5 mg/Tier gegeben. Die Futterbeschaffung wird vielfach über Futterzentralen und -genossenschaften vorgenommen, die den Farmen das Futter mit Tankwagen zustellen. Kostenmäßig entstehen den angeschlossenen Betrieben keine größeren Ausgaben als bei eigener Futterzubereitung, doch nehmen diese Futterzentralen den Züchtern viel Mühe, Sorge und Zeit ab. Man rechnet in den USA mit Futterkosten in Höhe von $ 7,5—9 pro erzeugtes Nerzfell.

H. Zimmermann. 5302.

Anonym. **Die Mutationsnerzzucht in den USA.** Pelzgewerbe [N.F.] **13** (1962) Nr. 3. S. 117–119.
Z. Z. setzt sich die Welternte an Nerzfellen zu 2% aus Wildfellen, zu 18% aus Standardfellen und zu 80% aus Mutationsfellen zusammen. Graue Felle kamen 1942 erstmalig auf den Markt, ab 1945 wurden Blufrost und Koh-i-nur, ab 1946 braune Mutationsfelle angeboten. Werbung und Absatz wird für die Züchter von Mutationsnerzen durch die Emba-Nerzzüchter-Organisation, der über 5000 Mitglieder angehören, vorgenommen. Auf den Auktionen erscheint jetzt ein Angebot von 45 Farbschattierungen. Die Nerzproduktion der USA umfaßt 6445000 Felle und schlüsselt sich folgendermaßen auf: Dark 17,9%, Saphir 9,0%, Gunmetal 5,8%, Silverblue 1,7%, Pastell 47,3%, Palomino-Buff 3,7%, Homo-Saphir 1,0% Weiß 2,9%, Pearl 5,8%, Lavender-Hope 1,9%, Verschiedene 2,9%.

H. Zimmermann. 5302.

Johansson, Ivar. Korsning mellan inavelslinjer. **(Kreuzung zwischen Inzuchtlinien.)** Våra Pälsdjur **33** (1962) Nr. 14. S. 363–365. — 1 Tab.
1959 und 1960 wurden in 4 schwedischen Nerzfarmen Inzuchtversuche mit Vollgeschwisterpaarung durchgeführt. I. allg. ergab sich ein erhebliches Maß an Inzuchtdegeneration. Nur in einem der Betriebe war es möglich, die Vollgeschwisterpaarung bis zur 3. Generation fortzusetzen. Auf einer Farm wurden 1961 Kreuzungen zwischen Inzuchtlinien vorgenommen. F_1-Tiere aus diesen Paarungen wurden 1962 miteinander gepaart. Bei den F_1-Tieren ergab sich ein unbefriedigendes Aufzuchtergebnis. Bei den F_2-Tieren war dies nicht der Fall; sie waren auch in der Gewichtsentwicklung besser als die F_1-Tiere und die durch 1 bis 3 Generationen ingezüchteten Tiere. In der Pelzmasse waren sie gut, in der Farbe etwas heller als der Durchschnitt. Auf diese Merkmale war in dem Inzuchtbestand aber auch nicht selektiert worden. Die Möglichkeiten und Schwierigkeiten der Anwendung der Inzucht bei Nerzen werden diskutiert. Der vorgenommene Versuch mit einer geringen Tierzahl läßt keine Folgerungen bez. der praktischen Anwendbarkeit des Verfahrens der Hybridzüchtung bei Nerzen zu. J. K. Hinrichsen. 5302.

Mørk, Knut. Planlegging av felleskjøkken. **(Die Planung einer gemeinsamen Futterküche.)** Norsk Pelsdyrbl. **36** (1962) Nr. 22. S. 359–362. — 7 Abb.
Im Arbeitsbereich einer gemeinsamen Futterküche sollen wenigstens 3000 Fähen vorhanden sein. Diese Zahl kann dann unterschritten werden, wenn die Entfernung zu den Betrieben bes. gering ist und sich die Transportkosten entspr. verringern. Der Bau kann in Etagenbauweise und als Flachbau erfolgen. Für die erstgenannte ist ein Gefälle des Baugeländes von 1:4 Voraussetzung. Bei beiden Systemen muß vermieden werden, daß die Futtermittel

von Hand bewegt werden müssen. Hierzu müssen die Mühlen bei Flachbauweise in den Boden versenkt werden. Von dort zum Mischer müssen die Futtermittel mit Hilfe einer Pumpe oder eines Förderbandes bewegt werden. Trockenfutter kann auch in Silos geblasen werden. Die Flachbauweise ist billiger, erfordert aber eine bessere techn. Ausstattung. Bei der angegebenen Arbeitskapazität sind 2 AK zur Bedienung notwendig. In der Zeit vom Setzen bis zum Pelzen ist es notwendig, tägl. das Futter zu den Farmen zu bringen. Danach genügt es, wenn jeden 2. Tag angeliefert wird. Von Aug. an kann die Auslieferung am Sonntag unterbleiben. In jedem Fall muß das Futter vor 15 Uhr auf der Farm sein. Die Anlage sollte so groß bemessen werden, daß eine Ausdehnung der Kapazität möglich ist. J. K. Hinrichsen. 5302.

Helgebostad, A., Gjønnes, B. und Svenkerud, R. R.; Oslo, Norges Veterinaerhøgskole, Inst. for Biokjem; Inst. for Patol., Forsøksgarden for Pelsdyr. Foringsanemi hos mink. Symptomer, patologi og terapi. **(Fütterungsanämie beim Nerz. Symptome, Pathologie und Therapie.)** Nord. Veterinärmed. **13** (1961) Nr. 11. S. 593-603. — 5 Abb., 8 Lit.
Die Verfütterung großer Mengen von Köhler, Wittling, Schellfisch in rohem Zustande an junge Nerze bewirkte bei 20—40% der Tiere Anämie. Mit dem gleichen Futter während der Trächtigkeit und Säugezeit gefütterte Fähen wurden ebenfalls in 2—8 Wochen anämisch. Die klinischen Erscheinungen kennzeichneten sich durch Abmagerung, verminderten Appetit, anämische Schleimhäute und Hautblässe an den Pfoten, Pigmentabnahme am Unterpelz, weiche Konsistenz des Kotes, niedrige Serumeisen-, Hb-, Hämatokrit- und Erythrocytenwerte, während die Zahl der Reticulocyten und Leukocyten erhöht war. Die pathologisch-anatomische und -histologische Untersuchung ergaben ein anämisches Bild: Blutungen in der Magenschleimhaut, Schwellung der Mesenteriallymphknoten, Degeneration der parenchymatösen Organe, Zellinfiltrate in Leber und Milz sowie in hochgradigen Fällen Nekrosen in der Leber. Die Anämie ließ sich durch Kochen der Fische und durch Verabreichung von Fe verhüten. Das Kochen scheint besondere, im Fisch vorhandene Faktoren zu inaktivieren, die die Ausnutzung des Fe im Futter verringern. Fe kann in Form von Eisensulfat gegeben werden: 20 mg in 1%-iger Lösung jeden 2. Tag. Parenteral werden 10—20 mg Fe zweimal im Laufe von 14 Tagen verabreicht. Chr. Lehnert. 5302.

Anonym. **Jahressammelband zu allen Fragen der Nerzzucht einschließlich Bezugsquellennachweis.** Amer. Fur Breeder, Sonderh. Fur Farm Guide Book **35** (1962) Nr. 13. S. 1-164.
Jahressammelband zu allen Fragen der Nerzzucht einschließlich Bezugsquellennachweis. 5302.

Hergenhahn, Ch. **Züchtung von Chinchillas.** Chinchilla-Zucht **5** (1962) Nr. 12. S. 138-144. 5318.

Zimmermann, W. **Leistungssteigerung und Qualitätsverbesserung in der Chinchillazucht.** Dtsch. Pelztierzüchter **36** (1962) Nr. 12. S. 221-225. — 4 Abb.
In der Chinchillazucht sind in erster Linie Körperbau und Größe der Zuchttiere zu verbessern, da nur robuste Tiere größere Würfe in regelmäßiger Folge erwarten lassen. Nach der Leistungssteigerung erst ist eine Qualitätsverbesserung anzustreben. Im Alter von 6 Mon. sollen die Tiere ein Gewicht von 500—600 g erreicht haben. Im Jahr sind durchschnittl. 3—4, seltener 5—6 Jungtiere pro Weibchen zu erwarten. In der Fellfarbe ist bes. auf Ausbreitung und Muster des Schleiers, Breite und Gleichmäßigkeit des Bandes, Farbe des Bandes, Farbe der Unterzone und Gesamtfarbe zu achten. Die Verbesserung der fellmäßigen Beschaffenheit hat sich auf Gleichmäßigkeit der Behaarung, Rauche und gleichmäßige Abgrenzung einer möglichst schmalen

Wamme zu erstrecken. Planmäßige Zuchtarbeit ist hierzu erforderlich. Als Zuchtmethoden kommen Verdrängungszüchtung, Wechselzüchtung, Gebrauchszüchtung, Neukombination und Rotationszüchtung in Betracht, wobei jedoch die Rotationszüchtung in der Chinchillazucht keine große Bedeutung erlangen wird. H. Zimmermann. 5318.

Schmidt, Fritz. **Fellqualität und Fellproduktion in der Chinchilla-Zucht.** Dtsch. Pelztierzüchter **36** (1962) Nr. 11. S. 204–206. — 1 Abb.
Da die Hauptmasse der vorhandenen Chinchillas vor allem fellmäßig noch nicht die Vorbedingungen für eine Hochzucht erfüllt, erscheint die Einführung des Herdbuches verfrüht. Der Markt wird von den Chinchillafellen nur hochwertige Qualitäten aufnehmen können, die die Bedingungen für einen Spezialartikel der teuren Linie erfüllen. Zweitklassige Felle abzusetzen, wird einmal sehr schwierig werden, womit sich ein grundlegender Unterschied zur Nerzzucht ergibt. Man rechnet damit, daß jährl. ca. 250000 Chinchillafelle abzusetzen sein werden, so daß nur die höchsten Qualitäten gefragt sein dürften. H. Zimmermann. 5318.

Kast, A. **Leukose beim Chinchilla.** Berliner Münchener tierärztl. Wschr. **75** (1962) Nr. 21. S. 414–415. — 3 Abb., 1 Tab., 8 Lit.
Ein 4,5 Jahre altes männl. Chinchilla ging nach 2monatiger fortschreitender Abmagerung und Freßunvermögen ein. Bei der Sektion des vollständig abgemagerten Tieres fanden sich Lymphknotenschwellungen, speckige Veränderungen in der Darmwand, hirsekorngroße Herde in den Nieren und fibrinöse Verklebungen zwischen Herz und Herzbeutel. Histol. waren lymphoblastäre Wucherungen nachzuweisen. Das Niereninterstitium wies einzelne herdförmige Infiltrate von Tumorzellen auf, Milz, Herz und Lungenkapillaren zeigten ebenfalls Tumorzellinfiltrate. In der Darmwand waren die Muskelschichten weitgehend durch Tumorgewebe verdrängt. Als Nebenbefund wurde bei dem Tier eine Infektion mit *Pseudomonas aeruginosa* und *Giardia duodenalis* festgestellt. H. Zimmermann. 5318.

Baevskij, Ju. V. (Bajewski, Ju. W.) Nabljudenija nad nekotorymi stadijami vnutriutrobnogo razvitija sobolja. **(Beobachtungen einiger Stadien der Entwicklung des Zobels im Mutterleib.)** Trudy Instituta morfologii životnych im. A. N. Severcova. Akademija nauk SSSR, Moskva **30** (1960) S. 246–269. — 1 Abb., 3 Tab., 47 Lit. 5323.

G. BIENEN

Wahl, O.; Marburg/Lahn, Lehr- und Versuchanst. für Bienenzucht. **Heinrich Freudenstein. Zur 100. Wiederkehr seines Geburtstages am 1. Februar 1963.** Dtsch. Bienenwirtsch. **14** (1963) Nr. 1. S. 5–9. — 5 Abb. 5402.

Diekmann, R. H. **Frühgeschichtliche Klotzbeuten im Germanenhof (1. Jahrhundert) zu Oerlinghausen im Teutoburger Walde.** Westf. Bienenztg. **76** (1963) Nr. 1. S. 9–10. — 1 Abb.
Aus der ältesten Urkunde von Oerlinghausen vom 25. 5. 1036 geht hervor, daß die Bauern von ihren Bienenstöcken Wachs an das Kloster ablieferten. Die Bienen wurden in Klotzbeuten, abgeschnittenen hohlen Baumstämmen, gehalten. Im Moor bei Edewächterdamm b. Oldenburg wurde eine Klotzbeute aus dem 4.–5. Jh. gefunden. Sie besteht aus Buchenholz, ist 1 m hoch, und hat einen Dmr. von 30 cm. Man fand Waben und Reste von Weidenruten, die man als „Rähmchen“ von ovaler Form deutet, und die in die Röhre, die oben mit einem Deckel mit Eichenpflöcken versehen war, hineingeklemmt wurden. An der Vorderseite sind auf viertel und halber Höhe zwei Fluglöcher angebracht. Oberhalb des oberen Flugloches befinden sich 3 Bohrlöcher, über deren Bedeutung man sich nicht klar ist. 4 derartige Klotzbeuten,

material- und stilgerecht hergerichtet und aufgestellt, finden sich in dem1937/38 ausgegrabenen und als Freilichtmuseum hergerichteten ersten Germanengehöftes in Oerlinghausen. G. Droege. 5404.

Dreher, K. **Die Erfahrungen mit der Carnica in Deutschland.** Bienenwelt [Graz] **4** (1962) Nr. 11. S. 245–253.
Die Carnica wurde erstmals in den Jahren vor der Jahrhundertwende nach Deutschland gebracht. Die umfangreichen Importe dieser Zeit endeten meist mit einer Enttäuschung, vor allem durch das Enstehen stechwütiger Bastarde durch Kreuzungen mit der heimischen Biene. In den 20er Jahren kam die Carnica erneut nach Deutschland. Durch Sklenar und seine Anhänger wurde der Wert dieser Bienenrasse und ihre Behandlung aufgezeigt, was wesentlich zur schnellen Verbreitung beitrug. Zum wenigen Carnica-Material, das in Deutschland den Zusammenbruch 1945 überstand, kamen nach dem Kriege illegale Importe. Sie sind die Grundlage der heutigen Carnicazucht. Die Merkmalsuntersuchung (Körung) trug wesentlich zur Reinzucht dieser Rasse bei. In Westdeutschland werden jährl. 60000 Königinnen gezüchtet, die zu 98% der Carnicarasse angehören. Von den verschiedenen Herkünften der Carnica ist die österreichische aus Kärnten und Steiermark die leistungsfähigste. Folgende Eigenschaften machten die Carnica in Deutschland bes. begehrenswert: Sanftmut und ruhiger Wabensitz, die Anflugtreue gegenüber anderen importierten Rassen, eine 30% höhere Ertragsleistung gegenüber der Landbiene. Durch eine schnelle Frühjahrsentwicklung ist sie bes. zur Ausnutzung von Früh- und Vorsommertrachten geeignet. Vor- und nachteilig kann sich das empfindliche Reaktionsvermögen der Carnica gegenüber Umwelteinflüssen auswirken. Vf. vertritt die Meinung, daß ein Nachschub von gutem Zuchtmaterial aus dem heimatlichen Zuchtgebiet notwendig ist. Für diese Importe müssen von österreichischer Seite bestimmte organisatorische, züchterische und verterinärhygienische Voraussetzungen geschaffen werden, wenn die Einfuhrgenehmigungen von deutscher Seite ermöglicht werden sollen. Damit könnten auch die illegalen Importe und die damit verbundene Geschäftemacherei verhindert werden. Als Fernziel könnte ein Materialaustausch zwecks gemeinsamer Leistungsprüfung in Frage kommen.
K. Steiner. 5406.

Wellert, Franz. **Bienenzucht in Schweden.** Bienenvater [Wien] **83** (1962) Nr. 10. S. 267–268.
Schweden ist wegen seines unbeständigen Wetters und seiner kurzen Sommer und langen Winter ungünstig für die Imkerei. Die Zahl der Imker, meist nebenberuflich, geht stark zurück. Nach guten Honigjahren kommt es zu Absatzschwierigkeiten. Es wird Honig höchster Qualität gefordert. Der Imkerbund gibt Honigetiketts nur an die Imker ab, die ihren Honig regelmäßig auf Reinheit, Echtheit und Qualität prüfen lassen. Von der Bevölkerung wird nur der kristallisierte Honig als echt angesehen und gekauft. Neuerdings mieten die Landwirte Bienenvölker für die Bestäubung, sie zahlen die Transportkosten und je Volk in einer Saison skr. 30—35. Die Beuten sind für die Wanderung jedoch ungeeignet (Zu schwer, Rähmchen nicht gedrahtet, Mittelwände nur mit Wachs eingelötet). Die heimische schwarze Biene ist stark bastardiert, weil laufend Italiener-Königinnen aus Amerika eingeführt werden. Der Süden Schwedens hat gute Trachtquellen. Raps, Klee, Erika, Waldbeeren, Fichte, Linden, Ahorn, Kastanie etc. und Obst. In der Zeit der kurzen Nächte arbeiten die Bienen im Norden sehr lange und erzielen zuweilen hohe Erträge (70 kg/Volk). G. Droege. 5406.

Schweisheimer, W. **Bienen und Honig in Amerika.** Bienenvater [Wien] **83** (1962) Nr. 10. S. 272–273.
In den Vereinigten Staaten betreuen ca. 800000 Bienenzüchter ca. 50 Mill. Bienenvölker. Diese produzieren ca. 600 Mill. Pfund Honig, wovon sie 430 Mill.

Pfund selbst verbrauchen. Der durchschnittl. Ertrag liegt bei ca. 50 Pfund je Volk. Es gibt ca. 250 verschiedene Honigsorten. Haupthonigquelle ist der Klee (60%). Sehr viel Honig wird in Californien geerntet. Neben der menschlichen Ernährung dient der Honig als Zugabe in allerlei Backwerk, bei der Tabak- und Lederherstellung, für Konserven etc. Er dient als Geschmackskorrigent für Medizinen und macht den Onyx dunkler und damit wertvoller. Weißer Honig ist am teuersten. Meist werden aber Mischungen verkauft. Der Honig wird an große Vertriebsgeschäfte abgegeben oder am Rande großer Autostraßen direkt verkauft. In Karolina wird nach alter Sitte der erste Honig des Jahres an den Haushund verfüttert (Prüfung seiner Bekömmlichkeit). G. Droege. 5406.

Darchen, R. und Louis, J.; Bures-sur-Yvette, Stat. de Rech. Apicoles. Les Mélipones et leur élevage. Melipona – Trigona – Lestremelitta. **(Die Züchtung der Meliponen [Melipona, Trigona, Lestremelitta].)** Ann. Abeille 4 (1961) Nr. 1. S. 5–39. – 10 Abb., 6 Tab., 7 Lit.

Zusammenstellung von systematischen, biol. und züchterischen Erfahrungen mit stachellosen Bienen, die bes. in der afrikanischen und südamerikanischen Fauna eine Rolle spielen. Neben der Ermittlung wiss. Ergebnisse wurde auch festgestellt, daß die Meliponen als Nutztiere verwendet werden können. Wachs hat die gleichen Eigenschaften (und läßt sich auch verwenden) wie von Apis sp. Der Honig enthält mehr Wasser als bei Apis sp., sein pH-Wert liegt bei 4,1, die Ausbeute bei *Melipona fulvipes* beträgt 13 – 14 kg/Jahr, bei *Trigona capitata* ca. 6 kg. F. Lüpnitz. 5410.

Rihar, J.; Ljubljana, Yougoslavie, Inst. Agronom. de Slovénie. Recherches biométriques sur la couleur des abeilles carnioliennes en Yougoslavie (Apis mellifica var. carnica POLLM). **(Biometrische Untersuchungen über die Farbe von jugoslawischen Bienen [Apis mellifica var. carnica].)** Ann. Abeille 4 (1961) Nr. 1. S. 41–50. – 2 Abb., 5 Tab., 23 Lit.

Die Untersuchungen und Messungen wurden am 2. Tergit adulter Tiere (bes. nach der Methode Goetze) durchgeführt. Dabei wurden mögliche Veränderlichkeiten bzw. Unveränderlichkeiten sowohl an heimischen als auch an eingeführten bzw. Mischrassen festgestellt. Keinen Einfluß auf die Färbung haben Jahreszeit bzw. Temperatur. Dagegen sind Tiere aus Berggebieten bzw. höheren Lagen weniger pigmentiert als Tiere aus dem Flachland und den Küstengebieten. Die Tergitfärbung kann als systematisches Merkmal verwendet werden, wodurch Ökotypen und auch Unterrassen zu differenzieren sind. F. Lüpnitz. 5410.

Kotogjan, A. M. Sravnitel'naja charakteristika kavkazskich populjacij pčel. **(Vergleichende Beschreibung der kaukasischen Bienenpopulationen.)** Tr. Arm. n.-i. in-ta životnovodstva i veterinarnii 4 (1960) S. 27–34. – Aus: Referativnyj žurnal. Biologija, Moskva **1962** Nr. 4. L 142. S. 20.

In Armenien sind 2 Bienenrassen verbreitet: in der Gebirgszone die Graue Armenische Biene und in den Niederungsbezirken die Gelbe Armenische Biene. Die Graue Armenische Biene ähnelt der abchasischen, sie hat einen $6{,}82 \pm 0{,}01$ mm langen Rüssel, vermehrt sich in den trockenen kontinentalen Gegenden der Republik gut und überwintert ohne großen Totenfall, sie zieht ihre Nachzucht besser als andere Populationen auf, ist sehr fleißig und friedlich. In den Gebirgs- und Vorgebirgsgegenden wird die Gelbe Armenische Biene mit der Grauen Armenischen Biene gekreuzt, sie kommt aber in den Niederungsbezirken in reinerer Form vor. Der Rüssel der Gelben Bienen wird bis zu 8 mm lang, im Durchschnitt beträgt seine Länge $7{,}182 \pm 0{,}021$ mm. Diese Biene ist sehr fleißig, ihre Fähigkeit, Nektar zu sammeln, ist noch etwas höher als die der Grauen Armenischen Biene. Sie übersteht den Winter gut.

übersetzt v. Th. C. Boetticher. 5410.

Mel'ničenko, A. N. (Melnitschenko, A. N.); Moskau, Lenin-Akad. der Landwirtsch.-Wiss. Glaza pčel i solnečnyj svet. **(Bienenaugen und Sonnenlicht.)** Pčelovodstvo, Moskva **39** (1962) Nr. 9. S. 18–20. – 1 Abb., 1 Tab. Untersucht wird die gesetzmäßige Adaptions- und Akkomodationsfähigkeit der Facettenaugen der drei Bienenwesen. Es wurde ermittelt, daß Drohnenaugen die höchste Facettenanzahl aufweisen (z.B. bei den Grauen Grusinischen Hochgebirgsbienen 8399 – 10186), es folgen die Arbeitsbienen (mit 3902 – 5270) und die Königinnen (mit 2862 – 3872). Ferner wurde festgestellt, daß die Anzahl der Facetten mit jedem Breitengrad von Süden nach Norden um 60 bei Arbeitsbienen, um 43 bei Drohnen und um 41 bei Königinnen zunimmt. Demzufolge besteht eine Korrelation zwischen der Aufnahmefähigkeit der Bienenaugen und der Intensität des Sonnenlichtes. H. Gentz. 5425.

Wenner, Adrian M.; Santa Barbara, Univ. of Californien. Communication with queen honey by substrate sound. **(Verständigung bei Honigbienenköniginnen durch Substrat-Schall.)** Science [Washinton] **138** (1962) Nr. 3538. S. 446–448. – 1 Abb., 6 Lit.
Eine gekäfigte Königin wurde in einem Beobachtungsstock festgesetzt, der bereits eine unbegattete Königin enthielt. Die gekäfigte Königin antwortete auf künstliches Tüten, das durch ein außen am Stock in der Nähe des Rähmchenträgers (in ca. 10 cm Entfernung vom Käfig) befestigtes Mikrophon übertragen wurde. Befand sich das Mikrophon 5 cm über der Wabe in der Luft, erfolgte keine Antwort. Es wird also nur durch das Substrat übertragener Schall aufgenommen. Die Frequenz kann geändert werden. Die Königin antwortet zwischen 600 und 2000 Schwingungen/Sek. Der Tütrhythmus muß gewahrt bleiben (1mal lang, mindestens 5mal kurz), um Antwort zu erhalten, dabei erwidert die Königin im Käfig mit Quaken, obwohl sie schon geschlüpft ist. Auf vorgespielten Quakrhythmus wird nicht reagiert.
M. Biedermann. 5425.

Rope, C. G.; Auckland, New Zealand, Dep. of Agric. factors governing successful beekeeping. **(Faktoren, die für eine erfolgreiche Bienenhaltung entscheidend sind.)** New Zealand J. Agric. **105** (1962) Nr. 3. S. 227–229. – 2 Abb.
Die Nektarquellen sollen möglichst nicht weiter als ½ mile vom Bienenstand entfernt sein. Die Bearbeitung der Völker hat sich nach der Tracht zu richten. Der Platz soll trocken, sicher vor Hochwasser und Bränden, nicht zu hoch gelegen, windgeschützt sein und nicht in einem Kälteloch liegen. Auf Bienenkrankheiten, bes. die amer. Faulbrut, ist ständig zu achten, und ggf. sind Gegenmaßnahmen zu ergreifen. Der richtige Futtervorrat zu entspr. Jahreszeit ist wichtig. In das Brutnest gehören nur Arbeiterwaben. Nur starke Völker bringen Überschüsse. Die Königinnen müssen jung, gesund, kräftig sein. M. Biedermann. 5430.

Milev, N. (Milew, N.) Kolko magazina da postavjame ? **(Wieviel Honigräume sollen wir aufstellen ?)** Pčelarstvo, Sofija 8 (1962) Nr. 6. S. 11–13. – 3 Abb.
Wenn die Haupttracht reichlich ist, füllen starke Bienenvölker die Honigwaben innerhalb von 2 – 3 Tagen mit Nektar; der Bienenflug läßt nach. Vf. stellte einen zweiten Honigraum auf, und der Flug der Bienen nahm zu. Die Erträge erhöhten sich wesentlich und verdoppelten sich sogar im Vergleich zu denen von Völkern mit einem Honigraum. N. Platikanow. 5430.

Brückner, F. **Gründung der Zuchtsektion des OÖLBZV.** Bienenvater [Wien] **84** (1963) Nr. 1. S. 15–17. 5455.

Meier, Rudolf; Regensdorf. **Wo soll eine Belegstation errichtet werden?** Schweiz. Bienen-Ztg. [N.F.] **86** (1963) Nr. 2. S. 62–64. 5470.

Kostarev, G. K. (Kostarjow, G. K.); Baschkir. Versuchsstat. für Bienenzucht. Zimovka pčel na raznych kormach. **(Überwinterung der Bienen bei**

verschiedener Futterzusammensetzung.) Pčelovodstvo, Moskva **39** (1962) Nr. 9. S. 11–13. – 2 Tab.
Als Versuchstiere dienten 3 Gruppen mit je 8 Völkern. Gr. I erhielt reinen Honig, Gr. II 50% Honig und 50% Zucker, Gr. III nur Zucker. Ergebnisse: Totenbefall (Stichtag 2. März) Gr. I – 1106, Gr. II – 665, Gr. III – 604; Kotrückstände im Darm: Gr. I – 42,9 mg, Gr. II – 25,3 mg, Gr. III – 23,7 mg; Brutaufzucht (Stichtag 23. Mai): Gr. I – 15143 verdeckelte Brutzellen, Gr. II – 16462, Gr. III – 15400. In ökonomischer und sanitärer Hinsicht überwinterte Gr. II am besten. H. Gentz. 5485.

Babič, I. A. (Babitsch, I. A.); Ukrain. Versuchsstat. für Bienenzucht. Opyt predupreždenija roenija. **(Versuch einer Schwarmverhinderung.)** Pčelovodstvo, Moskva **39** (1962) Nr. 7. S. 13–16. – 1 Tab.
Einen wesentlichen Faktor zur Verhütung des Schwärmens sieht Vf. in der Unterstützung des Bestrebens der Bienen, ihr Brutnest zu durchlüften. Es wird von Versuchen berichtet, wo den Versuchsvölkern die Wärmeregulierung durch Anwendung einfacher Verfahren erleichtert wird. Die wichtigsten davon waren verstärkte Durchlüftung der Beuten durch Erweiterung des Brutnestes mit Mittelwänden und Dezentralisation der verdeckelten Brut, Aufstellung der Beuten mit Flugloch nach Norden sowie Aufstellung im Schatten von Bäumen oder Beschattung durch einfache Schutzvorrichtungen, rechtzeitige Entnahme von Honig. Während des Versuches blieben alle Versuchsvölker im Arbeitszustand, während in der Kontrollgruppe bei der üblichen Bearbeitungsweise 3 Völker in Schwarmstimmung kamen. Bemerkenswert ist der Ertragsunterschied: Versuchsgruppe 42,4 kg Honig und 563 g Wachs je Volk, Kontrollgruppe 27,3 kg Honig und 371 g Wachs je Volk.
H. Oschmann. 5492.

Veličkov, V. (Welitschkow, W.); Widin, Bulgarien, Landwirtsch. Versuchsstat. Izpitvane efekta ot proletnoto podbuditelno podchranvane na pčelnite semejstva sŭs zacharen sirop i naj-podchodjasti chranilki za sŭštoto. **(Prüfung des Effektes der Frühjahrsreizfütterung der Bienenvölker mit Zuckerlösung und geeignetste Futtergefäße hierzu.)** Izvestija na Selskostopanskija naučnoizsledovatelski institut – Kneža, Sofija 4 (1962) S. 237–244. – 1 Abb., 6 Tab., 13 Lit. Zus. in Russ., Engl.
4 Gruppen von je 3 Bienenvölkern wurde vom 23. März – 14. Apr. jeden 2. Tag 200 g je Volk Zuckerlösung als Reizfutter in vier verschiedenartigen Futtergefäßen gegeben. Eine fünfte Gruppe, ebenfalls von 3 Völkern, diente zur Kontrolle. Ergebnisse (in Klammern Kontrollgruppe): durchschnittl. Brut je Volk zu Beginn der Reizfütterung 963 (1000) Zellen, bei Beendigung der Reizfütterung 19068 (16668) Zellen; Bruttohonigertrag 26,63 (19,33) kg; im Brutraum ausgebaute Waben 4,75 (3,66). Zustand bei der Einwinterung: besetzte Wabengassen 5,67 (5,67); Honig 9,62 (8,91) kg.
N. Platikanow. 5494.

Lehner, M.; Stuttgart. **Erfahrungen mit der Futterdose.** Bienenwelt [Graz] **5** (1963) Nr. 2. S. 41–42. – 1 Abb. 5494.

Maurizio, Anna; Liebefeld-Bern, Bienenabt. From the raw material to the finished product: Honey. **(Vom Rohmaterial zum fertigen Produkt: Honig.)** Bee Wld. **43** (1962) Nr. 3. S. 66–81. – 11 Abb., 66 Lit.
Das Ausgangsmaterial für Honig ist Nektar und Honigtau, beide gehen auf die gleiche Quelle zurück, den Siebröhrensaft der Pflanzen, auf dessen Zusammensetzung kurz eingegangen wird. – Der Nektarienbau wird beschrieben. Frischer Nektar enthält Saccharose, Fructose und Glucose in für die verschiedenen Pflanzen charakteristischen Mengenverhältnissen, außerdem zuckerspaltende Fermente (bei deren Tätigkeit auch Tri- und Oligosaccharide entstehen), so daß bei Lagerung noch andere Zuckerarten auftreten. – Honig-

tau enthält andere Zucker als der Siebröhrensaft, bedingt durch die Fermente der ihn erzeugenden Pflanzensauger. Die Zuckerzusammensetzung kann bei verschiedenen Pflanzensaugern, die auf der gleichen Pflanze leben, unterschiedlich sein. – Dem gesammelten Nektar oder Honigtau gibt die Biene Fermente aus ihren Hypopharynxdrüsen zu. Diese sind aktiver als die im Nektar enthaltenen und bewirken weitere Zuckerspaltungen und den Aufbau von höheren Zuckern. Das Zuckerspektrum des reifen Honigs ist also das Ergebnis einer ganzen Reihe enzymatischer Vorgänge. Er enthält Fructose und Glucose in nach der Herkunft verschiedenen Mengenverhältnissen als Hauptbestandteile, Saccharose bis ca. 5%, ferner Maltose, Melezitose (in manchen Waldhonigen 4–11%), Raffinose u. a. sowie die sog. Honigdextrine. Die Ergebnisse basieren auf – z. T. quantitativen – papierchromatographischen Untersuchungen. M. Biedermann. 5496.

Barbier, E. C. und Pangaud, Claude-Yolande; Nice, Lab. Apicole. Origine botanique et caractéristiques physicochimiques des miels. **(Pflanzlicher Ursprung und physiko-chemische Charakteristica des Honigs.)** Ann. Abeille 4 (1961) Nr. 1. S. 51–65. – 9 Tab., 13 Lit.
Die Untersuchung nordafrikanischer sowie süd- und mitteleuropäischer Honigernten ergab, daß verschiedene Trachtpflanzen dem Honig bestimmte Charakteristica aufprägen, die sich durch Farbe, pH-Wert und Neutralisationskurve der freien Säuren ausdrücken. Von bes. Bedeutung ist dabei die Pollenuntersuchung gewesen, die auf Mischhonig hinwies. Der pH-Wert lag zwischen 3,3 und 5,0, die Pollenzahl bei 10 g zwischen 1700 und 269800. F. Lüpnitz. 5496.

Sorokin, P. Chromatografski izsledvanija na pčelen med. **(Chromatographische Untersuchungen von Bienenhonig.)** Izvestija na Centralnija veterinaren institut za zarazni i parazitni bolesti, Sofija **5** (1962) S. 77–80. – 2 Abb., 5 Lit. Zus. in Russ., Engl.
In 76 von insgesamt 80 Bienenhonigproben wurde chromatographisch die Anwesenheit von Fructose und Glucose leicht und schnell festgestellt. Bei den restlichen mit bitterem Geschmack behafteten 4 Honigproben wurden außerdem noch Saccharose und Maltose nachgewiesen. Z. Tomow. 5496.

Stehle; Stuttgart. **Rähmchen und Beute. I.** Bienenpflege **1963** Nr. 1. S. 8 bis 10.
Die Zahl der Beuten und Maße ist fast unübersehbar. Notwendige Verbesserungen und Änderungen in Trachtverhältnissen oder Betriebsweisen geben immer neuen Anstoß zu Neuerfindungen. Von einer Beute muß gefordert werden, daß sie bienengerecht gebaut, leicht, stabil und warmhaltend ist und die Betriebs- und Anschaffungskosten billig sind. Sie muß eine leichte Handhabung gewährleisten und ohne Umstände wanderfähig gemacht werden können. Sie muß groß genug sein und die zweckmäßige Rähmchengröße besitzen. Über Rähmchenmaß und Beute entscheiden in erster Linie Standort und Tracht. Nach Ansicht des Vf. genügen 2, höchstens 3 Maße. Imker in ungünstigen Trachtgebieten müssen wandern. Große Beuten lassen sich rel. leicht verkleinern, nicht umgekehrt. Auseinandersetzungen über Quer- und Längsbau, Ober- oder Hinterbehandlung etc. kommen erst in zweiter Linie. G. Droege. 5520.

Pulčev, K. (Pultschew, K.) Izgraždane na luksozni ramčeta. **(Bau von Luxusrähmchen.)** Pčelarstvo, Sofija 8 (1962) Nr. 7. S. 11–12.
Vf. berichtet von seiner Erfahrung im Bau von Luxusrähmchen. Er bereitet Honigräume mit Luxusrähmchen (2–3 je Rahmen im Honigraum der Magazinbeute) vor. Auf den Honigraum befestigt er ein Eisendrahtnetz. Unmittelbar vor der Haupttracht legt er ein Hannemanngitter auf die oberen Leisten der Brutwaben und stellt darüber den Honigraum mit den Luxusrähmchen auf.

Danach wird die Beute zugemacht sowie das Flugloch geschlossen. Durch Klopfen (Trommeln) an beide Seitenwände der Beute werden die Bienen in den Honigraum mit den Luxusrähmchen getrieben. Wenn sie die Wabengassen dort gut besetzt haben, nimmt Vf. den Honigraum aus der Beute heraus, stellt ihn beiseite und bringt an dessen Stelle einen leeren Honigraum mit den üblichen Rahmen hinein. Darüber legt er ein Hannemanngitter und stellt auf dieses den Honigraum mit den Luxusrähmchen und Bienen auf. Unter günstigen Bedingungen bauen die Bienen die Luxusrähmchen innerhalb von 2–3 Tagen aus. Die Honigräume mit den ausgebauten Luxusrähmchen werden gesondert aufbewahrt, und wenn die Zeit zur Aufstellung der Honigräume kommt, gibt er sie den starken Bienenvölkern. Die Luxusrähmchen wurden sehr gut und gleichmäßig mit Honig gefüllt und verdeckelt.

N. Platikanow. 5520.

Kegler, M. **Die Bienenweide im neuzeitlichen Städtebau.** Garten u. Kleintierzucht, Ausg. C **1** (1962) Nr. 3. S. 8.; Nr. 4. S. 8. – 1 Tab.

Mit der Neugestaltung der Städte sollte auch die Bienenweide verstärkt Berücksichtigung finden. Es sollen keine Massentrachten geschaffen werden, sondern die Ernährungsgrundlage der Bienenvölker muß gesichert sein. Es kommt darauf an, daß die Frühjahrs- und die hochsommerlich-herbstliche Bienenweide bevorzugt werden. Im Bereich der Stadt Dresden gibt es ca. 6000 Bienenvölker. Die Imker müssen ihre Völker zur Unterstützung der Frühjahrsentwicklung mit Pollenersatzmitteln füttern. Ein erhöhtes Pollenangebot würde die Entwicklung der Völker fördern. Anschließend wandern die Imker, um landwirtsch. Kulturen zu bestäuben und um Honigerträge zu erzielen. Völker, die dann nicht genügend erstarkt sind, leisten ungenügende Bestäubungs- und Sammelarbeit. Im Hochsommer oder Herbst kehren die Imker mit den Völkern in die Stadt zurück. Die Völker brauchen jetzt zur Erzeugung gesunder Winterbienen reichlich Pollen. Deshalb ist es notwendig, auch gute Herbstpollenspender anzupflanzen. Der neuzeitliche Städtebau schafft dafür alle Voraussetzungen. Eine Reihe geeigneter Stauden und Gehölze, ihre Blütezeit sowie ihr Nektar- und Pollenwert werden genannt.

G. Pritsch. 5530.

Bindseil, Walter. **Bienenweide auf Waldkulturen.** Bienenpflege **1963** Nr. 1. S. 14–16. 5530.

Fischer, Franz; Drauchen/Stmk. **Trachtverhältnisse im Alpenland.** Bienenwelt [Graz] **4** (1961) Nr. 12. S. 268–270.; (1962) Nr. 1. S. 13–14.; Nr. 6. S. 125–126.

Die Forstverwaltungen gehen wieder dazu über, Mischwaldungen anzulegen. Das ist für die Imkerei von Bedeutung. Eine Reihe von Nektar- und Pollenspendern und ihre Qualität als Bienenweide werden angeführt. – Die Haupttracht liefert vorwiegend der Wald. 57% der Fläche der Steiermark sind Wald, meist Fichten. Der Honigertrag hängt hauptsächlich von der Witterung ab. In den Ackerbaugebieten sind die Honigerträge zurückgegangen. Die Imker wandern in die Waldtracht. Die Honigtauerzeugung der Nadelwälder ist heute Existenzgrundlage jeder Erwerbsimkerei. In guten Jahren ist der Wald als Trachtquelle unerschöpflich. Waldhonig bringt einen höheren Preis als Blütenhonig. Die Hauptlieferanten des Honigtaues sind Fichte, Tanne, Lärche, Eiche und Buche. Die Honigtauerzeuger sind die gegen Witterungseinflüsse sehr empfindlichen Blattsauger, die nur wenig empfindlichen Rindensauger (Lachniden), deren Honigtau durch Regen zwar weggeschwemmt werden kann, die selbst aber an den Bäumen festgesaugt sind und weiter Honigtau erzeugen, und die Schildläuse (Lecanien). Die Honigtauerzeugung der Großen Fichtenquirllaus dauert von Ende Apr. bis Ende Mai, die der Kleinen Fichtenquirllaus von Juni – Juli. Ihr ist die Hauptmasse des Fichtenhonigs zu verdanken. Bei Versagen der Honigtautracht können Himbeere,

Brombeere und Disteln noch eine gute Tracht liefern. Ergiebigste, aber seltene Spättracht ist die der Tanne. Einige Nektarspender kommen hinzu. Der Herbstpollen ist die Grundlage für eine gute Überwinterung. Mehr Herbstpollenspender sollten angebaut werden. Vf. erteilt Ratschläge für die Wanderung in die Trachtgebiete. Aufgelockerte Aufstellung ist dank der Massentracht nicht notwendig und nur wegen der Gefahr des Verfliegens angebracht. G. Pritsch. 5530.

Kožjakov, S. N. (Kosjakow, S. N.); Baschkir. Landwirtsch. Inst., Lehrstuhl für Forstwirtsch. Mnogosloinye strukturnye karty. **(Mehrschichtige Strukturkarten.)** Pčelovodstvo, Moskva **39** (1962) Nr. 9. S. 32—33. — 1 Zeichn.
Hinweise für die Zusammenstellung übersichtlicher mehrschichtiger Karten zur Erfassung und Kennzeichnung sämtlicher Ressourcen von Honigträgern in einem Gebiet. Die Eintragungen erfolgen durch bestimmte Symbole. Um Überschneidungen zu vermeiden, wird jede in Frage kommende Pflanzengattung auf ein gesondertes Pauspapier eingetragen. Gebietskonturen und topographische Eintragungen müssen sich genau decken. H. Gentz. 5530.

Gewinnung reiner Sortenhonige zwecks Verbesserung der Methode zur Erforschung der Bienenweideverhältnisse, Bestäubungsversuche. Berlin, Institut für Geflügel- und Pelztierzucht, Abt. Bienenkunde der Landw.-Gärtn.-Fakultät der Humboldt-Universität **1962** 29 S. Plan-Nr.: 2151 29 li 2—15. Abschlußber.
Ermittlung der samenertragssteigernden Wirkung des Bienenbefluges durch Überkäfigung von Nutzpflanzen. Direkter Ertragsvergleich der überkäfigten bienenfreien mit den überkäfigten bienenbeflogenen Pflanzenbeständen. Ergebnis: Starke Abhängigkeit von Bienenbestäubungen bes. der Kleearten und kleeartigen Futterpflanzen, ferner der Ölfrüchte und anderer. Schlußfolgerung: Einführung des planmäßigen Einsatzes von Bienenvölkern auf Saatguterzeugungsflächen insektenbestäubter Nutzpflanzen wird notwendig. 5530.

Eickmeyer, K.-A.; Gudendorf/Niederelbe. **Das Wandern mit Bienen.** Dtsch. Bienenwirtsch. **14** (1963) Nr. 2. S. 39—43. — 1 Abb.
Durch Wanderung wird die Vitalität der Völker gesteigert, Bau und Bienen überaltern nicht, durch die Unruhe steigt die Eiquote. Wanderung in eine Entwicklungstracht ist besser als Reizfütterung. Nach Herbstwanderung in Heide, Weißtanne, Gamander wintert man junge, gesunde Bienen ein. Durch das Rütteln werden Wachsmottenmaden beseitigt. Die Honigerträge können nach Ansicht des Vf. durch Wanderung um 100—200% aufgebessert werden. Wanderstände haben am besten 10—20 Völker. Sie können bei Versagen der Haupttracht aus den Nebentrachten mindestens ihren tägl. Nahrungsbedarf decken. Kleinere Stände sind zu arbeitsaufwendig. Nachteile der Wanderung sind der größere Beutenverschleiß, die höheren Kosten für Transport etc., schwierigere Bearbeitung, wenn der Imker nicht motorisiert ist, Verluste durch abgehende Schwärme. Die Vorteile wiegen die Nachteile aber bei weitem auf. Um Ertragstrachten nutzen zu können, soll man nur flugbienenstarke und brutreiche Völker mitnehmen. Die Beuten müssen erweiterungsfähig sein, um nicht so oft schleudern zu müssen. Bei Frühesttracht ist windgeschützte Südaufstellung wichtig. Die Flugrichtung soll im Raps Süden, im Sommer Osten oder Norden sein. Bei Anwanderung von Spättrachten und bei Rückwanderung aus dem Raps sowie bei Fernwanderungen muß man wegen der Gefahr des Verbrausens genügend Luft, Wasser und Trommelraum geben. Die Rückwanderung aus der Heide ist wegen der nächtlichen Kühle und der geschwächten Völker ungefährlich. G. Droege. 5540.

Wohlgemuth; Celle. **Bienenwanderung — nicht erst heute.** Dtsch. Bienenwirtsch. **14** (1963) Nr. 2. S. 38—39. 5540.

Perkiewicz, Ernst; Marburg/Lahn. **Zur Praxis der Bienenwanderung, eine kurze Darstellung.** Dtsch. Bienenwirtsch. 14 (1963) Nr. 2. S. 47–49. 5540.

Evenius; Celle. **Regelung der Bienenwanderung durch Gesetz oder Bestimmungen der Imkerverbände.** Dtsch. Bienenwirtsch. 14 (1963) Nr. 2. S. 29–35. – 1 Tab.

Aus einer Rundfrage des Deutschen Imkerbundes geht hervor, daß nur ca. 8,5% aller Mitglieder mit 10,8% des Völkerbestandes wandern. Von den Wandertrachten liegt die Waldtracht bes. im Süden an der Spitze. Es folgen in Norddeutschland die Heide, dann Obst, Raps, Klee, Feld- und Wiesentracht. Nur in 2 Bundesländern gibt es eigene Wandergesetze (Niedersachsen, Schleswig-Holstein), in den anderen Ländern haben die Landesverbände eigene Wanderbestimmungen geschaffen, deren Befolgung aber nicht mit gesetzlichen Mitteln erzwungen werden kann. Alle Vorschriften berücksichtigen den Schutz der anerkannten Belegstellen. Die Wandergenehmigung muß von örtlichen Wanderwarten oder vom Landesobmann erteilt werden. Die meisten Länder verlangen ein amtliches Gesundheitszeugnis. In einigen Ländern werden bei Auftreten von bösartiger Faulbrut und Milbe Sperrgebiete geschaffen, die das Hinein- und Herauswandern verbieten. Ihre Größe schwankt zwischen 1 und 5 km für die einzelnen Länder, die Sperrdauer 1–2 Jahre. Die Aufstellung der Völker ist weiter von der Erlaubnis des Grundstückseigentümers abhängig und kann durch Rechtsverordnungen beschränkt sein (öffentliche Wege, geschlossene Ortschaften etc.). Standgelder sollten dort, wo die Bienen Bestaubungsarbeit leisten, entfallen, auch in den staatlichen Forsten. G. Droege. 5540.

Kaeser, W.; Celle. **Wanderung und Krankheiten.** Dtsch. Bienenwirtsch. 14 (1963) Nr. 2. S. 35–37.

Tracht bedeutet rasche Abnutzung der Einzelbiene, Verstärkung des Bruteinschlages, beste Brutversorgung und kräftige Jungbienen. Je intensiver der „Bienen-Umsatz" ist, desto weniger Zeit und Gelegenheit haben Krankheitserreger, wie Milbe und Nosema, sich über die Größenordnung eines „eisernen Bestandes" hinaus auszubreiten. Wanderungen in Versorgungstrachten sind deshalb ebenso wichtig wie Wanderungen in Ertragstrachten. Die Seuchengesetzgebung macht dies jedoch in vielen Fällen unmöglich. Vf. ist der Auffassung, daß die schnelle Erkennung der Erkrankung und auch der Heilung bei Faulbrut eine kürzere Sperrung der befallenen Gebiete rechtfertigt. Bei der Milbe ist Anfangsbefall und Heilerfolg selbst mikroskopisch oft nicht feststellbar. Durch die Sperrbezirke wird die Verbreitung nicht sicher unterbunden, andererseits wird durch Trachtmangel und damit fehlendem Bienenumsatz die Krankheit stärker um sich greifen. Bekämpfungs- und Sperrmaßnahmen sollten daher so gehandhabt werden, daß sie nicht mehr Schaden anrichten als die Krankheit selbst. Bei Nosema ist eine Frühtrachtwanderung in Verbindung mit einer Heilbehandlung die beste Möglichkeit, den Parasiten zurückzudrängen. Die chem. Mittel dürfen immer nur eine „erste Hilfe" sein, damit sich das Volk leichter erholt und durch Bienenumsatz der Parasiten Herr wird. G. Droege. 5540.

Okada, Ichiji. Notes on the habits of a giant hornet (Vespa mandarinia Smith) as a noxious insect against honeybee. **(Bemerkungen über die Gewohnheiten einer sehr großen Hornisse [Vespa mandarinia Smith], einem der Honigbiene verderblichen Insekt.)** Bull. Fac. Agric. Tamagawa Univ. **1961** Nr. 2. S. 73–89. – 12 Abb., 5 Tab., 18 Lit. Orig.: jap., Ausz.: engl.

Die Hornissen-Königinnen treten in den Mon. Apr./Mai bes. in bergigem Gelände auf. Ihre Nester legen sie gern an Abhängen und Böschungen an. Ende Mai schlüpfen die ersten Hornissen-Arbeiterinnen. Sie lassen eine Arbeitsteilung erkennen. Messungen an einem Nest ergaben folgende Werte:

Breite, 59 cm; Höhe, 38 cm. Ab Sept. werden die Hornissen den Honigbienen mitunter sehr schädlich. 20—30 Hornissen vermögen die Hälfte der Arbeitsbienen eines Volkes in wenigen Stunden zu töten. Die Hornissen dringen auch in die Stöcke ein und verzehren Brut, wobei die Waben zerstört werden können. — Hornissen-Arbeiterinnen lassen bisweilen Geräusche hören, die durch ein Aneinanderreiben der beiden Mandibeln entstehen. Drohnen und junge Königinnen erscheinen im Okt./Nov. Die Drohnen überwintern nicht.
R. Bährmann. 5570.

Anonym. **Versicherungsschutz beim Wandern mit Bienen.** Dtsch. Bienenwirtsch. **14** (1963) Nr. 2. S. 49—50. 5590.

Maurizio, A.; Liebefeld bei Bern, Bienenabt. **Bienenbotanik.** Schweiz. Bienen-Ztg. [N. F.] **85** (1962) Nr. 12. S. 541—546. — 1 Tab., 15 Lit.
Es wird über die Tätigkeit der Bienenabteilung Liebefeld auf dem Gebiete der Bienenbotanik in den Jahren 1959—61 berichtet. Unter bes. Überschriften kommen folgende Themen zur Darstellung: 1. Nektarabsonderung bei Nutzpflanzen und Bestäubungsfragen, 2. Mikroskopie und Chemie des Honigs und der Honigrohstoffe, 3. Fermentphysiologische Untersuchungen an Bienen, 4. Internationale Zusammenarbeit der Bienenbotaniker. — Aus Beobachtungen über den Bienenbeflug an Rotklee geht hervor, daß beim 1. Schnitt 70% aller besuchenden Insekten, beim 2. Schnitt 50% Honigbienen waren. An 2. Stelle sind Hummel-Arten zu nennen. — In der Berichtsperiode wurden 575 Honig- und 40 Pollenproben mikroskopisch untersucht. Das bes. Interesse galt einer genauen Charakterisierung jugoslawischer Honige, die mehrfach als schweizerische Honige auf den Markt gebracht worden waren. Neben der Honigmikroskopie wurde auch der Zuckerchemie des Honigs bes. Beachtung geschenkt. Ferner wurden u. a. die Wirkungen der Mitteldarm- und Hypopharynxdrüsenfermente auf 6 verschiedene Zucker-Arten geprüft, wobei sich unterschiedliche Wirkungen beider Fermente ermitteln ließen.
R. Bährmann. 5590.

Bekämpfung der Nosematose der Honigbiene. Forsch.-Auftr. Ministerium für Ernähr., Landwirtsch. und Forsten des Landes Nordrhein-Westfalen; Bonn, Univ., Inst. für Bienenkunde. 1961.

H. SEIDENRAUPEN

Tučkova, T. G. (Tutschkowa, T. G.); Turkmen. Landwirtsch. Kalinin-Inst. K voprosu o roli kobal'ta i ioda v biologii tutovogo šelkoprjada. **(Zur Frage der Rolle von Kobalt und Jod in der Biologie des Maulbeerseidenspinners.)** Žurnal obščej biologii, Moskva **23** (1962) Nr. 5. S. **394**—395. — 8 Lit. Zus. in Engl.
Zufütterung von $CoCl_2$ (0,01, 0,02 und 0,05%) bewirkt ein größeres Gewicht der Raupen und eine größere Produktivität in der Faserproduktion. KJ (0,005, 0,01 und 0,015%) führt zu negativen Ergebnissen. H. Göring. 5656.

Kamojan, Ja. I. Ispytanie dejstvija nekotorych veščestv, dobavljaemych k kormu na gusenic tutovogo šelkoprjada. **(Prüfung der Wirkung einiger Substanzen, die dem Futter der Raupen des Maulbeerseidenspinners zugesetzt werden.)** Izv. M-vo s. ch. ArmSSR S.-ch. n. **1961** Nr. 10. S. 85—92. — Orig.: armen., Ausz.: russ. Aus: Referativnyj žurnal. Biologija, Moskva **1962** Nr. 9. L 200. S. 28.
Die Blätter des Maulbeerbaumes wurden vor Verfütterung mit einer wäßrigen Lösung der zu prüfenden Substanzen (14 ml/100 g Blätter) besprüht. Der Luzernesaft führt zu einer Steigerung der Seidenausbeute, wirkte aber ungünstig auf die Lebensfähigkeit der Raupen. Zucker trug zur Steigerung der Kokonerträge und der Legeleistung der Seidenspinner bei, übte aber einen negativen Einfluß auf die Lebensfähigkeit der Raupen sowie auf die technol. Eigenschaften der Seide aus. Trockenhefe hatte die größte Steigerung bez. der

Seidenausbeute und der Legeleistung zur Folge. Stärke wirkte positiv auf die Lebensfähigkeit und den Kokonertrag. Die Antibiotica (Terramycin, Penicillin und Tetracyclin) bewirkten eine Erhöhung der Kokonerträge.

übersetzt v. Th. C. Boetticher. 5670.

Radkevič, V. A. (Radkewitsch, W. A.) Biochimičeskaja charakteristika list'ev duba i berezy, ispol'zuemych v kačestve korma dlja gusenic dubovogo šelkoprjada v Belorussii. **(Biochemische Charakteristik der Blätter von Eiche und Birke, die in Belorußland als Futtermittel für die Raupen des Eichenseidenspinners verwendet werden.)** Vesci AN BSSR. Ser. bijal. n. **1961** Nr. **4.** S. 89 bis 95. — Orig.: beloruss. Aus: Referativnyj žurnal. Biologija, Moskva **1962** Nr. 11. L 247. S. 32.

Eichen- und Birkenblätter sind für die Raupenaufzucht durchaus geeignet. Die Birkenblätter enthalten im Vergleich zu den Eichenblättern mehr Fett und weniger Rohfaser, was eine größere Gewichtszunahme der Raupen bei der Verfütterung von Birkenblättern bedingt. Bei Aufzucht der Raupen mit Birkenblättern müssen diese unbedingt mit Wasser besprengt werden, weil sie weniger Wasser enthalten und die Schwankungen des Wassergehaltes im Laufe eines Tages größer sind als in den Eichenblättern.

übersetzt v. Th. C. Boetticher. 5670.

TIERERNÄHRUNG

A. ALLGEMEINES

Baumgärtner, H.; Potsdam-Rehbrücke, Inst. für Ernähr. der Dtsch. Akad. der Wiss. zu Berlin. **Aus der Arbeit des Bereiches „Chemie der Lebensmittel“ im Jahre 1961.** Ernährungsforschung **7** (1962) Nr. 2. S. 157—172.

Jahresbericht des Bereiches Chemie der Lebensmittel im Inst. für Ernährung mit den Abteilungen „Allgemeine Analytik“ (polarographische Bestimmungen von Schwermetallen und Stoffwechselprodukten des Tryptophans, Methoden der Wasser-Zucker- und Konservierungsmittelbestimmung, enzymatische Bräunungsvorgänge im Apfelgewebe, Keimhinderung und Vit.-C-Gehalt der Kartoffel), „Proteinchemie“ (Analytik der Eiweißstoffe und -bestandteile) „Stärkeforschung“ (Hydratation, kolloidchemisches Verhalten, Abbauformen undRheologie der Stärke, Standardisierung der Stärkeanalytik) „Mikrobiologie“ (org. Säuren und Rattenwachstum, Konservierungsmittelnachweis) und „Spektralanalytik“ (Spurenelemente in biol. Material). B. Gaßmann. 7010.

Remy, Heinrich; Hamburg, Inst. für Anorg. Chem. **Die Vereinheitlichung der Atomgewichte und die neue Atomgewichtstabelle.** Naturwissenschaften **49** (1962) Nr. 13. S. 289—294. — 2 Tab., 28 Lit.

Als neue gemeinsame Basis, die sowohl den Belangen der Physiker als auch der Chemiker Rechnung trägt, werden alle Atomgewichte jetzt einheitlich auf den genauen Wert 12 für die rel. Masse des ^{12}C bezogen. Die Mehrzahl der chemischen Atomgewichte ändert sich durch Umrechnung auf die neue Basis fast nicht. Trotzdem weist die neue Atomgewichtstabelle eine Anzahl von Änderungen auf, die darauf beruhen, daß die Atomgewichtskommission die experimentellen Daten, auf denen die Atomgewichte fußen, sorgfältig und kritisch überprüft und eine Reihe von Werten mit wesentlich größerer Genauigkeit angegeben hat. F. Kreienbring. 7010.

B. CHEMISCHE BESTANDTEILE DES TIERKÖRPERS UND DER FUTTERMITTEL

Ramachandran, G. N. und Ramakrishnan, C.; Guindy, India, Univ. of Madras, Dep. of Physics. The structure of chitin. **(Die Struktur des Chitins.)** Biochim. biophysica Acta [Amsterdam] **63** (1962) Nr. 2. S. 307—309. 7140.

Waldschmidt-Leitz, Ernst und Metzner, Peter; München, TH, Inst. für Org. Chem. **Über die Prolamine aus Weizen, Roggen, Mais und Hirse. 10. Mitt.**

Über Samenproteine. Hoppe-Seyler's Z. physiol. Chem. **329** (1962) Nr. 1/2. S. 52–61. – 2 Abb., 9 Tab., 19 Lit. Zus. in Engl.
Vff. untersuchten die Prolamine verschiedener Getreidearten hinsichtlich der Aminosäurezusammensetzung, der amino- und carboxyl-endständigen Aminosäuren und der elektrophoretischen Beweglichkeit der Einzelkomponenten. Es wurde das Komponentenverhältnis des Gliadins verschiedener Weizensorten vom nämlichen Standort, aus verschiedenen Roggensorten, sowie der Einfluß des Standorts und der N-Düngung auf das Komponentenverhältnis im Weizengliadin bestimmt. Ergebnis: Unter den Prolaminen aus Getreidearten sind auf Grund des Glutaminsäuregehaltes und der Natur der endständigen Aminosäuren 2 Gruppen zu unterscheiden: Die Prolamine aus Weizen, Roggen, Gerste und Hafer einerseits und die aus Mais und Hirse anderseits. Dem Prolingehalt nach nimmt das Prolamin des Hafers eine Mittelstellung ein. Weizengliadin und Roggengliadin sind verschieden. Sie bestehen aus Gemischen verschiedener Einzelkomponenten. Bei Weizengliadin sind mindestens 7, bei Roggengliadin mindestens 5 ladungsverschiedene Komponenten zu unterscheiden. I. Schröder. 7225.

Marina, M. A.; Moskau, Unions-Forsch.-Inst. für Pferdezucht. Značenie soderžanija močeviny v sljune životnych. **(Die Bedeutung des Harnstoffgehalts im Speichel der landwirtschaftlichen Nutztiere.)** Životnovodstvo, Moskva **24** (1962) Nr. 6. S. 93–94. – 2 Tab.
Im Speichel der Pferde sind 39,5 mg% Harnstoff enthalten, bei Kühen 27,2 bis 30,9 mg% und bei Schafen 60,4 mg%. Der Harnstoff gelangt in den Magen und wird durch die dort befindliche Urease (Magenwände) gespalten. Das dabei entstehende NH_3 bildet mit der Glutaminsäure Amid-Glutamin, das vom Organismus als Donator der Aminogruppen bei der Synthese der Aminosäuren benutzt wird. Ein Teil des Harnstoffs wird von der Urease der Magenbakterien gespalten, und das erhaltene Ammoniak wird zum Aufbau von bakteriellem Eiweiß benutzt. Nur der übrigbleibende Teil des Harnstoffs wird ausgeschieden. F. Schenk. 7235.

Kuseń, S. J. (Kussen, S. J.); Lwow, Ukrain. Forsch.-Inst. für Physiol. und Biochem. Landwirtsch. Nutztiere. Fosforni spoluky stinky travnogo traktu velykoï rogatoï chudoby. **(Phosphorverbindungen der Wände des Verdauungskanals bei Rindern.)** Ukraïnśkyj biochimičnyj žurnal, Kyïv **34** (1962) Nr. 4. S. 551–561. – 4 Tab., 12 Lit. Orig.: ukrain., Ausz.: russ., engl.
Bei 16 Kühen wurde besonders in der Schleimhaut und in der Muskelschicht der Pansenwand der Gehalt an anorg. P und an org. P-Verbindungen (Kreatinphosphat, ATP + ADP, Glucose1-phosphat + Glucose- und Fructose 6-phosphat, Triosephosphate, Phosphopyruvat) sowie an Gesamt-P bestimmt. Für das Epithelgewebe sind hohe Werte an anorgan. P (271,41 mg%) und Gesamt-P (453,00 mg%) typisch. In der Muskelschicht betrugen die entsprechenden Werte dagegen nur 31,82 bzw. 119,91 mg%. Bei der Inkubation von Pansenschleimhaut in Phosphatlösungen (KH_2PO_4, Na_2HPO_4) und Phosphatpuffern (pH 5, 6, 7, 8) wurde in jedem Falle eine Erhöhung der Konzentration an anorg. P in Abhängigkeit vom Anfangsgehalt, der Art der Lösungen und dem pH-Wert der Puffer festgestellt. Bei Untersuchung des anorg. P und des Gesamt-P in der Schleimhaut von Pansen, Haube, Blättermagen, Labmagen Dünn- und Dickdarm ergaben sich Unterschiede im Verhältnis von anorg. P zu Gesamt-P. Die Ergebnisse werden im Hinblick auf ihre physiol. Bedeutung bei der P-Resorption diskutiert. J. Wünsche. 7380.

C. UNTERSUCHUNGS- UND VERSUCHSMETHODIK

Fischer, H.-D. und Seifert, H.; Dresden. **Zusatzeinrichtungen zur Anlage zur Gewinnung von bidestilliertem Wasser.** Pharmazie **17** (1962) Beil.: Pharmaz. Prax. Nr. 4. S. 51–52. – 2 Abb.

Die bisher bekannten Zusatzeinrichtungen zur Vermeidung von Kalksteinbildung im Primärkochkolben der Anlagen zur Herstellung von bidestilliertem Wasser arbeiten diskontinuierlich. Durch Einschaltung einer Austauschersäule mit Wofatit K P S 200 in Na-Form zwischen Niveauregler und Primärkolben wurde eine kontinuierlich arbeitende Zusatzeinrichtung geschaffen. Abmessungen, Bedienung und Sicherungsvorrichtungen werden beschrieben.

F. Weißbach. 7462.

Syamanada, Riksh, Staples, Richard C. und Block, Richard J.; Bangkok, Thailand, Dep. of Agric. Automatic analysis of sugars separated by column chromatography. **(Automatische Analyse säulenchromatographisch getrennter Zucker.)** Contr. Boyce Thompson Inst. **21** (1962) Nr. 6. S. 363–369. – 6 Abb., 9 Lit.

Für die Trennung und Analyse von Zuckern wird ein vollständig automatisches System angegeben. bei dem eine Hälfte des Eluats der Chromatographiesäule in einem Fraktionssammler gesammelt wird und die andere Hälfte zur automatischen Bestimmung der Zucker herangezogen wird. Die Chromatographie der Zucker geschieht auf einer Säule (0,9 × 100 cm) von Dowex 1 × 8 in der Boratform unter Verwendung einer Elutionslösung von 0,05 m $Na_2B_4O_7 \cdot 10H_2O$, pH 8,0, mit einem von 0,001 m auf 0,3 m konkav ansteigenden NaCl-Gradienten. Die automatische Analyse des Eluats erfolgt durch Vermischen mit der 4fachen Menge eines Anthron — oder Cystein — Schwefelsäuregemisches, Erhitzen auf 95 °, Messen undRegistrieren der Durchlässigkeit der gefärbten Lösung. Die Trennung einer Anzahl Zucker (Saccharose, Raffinose, Cellobiose, Maltose, Ribose, Melibiose, Mannose, Fructose, Galaktose, Arabinose, Xylose und Trehalose) und die Analysen der Zucker z. B. von Humanserum und Maisblättern werden gezeigt. Bei Anwendung von 0,25–1 mg jedes Zuckers liegt die Rückgewinnung bei über 95%, die Reproduzierbarkeit bei ±1%. Die Erfassungsgrenze eines Zuckers liegt bei 4 γ. Die Proben im Fraktionssammler können papierchromatographisch untersucht werden.

F. Kreienbring. 7485.

Nultsch, W.; Tübingen, Univ., Bot. Inst. **Trennung von Chromoproteiden durch Gelfiltration.** Biochim. biophysica Acta [Amsterdam] **59** (1962) Nr. 1. S. 213–215. – 3 Abb., 9 Lit. Zus. in Engl.

Zur Trennung der sehr hoch molekularen Biliproteine (270000–290000) wird ein Verfahren mit Hilfe der Sephadex G-75 Säule (2 × 150 cm) angegeben. Der wäßrige Extrakt aus Trichomen von *Phormidium autumnale* wurde auf die Säule gegeben und mit 0,1 m Citronensäure-Phosphatpuffer, pH 7 entwickelt (5 ml/Std.). Die Gelfiltration mit Sephadex wird als eine zuverlässige Methode bezeichnet, die wesentlich einfacher ist als alle anderen Methoden und rel. große Mengen in einem Durchlauf zu verarbeiten gestattet. Sie ermöglicht nicht nur die Trennung von Phycocyanin- und Phycoerythrin, sondern auch die Trennung verschiedener Vertreter beider Typen.

I. Schröder. 7500.

Bourrillon, Roland und Got, René; Paris, France, Fac. de Méd., Lab. de Biochim. Études sur les protéines solubles du tissu conjonctif embryonnaire. I. Préparation et caractérisation d'une glycoprotéine dans la peau d'embryon de veau. **(Untersuchungen über lösliche Proteine von foetalem Bindegewebe. 1. Mitt. Herstellung und Charakterisierung eines Glykoproteins in foetaler Kalbshaut.)** Biochim. biophysica Acta [Amsterdam] **58** (1962) Nr. 1. S. 63 bis 73. – 10 Abb., 1 Tab., 28 Lit. Zus. in Engl.

Aus foetaler Kalbshaut wurde mit Hilfe der Ammoniumsulfatfraktionierung und der Stärke-Elektrophorese ein Glykoprotein isoliert. Es wurde stärkegelelektrophoretisch, durch freie Elektrophorese (pH Bereich von 3–8,6) und durch Ultrazentrifugalanalyse als homogen nachgewiesen. Die elektrophoretische Beweglichkeit beträgt $-4{,}8 \cdot 10^{-5}$ bei pH 8,6, der isoelektrische Punkt pH 4,05, der Sedimentationskoeffizient S^0_{20} 3,15 S. Der Kohlenhydratanteil beträgt 17% mit 5,5% Hexosen, 4,2% Hexosamin und 5,9% Sialinsäure. Die Zuckerkomponenten wurden papierchromatographisch als Galaktose, Mannose, Glucosamin und N-Glycolylneuraminsäure identifiziert. Das Protein ist in 7% Trichloressigsäure und in 0,6 m Perchlorsäure löslich und wird nicht durch Kochen koaguliert. I. Schröder. 7500.

Got, René und Bourrillon, Roland; Paris, France, Fac. de Méd., Lab. de Biochim. Études sur les protéines solubles du tissu conjonctif embryonnaire. II. Préparation et charactérisation d'une protéine de type albumine dans la peau d'embryon de veau. **(Untersuchungen über lösliche Proteine von foetalem Bindegewebe. 2. Mitt. Herstellung und Charakterisierung einer albuminähnlichen Komponente aus foetaler Kalbshaut.)** Biochim. biophysica Acta [Amsterdam] **58** (1962) Nr. 1. S. 74–79. – 5 Abb., 10 Lit. Zus. in Engl. 1. Mitt. vgl. vorst. Ref.

Durch Ammoniumsulfatfraktionierung und stärkeelektrophoretische Reinigung wurde aus foetaler Kalbshaut eine albuminähnliche Komponente isoliert. Die Homogenitätsprüfung erfolgte durch Stärkegelelektrophorese, freie Elektrophorese bei verschiedenen pH-Werten und durch Ultrazentrifugalanalyse. Die Untersuchungen zeigen, daß das Protein eine große Ähnlichkeit mit Rinderserumalbumin besitzt, der isoelektrische Punkt jedoch mehr zum Sauren verschoben ist. Das Protein enthält 2,5% Hexose und 2% Sialinsäure. Der Vergleich des isolierten Albumins mit Rinderserumalbumin und Hautalbumin verschiedener Species wird diskutiert. I. Schröder. 7500.

Reisfeld, R. A., Lewis, U. J. und Williams, D. E.; Rahway, N. J., Merck Sharp and Dohme Res. Lab. Disk electrophoresis of basic proteins and peptides on polyacrylamide gels. **(Scheibenelektrophorese von basischen Proteinen und Peptiden an Polyacrylamidgelen.)** Nature [London] **195** (1962) Nr. 4838. S. 281–283. – 1 Abb., 4 Lit.

Vff. berichten über Scheibenelektrophorese an kleinen Säulen (7 × 0,5 cm) von Polycrylamidgelen. Sie modifizierten die von Ornstein und Davis (noch nicht publiziert) entwickelte neue Methode der Trennung von Serumproteinen. Die ausführlich beschriebene Technik gestattet die Auflösung einer Protein- oder Peptidmischung in einer Menge von 50 μg innerhalb von 20 Min. Es können Eluatfraktionen von Chromatographiesäulen analysiert werden, da eine Arbeitskraft pro Tag 20–30 Proben untersuchen kann. Die Methode ist hoch reproduzierbar, schnell und einfach. Es wird an einigen Beispielen die Leistungsfähigkeit der Methode demonstriert: Nachweis der Heterogenität von kristallinem Trypsin und Chymotrypsin und die Kontrolle der stufenweisen Reinigung eines Hormons bis zur Homogenität. Weiter wurde die Inhomogenität folgender Präparate nachgewiesen: Ribonuclease, Protaminsulfat, Globin und Lysinvasopressin. I. Schröder. 7500.

Pantelouris, E. M. und Hale, Patricia A.; Belfast, Queen's Univ., Dep. of Zool. Developmental changes in the plasma protein pattern of the mouse. **(Entwicklungsänderungen in den Plasma-Proteinmustern der Maus.)** Nature [London] **195** (1962) Nr. 4836. S. 79. – 1 Abb., 2 Lit.

Das Blutplasma der Maus wurde nach folgenden Entwicklungsstadien mit Hilfe der Stärkegel-Elektrophorese (Smithies's Technik) untersucht: 15 Tage – Maus (trächtig), 12 Tage-Foetus, 15 Tage-Foetus, 19 Tage-Foetus, neugeborene Maus, 12 Tage- und 18 Tage-Maus. Ergebnis: Im Plasma der trächtigen Maus wurden elektrophoretisch 12 Zonen nachgewiesen, bereits im 12 Tage-Foetus eine ganze Reihe von Zonen, jedoch auch bestimmte Unterschiede. So ist die Albuminzone (1. Zone) in sehr geringer Konzentration vorhanden, die 2. und 3. nicht, dagegen tritt eine neue viel stärkere Zone hervor, die im Plasma der Maus nicht nachgewiesen wurde. Diese Zone ist am stärksten beim 15 Tage-Foetus ausgeprägt und nimmt dann laufend in der Stärke ab, während die Albuminzone wieder laufend zunimmt, um dieselbe Stärke wie im Mausplasma zu erreichen. I. Schröder. 7500.

McCully, K. A., Mok, Chi-Ching und Common, R. H.; Quebec, McGill Univ., Macdonald Coll., Fac. of Agric. Paper electrophoretic characterization of proteins and lipoproteins of hen's egg yolk. **(Papierelektrophoretische Charakterisierung von Proteinen und Lipoproteinen des Hühnereigelbs.)** Canad. J. Biochem. Physiol. **40** (1962) Nr. 7. S. 937—952. — 2 Abb., 4 Tab., 26 Lit.

Es wird über die Verteilung des estergebundenen Protein-P von isoliertem Eigelb aus frisch gelegten sterilen Eiern und über die Verteilung des Gesamt- und proteingebundenen-P sowie über verschiedene Ultrazentrifugalfraktionen aus Eigelb berichtet. An Methoden werden verwandt: Papierelektrophorese in verschiedenen Puffern, Ultrazentrifugation und Immunoelektrophorese. Die papierelektrophoretisch erhaltenen Haupt-Lipoproteinzonen P-1 und P-2 werden im einzelnen charakterisiert: Die P-1 Zone des gesamten Eigelbs enthält eine Fraktion niederen spez. Gewichts, die größte Menge des γ-Livetins und einen Anteil des Phosvitins, der von der Stärke der verwendeten Salzlösung und der Natur des Puffers abhängig ist. Die P-2 Zone enthält die Lipovitellinfraktion und einen Anteil des Phosphitins. Die Dispersion des Eigelbs in 1,0 m NaCl, die Vorbehandlung des Eigelbs mit Äthylendiamintetraacetat oder die Verwendung von Veronal-Citrat-Puffer führt zum Auftreten eines rel. hohen Anteils von Gesamt-proteingebundenem P in einer schnell wandernden Phosvitinzone. I. Schröder. 7500.

Williams, J.; Cambridge, Univ., Dep. of Biochem. Serum proteins and the livetins of hen's-egg yolk. **(Serumproteine und die Livetine von Hühnereigelb.)** Biochem. J. **83** (1962) Nr. 2. S. 346—355. — 12 Abb., 39 Lit.

Es werden die Proteinbestandteile der Livetinfraktion des Hühnereigelbs untersucht. Die Livetinproteine werden mit Serumproteinen mittels der Immunoelektrophorese, Stärkegelelektrophorese und Vergleich der Peptidmuster identifiziert. Das α-Livetin wird als Serumalbumin identifiziert, das β-Livetin als ein α_2-Glykoprotein (Sedimentationskoeffizient von 2,9 s) und γ-Livetin als Serum-γ-Globulin. Mit Hilfe der Immunoelektrophorese wird die Gegenwart von Transferrin im Livetin nachgewiesen, Ovalbumin in Livetin jedoch nicht. Die Herstellung der Eiproteine, der Serumproteine sowie die analytischen Verfahren werden beschrieben. I. Schröder. 7500.

Bocci, V.; Mill Hill, London, Great Britain, Nat. Inst. for Med. Res. Separation of rabbit plasma proteins by zone electrophoresis on „Pevikon C. 870". **(Die Trennung von Kaninchenplasmaproteinen durch Zonenelektrophorese an „Pevikon C-870".)** J. Chromatogr. [Amsterdam] 8 (1962) Nr. 2. S. 218 bis 226. — 7 Abb., 1 Tab., 38 Lit.

Die zonenelektrophoretische Trennung von Kaninchenplasmaproteinen (0,9—1,0 g) wurde durch Verwendung verschiedener Puffer an Pevikon C-870 (PVK), einem gepulverten Co-Polymer von Polyvinylchlorid und Polyvinylacetat durchgeführt. An Puffern wurden verwendet: Barbitalpuffer pH 8,6 und Trispuffer pH 8,8. Die elektrophoretische Trennung mit beiden Puffern sowie die Identifizierung der Proteine werden ausführlich beschrieben. Die Stärkegel- und immunoelektrophoretischen Untersuchungen ergeben, daß lediglich das Albumin und das γ-Globulin homogen sind. Die durch die PVK-Elektrophorese erhaltenen β-Globuline konnten mit Hilfe der Stärkegelelektrophorese weiter in Transferrin und in ein β-Lipoprotein mit geringen unidentifizierten Verbindungen aufgetrennt werden. In 6 untersuchten Kaninchen konnte autoradiographisch durch Verwendung von ^{59}Fe nur 1 Transferrin nachgewiesen werden. I. Schröder. 7500.

Anonym. **Protein-Schnellbestimmer „Pro-Meter“.** Kraftfutter **45** (1962) Nr. 8. S. 360. — 1 Abb.

Der „Pro-Meter“ ist eine dänische Entwicklung und arbeitet auf der Basis folgender Methodik: Eine bestimmte Menge des gemahlenen Meßgutes wird mit einer vorgeschriebenen Menge einer Farbflüssigkeit in Verbindung gebracht (automatischer Zuteiler). Das Protein adsorbiert einen Teil der Farbe aus der Flüssigkeit. Nach Filtration erfolgt die colorimetrische Bestimmung des restlichen Farbstoffes. Der Zeigerausschlag des Colorimeters wird direkt in Prozent Protein oder N umgerechnet. Bestimmungsdauer: 10 Min. je Probe bei guter Meßgenauigkeit im Vergleich zur Kjeldahlmethode (nähere Angaben fehlen). Bei Routineuntersuchungen läßt sich die Zeit noch verkürzen. Um den Bereich des Anwendungsgebietes zu erweitern (Futtermittel), wird z. Zt. an verschiedenen Skalen gearbeitet. Skalen für Getreide und Malz liegen bereits vor. Bestandteile: Probenteiler, Plastikflasche mit 10 l Farblösung, Flüssigkeitszuteiler, Waage, Mühle, Reaktor zum Mischen der Flüssigkeit, Reaktionsbehälter, Filtriervorrichtung, Colorimeter, Rechenschieber, Hersteller: A/S/N. Foss Electric, Hillerod (Dänemark).

I. Schröder. 7500.

Clegg, J. B. und Bailey, Kenneth; Cambridge, Great Britain, Univ. of Cambridge, Dep. of Biochem. The separation and isolation of the peptide chains of fibrin. **(Trennung und Isolierung von Peptidketten des Fibrins.)** Biochim. biophysica Acta [Amsterdam] **63** (1962) Nr. 3. S. 525–527. 7500.

Murakami, Makoto, Sekine, Hiroshi und Funahashi, Saburo; Tokyo, Univ., Fac. of Agric., Dep. of Agric. Chem. Proteolipid from beef heart muscle. I. Application of organic dialysis to preparation of proteolipid. **(Proteolipid aus Rinderherz-Muskel. 1. Mitt. Die Anwendung der organischen Dialyse zur Herstellung des Proteolipids.)** J. Biochemistry [Tokyo] **51** (1962) Nr. 6. S. 431–435. — 4 Abb., 1 Tab., 18 Lit. Orig.: engl.

Mit Hilfe der Methode von Folch und Lees (vgl. J. biol. Chemistry **191** [1951] S. 807.) isolierten Vff. ein Proteolipid aus Rinderherzmuskel. Durch Zugabe des Chloroform-Methanol-Extraktes zu Wasser wurde zwischen den beiden Phasen eine flockige Zwischenphase erhalten, die abgetrennt und gegen Chloroform-Methanol (2:1, v/v) dialysiert wurde. Etwa 60% des Gesamt-P der Interphase diffundierten. Aus dem nicht dialysierbaren Rest wurde das Proteolipid isoliert. Zusammensetzung: Gesamt-P = 0,9%, Gesamt-N = 10,7%, Amino-N vor der Hydrolyse = 0,1%, nach der Hydrolyse = 7,4%.

I. Schröder. 7500.

Kamiyama, S. und Schmid, K.; Boston, Mass., Harvard Med. School; Massachusetts Gen. Hospital, Dep. of Med. Studies on the structure of α_1-acid glycoprotein. II. Preparation and characterization of a glycopeptide fraction. **(Untersuchungen über die Struktur von α_1-Säure-Glykoprotein. 2. Mitt. Herstellung und Charakterisierung einer Glykopeptidfraktion.)** Biochim. biophysica Acta [Amsterdam] **58** (1962) Nr. 1. S. 80–87. — 2 Tab., 33 Lit.

α_1-Säure-Glykoprotein wurde nach Lit. aus Humanplasma isoliert, bis zur Homogenität gereinigt und mit den Fermenten Pepsin, Streptomyces griseus Protease, Papain und Chymotrypsin enzymatisch hydrolysiert. Durch Fraktionierung des Hydrolysates mit Hilfe einer Papierpulver-Kolonne (n-Propanol-Äthanol-Wasser-Essigsäure (5:15:5:0,75) als Lösungsmittel) wurde in einer Stufe eine vollständige Trennung der Glykopeptide von den Aminosäuren und kohlenhydratfreien Peptiden erreicht. Der Sedimentationskoeffizient der isolierten Glykopeptidmischung beträgt 0,77 s, das mittlere Molekulargewicht 2600. Die Glykopeptidfraktion besteht aus 21% Sialinsäure, 33% Hexosen, 40% Hexosamin, 2,6% Fucose und 8% Aminosäuren. Der Peptidanteil ist aus Asparaginsäure, Threonin, Glycin, Prolin und Serin zusammengesetzt.

I. Schröder. 7500.

Wollenweber, Paul; Düren/Rhld., Firma Macherey, Nagel & Co., Wiss. Abt. **Dünnschicht-chromatographische Trennungen von Aminosäuren an Cellulose-Schichten.** J. Chromatogr. [Amsterdam] **9** (1962) Nr. 3. S. 369-371. — 2 Tab., 7 Lit.

Es werden die Trennmöglichkeiten von Aminosäuren auf Celluloseschichten untersucht. Die Herstellung der Celluloseschichten und die Aminosäureanalytik werden beschrieben, die R_F-Werte einiger Aminosäuren angegeben. Es wurden 9 Lösungsmittelgemische untersucht. Ergebnis: Bei Einsatz eines Laufmittels lassen sich, wie in der Papierchromatographie, nicht alle Aminosäuren trennen. Eine Anzahl Laufmittel können aus der Papierchromatographie übernommen werden. Aminosäuretrennungen auf Celluloseschichten MN 300 ohne Gipszusatz verlaufen besser und schärfer als mit Gips. Die Laufzeit liegt zwischen 30 und 90 Min. Aminosäuremengen von 0,5-1 μg können eindeutig und leicht nachgewiesen werden. I. Schröder. 7505.

Knight, C. S.; Maidstone, Kent, Great Britain, W. & R. Balston Ltd. The relative rates of movement of amino acids on ion-exchange cellulose and ion-exchange resin loaded papers. **(Die relativen Raten der Wanderung der Aminosäuren auf Ionenaustauschercellulose und mit Ionenaustauscherharz behandelten Papieren.)** J. Chromatogr. [Amsterdam] **8** (1962) Nr. 2. S. 205-217. — 7 Abb., 7 Tab., 17 Lit.

Es werden die rel. Raten der Wanderung von 16 Aminosäuren auf verschiedenen Austauscherpapieren unter unterschiedlichen Entwicklungsbedingungen verglichen. An Ionenaustauschercellulose wurde verwendet: Cellulosephosphat, Carboxymethylcellulose und Diäthylaminoäthylcellulose, an Ionenaustauscherharzen: Zeokarb 225, Zeokarb 226 und De Acidite G. Die Ionenbildung auf dem Papier sowie die Entwicklungstechniken (Trockenstartentwicklung und Entwicklung mit feuchtem Start) werden beschrieben. Der Einfluß der starken und schwachen Kationenaustauscherpapiere sowie der Anionenaustauscherpapiere und der Einfluß der Entwicklungsbedingungen werden diskutiert. I. Schröder. 7505.

Walsh, K. A. und Brown, J. R.; Seattle, Wash., Univ., Dep. of Biochem. Internal standards for amino acid analyses. **(Innenstandards für Aminosäureanalysen.)** Biochim. biophysica Acta [Amsterdam] **58** (1962) Nr. 3. S. 596-598. — 1 Abb., 11 Lit.

Innenstandards, d. h. Aminosäuren, die sich nicht im Hydrolysat finden, können sehr gut als Testverbindungen für einen einwandfreien Verlauf der säulenchromatographischen Proteinbestimmung dienen. Der Grad der Rückgewinnung des Innenstandards ist ein direktes Maß für die Wiedergewinnung der Aminosäuren aus der hydrolysierten Proteinlösung. Es werden 3 Anforderungen an den Innenstandard gestellt: 1. Stabilität gegen Säurehydrolyse, 2. Reaktion mit Ninhydrin, 3. keine Überlappung mit anderen Aminosäuren. Bei der Aminosäurebestimmung nach Spackmann, Stein und Moore entspricht Norleucin diesen Anforderungen gegenüber einer Anzahl prinzipiell einsetzbarer Aminosäurederivate am besten. Norleucin ist vollkommen beständig während **144** Std. in 6 n HCl bei 105° und erscheint im Eluat unmittelbar hinter dem Leucin, dem es auch in bezug auf molare Farbausbeute gleicht. H. Kreienbring. 7505.

Rohdenburg, Edward L.; Newark, Del., E. I. du Pont de Nemours & Co., Stine Lab. Estimation of methionine hydroxy analog in mixed feeds. **(Bestimmung eines Methionin-Hydroxyderivats in Mischfutter.)** J. agric. Food Chem. **10** (1962) Nr. 4. S. 313-314. — 1 Abb., 3 Tab., 4 Lit.

Die weitverbreitete Ergänzung von Geflügelmischfutter mit dem Methioninderivat DL-α-Hydroxy-γ-methyl-mercaptobuttersäure, Ca-Salz, machte die Ausarbeitung einer Bestimmungsmethode für diese Verbindung notwendig.

Die Extraktion aus dem Futter erfolgte mit 0,01 n HCl. Der Extrakt wurde durch 2maliges Zentrifugieren geklärt und das Methioninderivat quantitativ mikrobiol. mit *Lactobacillus arabinosis* 17-5 (ATCC 8014) bestimmt. Die zu den handelsüblichen Futtermitteln zugesetzten kleinen Mengen (0,05-0,10%) dieses Methionin-Analogs lassen sich erfolgreich nachweisen. Der Teststamm spricht auf die L- und DL-Isomeren in gleicher Weise an.

J. Wünsche. 7505.

Adams, William S., Davis, Frances W. und Hansen, Louis E.; Los Angeles, Calif., Univ. of California, Los Angeles and Wadsworth Hospital, Veterans Adm., School of Med. Dep. of Med., New method for determination of creatinine in urine by ion exchange separation and ultraviolet spectrophotometry. **(Eine neue Methode zur Bestimmung von Kreatinin im Harn durch Ionenaustauschertrennung und Ultraviolett-Spektrophotometrie.)** Analyt. Chem. **34** (1962) Nr. 7. S. 854-856. — 2 Abb., 2 Tab., 11 Lit.

Die beschriebene Methode ist für die Kreatininbestimmung spez. Sie beruht auf der Trennung an Ionenaustauscherharz Dowex 2-8 X (200-400 mesh, Cl-Form) und einer folgenden UV-Spektrophotometrie bei pH 10,4. Die gute Reproduzierbarkeit der Werte wird durch 3-fache Analyse des Gesamtkreatinins in 24-Std.-Harn von 25 Erwachsenen und durch Standard-Recovery-Tests gezeigt, (recovery = $< 3\%$). Interferierende Verbindungen konnten bis jetzt nicht gefunden werden. Die verwendeten Reagenzien sind über einen großen Zeitraum stabil, die colorimetrischen Methoden einfach durchführbar. I. Schröder. 7510.

Churáček, J.; Pardubice, CSSR, Inst. für Analyt. Chem. **Bewertung der bisher bekannten Methoden der chromatographischen Trennung von niederen Fettsäuren.** Fette, Seifen, Anstrichmittel **64** (1962) Nr. 8. S. 679-683. — 2 Abb., 1 Tab., 23 Lit.

Die Arbeit befaßt sich mit der Chromatographie der niederen Fettsäuren unter bes. Berücksichtigung ihrer Mikroidentifikation. Die bisher bekannten Methoden ihrer Trennung werden kurz beschrieben und bewertet. Als brauchbarste Methode wird die Trennung der 2.4-Dinitrobenzylester der niederen Fettsäuren bes. herausgestellt. Sie ist im Hinblick auf Einfachheit, Geschwindigkeit und Empfindlichkeit allen anderen überlegen. H. Steger. 7520.

Langbein, Gerhard und Meyer, Manfred; Jena, VEB Jenapharm, Wiss. Lab. **Über ein neues Lösungsmittelsystem zur Papierchromatographie schwach polarer Steroidverbindungen.** J. Chromatogr. [Amsterdam] 8 (1962) Nr. 4. S. 442-448. — 2 Tab., 11 Lit. Zus. in Engl.

Das stark polare Äthencarbonat wird als sehr geeignete stationäre Phase zur papierchromatographischen Trennung (Schleicher & Schüll 2043b) sehr wenig polarer Steroidverbindungen benutzt. Äthencarbonat wird in Methanol gelöst und das Papier kurz durch die Lösung gezogen. Nach 15 Min. ist das Lösungsmittel verdunstet. Nach dem Auftragen der Substanz wird absteigend mit der entsprechenden mobilen Phase (Schwerbenzin, Cyclohexan, Toluol) chromatographiert. Durch Konzentrationsänderung der Imprägnierungslösung läßt sich der Anteil der stationären Phase auf dem Papier verändern und damit der R_F-Wert und der Trenneffekt für verschiedene Substanzen stark beeinflussen. F. Kreienbring. 7530.

Davis, Frank F.; New Brunswick, N. J., State Univ., Dep. of Agric. Biochem. Fractionation of yeast ribonucleic acids by the use of sodium chloride. **(Fraktionierung von Hefe-Ribonucleinsäure mit Natriumchlorid.)** Biochim. biophysica Acta [Amsterdam] **61** (1962) Nr. 1. S. 138-140. — 2 Tab., 19 Lit.

Vf. isoliert aus Bäckerhefe Ribonucleinsäure (RNS) nach Chrestfield u. a. Die RNS wurde in Wasser gelöst und mit NaCl auf eine Molarität von 1 gebracht. Der entstehende RNS-Niederschlag wurde abzentrifugiert, wieder in Wasser gelöst und mit NaCl eine Molarität von 0,9 hergestellt. Nach dem Zentrifugieren wurde die Fraktionierung mit 0,8; 0,7; 0,6 und 0,5 m NaCl-Lösung wiederholt. In den jeweiligen Zentrifugaten wurde die in Lösung befindliche RNS mit Äthanol gefällt und gewaschen. Die Nucleotidzusammensetzung der verschiedenen Fraktionen wurde untersucht. Mit abnehmender NaCl-Konzentration sank der molare Anteil der Cytidylsäure von 24,7 auf 20,0 und der des 5-Riboseuracilphosphats von 3,3 auf 0,9%. Dagegen stieg der Anteil der Uridylsäure von 23,0 auf 26,8 und der der Adenylsäure von 23,1 auf 26,2%. Ebenfalls stieg das Verhältnis von Gesamtphosphat zu Monoesterphosphat. H. Bergner. 7540.

Oertel, Georg W.; Homburg, Univ. des Saarlandes, Inst. für Hyg. und Mikrobiol., Endokrinol. Abt. Chromatography of uronic acids, sugar acid lactones, and glucuronosides on anion-exchange paper or DEAE-cellulose. **(Chromatographie von Uronsäuren, Zuckersäurelactonen und Glucuroniden auf Anionenaustauscherpapier oder DEAE-Cellulose.)** J. Chromatogr. [Amsterdam] 8 (1962) Nr. 4. S. 486-490. — 1 Abb., 4 Tab., 18 Lit.

Die Trennung von Uronsäuren, Zuckersäurelactonen und Glucuroniden wurde durch auf- und absteigende Chromatographie auf Papierstreifen (35 × 3 cm) der Anionenaustauscherpapiere Whatman DE-20, Whatman ET-20, Schleicher & Schüll Anionen-Austauscherpapier mit ca. 5% Dowex 2 X 8 untersucht. Die R_F-Werte der untersuchten Verbindungen in verschiedenen Lösungsmittelsystemen, die aus niederen Alkoholen, niederen org. Säuren und Acetatpuffern zusammengesetzt sind, werden angegeben. Unter Anwendung von Lösungsmittelgemischen, bestehend aus Methanol und verdünnter Essigsäure, bei denen der Prozentgehalt an Säure ansteigt, ließen sich Phenolphthaleinglucuronid und Glucuronsäure-γ-lacton auf einer Säule (2.5-0,9 cm) von Whatman DEAE-Cellulose sehr gut trennen. F. Kreienbring. 7540.

McRoberts, Lewis H.; San Francicso, Calif., Food and Drug Adm. Determinations of vitamin A and carotene in oleomargarine. **(Die Bestimmung von Vitamin A und Carotin in Oleomargarine.)** J. Assoc. off. agric. Chemists 45 (1962) Nr. 2. S. 442-449. — 1 Tab., 7 Lit.

Vf. beschreibt die Standard-Methode zur Vit. A- und Carotinbestimmung (Official Methods of Analysis, 9th Ed., Association of Official Agricultural Chemists, Washington, D. C., 1960, pars. 39.001-39.007) und macht Vorschläge für Änderungen in der Empfehlung zur Durchführung folgender Punkte: Zusammensetzung der Elutionslösung, Standartisierung des Al_2O_3, Probenaufbereitung, allgemeine Vorsichtsmaßregeln, Verseifung, Extraktion, Präparation der Ätherlösung für die Chromatographie, spektrophotometrische Messung und Berechnung, Vit. A-Standard. Es werden die Ergebnisse von 6 verschiedenen Analytikern an 3 Kontrollproben (Oleomargarine mit bestimmten Vitamin A- und Carotinzusätzen) mitgeteilt und die Empfehlungen der betreffenden Personen ausgewertet. M. Hoffmann. 7562.

Kühn, K., Kühn, J. und Hannig, K.; Heidelberg, Univ., Anorg.-Chem. Inst.; München, Max-Planck-Inst. für Eiweiß- und Lederforsch. **Einwirkung von Trypsin auf gelöstes Kollagen.** Hoppe-Seyler's Z. physiol. Chem. 326 (1961) Nr. 1. S. 50-60. 7580.

Fowler, L. R., Richardson, S. H. und Hatefi, Y.; Madison, Univ. of Wisconsin, Inst. for Enzyme Res. A rapid method for the preparation of highly purified cytochrome oxidase. **(Eine schnelle Methode zur Herstellung von hoch gereinigter Cytochromoxydase.)** Biochim. biophysica Acta [Amsterdam] 64 (1962) Nr. 1. S. 170-173. 7580.

Chin, Wei-Tsung und Kroontje, Wybe; Blacksburg, Va., Polytechn. Inst., Agric. Exp. Stat., Agronomy Dep. Conductivity method for estimation of

urease activity. **(Leitfähigkeitsmethode zur Bestimmung der Urease-Aktivität.)** J. agric. Food Chem. **10** (1962) Nr. 4. S. 347-348. — 1 Abb., 3 Tab., 6 Lit.
Die Urease-Aktivität in Pflanzen oder Handelsprodukten kann durch Messung der Veränderung der spez. Leitfähigkeit der Harnstofflösung bei konst. Temperatur bestimmt werden. 10 ml der Probenlösung werden mit 10 ml aqua dest. gemischt und die Leitfähigkeit L_0 bestimmt. Es werden 10 ml einer 1000 ppm Harnstofflösung mit 10 ml Probenlösung gemischt und die auftretenden Leitfähigkeiten L_t bis 10 Min. nach Zugabe der Harnstofflösung ermittelt. Durch L_t-L_0 wird L_{ac}, die spez. Leitfähigkeit von Ammoniumcarbonat, und daraus über die Berechnung der Reaktionsgeschwindigkeit die Urease-Aktivität errechnet. Bei zu geringer Urease-Aktivität muß eine Konzentrierung vorgenommen werden. Die Methode ist infolge ihrer Schnelligkeit und Einfachheit gut für Routinemessungen geeignet. P. Stoß. 7580.

Waldi, D. **Quantitative Bestimmung von Adrenalinlösungen mit Hilfe der dünnschichtchromatographischen Vergleichsmethode.** Arch. Pharmaz. Ber. dtsch. pharmaz. Ges. **295/67** (1962) Nr. 7. Mitt. dtsch. pharmaz. Ges. **32** S. 125-128.
Die Bestimmung von Adrenalin und anderen Catecholaminen (z. B. Noradrenalin, Serotonin) erfolgt nach Acetylierung derselben ($NaHCO_3$/Essigsäureanhydrid) durch Ausschütteln der gebildeten triacetylierten Derivate mit Methylenchlorid und nachfolgende Dünnschichtchromatographie an Kieselgel G in der Arbeitsweise nach Stahl. Fließmittel: a) Chloroform-Methanol (9:1) oder b) Cyclohexan-Chloroform-Methanol-Eisessig (3:5:1:1); Laufzeit: ca. 35 Min.; Nachweis: a) Besprühen mit 40%iger Phosphorsäure, nachfolgendes Erhitzen (7 Min. bei 110°), abermaliges Sprühen mit 5%iger alkoholischer Phosphormolybdänsäure, anschließendes Erhitzen auf 110° (2 Min.) oder b) Auflösen von 3 g Vanillin in 100 ml Alkohol unter Hinzufügen von 3 ml konz. Schwefelsäure; nach Besprühen erhitzt man 7 Min. auf 110°. Die Extrakte der triacetylierten Substanzen sind nur wenige Stunden haltbar.
H. Ruttloff. 7595.

Oakey, R. E. The paper chromatography of oestrogens. **(Die Papierchromatographie der Oestrogene.)** J. Chromatogr. [Amsterdam] 8 (1962) Nr. 1. S. 2-16. — 7 Tab., 102 Lit.
In einer Übersicht wird die papierchromatographische Bestimmung der Oestrogene behandelt. Es finden dabei auch die Oestrogenderivate und Conjugate an Schwefelsäure und Glucosorinase Berücksichtigung. In zusammenfassenden Tabellen werden die Wanderungsgeschwindigkeiten von insgesamt 34 verschiedenen Oestrogenen und Derivaten in unterschiedlichen Lösungsmittelsystemen angegeben. H.-A. Ketz. 7595.

Katz, Stanley E. und Winnett, A. George; New Brunswick, New Jersey Agric. Exp. Stat., Dep. of Agric. Chem. Colorimetric determination of procaine penicillin in premixes. **(Colorimetrische Bestimmung von Procain-Penicillin in Vormischungen.)** J. agric. Food Chem. **10** (1962) Nr. 4. S. 284-286. — 1 Abb., 2 Tab., 4 Lit.
Eine colorimetrische Methode zur Bestimmung von Procain-Penicillin in vorgemischten Materialien wird beschrieben. Sie beruht auf der Umwandlung des Penicillin-Grundstoffs in Penicillinsäure. Die Penicillinsäure wird bei Gegenwart von Cu^{++} in Penadicsäure-Derivate und Penicillinamin übergeführt. Das Penicillinamin oxydiert durch Phosphormolybdänsäure zu Disulfid, das seinerseits in Molybdänblau umgewandelt wird. Die Intensität der blauen Farbe ist proportional der Konzentration des vorhandenen Penicillins. In laboratoriummäßig hergestellten Futterzumischungen konnten im Durchschnitt 93.9 bis 104.5% des theoretisch Vorhandenen mit einem Variationskoeffizienten von 3.4 bis 6.1% festgestellt werden. In handelsüblichen Vor-

mischungen wurden durchschnittlich 98.8 bis 110.3% der auf dem Anhänger garantierten Mengen wiedergefunden, bei einem Variationskoeffizienten von 2.8 bis 4.3%. E.-R. Franke. 7600.

Baron, D. N., Bell, Joyce L. und Hadgraft, J. W.; London, Roy. Free Hospital, Dep. of Chem. Pathol. and Pharmac. A tablet test for calcium in urine. **(Ein Tablettentest für Calcium im Harn.)** J. Physiol. [London] **162** (1962) Nr. 1. S. 7 P.
Da der Sulkowichtest nicht bei allen Harnarten angewandt werden kann, wurde von Vff. ein neues Testverfahren entwickelt. Eine Tablette enthält: Dinatrium-EDTA 0,186 mg; Indikator (Calcein 10 Teile, Thymolphthalein 6 Teile) 0,032 mg; LiOH 30,0 mg; Borsäure 10,0 mg NaCl 170 mg. Eine Tablette wird in 5 ml aqua dest. gelöst. Man gibt 2 Tropfen Harn (0,1 ml) dazu und liest die Farbe ab. Danach gibt man weitere 8 Tropfen Harn zu und liest wiederum die Farbe ab (0,5 ml insgesamt). Ist die Lösung bei beiden Farbablesungen hellviolett, dann enthalten 100 ml Harn weniger als 4 mg Ca. Hellviolett bei der 1. Ablesung und grün bei der 2. bedeuten eine Ca-Konzentration von 4-20 mg/100 ml. Normaler Harn reagiert derart. Bleiben die Lesungen bei beiden Farbvergleichen grün, dann sind mehr als 20 mg Ca/100 ml Harn enthalten. M. Anke. 7630.

Raaflaub, J.; Bern, Univ., Pharmakol. Inst. **Zur photometrischen Bestimmung des ionisierten Calciums in biologischen Flüssigkeiten, insbesondere im Harn.** Hoppe-Seyler's physiol. Chem. **328** (1962) Nr. 3/6. S. 198-203. – 3 Abb., 2 Tab. Zus. in Engl.
Das vom gleichen Vf. entwickelte Verfahren zur Bestimmung des ionisierten Ca mit Hilfe der photometrischen Auswertung des Farbwechsels des Metallindikators Murexid wird verbessert, indem anstelle des Murexid der pH-unabhängige Indikator Tetramethylmurexid eingesetzt wird. Vf. beschreibt die Bestimmung des ionisierten Ca im Harn mit Hilfe dieser vereinfachten Methode. M. Anke. 7630.

Tomic, E. A. und Bernard, J. L.; Wilmington, E. I. du Pont de Nemours & Co. Spectrophotometric determination of copper with ethylenediamine. **(Spektrophotometrische Bestimmung von Cupfer mit Äthylendiamin.)** Analyt. Chem. **34** (1962) Nr. 6. S. 632-635. – 2 Abb., 1 Tab., 14 Lit. Zus. in Engl.
Cu^{II}-Ionen reagieren in wäßriger Lösung mit Äthylendiamin (en) und bilden blaue $(Cu\ en_2)^{+2}$ und $(Cu\ en_3)^{+2}$ Chelate. Die wäßrige Lösung dieses Chelates gehorcht dem Lambert'-Beer'schen Gesetz und ist mehrere Wochen stabil. Die beschriebene Methode eignet sich zur Bestimmung von 20-100 ppm Cu. M. Anke. 7650.

Piatkowski, B., Steger, H. und Püschel, F.; Dummerstorf bei Rostock, Inst. für Tierzuchtforsch. der Dtsch. Akad. der Landwirtsch.-Wiss. zu Berlin. **Bestimmung sowie Ausscheidung von Chromoxyd bei im Stall gefütterten und weidenden Milchkühen.** Arch. Tierernähr. **12** (1962) Nr. 3. S. 137-142. – 4 Abb., 3 Tab., 12 Lit.
Es wird ein titrimetrisches Verfahren zur Bestimmung von Cr_2O_3 beschrieben. Wurde Kühen Cr_2O_3 (50 g) als Indikator für die Grünfutteraufnahme zugegeben, so konnten ca. 95% des Cr_2O_3 im Kot wiedergefunden werden. Es wurde sowohl bei quantitativen als auch wahlloser Kotsammlung gleiche Cr_2O_3-Konzentration gefunden. Für eine gleichmäßige Indikatorkonzentration wird eine 2malige Gabe (je 25 g + 250 g angefeuchtetes Gerstenschrot) pro Tier und Tag empfohlen. Die tageszeitlichen Schwankungen der Cr_2O_3-Konzentration im Kot sind bei Weidetieren größer als bei Stalltieren. Eine tägl. 2malige Probenahme wird als ausreichend betrachtet. H. Bergner. 7760.

Troelsen, J. E. Plant chromogens as an indicator in estimating the digestibility of forage crops by sheep. **(Pflanzenchromogene als Indikator zur**

Bestimmung der Verdaulichkeit von Futterpflanzen beim Schaf.) Canad. J. Plant Sci. **41** (1961) Nr. 4. S. 732-739. — 2 Abb., 2 Tab. 10 Lit.
Es wurden 28 klassische Verdauungsversuche mit verschiedenen Futterpflanzen durchgeführt und die Chromogen-Konzentration in Futter und Kot bei einer Wellenlänge von **406** mμ bestimmt. Die Konzentration der Chromogenextrakte erwies sich als abhängig von Licht, Temperatur und Aufbewahrungszeit. In 26 von 28 Versuchen wurde eine unbefriedigende Übereinstimmung zwischen den im Futter und in den entsprechenden Koten wiedergefundenen Chromogenmengen erhalten. Trotzdem zeigte die Auswertung aller Versuche eine hoch signifikante Regression zwischen Tr.-S.-Verdaulichkeit und Chromogenkonzentration in Futter- und Kotextrakten. Die Absorptionskurven der Extrakte aus dem Futter zeigten bei **413** mμ einen Gipfel und zu beiden Seiten desselben Schnittpunkte mit der entsprechenden Absorptionskurve des Kotextraktes. Diese Schnittpunkte wechselten aber zu stark, um sie für eine ausreichend genaue Verdaulichkeitsmessung benutzen zu können.
F. Weißbach. 7760.

Steger, H., Piatkowski B. und Püschel, F.; Dummerstorf bei Rostock, Inst. für Tierzuchtforsch. der Dtsch. Akad. der Landwirtsch.-Wiss. zu Berlin. **Methodische Untersuchungen zur Bestimmung der Verdaulichkeit des Weidegrases mit Hilfe der Chromogenmethode.** Arch. Tierernähr. **12** (1962) Nr. 3. S. 121-135. — 6 Abb., 7 Tab., 17 Lit.
Vff. überprüfen die Methode von Reid. Die extrahierten Pigmente aus Grünfutter zeigen bei **430** mμ und dieselben aus Kot bei **413** mμ eine max. Extinktion. Die Veränderung der farbgebenden Substanzen erfolgt im Pansen. Die gleiche Farbänderung läßt sich durch Dämpfen des frischen Grases erreichen, so daß ein Vergleich von Kot- und Grasauszügen bei einer Wellenlänge von **413** mμ möglich wird. Acetonische Farbstoffextrakte werden im Tageslicht ausgebleicht, im Dunkeln halten sie sich mehrere Wochen. Abwelkzeit und Aufbewahrungsdauer sind bei frischem Gras zu berücksichtigen, dagegen weniger bei dampfbehandelten. Kotpigmente sind einige Tage haltbar. Einzelne Kotportionen desselben Rindes im Verlaufe eines Tages haben keinen einheitlichen Farbstoffgehalt. Tägl. Sammelproben (alle 6 Std. eine Probe) ergaben sowohl zwischen den Tagen wie auch im Vgl. zur konventionellen Methode eine gute Übereinstimmung. Bei im Stall gefütterten Tieren war zwischen den einzelnen Tagen keine Übereinstimmung der Verdaulichkeitswerte vorhanden. Die Durchschnittswerte von **4** geprüften Einzeltagen stimmen mit den Ergebnissen der konventionellen Methode gut überein. In **17** Bilanzversuchen wurden **92**% der aufgenommenen Pigmente im Kot wiedergefunden. Die Verdaulichkeitsergebnisse nach der Chromogenmethode lagen nur um **2**% niedriger als die entsprechenden Werte nach der konventionellen Methode.
H. Bergner. 7760.

Ševčenko, O. V. (Schewtschenko, O. W.) Do metodyky doslidžennja gazoobminu u dribnych laboratornych tvaryn. **(Zur Methodik der Bestimmung des Gaswechsels bei kleinen Versuchstieren.)** Fiziol. ž. 8 (1962) Nr. 3. S. 416-418. — Orig.: ukrain. Aus: Referativnyj žurnal. Biologija, Moskva **1963** Nr. 4. N 133. S. 17.
Beschrieben wird die Modifikation eines Respirometers zur Bestimmung des Gaswechsels bei kleinen Tieren. Eine Besonderheit des Apparates ist eine Vorrichtung, die eine automatische O_2-Zufuhr in die Kammer in dem Maße gewährleistet, in dem das Tier O_2 verbraucht. Dadurch bleibt der Gasdruck in der Respirationskammer während des Versuches praktisch konstant. Das Schema des Apparates wird wiedergegeben.
übersetzt v. Th. C. Boetticher. 7802.

Mindlin, A. M. Pribory dlja opredelenija gazovogo obmena teplokrovnych životnych. **(Geräte zur Bestimmung des Gaswechsels bei Warmblütern.)**

Izv. vysš. učebn. zaevedenij. Priborostroenie **5** (1962) Nr. 4. S. 94-104. — Aus: Referativnyj žurnal. Biologija, Moskva **1963** Nr. 4. N 132. S. 17.

Es wird eine respirations-kalorimetrische Anlage mit automatischen Gasanalysatoren von O_2 und CO_2 beschrieben. Es wurden Angaben über die Genauigkeits- und Stabilitätsprüfung der Kennziffern der Gasanalysatoren sowie ihre Graduierung gemacht. Außerdem werden ein allg. „Gasschema" der Anlage sowie „elektrische" Schemata der Gasanalysatoren angeführt.

übersetzt v. Th. C. Boetticher. 7810.

Jones, N. C. Hughes und Gardner, Brigitte; London, St.Mary's Hospital, Med. School, Wright-Fleming Inst. of Mikrobiol., Med. Res. Council's Exp. Haematol. Res. Unit. The exchange of ^{131}I-labelled lipid and ^{131}I-labelled protein between red cells and serum. **(Der Austausch von ^{131}J-markiertem Lipoid und ^{131}J-markiertem Protein zwischen roten Blutzellen und Serum.** Biochem. J. **83** (1962) Nr. 2. S. 404-413. — 7 Abb., 1 Tab., 37 Lit.

Vff. berichten über die Natur der ^{131}J-markierten Verbindungen, die durch durch die roten Blutzellen von markierten Serumproteinen aufgenommen werden. Die ^{131}J-Markierung der hergestellten Serumfraktion erfolgte nach einer modifizierten Methode von Boursnell (vgl. Biochem. J. **55** [1953] S. 745.). Neben der Proteinmarkierung erfolgte dabei auch eine Markierung der ungesättigten Fettsäuren der Lipoproteine im Serum. Nach der Suspension von roten Blutzellen in dem ^{131}J-markierten Serum konnten 80-95% des durch die roten Blutzellen aufgenommenen ^{131}J mit Lipoidlösungsmitteln extrahiert werden. Dieses ^{131}J stammt in der Hauptsache von ^{131}J-markierten Lipoiden, das zwischen den Serumlipoproteinen und der Oberfläche der roten Blutzellen ausgetauscht wurde. Eine kleinere Menge entspricht dem extrahierten ^{131}J von ^{131}J-Jodid. Kleine Mengen von markierten Serumproteinen werden auch an der Oberfläche der roten Blutzellen adsorbiert. Das Max. der Aufnahme betrug etwa 5-15 μg/ml roter Blutzellen.

I. Schröder. 7830.

McClellan, R. O., McKenney, J. R. und Bustad, L. K.; Richland, Wash., Gen. Electric Co., Hanford Lab.; Biol. Lab. Dosimetry of caesium-137 in sheep. **(Dosimetrie von Caesium-137 in Schafen.)** Nature [London] **194** (1962) Nr. 4834. S. 1145-1146.

Vff. führten zur Bestimmung der Ganzkörperdosis und der Gonadendosis durch die Strahlung von innerlich abgelagertem ^{137}Cs mit jungen Schafen einen Versuch durch. Während einer 5-, 10- und 20-tägigen Versuchsperiode wurde den Schafen das ^{137}Cs in Form einer Futterpille gegeben. Nach Ende der Fütterungsperiode wurde die Strahlungsdosis mit Hilfe einer Ionisationskammer oder eines Szintillationszählers bestimmt. Mit Hilfe von Taschendosimetern, die auf chirurgischem Wege ins Innere der Tiere gebracht wurden, konnte die Strahlungsdosis in der Nähe wichtiger Organe bestimmt werden. Weiterhin bestimmten Vff. mit einem Szintillationszähler die Aktivität verschiedener Gewebe. Vff. stellen zum Abschluß Betrachtungen über die Verwendung des Ganzkörpers als kritisches Organ für gammastrahlende Nuklide an. P. Dahms. 7830.

D. ERNÄHRUNGSPHYSIOLOGIE

Verdauung und Resorption

Mattson, F. H. und Volpenhein, R. A.; Cincinnati, O., Procter & Gamble Co., Miami Valley Lab. Rearrangement of glyceride fatty acids during digestion and absorption. **(Die Neubildung von Glyceridfettsäuren während der Verdauung und Resorption.)** J. biol. Chemistry **237** (1962) Nr. 1. S. 53-55. — 2 Tab., 18 Lit.

An Ratten wurden Triglyceride mit Palmitinsäure-1-^{14}C in α- und β-Stellung, Mischungen von Triglyceriden und freie Fettsäuren gefüttert. Die Stellung der Palmitinsäure in der Lymphe wurde bestimmt und festgestellt, daß bei der Verabreichung von freien Fettsäuren alle Stellungen vorkommen. Bei der Verabreichung von Triglyceridmischungen wurden 85-90% der Palmitinsäure nach der Verdauung und Resorption in ihrer ursprünglichen Position gefunden. Bei der Verabreichung von Triglyceridmischungen und freien Fettsäuren wurden 22% der Palmitinsäure in β-Stellung gefunden. Das Ausmaß der Resorption der Palmitinsäure hängt von der Form ab, in der sie gefüttert wird. Die Resorption ist am höchsten, wenn Palmitinsäure als Glycerin-2-Palmitat-1,3-oleat verabreicht wird und am niedrigsten bei der Aufnahme als freie Fettsäure. W. Jentsch. 7852.

Raun, Ned S. und Burroughs, Wise; Ames, Iowa, Agric. and Home Econ. Exp. Stat. Suction strainer technique in obtaining rumen fluid samples from intact lambs. **(Saugfilter-Einrichtung bei der Gewinnung von Pansensaftproben aus unversehrten Lämmern.)** J. Animal Sci. **21** (1962) Nr. 3. S. 454-457. — 3 Abb., 2 Tab., 5 Lit.

Die Anwendung von Schlundsonden hat gegenüber der Probeentnahme via Fistel manche Nachteile, aber unter gewissen Fragestellungen lassen sich Fisteln nicht anlegen wie bei Wachstums- und Schlachtqualitätsversuchen. Für letztere Zwecke wurde ein neues Probeentnahmegerät (**I**) entwickelt, das im Prinzip einer Schlundsonde entspricht, aber einen als Filter ausgebildeten Saugkopf besitzt (Konstruktionskizze). Obwohl bei **I** die pH-Werte durchweg etwas höher, die Gehalte an flüchtigen Fettsäuren aber niedriger lagen als in dem via Fistel gewonnenen Material, so waren die Differenzen doch nur klein und führten bei vergleichenden Testen zu keinem Fehler. Mittels **I** kann mühelos eine größere Anzahl von Tieren ins Versuchsprogramm einbezogen werden. H. H. Budzier. 7862

Harbers, Leniel H. und Tillman, Allen D.; Continuous liquid culture of rumen microorganisms. **(Flüssigkeitsdauerkultur von Pansenmikroorganismen.)** J. Animal Sci. **21** (1962) Nr. 3. S. 575-582. — 3 Abb., 3 Tab., 18 Lit.

Ein Glaszylinder (**I**) mit seitlichem Impfstutzen wird vertikal von 2 Aluminiumplatten mit Dichtungsringen mittels 3 durchgehender Gewindebolzen mit Flügelmuttern abgeschlossen. Die Aluminiumplatten enthalten in einer Bohrung jeweils eine Bakterienfilterfritte (**II**). Die genannte Apparatur ist das geschlossene Inkubationssystem (**III**). Mit Hilfe von komprimiertem Gas (aerob oder anaerob) wird einerseits Nährlösung durch obere **II** in **I** gedrückt und gleichzeitig Kulturflüssigkeit, beladen mit den mikrobiellen Stoffwechselprodukten, durch untere **II** aus dem System herausgepreßt. **III** steht in einem Wasserbad, ein darunter befindlicher Magnetrührer sorgt für gute Durchmischung des Inkubationsmediums (innerhalb von **III** liegt der Magnetwirbler). Werden statt Reinkulturen native Pansensaftinokulate verwendet, so kann **III** auch als künstlicher Pansen benutzt werden. Inkubationszeiten unter 13,5 Std. waren für Cellulolyse-Teste ungünstig. Keimfreier Pansensaft ließ die Cellulose-Hydrolyse schneller verlaufen als das verwendete anorg. Medium oder die Nährlösung. **III** eignet sich auch für längere Kultur von Anaerobiern. H. H. Budzier. 7862.

Žerebcov, P. I. und Vrakin, V. F. (Sherebzow, P. I. und Wrakin, W. F.) Motornaja funkcija dorzal'nogo (izolirovannogo) i ventral'nogo slepych vystupov rubca. **(Die motorische Funktion der dorsalen und ventralen blinden Ausstülpung des Pansens.)** Izvestija Timirjazevskoj sel'skochozjajstvennoj akademii, Moskva **1962** Nr. 1. S. 153-166. — 8 Abb., 4 Tab., 44 Lit. Zus. in Engl.

Im Ruhezustand ist eine rhythmische Zusammenziehung der dorsalen (isolierten) und ventralen blinden Ausstülpungen des Pansens in 2 oder 3 Wellen festzustellen. Bei der Futteraufnahme erhöht sich die Zahl der Zusammenziehungen, ihre Stärke und die Dauer der Wellen. Das gleiche ist unter Einfluß bedingt reflektorischer Erregung festzustellen. Bei Aufzeichnung der Peristaltik der kaudalen, blinden Ausstülpungen vor und während der Fütterung ist im Versuch keine Abweichung in der Arbeit des isolierten Teiles im Vergleich mit den ventralen, blinden Ausstülpungen festzustellen. Vff. folgern, daß der isolierte Teil die Innervation, die ihm die Regulierung der motorischen Tätigkeit ermöglicht, beibehält. Am Beispiel der subcutanen Zuführung von Atropin, Pilokarpan und Acetylcholin wird nachgewiesen, daß die Zustandsänderung des Nervensystems in gleicher Weise auf die motorische Arbeit des dorsalen wie ventralen kaudalen blinden Ausstülpungen sich bemerkbar macht. W. Strack. 7862.

Rhodes, Robert W. und Woods, Walter; Ames, Iowa, Agric. and Home Econ. Exp. Stat. Volatile fatty acid measurements on the rumen contents of lambs fed rations of various physical form. **(Messungen flüchtiger Fettsäuren in Panseninhalten von Lämmern bei Futterrationen verschiedener physikalischer Form.)** J. Animal Sci. 21 (1962) Nr. 3. S. 483-488. — 3 Tab., 17 Lit.

Das Pelletieren von Rinder- und Lämmer-Mastfutter mit einem Anteil von 50%-60% u. m. Kraftfutter hat im allgemeinen zwar die Futterverwertung verbessert, nicht aber den tägl. Futterverzehr sowie die tägl. Gewichtszunahme erhöht. Zur Klärung dieser Frage wurde in je 2 Versuchen mit gefistelten (**I**) oder ungefistelten (**II**) Tieren gearbeitet. Das Ziehen der Panseninhaltsprobe bei letzteren geschah mittels Schlundsonde. Aus noch unklaren Gründen erwiesen sich **II**-Tiere bei diesen Untersuchungen für geeigneter als **I**-Tiere, wenn sich auch aus allen 4 Versuchen als Resultat eine gleiche Tendenz ergab. Das Pelletieren (**III**) ließ das Essigsäure (**VI**)-Propionsäure(**V**)-verhältnis (**VI**) enger werden, auch unzerkleinertes Heu wirkte so. Co-Ergänzung reduzierte den Buttersäureanteil, erhöhte aber den von **V**. Durch **III** stieg im allgemeinen die Gesamtmenge an flüchtigen Fettsäuren (FFS) an. Mit Zunahme der Zeit nach der Fütterung wurde **VI** weiter. Das Produktionsmaximum von **IV** lag meist um 4 Std. nach der Fütterung, für die Gesamtmenge an FFS waren die Verhältnisse anders. Waren Luzerneheu und Maiskolben in der Ration, so zeigten diese ein ähnliches **VI**. H. H. Budzier. 7862.

Russell, E. L., Hale, W. H. und Hubbert jun., Farris; Tucson, Univ. of Arizona. Evaluation of diammonium phosphate as a source of nitrogen for ruminants. **(Bestimmung von Diammoniumphosphat als eine Stickstoffquelle für Wiederkäuer.)** J. Animal Sci. 21 (1962) Nr. 3. S. 523-526. — 6 Tab., 8 Lit.

Harnstoff (**I**) und Diammoniumphosphat (**II**) wurden an Ochsen und Lämmern im Hinblick auf ihre Toxizität, die Beeinflussung des Blut NH_3-N-Spiegels, den Pansen-pH und die N-Retention miteinander verglichen. Während **I** peroral schon bei 12,6 bis 17,5 N-Äquivalenteinheiten (**III**) (1 Einheit = 1 g **I** oder 2,2 g **II** pro 100 lb. Lgw.) toxische Auswirkungen zeigte, war peroral dieses bei **II** erst im Bereich von 75 **III** der Fall. **I** ließ den pH-Wert des Pansensaftes von 6,8 abrupt auf über 8,1 ansteigen, **II** dagegen nur mäßig von 6,8 auf 7,2. Im Bereich bis 12,5 **III** lag der Blut-NH_3-N-Spiegel bei **I** und **II** gleich, stieg unter **I** bei 32,5 **III** aber aufs doppelte von dem für **II** ermittelten Wert. N-Bilanzversuche erbrachten für **I** und **II** eine praktisch gleiche N-Retention. Damit dürfte **II** nicht nur eine P- sondern auch eine sehr brauchbare N-Quelle für Wiederkäuer darstellen. H. H. Budzier. 7862.

Rice, R. W., Salsbury, R. L., Hoefer, J. A. und Luecke, R. W.; East Lansing, Michigan State Univ. Relation of certain end products of rumen fermentation to forage feeding value. **(Beziehung von bestimmten Endprodukten der Pansengärung zum Futterwert von Rauhfutterstoffen.)** J. Animal Sci. 21 (1962) Nr. 3. S. 418-425. — 3 Abb., 3 Tab., 24 Lit.

Gutes Luzerne-Knaulgrasheu (I) und Haferstroh (II) als Futterstoffe mit deutlich differentem Futterwert wurden verglichen. Die TDN-Bestimmung erfolgte mit 8 trockenstehenden Holsteiner-Kühen, wobei der II-Ration noch 2 lb. einer Kraftfuttermischung (III) beigegeben wurden, im Rahmen einer 10tägigen Versuchsperiode. In vitro wurden 4 Kombinationen getestet, nämlich I- oder II-Inokulat zur I- bzw. II-Testung in vitro oder II-Inokulat zur I-Testung und I-Inokulat zur II-in vitro-Testung. Die TDN von I lag 2,4% über II + III. Der Futterverzehr von I lag wesentlich höher als von II. In vitro erfolgte bei I eine erheblich schnellere Produktion flüchtiger Fettsäuren (FFS) als bei II, das Essigsäure-Propionsäureverhältnis war signifikant niedriger innerhalb der ersten 4 Std. Die II-Cellulose wurde anfangs langsamer abgebaut, nach 24 Std. zeigten sich jedoch keine Differenzen mehr. Die in vitro-Unterschiede traten stärker hervor, wenn zur Inokulation homologes Inokulat verwendet wurde. H. H. Budzier. 7862.

Piatkowski, B.; Dummerstorf, Inst. für Tierzuchtforsch. der Dtsch. Akad. der Landwirtsch.-Wiss. zu Berlin. **Faktoren, die das Aufnahmevermögen an Grundfutter bei Milchkühen beeinflussen.)** Arch. Tierzucht **6** (1963) Nr. 3. S. 163-175. — 9 Tab., 55 Lit. nach Zus.

Den vorliegenden Betrachtungen ist zu entnehmen, daß die Wandspannung des Pansens, die Verweildauer des Futters und der Blutzuckerspiegel bzw. der an flüchtigen Fettsäuren die wichtigsten regulatorischen Größen für die Verzehrsleistung sind. Die Vorgänge, einschließlich der thermoregulatorischen werden vom Hypothalamus gesteuert. Die Verzehrsleistung einer Milchkuh wird in starkem Maße durch ihr Leistungsvermögen und ihr Lgw. bestimmt. Die Wechselbeziehungen zwischen Wandspannung und Verweildauer im Pansen sind dafür verantwortlich, inwieweit das Futteraufnahmevermögen ausgenutzt wird. Die Erarbeitung eines Systems der Vorhersage einer bestimmten Futteraufnahme unter gegebenen Bedingungen wird angestrebt. Krüger u. a. fanden Zusammenhänge zwischen der Freßgeschwindigkeit und der Verzehrsleistung und erarbeiteten für eine Reihe von Futterstoffen einen Sättigungswert. Für die Voraussage der Verzehrsleistung sind folgende Faktoren zu berücksichtigen: Leistung und Lebendgewicht des Tierbestandes sowie Verdaulichkeit der Tr.-Subst., Rohprotein- und Rohfaser-Gehalt des Futterstoffes. 7862.

Putnam, P. A., Gutierrez, J. und Davis, R. E.; Beltsville, Md. Effects of frequency of feeding upon rumen volatile acids, protozoal population, and weight gains in Angus heifer calves. **(Der Einfluß der Häufigkeit der Fütterung auf die flüchtigen Pansensäuren, die Protozoenzusammensetzung und die Gewichtszunahme bei Angus-Färsen-Kälbern.)** J. Dairy Sci. **44** (1961) Nr. 7. S. 1364–1365. — 1 Tab., 11 Lit.

8 Kälber zwischen 253 und 368 lb. wurden in 2 Gruppen in einer 87 Tage dauernden Versuchsperiode in Gruppe I zweimal am Tag und in Gruppe II zehnmal am Tag gefüttert. Als Grundlage diente Luzerneheu und Bohnenschrot, Wasser stand ständig zur Verfügung. Der Futterverbrauch pro Einheit Zuwachs betrug bei I 17,6 lb. und bei II 12,3 lb. Stat. gesichert waren die Unterschiede in der Gewichtszunahme (I 48,1 und II 64,8 lb./Periode) und in der Protozoenzahl (I 2,048 und II 2,602 log Entodinium pro ml; andere Protozoen wurden nur in geringer Zahl gefunden oder fehlten). Die Gehaltswerte der bestimmten flüchtigen Fettsäuren (Essigsäure, Propionsäure, Buttersäure) zeigten keine Unterschiede. Im Gehalt an Gesamtsäuren lag der Durchschnitt von I bei 62,6 m M/l und bei II 70 m M/l, ohne daß diese Differenz stat. gesichert war. M. Hoffmann. 7862.

Bartoš, Stanislav, Hanuš, Karel, Hatleová, Alena und Ottová, Ludmila. Přeměna a využívání těkavých mastných kyselin u telat a u dospělého skotu. **(Umwandlung und Ausnützung flüchtiger Fettsäuren bei Kälbern und**

erwachsenen Rindern.) Vědecké Prace ustředního výzkumného Ústavu Živočišné Výroby v Uhříněvsi **5** (1962) S. 19–33. – 4 Abb., 8 Tab., 48 Lit. Zus. in Russ., Dtsch.

Aus Untersuchungen der Produktion von Ketonen im Pansen, in der Haube und im Psalter erwachsener Rinder sowie im Pansen von Kälbern unter Zugabe von Propion- und Buttersäure geht hervor, daß die Produktion dieser Stoffe am intensivsten im Psalterepithel und am geringsten im Pansen erwachsener Rinder ist. Die größte Produktion erfolgt aus der Buttersäure. Die Propionsäure setzte sie durch ihre antiketogene Wirkung im Epithel des Pansens und der Haube herab im Vergleich mit Kontrollversuchen. Das Epithel des Psalters aber produzierte aus der Propionsäure die gleiche und in einigen Fällen sogar eine größere Menge von Ketonen im Vergleich zu dem Kontrollversuchen, so daß sich also hier die antiketogene Wirkung dieser Säure nicht äußert. F. Svoboda. 7862.

Blackburn, T. H. und Hobson, P. N. Further studies on the isolation of proteolytic bacteria from the sheep rumen. **(Weitere Untersuchungen über die Isolierung proteolytischer Bakterien aus dem Schafpansen.)** J. gen. Microbiol. **29** (1962) Nr. 1. S. 59–63. – 5 Tab., 15 Lit.

Von 2 Schafen wurden über längere Zeit Pansensaftproben entnommen und unter anaeroben Bedingungen auf flüssigen und festen Nährböden eingehend untersucht. Dabei wurden 7 verschiedene Bakteriengruppen mit proteolytischen Eigenschaften – gemessen an der Caseinspaltung – gefunden: *Bacteroides amyloides, Butyrivibrio, Selenomonas Lachnospira*, eine bacteroidesähnliche jedoch nicht näher einzuordnende Gruppe, eine Gruppe gramnegativer und -labiler Coccen und Coccobacillen und eine Gruppe grampositiver Coccen. W. Seffner. 7862.

Chamberlain, C. C. und Burroughs, Wise; Knoxville, Univ. of Tennessee; Ames, Iowa State Univ. Effect of fluoride, magnesium and manganese ions on in vitro cellulose digestion by rumen microorganisms. **(Wirkung von Fluor-, Magnesium- und Mangan-Ionen auf die in vitro-Cellulose-Verdauung durch Pansenmikroorganismen.)** J. Animal Sci. **21** (1962) Nr. 3. S. 428–432. – 1 Abb., 2 Tab., 11 Lit.

Das Inokulat für den künstlichen Pansen entstammte einem Ochsen, der tägl. 6 lb. Getreide und ad libitum Heu erhielt. Der Zusatz von F (50–200 ppm) zu einem sonst kompletten Medium hemmt die Celluloseverdauung (I) stark, wobei die F-Konzentration und I nicht linear verlaufen. Mn-Mangel reduziert I stärker als Mg-Mangel. Werden sowohl Mn als auch Mg abgesetzt, so treten I-Depressionen von 50% bis 60% auf, die durch F-Zusätze kaum noch weiter beeinflußt werden. Offenbar existieren zumindest 2 Stoffwechselwege des Celluloseabbaues, einer, der von F unbeeinflußbar ist, und ein solcher, der über Mn- und Mg-Einwirkung durch F gestört werden kann, bevor überhaupt die Abbauprodukte in den Citronensäurecyclus eingeschleust werden. Es ist auch daran zu denken, daß nach Wood die I-Abbauprodukte im intermediären Stoffwechsel den Citronensäurecyclus umgehen können. H. H. Budzier. 7862.

Quicke, G. V. und Orpen, Valerie; Pietermaritzburg, Univ. of Natal, Fac. of Agric. Vitamin A supplementation of grass hay and the cellulolytic activity of ruminal micro-organisms. **(Der Einfluß von Vitamin-A-Gaben auf die Verdauung von Grasheucellulose durch Mikro-Organismen des Pansens.)** South African J. agric. Sci. **5** (1962) Nr. 3. S. 465–473. – 5 Tab., 6 Lit. Zus. in Franz., Holländ.

In einem Vorversuch wurden Dormerschafe mit qualitativ schlechtem Heu (2,8% Rohprotein) gefüttert und jeden 2. Tag durch Fisteln direkt in den Pansen 20 g Mineralmischung (Knochenmehl, Salz und Spurenelemente) bzw. zusätzlich noch 0,5 g stabiles Vit. A eingegeben. Proben des Panseninhaltes wurden am 4., 26. und 33. Tage nach Versuchsbeginn entnommen, um in vitro-Verdauungsversuche mit schlechtem und guten Heu durchzuführen. Es konnten in allen Kombinationen keine Verdaulichkeitsunterschiede gefunden werden. Im Hauptversuch wurde dasselbe schlechte Heu, jedoch in 1–3 inch Länge geschnitten, verwendet, die gleichen Mineral- und Vitamingaben wurden wie im Vorversuch, jedoch tägl. verabreicht. Die Ergebnisse zeigen auch hier, daß weder die Mineral- noch die Vitaminbeifütterung einen fördernden Einfluß auf die Mikroorganismen im Hinblick auf deren Cellulose-verdauung hatten. K. Männel. 7862.

Slavčev, G. (Slawtschew, G.); Plowdiw, Bulgarien, Höheres Landwirtsch. Inst. „W. Kolarow", Lehrstuhl für Physiol. und Anatomie Landwirtsch. Nutztiere. Proučvane na infuzoriite v predstomašijata na preživnite životni. II čast. Vlijanie na vŭzrastta, pola i godišnite sezoni vŭrchu vidovija sŭstav na infuzoriite v predstoma šijata na domašnite preživni životni. **(Untersuchung der Infusorien im Vormagen der Wiederkäuer. 2. Mitt. Der Einfluß von Alter, Geschlecht und Jahreszeiten auf die Artenzusammensetzung der Infusorien im Vormagen der wiederkäuenden Haustiere.)** Naučni trudove. Visš selskostopanski institut „Vasil Kolarov", Plovdiv **10** (1961) S. 149–158. – 11 Tab., 12 Lit. Zus. in Russ., Franz. 1. Mitt. vgl. LZ. Abt. III **5** (1960) Nr. 7. S. 1022.
Vf. untersucht die Artenvielheit der Infusorien im Rumen der wiederkäuenden Haustiere aus verschiedenen Landteilen Bulgariens sowie den Einfluß von Geschlecht, Alter und Jahreszeit auf die Infusorienartenzusammensetzung. Weder geographische Grenzen noch verschiedenartiges Terrain, sei es hängiges Gelände oder Flachland, hinderten die Verbreitung der Infusorienarten. Die Infusoriendichte und -artenvielheit ist bei Tieren des frühesten Jugendalters am schwächsten. Vom 6. Lebensmonat an finden sich bei Schafen Entodinium, Diplodinium, Eudiplodinium, Polyplastron, Ostracodinium, Epidinium und Ophryoscolex. Von allen diesen Arten und Unterarten ist die erstgenannte bei allen Altersstufen am stärksten vertreten, nämlich von 34,5 bis 39,6%. Große Schwankungen der übrigen Arten sind bei den einzelnen Altersstufen nicht festgestellt worden. Ähnlich ist die Lage bei den Ziegen, Rindern und Büffeln. Das Geschlecht habe auf die Infusoriengattungsverbreitung keinen wesentlichen Einfluß. Die Infusoriengattungszusammensetzung verändert sich in den einzelnen Jahreszeiten nicht. N. Iwanow. 7862.

Elam, C. J. und Davis, R. E. Ruminal characteristics and feedlot bloat incidence in cattle as influenced by vegetable oil, mineral oil, and animal fat. **(Panseneigenschaften und beim Rind vorkommende alimentäre Trommelsucht sowie deren Beeinflussung durch pflanzliches Öl, Mineralöl und tierisches Fett.)** J. Animal Sci. **21** (1962) Nr. 3. S. 568–574. – 1 Abb., 5 Tab., 27 Lit.
Als Grundfutter (I) diente eine Mischung aus 61% gemahlener Gerste (II), 16% Sojabohnenölmehl, 22% Luzernemehl und 1% Salz. Bei den Versuchsvarianten wurde **II** entsprechend ersetzt durch 8% entgummiertes Sojabohnenöl (**III**), 8% Mineralöl (**IV**) oder 8% tierisches Fett (**V**). Die in vivo-Teste wurden mit Ochsen der Hereford- oder Angus-Rasse, die in vitro-Versuche mit Warburg-Apparaturen entweder mittels Pansensaftproben von **I, III, IV** und **V** oder durch Inkubation von 0,8 g der Mischungen **I, III, IV** und **V** mit Pansensaft von **I**-Ochsen durchgeführt. Es ergab sich, daß **III** die tympanieerzeugende Eigenschaft von **I** noch verstärkte, jedoch nicht, wenn die Tiere vor der Applikation eine prophylaktische Sojabohnenölgabe erhielten. **V** blieb ohne jede Wirkung, **IV** senkte jedoch das Auftreten von Trommelsucht um etwa 40%. Nur die Menge des Panseninhaltes ließ sich von insgesamt 10 getesteten Pansencharakteristiken durch **III, IV** oder **V** beeinflussen. So reduzierte **IV** sie, **V** erhöhte sie dagegen. Sojabohnenöl und tierisches Fett werden offenbar im Pansen mikrobiell verwertet. H. H. Budzier. 7862.

Nesic, P. und Ibrovic, M. **Wirkung von Sulfadimidin, Sulfaguanidin und Nitrofurazon auf die fermentative Aktivität der Mikroorganismen in den Vormägen der Wiederkäuer.** Berliner Münchener tierärztl. Wschr. **75** (1962) Nr. 21. S. 403–407. – 4 Tab., 15 Lit. Zus. in Engl. 7862.

Bolton, W.; Edinburgh, Poultry Res. Centre, Agric. Res. Council. Digestion in the crop of the fowl. **(Verdauung im Geflügelkropf.)** Proc. Nutrit. Soc. **21** (1962) Nr. 2. S. XXIV. – 1 Tab.

Um die im Kropf stattfindenden Veränderungen des Futters zu untersuchen, wurden 4 Hähne 1, 2½, 4½ und 6 Std. nach der Fütterung geschlachtet und im Kropfinhalt pH-Wert, Zucker, Alkohol, Essig- und Milchsäure bestimmt. Während der ersten 2½ Std. stieg lediglich der Zuckergehalt an. Danach fiel der Zuckergehalt und der pH-Wert ab und die Gehalte an Alkohol, Essig- und Milchsäure nahmen zu. Daraus folgt, daß anfangs die Amylase-Aktivität vorherrscht und später durch die Vermehrung der Lactobazillen die bakteriellen Vorgänge dominieren. J. Wünsche. 7872.

Intermediärer Stoffwechsel

Huang, Ru-chih C. und Bonner, James. Histone, a suppressor of chromosomal RNA synthesis. **(Histon, ein Unterdrücker der chromosomalen RNS-Synthese.)** Proc. nat. Acad. Sci. USA 48 (1962) Nr. 7. S. 1216–1222. – 3 Abb., 6 Tab., 12 Lit.

Vff. isolieren aus Erbsenkeimlingen Chromatin. Darin finden sie 31% Desoxyribonucleinsäure (DNS), 17,5% Ribonucleinsäure (RNS), 33% Histon-Protein und 18% Nichthiston-Protein. Die Bindung von DNS an Histon stabilisiert die DNS-Struktur. Der Schmelzpunkt von chromosomalem Nucleohiston ist höher als der der entsprechenden reinen DNS. Nach Reindarstellung von RNS-Polymerase wurde die Rolle des Histons bei der RNS-Synthese geprüft. Chromatin ohne Histon ergab den 5fachen Nucleotideinbau im Vergleich zum Rohchromatin mit Histon. Nucleohiston, das aus den gereinigten Komponenten zurückgebildet worden war, erlaubte eine weit geringere RNS-Synthese als das Ferment + DNS alleine. Wurde gereinigtes Histon zu einer kompletten, DNS enthaltenden Reaktionsmischung kurz vor Beigabe der RNS-Polymerase hinzugefügt, so wurde die RNS-Synthese stark gehemmt. Es wird geschlußfolgert, daß das Histon über die Hemmung der DNS-abhängigen RNS-Synthese die genetische Aktivität begrenzt. H. Bergner. 7910.

Keeney, Mark, Katz, Ira und Schwartz, Daniel P.; College Park, Univ. of Maryland, Dep. of Dairy Sci.; Washington, U.S. Dep. of Agric. Occurrence of ketostearic acids in cow's milk fat: suggested intermediates in unsaturated fatty acid biosynthesis. **(Vorkommen von Ketostearinsäuren in Kuhmilchfett: mögliche Zwischenprodukte in der Biosynthese der ungesättigten Fettsäuren.)** Biochim. biophysica Acta [Amsterdam] **62** (1962) Nr. 3. S. 615–616. – 1 Tab., 9 Lit.

Die Gewinnung der Ketosäuren auf dem Wege der Umsetzung der Lipoide mit 2,4-Dinitrophenylhydrazin in wasserfreier 1 n methanolischer HCl, Chromatographie aller Methylester an Magnesia und Abtrennung der Hydrazone der Ketosäuremethylester durch Chromatographie an Al_2O_3 wird angegeben. Fraktionierung der Hydrazone erfolgt durch Hexan-Acetonitril-Verteilungschromatographie. Durch saures Aceton werden die freien Ketosäureester des Milchfettes erhalten und mittels Gaschromatographie, Infrarotlicht, Verseifung, Beckmann-Umlagerung der Oxime, Bestimmung des Carbonyl-O-Gehaltes untersucht. Tierische Fette enthalten 5-15μmol/g vorwiegend gesättigte Ketosäuren mit Glycerin verestert. Die Hauptmenge der Ketosäurefraktion des Kuhmilchfettes besteht aus 8- bis 13-Ketostearinsäuren, deren Zusammensetzung in bezug auf den Anteil der einzelnen Säuren aus der Untersuchung der Dicarbonsäuren und Amine, die durch Beckmann-Umlagerung der Oxime erhalten werden, angegeben ist. F. Kreienbring. 7910.

Gellhorn, Alfred, Benjamin, William und Wagner, Mary. The in vitro incorporation of acetate-1-C^{14} into individual fatty acids of adipose tissue from young and old rats. **(Die in-vitro-Inkorporation von 1-^{14}C-Acetat in individuelle Fettsäuren des Fettgewebes aus jungen und alten Ratten.)** J. Lipid. Res. **3** (1962) Nr. 3. S. 314–319.

Bei Fettgeweben, die von verschieden alten Ratten stammten, wurde die Inkorporation von 1-^{14}C-Acetat bestimmt. Der Anteil der inkorporierten Gesamtradioaktivität bei den monoungesättigten Fettsäuren lag im Fettgewebe von jungen Tieren deutlich höher als bei alten. Erhielten die Tiere über längere Zeit fettfreie Nahrung, so wuchs nach Inkubation des Fettgewebes der markierte Anteil in den Monoensäuren bei allen Gruppen an, und die Unterschiede zwischen jungen und alten Tieren glichen sich an. Auch Insulingaben führten bei allen Gruppen zu einer vergrößerten Aufnahme von markiertem C im Palmitin- und Ölsäuregehalt der Gewebe.

H. Steger. 7910.

Anonym. Effect of cortisol on glucose metabolism. **(Der Einfluß des Cortisols auf den Glucosestoffwechsel.)** Nutrit. Rev. **20** (1962) Nr. 9. S. 278–280.

7910.

Ruščák, Michal; Bratislava, Slov. Acad. of Sci. Influence of various stimuli on lactic acid, alanine and gamma-aminobutyric acid levels in rat brains. **(Einfluß verschiedener Reizmittel auf die Milchsäure-, Alanin- und Gamma-Aminobuttersäure-Gehalte von Rattenhirnen.)** Nature [London] **195** (1962) Nr. 4838. S. 290–292. — 3 Tab., 8 Lit.

Die freigelegten Hirnrinden von Ratten wurden 30 Min. lang verschiedenen Reizmittel-Lösungen (3 und 0,3 m Li-, Na-, K-, Rb-, Cs-, NH_4-, Mg-, Ca-Chlorid; 10 und 1% Pentamethylentetrazol sowie 1 und 0,1% Strychnin) ausgesetzt. Nach Einfrieren der Hirne in flüssiger Luft und sich anschließenden Extraktionen wurden die Gehalte an freien Aminosäuren und Milchsäure bestimmt. Die höheren Konzentrationen aller Reizmittel bewirkten eine signifikante Erhöhung der Milchsäure-, Alanin- und γ-Aminobuttersäuregehalte (ausgedrückt in μmol/g Hirnprotein-N). Von den niedrigeren Konzentrationen zeigten nur diejenigen Alkalichloride eine Wirkung, die auch eine elektroencephalographische Depression verursachten (KCl, RbCl, CsCl und NH_4Cl).

J. Wünsche. 7910.

Grella, P. und Pittoni, A.; Padova, Italy, Univ., Inst. fo Biochem. Choline oxidase, betaine-homocysteine transmethylase and essential fatty acids. **(Cholinoxydase, Betain-Homocystein-Transmethylase und essentielle Fettsäuren.)** Int. Z. Vitaminforsch. [Bern] **32** (1962) Nr. 3. S. 296–299. — 1 Tab., 14 Lit. Zus. in Franz., Dtsch.

Wistar-Ratten beiderlei Geschlechts werden sowohl mit einer Normalkost als auch mit einem fettfreien, aus 20% Casein, 70% Zucker, 6% Cellulose und 4% Salzmischung bestehenden Futter ernährt, das mit und ohne tägl. Ergänzung durch 50 mg Linol- und Linolensäureäthylester angeboten wird. Zusätzlich werden adäquate Vitaminmengen verabfolgt. Bei der an essentiellen Fettsäuren freien Kost erfahren die Cholinoxydase-(μl O_2/10 Min./ml Homogenat) und die Betain-Homocystein-Transmethylase-Aktivität (μg Methionin/Std./g Frischgewicht) der Leber gegenüber den beiden Vergleichskostformen eine Steigerung. Die gesteigerte Cholinoxydation scheint mit einer bei Avitaminose F beobachteten Abnahme der Phospholipoid-Synthese in Beziehung zu stehen.

B. Gaßmann. 7920.

Zubay, G.; Upton, N. Y., Brookhaven Nat. Lab., Biol. Dep. The specificity of incorporation of glutamic acid and glutamine into protein. **(Die Specifität der Inkorporation von Glutaminsäure und Glutamin in Protein.)** Proc. nat. Acad. Sci. USA 48 (1962) Nr. 5. S. 894–896. — 2 Abb., 1 Tab., 6 Lit.

Mit *Escherichia coli* S-RNA und Escherichia coli-Enzymextrakt wurden Inkorporationsversuche durchgeführt. Während gleichmäßig markierte ^{14}C-Glutaminsäure langsam in S-RNA inkorporiert wurde, erfolgte die Inkorporation von entsprechend markiertem ^{14}C-Glutamin sehr schnell. Die max. Inkorporation betrug in beiden Fällen 0,3 m μm Aminosäure pro μm S-RNA Nucleotide. Unmarkiertes Glutamin inhibierte 90% der Inkorporation von ^{14}C-Glutaminsäure in S-RNA, umgekehrt wurden weniger als 10% Hemmung der ^{14}C-Glutamininkorporation festgestellt. (Auch beim Asparagin-Asparaginsäure-System wurde eine ähnliche Hemmung der Asparaginsäure-Inkorporation in S-RNA durch markiertes Asparagin beobachtet.) Vf. schlußfolgert aus den Ergebnissen, daß die beobachtete Glutaminsäure-Inkorporation in S-RNA durch die vorhergehende Umwandlung in Glutamin bedingt ist. Bei der Proteinsynthese wird im Gegensatz zur Glutaminsäure dem Glutamin eine wesentliche Rolle zugesprochen. I. Schröder. 7930.

Berggård, I. und Bearn, A. G.; New York, Rockefeller Inst. Excretion of haptoglobin in normal urine. **(Exkretion von Haptoglobin in normalem Harn.)** Nature [London] **195** (1962) Nr. 4848. S. 1311–1312. 7930.

Rogers, Q. R., Spolter, P. D. und Harper, A. E.; Madison, Univ. of Wisconsin, Dep. of Biochem. Effect of leucine-isoleucine antagonism on plasma amino acid pattern of rats. **(Wirkung des Leucin-Isoleucin-Antagonismus auf das Aminosäuremuster des Blutplasmas von Ratten.)** Arch. Biochem. Biophysics **97** (1962) Nr. 3. S. 497–504. – 3 Abb., 2 Tab., 24 Lit.
Im Blutplasma von Ratten, die einen großen Leucin-Überschuß in der Ration verabreicht erhielten, waren die Isoleucin- und Valingehalte niedriger als bei Ratten, an die eine normale Ration oder die hohe Leucin-Ration mit Extragaben an Isoleucin und Valin verfüttert wurde. Die Plasmakonzentrationen an Threonin (= limitierende Aminosäure) blieben in allen Fällen nahezu unverändert. Die Glutaminsäure stieg im Blutplasma an, wenn die Rationen einen Leucin-Überschuß enthielten. Hinsichtlich der Geschwindigkeit der Magenentleerung und der N-Mengen im Darminhalt wurden bei den hohen Leucin-Rationen mit oder ohne Isoleucin- + Valin-Zusatz keine Unterschiede festgestellt. J. Wünsche. 7930.

Woolley, D. W., Hershey, J. W. B. und Koehelik, I. H.; New York, Rockefeller Inst. 2-benzylhistidine and derivatives as pilots for the synthesis of peptides designed to have specific enzymic activity. **(2-Benzylhistidin und Derivate als Testsubstanzen mit spezifischer enzymatischer Aktivität für die Synthese von Peptiden.)** Proc. nat. Acad. Sci. USA **48** (1962) Nr. 4. S. 709–724. – 3 Abb., 27 Lit.
Es wird am Beispiel des Chymotrypsins theoretisch eine Arbeitshypothese über die Spezifität von Enzym gegenüber ihren Substanten abgeleitet, die auf der Annahme basiert, daß die spez. Anziehung zwischen Ferment und Substrat auf gleichen Konfigurationen innerhalb der Moleküle beruht. Vff. vermuten, daß ein Polymeres des Histidins mit der Seitenkette α-Acetylamino-β-phenyläthyl in Stellung 2 ähnliche katalytische Eigenschaften aufweisen wird wie Chymotrypsin. Als vorbereitende Arbeiten zur Synthese dieser Verbindung werden Methoden zur Synthese von 2-Benzylhistidin und 1,2-Dibenzylhistidin sowie ihrer Carbobenzoxyderivate im Detail beschrieben.
R. Schiemann. 7930.

Irons, L. I. und Perkins, D. J.; London, St. George's Hospital, Med. School, Chem.-Pathol. Dep. Studies on the interaction of magnesium, calcium and strontium ions with native and chemically modified human serum albumin. **(Untersuchungen über die Wechselwirkung von Magnesium-, Calcium- und Strontiumionen mit nativem und chemisch verändertem menschlichen Serumalbumin.)** Biochem. J. **84** (1962) Nr. 1. S. 152–156. – 5 Abb., 2 Tab., 28 Lit.

Mittels radioaktiver Methoden unter Verwendung von ^{45}Ca, ^{89}Sr und ^{28}Mg untersuchten Vff. das Bindungsvermögen des nativen sowie des veresterten, acetylierten, phosphorylierten bzw. bromacetylierten menschlichen Serumalbumins für die 3 Erdalkaliionen in Abhängigkeit vom pH-Wert und unter Zusatz von Citrat. Die rel. Bindungsaffinität des nativen Albumins war für Ca^{2+} am höchsten und für Sr^{2+} am niedrigsten; bei den chem. modifizierten Albuminen ergab sich ebenfalls eine höhere Affinität für Ca^{2+} und eine gleiche für Sr^{2+} und Mg^{2+}. Zwischen pH-Wert und Bindungskapazität wurden starke Wechselwirkungen beobachtet, die für die 3 Ionenarten ähnlich waren, in starkem Maße aber von der chemischen Vorbehandlung des Albumins abhingen. Die Bindung an native, acetylierte und veresterte Albumine wurde hauptsächlich durch elektrostatische Kräfte bewirkt, obwohl auch spez. Bindungsplätze gefunden wurden. Die Bindung der Ionen an phosphorylierte und bromacetylierte Albumine erfolgte nur an spez. Bindungsplätzen.

R. Schiemann. 7930.

Klebanoff, S. J.; New York, Rockefeller Inst. An interrelationship between ergothioneine, certain phenolic hormones and peroxidase. **(Eine Wechselbeziehung zwischen Ergothionein, gewissen phenolischen Hormonen und Peroxydase.)** Biochim. biophysica Acta [Amsterdam] **56** (1962) Nr. 3. S. 460 bis 469. – 6 Abb., 1 Tab., 17 Lit.

Die Oxydation von Ergothionein durch Peroxydase und H_2O_2 wurde durch Thyroxin oder Oestradiol stimuliert. Hauptoxydationsprodukt war Ergothioneindisulfid. Ergothionein wurde durch O_2 bei Anwesenheit von Peroxydase, Mn^{++}, DPNH und Thyroxin oxydiert. Durch Katalase wurde diese Reaktion gehemmt. Ergothionein stimulierte die Oxydation von DPNH bzw. TPNH durch Peroxydase, Mn^{++} und O_2. Diese Stimulation wurde durch H_2O_2 gehemmt und durch Katalase gefördert. Eine mögliche Beziehung zwischen Peroxydase, Ergothionein und Thyroxin oder Oestradiol in vivo wird diskutiert.

W. Goldbach. 7960.

Energiewechsel

Altenbrunn, H.-J. und Kobbert, E.; Berlin-Buch, Forschungsgemeinsch. des Inst. für Med. und Biol. der Robert-Rössle-Klin. der Dtsch. Akad. der Wiss. zu Berlin. **Die oxydative Phosphorylierung in strahlensensiblen Organen nach Bestrahlung.** Acta biol. med. german. [Berlin] **9** (1962) Nr. 1. S. 25–38. – 3 Abb., 8 Tab., 16 Lit. Zus. in Russ., Engl.

Vff. untersuchten die oxydative Phosphorylierung mit Succinat und α-Ketoglutarat als Substrate von Rattenlebermitochondrien aus Leber, Milz und Hoden nach Bestrahlung mit Röntgenstrahlung im Eisbad bzw. auch nach Gesamtkörperbestrahlung der Tiere vor der Isolierung der Mitochondrien. Die strahlensensiblen Milz- und Hodenmitochondrien zeigten gegenüber Lebermitochondrien funktionelle Unterschiede: Cytochrom c-Zusatz steigerte den P/O-Quotienten. Durch Bestrahlung der Mitochondrien bzw. der Tiere wurde – vergleichbar mit der Alterung der Mitochondrien – die oxydative Phosphorylierung teilweise entkoppelt, während der Mechanismus der oxydativen Phosphorylierung nicht verändert war, wie Entkopplungsversuche mit 2,4-Dinitrophenol zeigten. Die durch Alterung bzw. Bestrahlung der Milzmitochondrien bewirkte teilweise Entkopplung konnte durch Coenzymzusatz wieder rückgängig gemacht werden. R. Schiemann. 8008.

Eiweißstoffwechsel

Platt, B. S., Heard, C. R. C., Stewart, R. J. C. und Al-Rabii, H. A.; Mill Hill, London, Nat. Inst. for Med. Res., Human Nutrit. Res. Unit. Differences in the blood of dogs due to diets of different protein value. **(Unterschiede im Blut von Hunden auf Grund von Rationen unterschiedlicher Ei-**

weißwertigkeit.) Proc. Nutrit. Soc. **21** (1962) Nr. 2. S. XXIX–XXX. — 1 Tab., 3 Lit.
An 8 Würfe von je 4 Hunden wurden neben entsprechenden Kontrollrationen 4 verschiedene Rationen von suboptimalem Eiweißwert gefüttert und ihr Einfluß auf eine Reihe von Blutbestandteilen untersucht. Der niedrige Eiweißwert in den Rationen bewirkte eine Verringerung des Proteins (hauptsächlich Albumins), Hämoglobins, RBC und Vit. A sowie der Glucose-Toleranz im Serum. Der Anstieg des Serum-Fe-Gehaltes spiegelt möglicherweise eine Verringerung der Erythropoese-Geschwindigkeit wider, deren Ursache Mangel an Globin und Transferin ist. Die ungesättigte Fe-Bindungs-Kapazität steht im reziproken Verhältnis zum Serum-Fe-Gehalt.
J. Wünsche. 8042.

Rombauts, P. (unter techn. Mitarb. von Lépine, Guiette, Thuret, Françoise und Boisseau, J. M.); Jouy-en-Josas, Centre Nat. de Rech. Zootechn., Stat. de Biochim. et de Nutrit. Évolution de l'anabolisme graviTique chez la truie en fonction de l'âge de l'animal. **(Die Entwicklung des Trächtigkeitsstoffwechsels bei der Sau in Abhängigkeit von deren Alter.)** Ann. Zootechnie **11** (1962) Nr. 1. S. 39–51. — 7 Abb., 6 Tab., 11 Lit.
Vf. untersuchte den N-Stoffwechsel trächtiger Sauen im Vergleich zu nicht trächtigen, gleichalten und bei Versuchsbeginn gleich schweren Sauen. Bei konstant rationierter Fütterung (2,5 kg Tr.-Subst. mit 60 g N) variierte der N-Ansatz je nach dem Alter der Tiere bei Trächtigkeit von 460 bis 860 g oder entsprechend 15–30 kg Muskelgewebe, wenn der Bedarf für Wachstum und Erhaltung abgesetzt wird. Der reine Trächtigkeitsstoffwechsel manifestiert sich nur bei ausgewachsenen Tieren, und zwar schon bei beginnender Trächtigkeit, wird aber erst von der 11. Woche an besonders deutlich, wobei die Koeffizienten der N-Retention während der 2. Hälfte der Trächtigkeit 30% erreichen. Die N-Retention kann dann 13–15 g pro Tag erreichen, während gleichaltrige, aber nicht trächtige Sauen weniger als 5 g retenieren.
A. Schaaf. 8042.

Noack, R.; Potsdam-Rehbrücke, Inst. für Ernähr. der Dtsch. Akad. der Wiss. zu Berlin. **Eiweißmangelzustände, ihre Erkennung und Verhütung.** Ernährungsforschung **7** (1962) Nr. 3. S. 324–329. — 12 Lit.
Vortrag. Liegen die essentiellen Aminosäuren im Eiweiß im gleichen Verhältnis zueinander vor, wie es dem Bedarf entspricht, muß ferner der Energiebedarf nicht noch aus dem Eiweißanteil gedeckt werden, und ist im Nahrungsangebot genügend N zur evtl. noch notwendigen Bildung nichtessentieller Aminosäuren enthalten, dann beträgt der N-Minimalbedarf des Menschen 3,5 g, das sind 22 g Eiweiß. Auf der Suche nach empfindlichen und verläßlichen Hinweisen auf Eiweißmangelzustände hat sich der Amino-N-Gehalt des Serums als gutes Kriterium erwiesen. Mit Hilfe der PAA-Ratio, die nach Longenecker aus der Plasmakonzentration der einzelnen freien Aminosäuren vor und nach Verfütterung eine Probemahlzeit berechnet wird, kann die Reihenfolge der limitierenden Aminosäuren in einem Testeiweiß, d. h. die BW von Eiweiß-Kostformen festgestellt werden. Umgekehrt ermöglicht die PAA-Ratio bei Verfütterung von biologisch hochwertigem Eiweiß die Erfassung von der Norm abweichender individueller Bedürfnisse. Sie bietet zugleich die Möglichkeit, kurzfristig den Erfolg einer Aufbesserung der Nahrung durch Aminosäurezusatz zu kontrollieren. B. Gaßmann. 8042.

Nejedlá, H. Význam Aminokyselin v krmných dávkách hospodářských zvířat. **(Bedeutung der Aminosäuren in Futterrationen der Haustiere.)** Studijní Informace, Řada Živočišná Výroba **1962** Nr. 1. S. 1–51. — 25 Tab., 145 Lit. 8042.

Snetsinger, D. C. und Scott, H. M.; Urbana, Illinois Agric. Exp. Stat. The relative toxicity of intraperitoneally injected amino acids and the effect of lysine and arginine thereon. **(Die relative Toxizität von inperitonal injizierten Aminosäuren und die Wirkung von Glycin- und Arginin-Überdosierungen.)** Poultry Sci. **40** (1961) Nr. 6. S. 1681–1687. — 3 Tab., 12 Lit.

Die Toxizität von interperitonal injizierten Aminosäuren wurde an Küken untersucht. Die Isomeren LD_{50} und $LD_{99.9}$ aller Aminosäuren — außer Methionin, von dem die L-Isomere verwendet wurde — wurden in bestimmten Mengen injiziert. Außerdem erfolgte auf der berechneten LD_{50}-Basis in einem weiteren Versuch die Injektion von Tryptophan, Arginin HCL, Histidin HCL, Lysin HCL, Threonin, Phenylalanin, Methionin, Glutaminsäure, Leucin, Valin, Glycin und Isoleucin, um die Grenze für die Toxizität zu bestimmen. Mit Hilfe dieser Injektionen wurde versucht, die Grenze der Toxizität festzulegen und vorher zu berechnen. Die festgelegte Hypothese konnte nach Angaben der Versuchsansteller keine Bestätigung finden. G. Göbel. 8042.

Halder, K. und Platt, B. S.; Mill Hill, London, Nat. Inst. for Med. Res., Human Nutrit. Res. Unit. The effects on the newborn rat of force-feeding carbohydrate for 3 days during pregnancy. **(Die Wirkungen einer dreitägigen Kohlenhydrat-Zwangsfütterung während der Trächtigkeit auf die neugeborene Ratte.)** Proc. Nutrit. Soc. **21** (1962) Nr. 2. S. XXXII–XXXIII. — 5 Lit.

Um die Wirkung eines akuten Proteinmangels der Muttertiere auf die Feten zu untersuchen, wurden 5 Gruppen trächtiger Ratten an 3 aufeinanderfolgenden Tagen (4.–6., 7.–9., 10.–12., 13.–15. und 16.–18. Tag der Trächtigkeit) proteinfrei ernährt. Die Ratten wurden am 21. Tag der Trächtigkeit getötet und die Würfe untersucht. Es wurden keine Anomalien in bezug auf Wurfgröße, Wurf- und Placenta-Gewichte und keine Mißbildungen festgestellt. Histologische Untersuchungen der Lebern, Pankreas-Inseln und Nebennierenrinden ergaben bei den Würfen gewisse Anomalien, bei denen der Zeitpunkt der proteinfreien Ernährung der Muttertiere mit dem Zeitpunkt der Ausbildung der betreffenden Organe zusammenfiel. J. Wünsche. 8042.

Thamm, H., Ihlenburg, H. und Lange, H. **Zur Verfütterung synthetischer Stickstoffverbindungen nichteiweißartiger Natur.** Arch. exp. Veterinärmed. **16** (1962) Nr. 2. S. 393–411. — 7 Tab., 31 Lit.

Etwa die Hälfte des in der Leber gebildeten Harnstoffes wird der Pansenflora wieder zur Verfügung gestellt. Als Methode zur Bestimmung des Ammoniakgehaltes im Blut erwies sich das Verfahren nach Conway und O'Mallay als genügend zuverlässig und reproduzierbar. Für den Anstieg des Blutammoniakspiegels, das Auftreten klinischer Symptome und den Eintritt des Vergiftungstodes ist die absolute Menge des verabreichten Harnstoffes und die Art der Verabreichung entscheidend. 1,4 mg% Ammoniak im Blut stellen den kritischen Wert dar. Danach sind als Intoxikationssymptome Zittern, beschleunigte Atmung, Durchfall, Niederlegen, Krämpfe und Erregungszustände zu beobachten. Dem als Antidot genannten verdünnten Essig wird auf das im Pansen befindliche Ammoniak nur eine beschränkte, auf das Ammoniak im Blute gar keine Wirkung zugeschrieben. Die pathologisch-anatomischen und histologischen Veränderungen werden besprochen. Die Milch mit Harnstoff gefütterter Kühe soll einen leicht erhöhten Ammoniak- und Harnstoffgehalt aufweisen, sonst aber unschädlich sein. H. Busse. 8050.

Stoffwechsel stickstofffreier Nährstoffe

Leat, W. M. F., Cuthbertson, A., Howard, A. N. und Gresham, G. A.; Cambridge, Univ., School of Agric., Dep. of Pathol. Distribution and fatty acid composition of depot fat of pigs reared on synthetic diets with and without fat. **(Verteilung und Fettsäurezusammensetzung des Depotfettes von Schweinen, die mit synthetischen Diäten mit und ohne Fett aufgezogen wurden.)** Proc. Nutrit. Soc. **21** (1962) Nr. 2. S. XXXV–XXXVI. — 1 Tab., 1 Lit.

An 4 Gruppen zu je 7 Schweinen wurde von 10–200 lb Lgw. je eine Ration mit < 0,1% Fett (I), 10% Rindertalg (II), 10% Maisöl (III) bzw. 2,2% Fett (IV) verabreicht. Die mit III gefütterten Tiere hatten den höchsten Depotfettanteil, die mit IV gefütterten den niedrigsten. III und IV hatten s.c. relativ mehr Fett als I und II, während der Anteil an intramuskulärem Fett bei I und II relativ hoch war. Bei I und II enthielt das Depotfett 92% Palmitin-, Stearin- und Ölsäure und < 1% Linolensäure, III bewirkte einen Linolensäuregehalt von 22%. Der Linolensäuregehalt nimmt im Rückendepotfett zum Schwanz hin ab. Der innere Rückenspeck enthält relativ mehr Stearin- und Palmitinsäure und gleicht etwa dem intramuskulärem Fett. W. Jentsch. 8066.

Howard, A. N., Leat, W. M. F., Gresham, G. A., Bowyer, D. E. und Jennings, I. W.; Cambridge, Univ., Dep. of Pathol. and Agric. Pathological and biochemical changes in pigs given semi-synthetic diets containing no fat, beef tallow and maize oil. **(Pathologische und biochemische Veränderungen bei Schweinen, denen halbsynthetische Rationen ohne Fett, mit Rindertalg und Maisöl gegeben wurden.)** Proc. Nutrit. Soc. **21** (1962) Nr. 2. S. XXXVI bis XXXVII. – 1 Lit.

Die Verabreichung halbsynthetischer Rationen ohne Fett, mit 10% Rindertalg bzw. 10% Maisöl an Schweine führte zu ähnlichen Erscheinungen wie früher bei Arteriosklerose. Im Fett der Leber traten Veränderungen bei der Verabreichung der fettfreien Ration ein. In anderen Organen wurden keine pathologischen Veränderungen beobachtet. Bei den Tieren, denen die fettfreie Ration und die mit Rindertalg verabreicht wurde, zeigte sich ein Mangel an essentiellen Fettsäuren. Die Veränderungen in Plasma und Leber werden mitgeteilt. W. Jentsch. 8066.

Hølmer, G., Kristensen, G., Søndergaard, E. und Dam, H.; Copenhagen, Danish Fat Res. Inst.; Polytechn. Inst., Dep. of Biochem. and Nutrit. Polyenoic fatty acids and cholesterol in chicks given 9-cis-12-cis linoleate, 9-trans-12-trans linoleate or 9-trans-11-trans linoleate. **(Polyenfettsäuren und Cholesterin bei Küken nach Verabfolgung von 9-cis-12-cis-Linolat, 9-trans-12-trans-Linolat oder 9-trans-11-trans-Linolat.)** Brit. J. Nutrit. **16** (1962) Nr. 3. S. 379–386. – 4 Tab., 7 Lit.

New-Hampshire × Weiße Leghorn-Eintagsküken erhalten 8 Tage lang ein fettarmes handelsülbiches Futter mit und ohne Zusatz von 1,5% 9-cis-12-cis-Äthyllinolat (I), 1,5% 9-trans-11-trans-Äthyllinolat (II) oder 9-trans-12-trans-Äthyllinolat (III). Am Versuchsende wird in keinem Falle ein Einfluß des Nahrungsfettes auf den Cholesterin(IV)-Spiegel im Plasma und Gehirn festgestellt. Der IV-Gehalt der Leber nimmt mit der Reihe III, II, I ab. Im Herz ist die IV-Konzentration nur nach III-Fütterung erhöht. Trans-Fettsäuren treten in der Leber sowohl nach II- als auch nach III-Angeboten auf, im Gehirn dagegen nur nach III-Verabfolgung. In Leber und Herz verursacht II eine Anreicherung mit Triensäure, III hingegen hat in Leber und Herz einen hohen Gehalt an Diensäure zur Folge; ein Übergang in trans-Arachidonsäure wird nicht beobachtet. Im Vergleich zu Kontrolltieren und solchen mit II- oder III-Fütterung steigert I den Arachidonsäuregehalt im Gehirn und setzt dessen Triensäuregehalt herab. B. Gaßmann. 8066.

Fábry, P.; Prag, Inst. für Ernährungsforsch. **Bedeutung der Fette in der Fehlernährung.** Ernährungsforschung 7 (1962) Nr. 3. S. 330–339. – 3 Abb., 1 Tab., 23 Lit.

Vortrag. In Rattenversuchen hat sich gezeigt, daß eine fettreiche Kost (Rindertalg, 80 kcal%) im Vergleich zu fettarmer Diät (10 kcal%) zu einer deutlichen Abnahme der Mastzellen im Mesenterium führt. Cholesterinzugabe (3%) zum fettreichen Futter zeitigt keinen spez. Effekt, beschleunigt jedoch die Fettwirkung. Läßt man die Tiere 48 Std. hungern, verbrauchen die an

fettreicherer Kost gewöhnten Ratten zuerst ihre eigenen Fettreserven (RQ niedrig, Ketonurie hoch), während die an fettarme Kost gewöhnten mehr Eiweiße und Kohlenhydrate verbrennen. Bei erhöhter Zufuhr von Cholesterin verhalten sich RQ-Werte und Acetonkörperausscheidung wie bei vorheriger fettarmer Ernährung. Wird Ratten, die bei normaler Kost gezüchtet worden sind, für 24 Std. Fett angeboten, so nehmen sie freiwillig mehr als doppelt so viel Kalorien zu sich, als wenn ihnen Kohlenhydrate verabreicht werden. Wird das Futter mit Ballaststoffen so zubereitet, daß auf 1 g Futter und gleiche Volumina gleiche Kalorienmengen entfallen, dann wird die Kalorienaufnahme, gleichgültig ob Kohlenhydrat- oder Fettkost, identisch. Das bedeutet auf den Menschen übertragen, daß Fett ein ideales Substrat für unauffälliges „Überessen" darstellt und als Nährstoff mit hohem Kalorienwert und geringem Umfange die zentrale Regulierung der Nahrungsaufnahme erschwert.
B. Gaßmann. 8066.

Franzke, Cl.; Berlin-Weißensee, Humboldt-Univ., Inst. für Lebensmittelchem. und -technol. **Lipide.** Ernährungsforschung **7** (1962) Nr. 3. S. 391–394.
Vortrag. Es gilt heute als gesichert, daß die Fette metabolisch über ihre Bedeutung als Reservestoff und Energielieferant sowie als Substanz mit physikalischer Schutzwirkung (Wärmeschutz, Hautfettung usw.) hinaus bestimmte physiologisch-chemische Funktionen zu entfalten haben. Von diesem Gesichtspunkt ausgehend, werden an ausgewählten Beispielen (verzweigtkettige, ungeradzahlige und trans-Fettsäuren in natürlichen Fetten, Gleichverteilung der Fettsäuren in pflanzlichen, statistische Verteilung in tierischen Fetten, Strukturbestimmung von Glyceriden, Umesterung von Fetten zur Herstellung von solchen mit gewünschten Eigenschaften) der derzeitige Stand der Kenntnisse und die Perspektiven der Forschung auf dem Gebiet der Nahrungsfette abgeschätzt. B. Gaßmann. 8066.

Mineralstoffwechsel

Renkema, J. A., Senshu, Tatsudo, Gaillard, Blanche D. A. and Brouwer, E.; Wageningen, Netherlands, Agric. Univ., Lab. of Animal Physiol. Regulation of sodium excretion and retention by the intestine in cows. **(Regulation der Natriumausscheidung und Retention im Darm bei Kühen.)** Nature [London] **195** (1962) Nr. 4839. S. 389–390. — 1 Tab., 8 Lit.
2 Färsen und 1 Milchkuh erhielten Na-arme Rationen mit 2,7–5,3 g Na pro Tier und Tag. Danach wurden bei gleichem Futter 100 g NaCl pro Tier und Tag zugelegt, und abschließend folgte wieder eine Na-arme Fütterungsperiode. Folgende Bestimmungen wurden durchgeführt-: Tr.-Subst.-Gehalt des Kotes, Na- und K-Gehalt in Kot, Urin und Milch. Weiterhin wurde ein Ultrafiltrat vom Kot gewonnen, in welchem ebenfalls Na, K und der osmotische Druck in Form der Gefrierpunktserniedrigung bestimmt wurden. Einzelwerte werden mitgeteilt. Aus den Ergebnissen wird geschlußfolgert, daß neben den Nieren die Darmwand eine beachtliche Rolle für die Regulation des Na-Stoffwechsels spielt. H. Bergner. 8122.

Oyaert, W. **Einfluß von Kalium-Belastung auf den Magnesium-Stoffwechsel.** Berliner Münchener tierärztl. Wschr. **75** (1962) Nr. 17. S. 323–325. — 1 Abb., 5 Tab., 11 Lit. Zus. in Engl.
In vorliegender Arbeit wurde an erwachsenen Schafen untersucht, ob die Aufnahme von K einen Einfluß auf die Ausscheidung von Mg im Harn und Kot hat. Neben K-Salzen wurden noch NH_4-Salze und Aldosteron in das Untersuchungsprogramm aufgenommen. Eine Versuchsperiode von mindestens 7 Tagen wurde jeweils eingehalten. Bei Belastung mit K-Salzen wurde eine signifikante Verminderung der Mg-Ausscheidungen im Harn und eine Erhöhung im Kot gefunden. Die Ausscheidung von Na im Harn stieg nach Belastung mit Wasser und K-Salzen. Die Verabreichung von Aldosteron be-

wirkte keine eindeutige Änderung der Mg-Ausscheidung im Harn oder im Kot. Ein deutliches Absinken des Serum-Mg-Wertes konnte einwandfrei nur nach dem Fasten der Versuchstiere beobachtet werden.

W. Richter/Kleinmachnow. 8122.

Field, A. C.; Gilmerton, Edinburgh, Moredun Inst. Studies on magnesium in ruminant nutrition. IV. Balance trials on sheep given different amounts of grass nuts. **(Studien des Magnesiums bei der Wiederkäuerernährung. 4. Mitt. Bilanzversuche bei Schafen, die verschiedene Mengen getrocknetes Gras bekamen.)** Brit. J. Nutrit. **16** (1962) Nr. 1. S. 99–107. — 8 Tab., 11 Lit. 3. Mitt. vgl. LZ. Abt. III **7** (1962) Nr. 8. S. 1683.

Vf. teilt die Ergebnisse von 2 Versuchen, die innerhalb eines Jahres stattfanden, mit. Jeder der Versuche umfaßt eine Reihe von Ca- und Mg-Bilanzversuchen, in dem jeder der 4 Cheviothammel 900, 1200 oder 1500 g des gleichen getrockneten Grases in 15-Tage-Perioden erhielt. Für alle Schafe bestand eine hochsignifikante geradlinige Beziehung zwischen der Mg-Menge des Urins und der Mg-Aufnahme. Es bestanden jedoch zwischen den einzelnen Schafen Unterschiede in den Regressionskoeffizienten. Die Beziehung zwischen Kot, Mg und Mg-Aufnahme ist in beiden Versuchen nicht einheitlich. 12% des Mg des getrockneten Grases wurden von den Schafen verwertet. Unter den Versuchsbedingungen konnte keine Beziehung zwischen Ca- und Mg-Stoffwechsel gefunden werden. M. Anke. 8123.

Rosenberger, G., Welte, E. und Werk, O.; Hannover, Tierärztl. Hochschule, Klin. für Rinderkrankh.; Hannover-Kirchrode, Landwirtsch. Forsch.-Anst. Büntehof. **Beitrag zur Vorbeuge der Weidetetanie beim Rind durch Magnesiumoxyd-Beifütterung.** Dtsch. tierärztl. Wschr. **69** (1962) Nr. 10. S. 265 bis 268. — 3 Abb., 11 Lit. Zus. in Engl.

Vff. prüften den Wert der MgO-Zufütterung an 3 Versuchsgruppen von insgesamt 16 Kühen. Zur Verfügung standen Futterkuchen in Brikettform mit einem Gewicht von 180 g, die etwa 27 g MgO enthielten. Die Ergebnisse bestätigten die prophylaktische Bedeutung des MgO zur Verhütung der Weidetetanie. Die Zugabe von 50 g MgO während der ersten 4–6 Wochen der Weidezeit bei laktierenden Kühen und die von 75 g bei Kühen mit mehr als 25 l Tagesmilchleistung je zur Hälfte früh und abends verabreicht, erscheint notwendig. Bei besonders starkem Nachwachsen der Weide sollte eine erneute Verabreichung erfolgen. Die Beifütterung ist nach Ansicht der Vff. wirtschaftlicher als die Steigerung des Mg-Gehaltes im Weidefutter durch geeignete Düngemittel. H. Haase. 8123.

Wilson, R. K., Maguire, M. F. und Poole, D. B. R. A field trial of a heavy magnesium pellet. **(Ein Feldversuch mit starken Magnesiumpillen.)** Veterin. Rec. **74** (1962) Nr. 39. S. 1041–1042. — 3 Tab., 4 Lit.

Gegenstand der Untersuchungen war, einen weiteren Beitrag zur Grastetanie der Schafe und damit verbundenen Hypomagnesämie zu liefern. Mg-Pillen mit einem Gehalt von 100 mg Mg als wasserlösliches Salz wurden für diesen Versuch eingesetzt. Das Verabfolgen dieser Pillen gestaltete sich unterschiedlich. Serumanalysen über den Mg-Gehalt im Blut rundeten das Bild ab und gaben einen Einblick in die Mg-Resorption des Darmes. Die Auswertung der Versuche zeigte aber, daß diese Pillen die Hypomagnesämie bei den Schafen auf sogenannten „Tetanie-Weiden" nicht verhindern konnte.

W. Richter/Kleinmachnow. 8123.

Hertelendy, F. und Taylor, T. G.; Reading, Univ., Dep. of Physiol. Chem. The effect of deficiencies of calcium and vitamin D on bone growth of chicks treated with sex hormones. **(Der Einfluß von Calcium- und Vitamin-D-Mangel auf das Knochenwachstum mit Sexualhormonen behandelter Küken.)** Proc. Nutrit. Soc. **21** (1962) Nr. 2. S. XXXIV–XXXV. — 1 Tab.

4 Gruppen mit je 12 ♀ Küken wurden normal mit Ca und normal mit Vit. D, normal mit Ca und unzureichend mit Vit. D, unzureichend mit Ca und normal mit Vit. D sowie unzureichend mit Ca und Vit. D versorgt. Vom 29. Lebenstag an wurden 100 μg Oestradiolbenzoat und 33 μg Testosteronpropionat /100 g Lgw. injiziert. Das Lgw. der Tiere mit Vit.-D-Mangel betrug ca. 50% der Normaltiere, das Lgw. der Tiere mit Ca-Mangel 80% der Normaltiere. Bei D-Mangel wurden das Knochengewicht wie das Lgw. reduziert, während bei Ca-Mangel das Knochengewicht gegenüber dem Lgw. um 20% niedriger war. Der Einfluß auf den Aschegehalt von Tibia und Femur wurde mitgeteilt. W. Jentsch. 8123.

Gažo, M., Landau, L. und Marcinka, M.; Ivanka pri Dunaji, CSSR, Inst. für Geflügelzucht. **Untersuchungen über den Stoffwechsel des Calciums und des Phosphors bei Legehennen.** Ernährungsforschung 7 (1962) Nr. 3. S. 349 bis 351. — 3 Lit.

Im Gegensatz zu vollwertig ernährten Kontrollen erhalten einjährige *Leghorn*-Hennen 15 bis 31 Tage lang dasselbe Grundfutter mit einem Ca-Gehalt von 0,038%. Zu dieser Zeit wird die eine Hälfte der Versuchstiere getötet und die andere für weitere 14 Tage auf adäquate Ca-Angebote umgestellt. Nach der Umstellung auf Ca-arme Kost sinken die Ca-Ausscheidung in Harn und Kot sowie der Ca-Gehalt der Eierschale ab, während der P-Gehalt der Exkremente ansteigt. Die Hennen reagieren auf den Ca-Entzug mit verringerter Legetätigkeit oder Ausbildung dünnerer Schalen. Die Untersuchung der Knochensymptome ergibt eine Demineralisation, bei der zuerst Ca-reiche Substanzen (Residual-Ca) mobilisiert werden. Umgekehrt wird bei der Wiederauffüllung zuerst Ca-reiche Knochensubstanz (Ca:P = 3,25:1!) gebildet. Bei starker Inanspruchnahme der Ca-Reserven wird die Apatitstruktur des Knochens angegriffen. Insgesamt werden aus dem Skelett bis zu 43% der Ca-Vorräte für die Schalenbildung bereitgestellt. B. Gaßmann. 8123.

Stoffwechsel der Vitamine und anderer Wirkstoffe

Müller, Zdennek. **Die Wirkstoffe in der modernen Tierernährung.** Wiss. Z. Friedrich-Schiller-Univ. Jena/Thür., math.-naturwiss. R. **11** (1962) Nr. 1/2. S. 69–76.

Vf. wählt für die Besprechung die folgende Einteilung: 1. Nährstoffe wie Harnstoff, synthetische Aminosäuren, Hefe- und Mycelineiweiß, Erzeugnisse aus Wasserorganismen; 2. biokatalytisch wirksame Stoffe wie Vitamine, unbekannte nutritive Faktoren (nichtidentifizierte Wachstumsfaktoren), Enzyme, Spurenelemente und die Hydroxyderivate der Benzoesäure; 3. antimikrobielle Stoffe wie Antibiotica, nitrierte antibiotische Stoffe (z. B. Nitrofurazon) und gewisse Arsenverbindungen; 4. stimulierende Stoffe wie natürliche und synthetische Hormone und ihnen physiol. verwandte Verbindungen, Tranquillantien u.a.; 5. Stoffe mit stabilisierender Wirkung wie die Antioxydantien. Der Vf. betont zum Schluß, daß sich das Sortiment der chem. und biol. Stoffe für die Leistungssteigerung der landwirtsch. Nutztiere in Zukunft noch bedeutend erweitern wird. L. Sperling. 8140.

Thornton, P. A. und Whittet, W. A.; Fort Collins, Colorado Agric. Exp. Stat., Dep. of Poultry Husbandry. The influence of dietary energy level, energy source, breed and sex on vitamin A requirement in the chick. **(Der Einfluß von Futterenergiegehalt, Energiequelle, Rasse und Geschlecht auf den Vitamin-A-Bedarf des Kükens.)** Poultry Sci. **41** (1962) Nr. 1. S. 32–36. — 5 Tab., 5 Lit.

Sowohl *Weiße Leghorn*- als auch *New Hamsphire* × *Delaware*-Eintagsküken beiderlei Geschlechts werden mit 3 Arten von Grundfutter (1225 kcal/lb., 1425 kcal/lb. kohlenhydratreich, 1425 kcal/lb. fettreich) aufgezogen, von denen jedes 800, 1200, 2400 oder 3200 USP-Einheiten Vit. A/lb. enthält. Es werden jedoch weder in der Wachstumsrate noch in der Futterverwertung Unterschiede beobachtet. Wird der Versuch unter Vit.-A-Mangelbedingungen wiederholt, so ergibt sich im Falle einer energiereichen Kohlenhydratkost, insbesondere bei Hühnchen, eine schnellere Abnahme der Vit.-A-Körperreserven, was zu einem früher einsetzenden Absterben führt. Es bleibt zu klären, ob weibliche Tiere infolge größerer Fettreserven einen höheren Vorrat oder einen geringeren Bedarf an Vit. A besitzen. Die vom National Research Council für Küken empfohlene tägl. Versorgung mit Vit. A scheint unter den gewählten Fütterungsbedingungen zu hoch zu sein. B. Gaßmann. 8152.

Matsumuro, Hideo. Studies on the conversion of β-carotene to vitamin A. **(Untersuchungen über die Umwandlung von β-Carotin in Vitamin A.)** Bull. Fac. Agric. Tamagawa Univ. **1961** Nr. 2. S. 5–46. — 11 Abb., 28 Tab., 92 Lit. Orig.: jap., Ausz.: engl.
Es wird gezeigt, daß das Ausmaß der β-Carotin-Resorption beim Menschen von der Nahrung und ihrer Zubereitungsform abhängt und z. B. bei reinem synthet. β-Carotin 92%, bei Fruchtbreien 50%, bei gekochtem Spinat 12% und bei roh geriebenen Möhren 12% beträgt. Bei fettreicher Kost ist die Resorption verbessert, doch scheint die Verbesserung nicht auf das Fett selbst sondern auf Beimengungen wie α-Tocopherol und Lezithin zurückzuführen zu sein. Nach einer Modifikation der Bessey-Methode, die den störenden Einfluß von Carotinoiden auszuschalten gestattet, wird bei insgesamt 138 japan. Männern und Frauen ein mittlerer Serumspiegel von 80 IE Vit. A und 50 μg Carotin/dl festgestellt. Bei Verabfolgung von reinem Vit. A und reinem β-Carotin (1000 IE/Tag) zeigt der Serumspiegel, daß Carotin halb so verwertbar ist wie vorgebildetes Vit. A. Legt man die für die Resorptionsfähigkeit und Verwertbarkeit gewonnenen Zahlen sowie die Beobachtung zu Grunde, daß reines β-Carotin viel weniger stabil ist als solches, das aus Nahrungsmitteln extrahiert wird, dann kann man schließen, daß von aufgenommenem Nahrungs-β-Carotin etwa 25% in Vit. A umgewandelt werden.
B. Gaßmann. 8152.

Gondoş, M., Petcu, D., Maxim, V. und Calotoiu, A. Cercetări asupra folosirii carotenului de către vacile de lapte. **(Untersuchungen über die Verwertung von Carotin durch Milchkühe.)** Lucrările ştiinţ. Inst. Cercetări zootehn. **19** (1961) S. 149–156. — 3 Tab., 9 Lit. Zus. in Russ., Engl., Franz., Dtsch.
Erhöhte Carotingaben (115,3 mg anstatt 65,4 mg), erhöhten die VK für Rohprotein um 2,4 und erhöhten die Ca-Bilanz um 4,7 g. Der Verwertungskoeffizient für Carotin, berechnet für die Milchleistung der roten Milchrasse, beträgt ⌀ 2,4. R. Petrovszky. 8152.

Barber, R. S., Braude, R. und Cooke, Patricia; Shinfield, Reading, Nat. Inst. for Res. in Dairying. Vitamin C supplement for suckling pigs. **(Vitamin-C-Ergänzung für Saugferkel.)** Proc. Nutrit. Soc. **21** (1962) Nr. 2. S. XXVII bis XXVIII. — 1 Tab., 2 Lit.
Vff. stellten in Versuchen mit insges. 325 Ferkeln fest, daß Saugferkel kein zusätzliches Vit. C benötigen und konnten damit die Ergebnisse sowjetischer Forscher (Gorb und Ros, vgl. LZ. Abt. III 2 [1957] Nr. 5. S. 782.) nicht bestätigen. J. Wünsche. 8160.

Nelson, T. S. und Norris, L. C.; Ithaca, N. Y., Cornell Univ., Dep. of Poultry Husbandry; Graduate School of Nutrit. Studies on the vitamin K requirement of the chick. II. Effect of sulfaquinoxaline on the quantitative requirements of the chick for vitamin K_1, menadione and menadione sodium bisulfite. **(Untersuchungen über den Vitamin-K-Bedarf des Kükens. 2. Mitt. Einfluß von Sulfachinoxalin auf den quantitativen Bedarf des Kükens an Vitamin K_1, Menadion und Menadion-Natriumbisulfit.)** J. of Nutrit. **73** (1961)

Nr. 2. S. 135–142. – 1 Abb., 5 Tab., 9 Lit. 1. Mitt. vgl. LZ. Abt. III **6** (1961) Nr. 9. S. 1627.

Bei *White-Plymouth-Rock*-Küken tritt eine Hypoprothrombinämie auf, wenn das Futter 0,1% Sulfachinoxalin enthält; diese läßt sich nach 2–3 Wochen selbst durch hohe Dosen Vit. K_1 (8000 μg/kg Futter), Menadion (M) oder Menadion-Natriumbisulfit (MNB) nicht aufheben, wohl aber nach 4 Wochen. Die Wirkung von K_1 = 100 gesetzt, beträgt die von M auf molarer Basis 40% und die von MNB = 70%. Bei 4 Wochen alten Küken ist der Vit.-K_1-Bedarf durch die Futterzulage von 0,1% Sulfachinoxalin um das 4–7fache gesteigert. B. Gaßmann. 8162.

Hollenberg, C. H.; Montreal, Quebec, Hospital of Montreal, McGill Univ., Med. Clin. The effect of incubation on the characteristics of the lipolytic activity of rat adipose tissue. **(Die Inkubationswirkung auf die charakteristischen Eigenschaften der lipolytischen Aktivität des Rattenfettgewebes.)** Canad. J. Biochem. Physiol. **40** (1962) Nr. 6. S. 703–707. – 1 Abb., 3 Tab., 9 Lit.

Inkubiertes Rattenfettgewebe ändert gegenüber frischem Gewebe seine Aktivität. In Serumglyceridmedium ist frisches Gewebe wesentlich aktiver als in Triglycerid allein. Bei inkubierten Gewebehomogenaten ist praktisch unter gleichen Bedingungen kaum ein Unterschied festzustellen. Durch Heparin wird in frischem Gewebe eine größere Aktivität hervorgerufen, dagegen werden inkubierte Gewebe nicht beeinflußt. Auch werden frische Gewebehomogenate durch Protamine stärker als inkubierte gehemmt. Diese Untersuchungen weisen auf die Labilität von Lipoproteinlipase in Rattenfettgewebe hin und zeigen, daß hier ein besonderer Typ lipolytischer Aktivität vorliegt. H. Steger. 8170.

Durbin, Pamela A. J. und Heard, C. R. C.; Mill Hill, London, Nat. Inst. for Med. Res., Human Nutrit. Res. Unit. Corticosteroid excretion in experimental protein-calorie deficiency in pigs. **(Die Corticosteroid-Ausscheidung bei experimentell erzeugtem Protein-Calorien-Mangel bei Schweinen.)** Proc. Nutrit. Soc. **21** (1962) Nr. 2. S. XXVIII–XXIX. – 1 Tab., 8 Lit.

Von normal ernährten und mit Protein- sowie Protein-Calorien-Mangelrationen gefütterten Schweinen wurde der Harn auf freie 17-Ketosteroide, 17-ketogene Steroide und Gesamt-17-Hydroxycorticosteroide analysiert. Die Mangeltiere schieden ständig Steroide aus, jedoch weniger als die gleichaltrigen normal ernährten Tiere. Auf kg Körpergewicht bezogen waren die Ausscheidungen der Kontroll- und Versuchstiere etwa gleich hoch; bei den stark unterernährten Schweinen sogar höher als bei den normal ernährten. Ähnliche Ergebnisse wurden auch mit N-frei ernährten Ratten erzielt. Der Protein-Calorien-Mangel führt zu einer endokrinen Imbalance, die sich in einem rel. Überschuß an Adrenal-Steroiden äußert. J. Wünsche. 8175.

Winget, C. M., Griffin, E. L. und Walker, J. P.; Guelph, Ontario, Agric. Coll., Dep. of Poultry Sci. Effect of 17-alpha-ethyl-17-hydroxynorandrostenone on rate of lay in the domestic fowl. **(Wirkung von 17-α-Äthyl-17-hydroxynorandrostenon auf die Legeleistung beim Hausgeflügel.)** Poultry Sci. **41** (1962) Nr. 3. S. 788–794. – 4 Abb., 2 Tab., 4 Lit.

Die hohe ökonomische Bedeutung, die einer einfachen Methode zukommt, das Hausgeflügel für eine bestimmte Zeit vom Legen abzuhalten, gab Veranlassung zu den in der Arbeit beschriebenen Versuchen mit 17-α-Äthyl-17-hydroxynorandrostenon, einem unter der Schutzmarke „Nilevar" bekannten Produkt – vielfach auch als 17-α-Äthyl-19-nortestosteron bezeichnet (d.Ref.). Die Droge wurde an Gruppen von je zehn 1 Jahr alten Legehennen verabreicht, und zwar 1) 10 bis 21 Tage lang in für die Hennen gleichbleibenden tägl., aber von Gruppe zu Gruppe verschieden hohen oralen Gaben; 2) in einer einzigen für die Hennen einer Gruppe gleichen, aber gruppenweise abgestuften oralen Gabe; 3) in einer einzigen i. m. injizierten, von Gruppe zu Gruppe wachsenden Dosis. Nach Verabfolgung von „Nilevar" hörte die Eiablage auf. Das Ausmaß und die Dauer des Produktionsausfalles waren abhängig von der Dosis, dem Weg der Verabreichung und der Häufigkeit der Gabe. Die Reaktion der Tiere in den einzelnen Gruppen auf die Droge trat sofort ein und war allgemein. Die i. m. Injektion hatte in der Regel eine stärkere Wirkung als die orale Verabreichung. L. Sperling. 8175.

Hutchinson, H. G. und Robb, J. M.; Mpwapwa, Tanganyika, Veterin. Res. Stat. The use of hexoestrol for beef production from zebu cattle under ranch conditions in Tanganyika. **(Die Anwendung von Hexoestrol für die Fleischproduktion mit Zebus unter Weidebedingungen Tanganyikas.)** J. agric. Sci. **59** (1962) Nr. 3. S. 327–341. 8175.

Greenwood, Alan W.; Edinburgh, A. R. C., Poultry Res. Centre. Long continued oestrogen administration to fowls. **(Langdauernde Oestrogenverabfolgung an Hühner.)** Animal Product. 4 (1962) Nr. 2. S. 257–267.
Braune Leghorn werden insgesamt 4 ½ Jahre mit einem gebräuchlichen Futter aufgezogen und gehalten, dem pro lb. zunächst 8 mg, später nach 21 Wochen bei den Hähnchen und schließlich nach 160 Wochen bei allen Tieren 16 mg Dienoestrol (Lipamone, White Laboratories) beigemischt sind. Ein Teil der Tiere wird in Batterien mit konst. Temperatur und Luftfeuchtigkeit sowie künstl. Licht, der andere unter natürlichen Bedingungen gehalten. Es zeigt sich bei beiden Geschlechtern eine Verzögerung der Geschlechtsreife und außerdem eine große individuelle Streubreite hinsichtlich der Feminisierung des Gefieders bei den männl. und gewisser, mit dem Eierlegen verbundener Anzeichen bei den weibl. Tieren. Ferner werden Schalendefekte sowie Todesfälle im frühen Embryonalstadium beobachtet, die von einer Beeinflussung des Eileiters durch das Oestrogen herrühren können. Die primäre Funktion des Ovariums bleibt augenscheinlich unbeeinflußt, und die Höhe der Eierproduktion entspricht der üblicherweise erwarteten. B. Gaßmann. 8175.

Brüggemann, J., Barth, K. und Karg, H. **Generationsversuche an Ratten zur Frage eventueller mittelbarer toxischer Wirkungen von Methylthiourazil nach Anwendung bei Masttieren.** Mh. Tierheilkunde **14** (1962) Nr. 7. S. 203 bis 215.
Das Fleisch von Hühnern, die in der 3-Wochen-Endmast 0,5% Methylthiourazil erhielten, wurde vom 1. Lebenstag an an Ratten verfüttert. Die Kontrollgruppe erhielt Fleisch von Hühnern, die ohne Methylthiourazil gemästet waren. 12 Stammlinien (6 V- und 6 K-Gruppen) konnten einschließlich der P-Generation bis zur 8. Generation gehalten werden. Zuchterfolg, Aufschlüsselung der Ausfälle, Lebensdauer, pathologische Befunde und Nachzuchtbeurteilung (Wurfgröße, Wurfgewicht und Körpergewichtsentwicklung) lassen keine statistisch zu sichernden Gruppenunterschiede erkennen. Eine im Sinne toxischer Rückstände nachteilige Beeinflussung des mit Methylthiourazil erzeugten Hühnerfleisches konnte für den Verbraucher nicht festgestellt werden. K. Neuffer. 8175.

Vernon, J., Mercer, E. A. und Rosen, G. D.; Sandwich, Kent, Pfizer Ltd.; High Holborn, London, Int. Protein Products Ltd. The effects on production efficiency of oleandomycin and oxytetracycline fed at low levels in the diet of heavy pigs. **(Einflüsse auf das Leistungsvermögen von Oleandomycin und Oxytetracyclin, die in niedrigen Futterkonzentrationen an schwere Schweine verfüttert wurden.)** Animal Product. 4 (1962) Nr. 2. S. 279–287. — 8 Tab., 12 Lit.
Auf 7 englischen Farmen werden insgesamt 328 Schweine in 4 Gruppen von 40 lb. Anfangsgewicht an bis zu einem Endgewicht von 260 lb. in 2 Wachstumsperioden (bis und ab 140 lb. Lgw.) mit 2 Arten von Grundfutter gefüttert, dem bei 3 Versuchsgruppen 10 ppm Oxytetracyclin (OTC), 2,5 ppm Olean-

domycin (OM) bzw. 10 ppm OTC + 2,5 ppm OM beigemischt sind. Die Verbesserung in der Gewichtszunahme beträgt durch OTC 0,08 lb./Tag (5,4%) und durch OM 0,06 lb./Tag (4%). Der Zusatz beider Antibiotica wirkt sich negativ aus. Die tägl. Futteraufnahme ist in der 1. Wachstumsperiode erhöht (OTC 4,7% und OM 3,1%). Die pro lb. Lebendgewichtszunahme benötigte Futtermenge wird durch OTC um 3,8% und OM um 2,3% herabgesetzt. Die gesteigerte Gewichtszunahme wird als Ergebnis eines höheren Futterverbrauchs in der 1. und einer besseren Futterverwertung in der 2. Wachstumsperiode gedeutet. Der Antibioticaeffekt tritt besonders deutlich auf den Gehöften in Erscheinung, auf denen Antibiotica vor dem Versuch noch nicht gefüttert worden sind. B. Gaßmann. 8185.

Jeschko, K., Kissling, R., Tratnig-Frankl, E. und Willinger, H.; Wien; Klagenfurt; Mödling. **Langfristige Verwendung von Aureomycin in der Schweinefütterung.** Mitt. Tierhalt. **1962** Nr. 79. S. 14–18.
Im Schwerthof bei Wien wird bei einem Zuchtsauenbestand von 144 Stück seit 10 Jahren (1952) ununterbrochen Aureomycin an Zucht- und Mastschweine zugefüttert. Über derartig langfristige Beobachtungen an Tieren, deren Nachkommen immer wieder zur Zucht verwendet werden, wurde bisher noch nicht berichtet. Die Saugferkelverluste sanken von 35% im Jahre 1950 auf 13% 1959. Neben den Verlusten, die früher vorwiegend durch enzootische Pneumonie bedingt waren, bleibt noch eine große Zahl von Kümmerern. Diese Erkrankung ist überhaupt erloschen. Die Zahl der je Wurf geborenen Ferkel ist mit 9 gleich geblieben, die der aufgezogenen stieg von 6,4 auf 8 an. Obwohl die Fütterung vollwertig ist, ist der Einsatz des Antibioticum erfolgreich und ein wichtiges Hilfsmittel zur Gesunderhaltung der Tierbestände und zur Erhaltung des erreichten hohen Leistungsstandes. Die dauernde nutritive Verwendung führt auch nicht zu der befürchteten Resistenz gegenüber Antibiotica.
E. Otto. 8185.

Warden, W. K. und Schaible, Philip J.; East Lansing, Michigan State Univ., Dep. of Poultry Sci. Action of antibiotics in stimulating growth of poultry. I. Effect of feeding lysed E. coli and fecal preparations. **(Über das Vermögen von antibiotischen Stoffen, das Wachstum von Geflügel anzuregen.) 1. Mitt. Die Wirkung der Verfütterung von gelösten E. coli-Kulturen und Kotaufschwemmungen.)** Poultry Sci. **41** (1962) Nr. 3. S. 725-732.
Es wird die Möglichkeit erwogen, daß eine Wachstumssteigerung bei Geflügel nicht nur auf die Verabreichung von antibiotischen Stoffen zurückzuführen ist, sondern daß die Enzyme bzw. Nebenprodukte bestimmter Darmbakterien an der Wachstumssteigerung mit beteiligt sind. In Fütterungsversuchen wurden gelöste Kulturen von *E. coli* und Kotaufschwemmungen von in Käfigen gehaltenen Legehühnern an Küken verabreicht, einem Teil der Versuchstiere wurden zusätzlich verschiedene Antibiotica zugefüttert, ein anderer Teil wurde mit einem phosphorarmen Grundfutter ernährt. Die gelösten Kulturen von *E. coli* wurden durch 2maliges Einfrieren und wieder Auftauen gewonnen. Die so gelösten Zellen, lyophilisiert oder sprühgetrocknet verwendet, zeigten keine Vermehrungsfähigkeit oder antibiotische Aktivität mehr, die spez. Enzyme waren jedoch noch erhalten. Eine fortlaufende Zugabe von 0,1% gelöster und lyophilisierter *E. coli*-Kulturen förderte ungefähr in demselben Maße das Wachstum der Küken wie die Verfütterung von Penicillin, Bacitracin und Oxytetracyclin. Die Zugaben von 0,5% gelöster *E. coli* Kulturen blieben jedoch dann wirkungslos, wenn dem Grundfutter verwertbare P-Verbindungen fehlten. Bei Zugabe von 1% sprühgetrockneter gelöster *E. coli*-Kulturen konnte das gleiche normale Wachstum und die ebenso gute Entwicklung des Skeletts festgestellt werden wie bei der Zugabe von Ca-Phosphat zum Futter. In anderer Weise machte sich die Aufnahme von Kotaufschwemmungen auf das Wachstum der Küken bemerkbar. Bei der

Verfütterung frischer Kotaufschwemmungen zeigten die damit ernährten Tiere geringere Gewichtszunahmen als Kontrolltiere, denen keine Kotaufschwemmungen verabreicht worden waren. Die festgestellten Gewichtsdifferenzen zwischen den beiden Versuchsgruppen waren jedoch statistisch nicht signifikant. Wurde der in physiologischer Kochsalzlösung suspendierte Kot jedoch gleich in den Kropf appliziert, traten im Vergleich zu Kontrolltieren statistisch signifikante Gewichtsdifferenzen auf. H. Hauke. 8185.

Heth, D. A. und Bird, H. R.; Madison, Univ. of Wisconsin, Dep. of Poultry Husbandry. Growth response of chicks to antibiotics from 1950 to 1961. **(Das Wachstum von Küken, die in den Jahren von 1950 bis 1961 mit Antibiotica gefüttert worden sind.)** Poultry Sci. **41** (1962) Nr. 3. S. 755-760.

Bei der Zufütterung von Penicillin bzw. Tetracyclin ergaben sich keine wesentlichen Unterschiede in den Gewichtszunahmen, bei Bacitracinverfütterung lagen sie darüber. Zur Versuchsauswertung wurden die Gewichtszunahmen der Kontrolltiere mit denen der mit Antibiotica gefütterten Tiere innerhalb eines Zeitraumes von 2-3 Wochen verglichen. Die Gewichtszunahmen der Versuchsgruppen, die Penicillin (4-30 mg/kg) erhielten, lagen 1950-1953 um 8,5% und 1956-1960 um 8,8% höher, bei Tetracyclin (10-35 mg/kg) 1950-1953 um 12,3% und von 1956-1960 um 10,2% höher gegenüber den Kontrollen. Bei Bacitracinverfütterung (10-35 mg/kg) bzw. 100 mg/kg wurde eine um 5,9% bzw. 15,9% höhere Gewichtszunahme festgestellt. H. Hauke. 8185.

Dam, R. und Norris, L. C.; Ithaca, N. Y., Cornell Univ., Dep. of Poultry Husbandry; Graduate School of Nutrit. Studies of the effect of some antibacterial and antifungal agents on growth and egg production of chickens. **(Untersuchungen über den Einfluß einiger antibakterieller und antifungaler Mittel auf das Wachstum und die Eierproduktion von Hühnern.)** Poultry Sci. **41** (1962) Nr. 1. S. 78-87. — 6 Tab., 12 Lit.

Zulagen von 2% Sulfasuxidin (**I**) sowie 200 mg Streptomycin (**II**) und 200 mg Mycostatin (**III**)/kg Futter (50% Eiweiß) von Eintagsküken (*White Plymouth Rock*) haben nach 4 Wochen ebenso wie 10%ige Zulagen (bei gleichem N-Gehalt) nicht identifizierter Wachstumsfaktoren (Gemisch von eingedicktem Fischpreßwasser, distiller's solubles und getrockneter Molke) gegenüber Kontrollen einen deutlichen Gewichtsanstieg zur Folge. Wird jedoch gleichzeitig das Trinkwasser mit Zephiran (Alkyldimethylbenzylammoniumchlorid 1:3000) sterilisiert, dann ist das Wachstum gehemmt. Ohne den Zusatz von **I**, **II** und **III** zum Futter ist die Hemmung noch ausgeprägter. Inwieweit die Wachstumshemmung mit dem beobachteten Rückgang der Wasseraufnahme zusammenhängt, kann nicht entschieden werden, doch vermuten die Vff., daß durch Zephiran Bakterien ausgeschaltet werden, die normalerweise einen Hühnerwachstumsfaktor liefern. Der Futterzusatz von **I**, **II** und **III** beeinflußt die Gesamtkeimzahl des Darminhalts nicht in bestimmter Richtung. Lediglich Hefen werden bis auf eine Ausnahme stets vollständig abgetötet. In konzentrierterer Form angewendet (1:2000), hat Zephiran sowohl im Wasser- und Futterverzehr als auch in der Eierproduktion eine Abnahme zur Folge. Außerdem verursacht es um den Schnabel herum chronische Schwellungen. B. Gaßmann. 8185.

Potter, L. M., Matterson, L. D., Tlustohowicz, J. J. und Singsen, E. P.; Storrs, Conn., Storrs Agric. Exp. Stat., Poultry Sci. Dep. The relative growth stimulating effects of several antibiotics on chicks raised in old and new batteries. **(Die fördernden Einflüsse verschiedener Antibiotica auf das relative Wachstum von Küken, die in alten und neuen Batterien aufgezogen wurden.)** Poultry Sci. **41** (1962) Nr. 5. S. 1602-1611. — 6 Tab., 6 Lit.

48 Gruppen von je 18 *White-Plymouth-Rock*-Küken werden 8 Wochen lang in 2 alten und 2 neuen Batterien aufgezogen. Die verschiedenen Gruppen er-

halten zu einem Grundfutter jeweils in einer alten und einer neuen Batterie 0, 5, 10, 15 und 20 ppm Procain-Penicillin (**I**), Zink-Bacitracin (**II**), Spiramycin (**III**) oder Erythromycin-Thiocyanat (**IV**) bzw. 0; 5 und 10 ppm Aspartocin oder 30 bzw. 100 ppm PSQ (Merck, Sharpe & Dohme, Rahway, New Jersey) 1,1% Procain-Penicillin, 2,7% Sulfaquoxilin und 2,75% Streptomycinsulfat zugelegt. Nach 4 und 8 Wochen hat das Gewicht der mit Antibiotica gefütterten Tiere gegenüber dem der Kontrollen im Mittel um 2,8 bzw. 2,1% zugenommen. Innerhalb der Gruppen mit verschiedenen Antibiotica oder verschiedenen Antibioticakonzentrationen bestehen jedoch keine signifikanten Unterschiede. Die Futterverwertung ist bei Antibioticumfütterung nach 4 und 8 Wochen durchschnittlich um 2,0 bzw. 1,7% erhöht. Nach 4 Wochen ist die Steigerung der Futterverwertung bei **IV**-Fütterung größer als im Mittel bei **I**-, **II**- und **III**-Fütterung. Nach 8 Wochen haben sich alle Antibiotica gleich gut auf die Futterverwertung ausgewirkt. Der Antibioticumeffekt ist stets unabhängig von der angebotenen Konzentration und in den alten Batterien weder im Wachstum noch in der Futterverwertung signifikant größer als in den neuen. B. Gaßmann. 8185.

Swart, L. G. und Erasmus, J. E.; Stellenbosch, Stellenbosch-Elsenburgse Landboukoll. van die Univ. Antibiotica in Lérantsoene. **(Antibiotica im Futter für Legehennen.)** South African J. agric. Sci. **5** (1962) Nr. 3. S. 419 bis 426. — 4 Tab., 12 Lit. Zus. in Engl., Franz.

Im Lichte der sich widersprechenden Ergebnisse von Antibioticabeifütterung zu Legefuttermischungen wurden an Batteriehennen 25 und 50 g/t Terramycin sowie 25 g/t Aureomycin gefüttert. Die Kreuzungsjunghennen (WL × Australorp) bekamen ein Mehlfutter mit 15,8% Rohprotein und standen 12 Perioden mit je 28 Tagen im Versuch, im Winter belichtet, um eine Tageslänge von 14 Stunden zu erhalten. Legeleistung (Produktionsindex und berechnet nach überlebenden Hennen) Futterumsatzvermögen, Sterblichkeit, Eiqualität (in Haugh-Einheiten), Eischalenstärke und Eigewichte wurden durch die Antibioticabeifütterung nicht signif. verbessert. Die Hennen mit Terramycinergänzung waren signif. leichter als die Aureomycin- und Kontrollgruppen. K. Männel. 8185.

Eyssen, H., Prins, V. de und Somer, P. de; Louvain, Belgium, Univ., Rega Inst., Dep. of Microbiol. The growth-promoting action of virginiamycin and its influence on the crop flora in chickens. **(Die wachstumsfördernde Wirkung von Virginiamycin und dessen Einfluß auf die Kropf-Flora von Hühnern.)** Poultry Sci. **41** (1962) Nr. 1. S. 227-233. — 5 Tab., 18 Lit.

Sofort nach dem Schlupf ist der Kropf des Kükens keimfrei. Einige Stunden danach werden Staphylococcen, Enterococcen, gram-positive Sporenbildner und einige gram-negative Bakterien angetroffen. Nach 24 Std. findet sich eine reichliche, fast reine Lactobazillus-Kultur (*L.acidophilus*) vor, die weder durch die Art des Futters noch die Verabfolgung reiner Coli-Kulturen merklich beeinflußt wird. Diese Flora wird in vitro am stärksten durch Virginiamycin (**I**, Staphylomycin, RIT-Lab., Genval, Belgien), stark durch Penicillin (**II**), Bacitracin, Chlortetracyclin (**III**) und Erythromycin und schwach durch Streptomycin, Neomycin und Chloramphenicol gehemmt. In vivo verursachen nutritive Dosen von 10-100 ppm **I** einen ausgeprägteren Rückgang in der Lactobazillenzahl des Kropfinhalts als Vergleichsmengen **III**. Die Reduzierung der Lactobazillenzahl hat einen pH-Anstieg im Kropfinhalt zur Folge. In Wachstumsversuchen mit Brathähnchen (Batterie- und Stallhaltung) auf halbsynthetischen und handelsüblichen Rationen erwies sich **I** wesentlich wachstumsfördernder als **II**, **III** oder Oxytetracyclin. Vff. glauben daher, daß die wachstumsfördernde Wirkung der Antibiotica in Beziehung zur Hemmung der Baktierenflora des proximalen Verdauungstrakts steht.
B. Gaßmann. 8185.

Ehrsam, H.; Zürich, Veterin.-Bakteriol. Inst. **Antibiotika und Wirkstoffe.** Geflügelhof [Zollikofen-Bern] **25** (1962) Nr. 26. S. 439-440.

Der Vf. gibt eine kurze Übersicht über die Antibiotica und andere Wirkstoffe, wie Vitamine, Hormone und Spurenelemente, in ihrer Bedeutung für die Tierernährung. Er bespricht die mutmaßliche Wirkung der Antibiotica bei der Verfütterung und hebt ihren wirtschaftlichen Nutzen hervor. Unter den Vitaminen werden A und E als wesentliche Faktoren in der neuzeitlichen Fütterung besprochen. Aus der großen Zahl der Hormone wird als interessant für den Geflügelhalter lediglich das Geschlechtshormon wegen seines Einsatzes zur Kapaunisierung erwähnt. Um eine gesicherte Versorgung der Tiere mit Spurenelementen zu gewährleisten, wird die Verwendung eines Mineralstoffpulvers angeraten. Zum Schluß empfiehlt der Autor den Geflügelhaltern mehr kritische Einstellung gegenüber oft von fachunkundigen Leuten angepriesenen Mitteln. L. Sperling. 8185.

Anonym. **Medikamente und Wirkstoffe sind in der Geflügelhaltung notwendig geworden.** Geflügelhof [Zollikofen-Bern] **25** (1962) Nr. 26. S. 440-442. — 4 Abb.

Unter Betonung der Notwendigkeit einer rechtzeitigen Anwendung von wohlerprobten und von Fachleuten empfohlenen Medikamenten bei Geflügelkrankheiten werden an Hand des einschlägigen Warensortimentes einer großen Schweizer Firma verschiedene Präparate besprochen. Unter ihnen stehen die Coccidiostatica Polystat und Unistat, die mehrere Wirkstoffe enthalten, obenan. Sie werden vielfach in den Betrieben wegen ihres etwas verschiedenen Wirkungsspektrums mit bestem Erfolg gleichzeitig eingesetzt. Es wird betont, daß sich die Investition für Medikamente in der Praxis der Geflügelhaltung bezahlt macht. L. Sperling. 8185.

Halama, A. K.; Wien. **Geflügelmastversuch mit kombinierten Antibiotikagaben.** Geflügelhof [Zollikofen-Bern] **25** (1962) Nr. 26. S. 442. 445-446. — 2 Tab.

Die in den USA erprobte Verfütterung von Kombinationen 2 sich in der Wirkung ergänzender Antibiotica gab Veranlassung zu einem Broiler-Mastversuch mit insgesamt 1800 Küken, die auf Häckseleinstreu gehalten wurden. Bis zum Alter von 6 Wochen wurde ein neuzeitliches Starterfutter und danach bis zur vollendeten 9. Woche ein Endmastfutter verwendet. Beide Futterarten enthielten 5% Fischmehl und 4% stabilisiertes tierisches Fett. Dem Futter der Versuchsgruppen wurden verschiedene Mengen einzelner Antibiotica wie auch von Kombinationen der Antibiotica Terramycin plus Oleandomycin hinzugegeben. Die Antibioticagruppen hatten gegenüber den Kontrollen nicht nur bessere Gewichtszunahmen, sondern auch eine günstigere Futterverwertung und geringere Tierverluste. Die höheren Beigaben waren den niederen in der Wirkung überlegen und die Kombinationen der Antibiotica überragten wiederum die Einzelgaben, so daß sich die Verwendung der Kombination wirtschaftlich durchaus gelohnt hat. L. Sperling. 8185.

Karg, H.; München, Univ., Inst. für Physiol. und Ernähr. der Tiere. **Generationsversuche an Ratten zur mittelbaren Toxizitäts (= Giftigkeits)-prüfung von Chlortetracyclin nach Anwendung in der Tierernährung und Konservierung.** Mitt. Tierhalt. **1962** Nr. 79. S. 5-7.

Die Ergebnisse der bisherigen Toxizitätsprüfungen von Chlortetracyclin ergaben, daß es sich im Hinblick auf die toxikologischen Eigenschaften um den ungefährlichsten Lebensmittelzusatz der letzten Jahrzehnte handelte. Da bisher die Wirkstoffe aber unmittelbar zur Prüfung gelangten und Abbau-, Umwandlung- bzw. Spaltprodukte nicht erfaßt wurden, wurde in einem Modellversuch an Ratten Fleisch von Hühnern verfüttert, die mit der 100fachen Dosis gefüttert wurden. 7-8 Rattengenerationen wurden beobachtet, wobei 2000 bzw. 5000 Ratten protokolliert wurden. Die geprüften Kriterien Fruchtbarkeit, Aufzuchtvermögen, Körpergewichtsentwicklung und Futterverwertung ergaben keine signifikanten Unterschiede zwischen den Versuchs- und Kontrollgruppen. Damit ergibt sich keine nachteilige Wirkung von Chlortetracyclin. E. Otto. 8185.

Cosgrove, Albert S.; Berlin, Md., L. & M. Lab., Inc. Effects of a new nitrofuran feed additive on production efficiency in chickens. **(Wirkungen eines neuen Nitrofuran-Futterzusatzes auf die Leistungshöhe bei Hühnern.)** Veterin. Med. **57** (1962) Nr. 3. S. 238-239. — 2 Tab., 4 Lit.

Um die Wirkung von Nihydrazon, einem Nitrofuran-Abkömmling, als Futterzusatz auf die Entwicklung von Hühnern bei Vorliegen von Coccidiose und anderen Begleitinfektionen zu prüfen, wurde ein Versuch mit 4000 Van Tress-Hähnchen unternommen, die mit 14 Lebenstagen in 8 Gruppen von je 500 Tieren aufgeteilt worden waren. Je 2 dieser Gruppen erhielten 0,011% bzw. 0,016% Ninhydrazon im Futter. Von den 4 weiteren dem Vergleich dienenden Gruppen wurden 2 mit 2 lb./ton Futter des Coccidiostaticums Unistat versehen, während das Futter der beiden letzten Gruppen ohne Zusatz von Medikamenten blieb. Bei Beendigung des Versuches im Lebensalter der Tiere von 63 Tagen ergab sich, daß die Sterblichkeit der mit Nihydrazon versorgten Tiere geringer war als in den mit Unistat behandelten Gruppen oder den Vergleichsgruppen ohne Zusatz und daß gleichzeitig auch die Nihydrazon-Gruppen ein höheres Gewicht und eine bessere Futterverwertung als die Tiere der 4 anderen Gruppen hatten. L. Sperling. 8195.

Rudolph, James W., Gilbreath, J. C. und Morrison, Robert D.; Stillwater, Oklahoma State Univ., Poultry Sci. Dep. und Agric. Exp. Stat. The effect of reserpine on the reproductive performance of turkeys. **(Der Einfluß von Reserpin auf die Fortpflanzung von Puten.)** Poultry Sci. **41** (1962) Nr. 1. S. 184-187. — 2 Abb., 11 Lit.

Im Alter von 24 Wochen erhalten Truthennen, von denen jeweils 24 gemeinsam mit 2 Hähnen insgesamt 16 Gehege bevölkern, 20 Wochen lang zu einem üblichen Zuchtfutter 0; 0,5; 1 und 2 mg Reserpin/kg zugesetzt. Mit steigendem Reserpingehalt des Futters wird mehr und mehr ein Rückgang in den mittleren Körpergewichtszunahmen, der Eierproduktion und der Eierfruchtbarkeit, nicht aber in den Eiergewichten beobachtet. Nach Absetzen des Reserpins nimmt die Fertilität innerhalb der alten Gruppeneinteilung zu, während in den Gewichtszunahmen und der Eierproduktion keine Unterschiede im Verhältnis zur Höhe der vorhergegangenen Reserpinverabfolgung auftreten. B. Gaßmann. 8195.

Speckmann, E. W. und Ringer, R. K.; East Lansing, Michigan State Univ., Dep. of Poultry Sci. The influence of reserpine on plasma cholesterol, hemodynamics and arteriosclerotic lesions in the Broad Breasted Bronze turkey. **(Der Einfluß von Reserpin auf Plasmacholesterin, Hämodynamik und arteriosklerotische Schäden bei der breitbrüstigen Bronzepute.)** Poultry Sci. **41** (1962) Nr. 1. S. 40-45. — 5 Tab., 16 Lit.

Getrennt nach Geschlechtern werden 360 Bronzeputen 27 Wochen mit normalen Starter-, Wachstums- und Endfütterungsrationen gefüttert, wobei 2 Gruppen vom 2. Tage an 0,1 bzw. 0,2 ppm Reserpin (Serpasil, Ciba) zugelegt bekommen. Im Verlauf des Versuchs beeinflußt das Reserpin weder den unabhängig vom Geschlecht zwischen der 8. und 16. Lebenswoche erfolgenden Anstieg im Plasmacholesterinspiegel noch die sich mit 8 Wochen abzeichnenden makro- und mikroskopischen arteriosklerotischen Schäden, die sich bei Hähnen stärker ausbilden als bei Hennen. Auch in der Hämodynamik besteht zwischen den Kontrollen und den mit Reserpin gefütterten Tieren kein Unterschied. B. Gaßmann. 8195.

Kamaljan, G. V., Barsegjan, G. V. und Karadžjan, A. M. (Kamaljan, G. W., Barsegjan, G. W. und Karadshjan, A. M.); Jerewan, Zootechn. und Veterinärmed. Inst. Stimuljacija rosta i razvitija životnych organizmov. **(Stimulierung von Wachstum und Entwicklung des tierischen Organismus [Küken].)** Vestnik sel'skochozjajstvennoj nauki, Moskva 7 (1962) Nr. 5. S. 83-87. — 7 Tab. Zus. in Engl., Franz., Dtsch.
Die mit Ätanolamin bei Küken durchgeführten Versuche ergaben z. T. noch bessere Ergebnisse als mit Biomycin. Ëtanolamin ist für Küken als ein gutes Wachstums- und Entwicklungsstimulans anzusehen, das auch ein wirksames Mittel gegen funktionelle Störungen des Magen-Darm-Kanals der Tiere ist.
G. Leisner. 8195.

Ėkonomičnye biomicinovye preparaty dlja životnovodstva. Proizvodstvo i primenenie Biovetina i Biovita-40. (Wirtschaftliche Biomycinpräparate für die Tierzucht. Produktion und Anwendung von Biowetin und Biowit-40.) Hrsg.: VASChNIL. Vsesojuznyj institut ėksperimental'noj veterinarii. Moskau: Medgiz. 1960. (178 S. m. 3 Abb. u. 47 Tab.) 8°. Rbl. 5,50. In diesem Buch werden in zahlreichen Artikeln von verschiedenen Autoren die Herstellung und die Ergebnisse der Anwendung von Biomycinpräparaten, die Anwendung von Biowetin bei Erkrankungen von Jungrindern, die Anwendung von Biowetin und Biowit-40 bei Erkrankungen von Schweinen sowie die Anwendung von Biowetin und Biowit-40 in der Geflügelzucht behandelt. Methodische Anweisungen für die Anwendung von Biowetin und Biowit-40 werden gegeben.
F. Schenk.

Gerasimov, Serafim Jakovlevič. **Obogaščenie kombikormov vitaminami, mikroėlementami i antibiotikami.** (Anreicherung der Futtermittel mit Vitaminen, Spurenelementen und Antibiotica.) Moskva: Zagotizdat. 1961. (97 S.) 8°. (1962 A 1154)

Miloš, Herold und *Gabriel, Zdeněk.* **Proceedings of the symposium on antibiotics in Prague, May 18-23, 1959.** Praha: Státní Zdravotnické Naklad. 1960. (133 S.) 8°. (1962 A 1464)

Ruest, Peter. **Stoffwechseluntersuchungen mit Tritium-markiertem Vitamin A.** Diss. Techn. wiss. Fak. Zürich: 1961. (94 S.) 8°. (Diss. 8559)

E. VERWERTUNG DER NÄHRSTOFFE UND FUTTERMITTEL

Widdowson, Elsie M.; Cambridge, Univ., Med. Res. Council, Dep. of Exp. Med. Nutritional individuality. **(Individualität in der Ernährung.)** Proc. Nutrit. Soc. **21** (1962) Nr. 2. S. 121-128. — 3 Abb., 4 Tab., 17 Lit.
An 33 Männern und 33 Frauen wurden die individuellen Unterschiede in der Ernährung untersucht und festgestellt, daß die Energieeinnahme bei einigen Menschen mehr als das 2-fache von anderen beträgt. Bei Kindern wurden ebenfalls große Variationen beobachtet. Die Ursachen liegen nicht in der unterschiedlichen Tätigkeit und in Variationen des Verdauungsvermögens. Die „Aktivität" kann Unterschiede im O_2-Verbrauch von 80% bewirken. Mit der unterschiedlichen Energieeinnahme sind die Einnahmen der übrigen Inhaltsstoffe im allgemeinen gekoppelt. Die Resorption des Ca ist unterschiedlich, so daß Ca-Mangel möglich ist. Der Einfluß der Nahrung auf die Ca-Resorption und die Harnausscheidung wird untersucht. Es wird die Schlußfolgerung gezogen, daß der Bedarf an Nähr- und Wirkstoffen individuell verschieden ist.
W. Jentsch. 8205.

Robertson, Forbes W.; Edinburgh, A.R.C., Inst. of Animal Genetics, Unit of Animal Genetics. Genetic variation in the nutrition of Drosophila melanogaster — some general inferences. **(Genetische Variation bei der Ernährung von Drosophila melanogaster — einige allgemeine Folgerungen.)** Proc. Nutrit. Soc. **21** (1962) Nr. 2. S. 169-178. — 3 Abb., 3 Tab., 15 Lit.
Es wurde der Einfluß verschiedener Fütterung auf genetische Veränderungen bei *Drosophila melanogaster* untersucht. Diäten ohne Fructose, mit niedrigem Ribonucleinsäuregehalt bzw. niedrigem Proteingehalt führten gegenüber einer Diät mit Hefe zu geringerer Körpergröße (gemessen an der Thoraxlänge). Mittels Kreuzung und Inzucht wurden die Einwirkungen der kontrollierten Fütterung auf die genetischen Variationen und die korrelierenden Veränderungen in Physiologie und Entwicklung untersucht. Es wurden zahlreiche Beispiele für die Ernährung als Ursache genetischer Variationen angegeben.
W. Jentsch. 8205.

Harries, J. M., Hobson, Elizabeth Anne und Hollingsworth, Dorothy F.; London, Min. of Agric., Fisheries and Food, Great Westminster House. Individual variations in energy expenditure and intake. **(Individuelle Variationen in der Energieabgabe und -einnahme.)** Proc. Nutrit. Soc. **21** (1962) Nr. 2. S. 157-169. — 5 Tab., 50 Lit.
Es wurden Untersuchungen über die Energieeinnahmen und -abgaben an Menschen verschiedenen Alters, Geschlechts und verschiedener Berufe durchgeführt und große Variationen festgestellt. Die Energieeinnahme variiert stärker als die Energieabgabe. Auch unter Berücksichtigung der bekannten Ursachen bleiben große individuelle Differenzen, die nicht erklärbar sind und die noch weiterer Untersuchungen bedürfen. W. Jentsch. 8205.

F. ERNÄHRUNGSSTÖRUNGEN UND MANGELKRANKHEITEN

Ehrlich, C. **Ermittlungen der Ursachen fütterungsbedingter Fruchtbarkeitsstörungen in Rinderbeständen Westfalens durch Futteruntersuchungen und Hinweise zur Beseitigung der Fütterungsmängel.** Prakt. Tierarzt **1962** Nr. 3. S. 87-89. — 2 Tab., 6 Lit.
Die Ursachen solcher Fruchtbarkeitsstörungen lassen sich wie folgt zusammenfassen: Im Grundfutter herrscht ein Mangel an P und Na, während Ca und K oft im Überschuß vorhanden sind. Das Ca/P- und das K/Na-Verhältnis befinden sich oft nicht in der erforderlichen Relation. Während der Herbst- und Wintermonate leiden in vielen Beständen die Kühe und Rinder unter einem Mangel an Vit. A, Carotin und Vit. D. Die Spurenelemente Fe, Zn und Mn sind in den wirtschaftseigenen Futtermitteln meist ausreichend, Cu und Co hingegen oft nur mangelhaft vorhanden. Die meisten fütterungsbedingten Fertilitätsstörungen treten in Hochleistungsherden oder bei Vitaminmangel in der Winterfütterung, bei unzureichenden Mineralstoffgaben und in Betrieben mit Herbst- und Winterkalbungen auf. Hier fällt die Bedeckung in die ungünstigen Monate Februar — April. H. Busse. 8310.

Platt, B. S., Stewart, R. J. C. und Gupta, S. R.; Mill Hill, London, Nat. Inst. for Med. Res., Human Nutrit. Res. Unit. The chic embryo as a test organism for toxic substances in food. **(Der Küken-Embryo als ein Testorganismus für toxische Substanzen in der Nahrung.)** Proc. Nutrit. Soc. **21** (1962) Nr. 2. S. XXX-XXXI. — 5 Lit.
Mit 5 Tage alten Küken-Embryonen wurden verschiedene „Erdnuß-Toxin"-Präparate getestet. Die Eier wurden injiziert und nach 2 Tagen untersucht. Schon 0,3 μg der stärkeren Proben verursachten den Tod. Die Ergebnisse korrelierten gut mit Versuchen an 1 Tag alten Entenküken; der Embryo-Test ist jedoch 200fach empfindlicher. Von anderen Autoren mit den verschiedensten toxischen Substanzen durchgeführte Embryonen-Tests werden besprochen. Grundsätzlich sollten alle verdächtigen Substanzen mit Hilfe dieser bequemen Methode auf ihre Unschädlichkeit geprüft werden, ehe sie für den menschlichen Verzehr freigegeben werden. J. Wünsche. 8310.

Czub, E. **Über Vormagen- und Stoffwechselstörungen bei Rindern und deren Behandlung.** Tierärztl. Umschau **17** (1962) Nr. 9. S. 318-322. — 15 Lit.
Vf. berichtet über die Behandlungsergebnisse von 138 Rindern — Kühe, Färsen und Ochsen — mit Vormagen- und Stoffwechselstörungen. Vf. hat den Eindruck, daß sich „Bykodigest" (40 g Na-Propionat, 25 g Ca-Propionat, 10 g NaCl, 20 g Acetanilid, 5 g Spurenelemente) in allen Fällen vorteilhaft auf die Krankheitsabläufe auswirkte. Abschließend wird die Wirkung der Propionate diskutiert. H. Haase. 8330.

Morcos, S. R. und Platt, B. S.; Mill Hill, London, Nat. Inst. for Med. Res., Human Nutrit. Res. Unit. The effect of the protein value of the diet on the toxicity of β-amino-propionitrile. **(Der Einfluß des Eiweißwertes der Ration**

auf die Toxizität von β-Aminopropionitril.) Proc. Nutrit. Soc. **21** (1962) Nr. 2. S. XXXI-XXXII. — 2 Lit.

β-Aminopropionitril (BAPN) erzeugt Osteolathyrismus bei Ratten. Um den Einfluß des Eiweißwertes und der Eiweißzulage auf die Wirkung des Lathyrus-Toxins zu prüfen, wurden verschiedene mit BAPN (in Form von Fumarat) versetzte Rationen an Ratten verfüttert. Die Zeit bis zum Auftreten von Intoxikations-Merkmalen (verringerte Futteraufnahme, rauhes Fell, Gliedersteifheit) wurden festgehalten und Exostosen radiographisch ermittelt. Der Osteolathyrismus trat am frühesten bei Rationen von mittlerem und weniger schnell bei Rationen von höherem oder geringerem Proteinwert auf. Eine Erklärung dafür konnte nicht erbracht werden. J. Wünsche. 8330.

Hey, A.; Kleinmachnow, Biol. Zentralanst. der Dtsch. Akad. der Landwirtsch.-Wiss. zu Berlin. **Chemischer Pflanzenschutz als wirtschaftlicher Faktor der Ernährung.** Ernährungsforschung **7** (1962) Nr. 3. S. 436-444.

Vortrag. Die Aufgabe des Pflanzenschutzes für die Zukunft liegt darin, mit einem Minimum an chemischen Bekämpfungsmaßnahmen die größtmögliche Wirkung zu erzielen und bes. Vorsicht vor allem bei solchen Pflanzenkulturen walten zu lassen, deren Ernteprodukte hinsichtlich Gefährdung und Verbrauch im Verdacht rel. großer Rückstände stehen und durch Mensch und Nutztier in rohem Zustand verzehrt werden. Es wäre zu überprüfen, ob durch staatl. Anweisung die Verwendung bestimmter, bes. gefährlicher neuerer Pflanzenschutzmittel nicht in einem solchen Maße beschränkt werden sollte, daß eine Gefährdung von Mensch und Nutztieren ausgeschlossen bliebe. Toxikologisch bedenkliche Ausbringungsverfahren (Flugzeugeinsatz mit Konzentraten, bestimmte Aerosolverfahren, Saatgutinkrustierungen) sollten auf weniger toxische Wirkstoffe umgestellt werden, um auf diese besonders wirksamen und arbeitsproduktiven Verfahren nicht verzichten zu müssen. Es wird betont, daß der Pflanzenschutz auf kaum einem seiner Arbeitsgebiete chem. Bekämpfungsmaßnahmen völlig entbehren kann, daß ihm dadurch aber auch die Mitverantwortung für den Gebrauch, der nicht in den Verdacht des Mißbrauchs kommen darf, obliegt. B. Gaßmann. 8360.

Kjurtov, Nikola. (Kjurtow, Nikola.) Slučaj na otravjane na svine ot ečemik, zarazen s fuzarium. **(Ein Fall von Schweinevergiftung infolge Fusarium-infizierter Gerste.)** Veterinarna sbirka, Sofija **59** (1962) Nr. 2. S. 19-20.

Vf. nimmt an, daß die beschriebene Erkrankung und die Aborte eine Fusariotoxikose darstellen, die auf *Fusarium graminearium* Schw. zurückzuführen ist. G. Radew. 8360.

Ganev, Gančo. (Ganew, Gantscho.) Masovo otravjane na kone s izsušeno seno ot polski sinap. **(Eine Massenvergiftung von Pferden mit getrocknetem Heu von Ackersenf [Sinapis arvensis].)** Veterinarna sbirka, Sofija **58** (1961) Nr. 12. S. 12-13.

An Pferde ist kein Heu zu verfüttern, das mehr als 50% Ackersenf (*Sinapis arvensis*) enthält. G. Radew. 8360.

Wachnik, Zenon; Wrocław, Wyższa Szkoła Rolnicza. Liście cykorii — Cichorium intybus — przyczyna zatrucia u świń. **(Zichorieblätter [Cichorium intybus] als Schweinevergiftungsursache.)** Med. veteryn. **18** (1962) Nr. 8. S. 493-495. — 3 Lit. Zus. in Russ., Engl., Fanz., Dtsch. 8360.

Kuttler, Kenneth L. und Marble, Donald W. Clinical research study: Control of parasites in sheep on irrigated pastures. **(Klinische Forschung: Die Parasitenbekämpfung beim Schaf auf berieselten Weiden.)** Veterin. Med. **57** (1962) Nr. 1. S. 39-45. — 2 Abb., 3 Tab., 6 Lit.

Durch Berieselung verbesserte Weiden bieten zwar einer relativ großen Anzahl von Schafen genügend Futter, bergen aber die Gefahr eines massiven Endoparasitenbefalls in sich. Vff. fanden neben einem regelmäßig auftretenden starken Haemonchus-Befall häufig Nematodirus-, Trichuris-, Moniezia- und Fasciola-Infektionen. Die ständige Verabreichung von 1,5 g Phenothiazin in Form eines Melasse-Gerste-Gemisches pro Tier und Tag erwies sich als hochwirksames und praxisreifes Verfahren gegen die Haemonchose. Th. Hiepe. 8360.

H. FÜTTERUNG DER LANDWIRTSCHAFTLICHEN NUTZTIERE

Dietsch, R. **Wie soll die Planung der Futterflächen in sozialistischen Landwirtschaftsbetrieben erfolgen?** Dtsch. Landwirtsch. **14** (1963) Nr. 1. S. 33-35. — 2 Tab., 4 Lit.

Vf. weist darauf hin, daß eine Jahresfutterplanung nach Nährstoff- oder Futternormen unvollständig ist. Beide lassen weder Futterlücken noch Futterberge erkennen. Vf. arbeitete 3 Jahre lang mit einer Feinplanung für alle Tierarten. Die Methode ist sehr arbeitsaufwendig, und starke Ertragsschwankungen in der Feldwirtschaft erfordern häufig Neuplanungen. Zeitsparender ist die Planung über den einheitlichen Maßstab RGV sowie über die Milcherzeugungswerte und den Meßwert „Frischfutter". Die Methode wird beschrieben und empfohlen. W. Schmidt. 8451.

Antal, Ján; Nitra, Výskumný Ústav Živočíšnej Výroby. Odchov teliec pri zníženej spotrebe mliečneho tuku. **(Kälberaufzucht bei reduziertem Milchfettverbrauch.)** Pol'nohospodárstvo **9** (1962) Nr. 7. S. 499-508. — 7 Tab., 11 Lit. Zus. in Russ., Engl.

In Vergleichsversuchen mit der Aufzucht von Kälbern der slowakischen Fleckviehrasse wiesen die Kälber bei einem Gesamtverbrauch von 10,64 kg Milchfett (280,8 l Vollmilch und 252 l Magermilch) bis zum Alter von 6 Mon. ungefähr gleiche Lebendgewichtszunahmen auf wie Kälber bei einem Gesamtverbrauch von 20,9 kg Milchfett (552,1 l Vollmilch). Die Zunahmen pro Tier und Tag betrugen 0,70 bzw. 0,69 kg. In einem weiteren Versuche erreichte die bei einem Gesamtverbrauch von 7,72 kg Milchfett (90,5 l Vollmilch, 266 l Milch mit 2% Fettgehalt und 187,6 l Magermilch) aufgezogene Kälbergruppe Zunahmen von 0,820 kg, und die bei einem Verbrauch von insgesamt 11,78 kg Milchfett (309,2 l Vollmilch und 230,7 l Magermilch) aufgezogene Kälbergruppe Zunahmen von 0,780 kg. F. Svoboda. 8454.

Dědečkova-Šálová, Jiřina. Vliv různého stajového prostředí na využití krmiv u telat a u mladého skotu. **(Der Einfluß eines unterschiedlichen Stallmilieus auf die Futterausnützung bei Kälbern und Jungvieh.)** Vědecké Práce ústředního výzkumného Ústavu Živočišné Výroby v Uhříněvsi **5** (1962) S. 83-110. — 2 Abb., 17 Tab., 41 Lit. Zus. in Russ., Dtsch.

Der 1. Turnus der beschriebenen Aufzuchtversuche begann im Nov. 1954, der 2. Turnus im Dez. 1955. Die Altersperiode von Geburt bis zu 6 Mon. entfiel demnach bei den Versuchsfärsen stets auf die Winterperiode. Je 1 kg Lgw. verbrauchten die Färsenkälber der I. Gruppe (Stallaufzucht) im 1. bzw. 2. Turnus 509 g bzw. 570 g verd. Eiweiß und 2,011 bzw. 2,269 kg-Stw. Die Färsenkälber der II. Gruppe (Freiluftaufzucht) dagegen verbrauchten im 1. bzw. 2. Turnus 479 bzw. 557 g verdaul. Eiweiß und 1,945 bzw. 2,136 kg-Stw. Im Alter von 6 Mon. wiesen die Färsenkälber beider Gruppen keine wesentlichen Unterschiede im Nährstoffverbrauch auf. F. Svoboda. 8454.

Hironaka, R. und Slen, S. B.; Lethbridge, Alberta, Canada Agric. Res. Stat. The effects of level of feed consumption on rate and efficiency of gain by steers fed an all-barley ration. **(Der Einfluß der Höhe der Futteraufnahme auf Gewichtszunahme und Futterverwertung durch Jungochsen, die eine nur aus Gerste bestehende Ration erhielten.)** Canad. J. Animal Sci. **42** (1962) Nr. 1. S. 18-22. — 1 Abb., 2 Tab., 7 Lit.

Zur Ermittlung der hinsichtlich Futterverwertung optimalen Fütterungsintensität wurde in einem Rinderfütterungsversuch an 4 Gruppen zu je 10 Jungochsen neben einem Mineralstoff- und Vitaminbeifutter Gerste in unterschiedlicher Gabe verabreicht. Die Rationen waren so bemessen, daß sie für Zunahmen von 1,0, 1,5, 2,0 und 2,5 lb. pro Tier und Tag ausreichten. Tatsächlich erzielt wurden 0,97, 1,45, 1,95 bzw. 2,03 lb. Der Verbrauch an Futter pro Gewichtseinheit Zuwachs betrug 10,92, 8,51, 7,02 bzw. 7,05. Zwischen der Höhe der Gewichtszunahme und der Futterverwertung wurde eine signifikante Korrelation ($r = -0{,}92$) berechnet. Ebenfalls gesicherte Zusammenhänge konnten zwischen der Kreatininausscheidung im Harn einerseits und der tägl. Zunahme bzw. Futterverwertung andererseits gefunden werden. Dagegen bestand keine Beziehung zwischen der Kreatininausscheidung und der Zusammensetzung von Fleischproben.

F. Weißbach. 8458.

Marcussen, **Die Fütterung halbfertiger Mastbullen und der nächstjährigen Weidemastbullen.** Prax. u. Forsch. **14** (1962) Nr. 11. S. 269-270.

Geeignete Futtermittel für die Weitermast sind gutes Heu in kleiner Gabe, Rüben und Gras- oder Rübenblattsilage. Zweckmäßig verabfolgt man als Grundfutter 1 kg Heu und Gärfutter satt. Die Tiere brauchen an Erhaltungsfutter ca. 650 StE/dt Lgw. Mit 1 kg Kraftfutter/dt Lgw. wird eine Tageszunahme von ca. 1 kg erreicht, wenn das Grundfutter den Erhaltungsbedarf deckt. 1 kg Zuwachs erfordert z. B. bei Tieren mit 2 dt Lgw. 2 kg Kraftfutter, wobei 650 StE und ein Eiweißgehalt von 160 g zugrundezulegen sind. Die Fütterung der nächstjährigen Weidemastbullen soll so erfolgen, daß eine Fortsetzung des Wachstums erreicht wird. Dazu ist ein Gewichtszuwachs von 500-600 g/Tag anzustreben bzw. im Winter von 100-120 kg. Die dem Lgw. anzupassende Nährstoffzuteilung muß etwa 900 StE/100 kg Lgw. umfassen. Die Grundlage der Fütterung ist dabei 1 kg Heu + 1-1,5 kg Kraftfutter und Silage satt. W. Fleischmann. 8458.

Makaveev, C. (Makaweew, Z.); Russe, Bulgarien, Landwirtsch. Versuchsstat. „Obraszow tschiflik". Ustanovjavane na tipovi dažbi za simentalizirani kravi. **(Feststellung von Typenrationen für Simmentaler Kreuzungskühe.)** Izvestija na Dobrudžanskija selskostopanski naučnoizsledovatelski institut, Tolbuchin **1** (1961) S. 185-194. — 1 Abb., 8 Tab., 6 Lit. Zus. in Russ., Engl. 8460.

Paliev, Chr. (Paliew, Chr.); Kostinbrod-Sofia, Zentralinst. für Tierzuchtforsch. Smilaemost na različni po struktura dažbi pri opiti s kravi. **(Bestimmung der Verdaulichkeit strukturverschiedener Rationen in Versuchen mit Kühen.)** Izvestija na Centralnija naučnoizsledovatelski institut po životnovŭdstvo „Georgi Dimitrov" — Kostinbrod, Sofija **12** (1961) S. 87-101. — 9 Tab., 7 Lit. Zus. in Russ., Engl. 8460.

Peteva, Zdravka und Sandev, Sašo. (Petewa, Sdrawka und Sandew, Sascho.); Kostinbrod-Sofia, Zentralinst. für Tierzuchtforsch. Smilaemost na chranitelnite veštestva i balans na azota, kalcija i fosfora na dažbi za mlečni kravi. **(Verdaulichkeit der Nährstoffe und Stickstoff-, Calcium- und Phosphorbilanz der Rationen für Milchkühe.)** Selskostopanska misŭl, Sofija **6** (1961) Nr. 12. S. 743-752. — 13 Tab., 7 Lit. 8460.

Dimitrov, D. (Dimitrow, D.); Russe, Bulgarien, Landwirtsch. Versuchsstat. „Obraszow tschiflik". Ustanovjavane na tipovi dažbi i furažni normi za razplodni tŭnkorunni mŭžki šileta-krŭstoski. **(Feststellung von Typenrationen und Futternormen für feinwollige männliche Kreuzungszuchtlämmer.)** Izvestija na Dobrudžanskija selskostopanski naučnoizsledovatelski institut, Tolbuchin **1** (1961) S. 263-270. — 8 Abb., 5 Lit. Zus. in Russ., Engl. 8474.

Želev, A. (Shelew, A.) Ugojavane na prasetata sŭs suchi smeski i učastie na zeleni i sočni furaži. **(Schweinemast mit Trockenfuttergemischen mit Grün- und Saftfutteranteil.)** Izvestija na Dobrudžanskija selskostopanski naučnoizsledovatelski institut, Tolbuchin-Sofija 2 (1962) S. 153-163. — 8 Tab., 11 Lit. Zus. in Russ., Engl. 8536.

Harms, R. H., Douglas, C. R. und Waldroup, P. W.; Gainesville, Florida Agric. Exp. Stat. Methionine supplementation of laying hen diets. **(Methioninergänzung zur Futterration der Legehennen.)** Poultry Sci. **41** (1962) Nr. 3. S. 805-812. — 7 Tab., 11 Lit.

Es wurden 3 Versuche mit Legehennen durchgeführt, um den Einfluß einer zusätzlichen Methioninquelle zu prüfen. Als Grundfutter diente Mais- und Sojaextraktionsschrot. Die tierische Komponente war 2,5% Fischmehl, dessen Menge in allen Untergruppen beibehalten wurde . Im 1. Versuch sind 3 Gruppen ohne und mit 0,075% Methioninzusatz (95% reines Methionin), deren Rationen 16,7%, 15,7% und 14,7% Rohprotein enthielten, geprüft worden. In allen 3 Gruppen konnte durch das Methioninpräparat die Eierleistung und die Proteinverwertung je produziertem Ei signifikant verbessert werden. Dasselbe trifft auch für den Futter- und Energieaufwand zu. Im 2. Versuch enthielt das Futter der Junghennen 14,7% und 16,7% Rohprotein. Als Zusatz wurde die Wirkung des Methioninpräparates bzw. Oleandomycins geprüft. Als Ergebnis wird mitgeteilt, daß keine signifikanten Unterschiede in der Eierproduktion, Futterverwertung, Mortalität, im Ei- und Körpergewicht der Hennen festgestellt werden konnten. Im 3. Versuch sind Rationen mit 13% bzw. 17% Rohprotein und 2154 kcal produktiver Enerige/kg Futter und in einer weiteren Versuchsreihe Rationen mit 13% bzw. 17% Rohprotein und 2343 kcal produktive Energie/kg Futter geprüft worden. Ein Anstieg von 2154 auf 2343 kcal bei gleichem Gehalt von 13% Rohprotein reduzierte signifikant die Eierproduktion. Ein Anstieg des Proteingehaltes von 13 auf 17% hatte einen Anstieg der Eierleistung zur Folge, wenn die Rationen 2343 kcal enthielten. Ein Zusatz von 0,075% Methioninpräparat (13% Rohprotein und 2343 kcal) verbesserte die Eierproduktion signifikant. K. Gruhn. 8548.

Lansbury, T. J. und McDow, M. G. C.; Univ. of Ghana. Protein for egg production in Ghana. III. Requirements for Vitamin B_{12}, Lysine and Methionine. **(Protein zur Eierproduktion Ghana. 3. Mitt. Bedarf an Vitamin B_{12}, Lysin und Methionin.)** Trop. Agric. **39** (1962) Nr. 2. S. 115–121. — 3 Tab., 5 Lit. 2. Mitt. vgl. LZ. Abt. III 8 (1963) Nr. 5. S. 1058.

Es wurden Vit. B_{13}, Lysin und Methionin in ihrer Einwirkung auf Futterverwertung und Gewichtszunahme untersucht. Zur Kontrolle diente eine Küken-Starterfuttermischung, die auf einer einfachen pflanzlichen Kost basierte, als Eiweißfuttermittel Erdnußschrot enthielt und einen Mangel an Vit. B_{12} und den Aminosäuren Lysin, Cystin und Methionin aufwies. Wurden diese Substanzen zugefüttert, waren die Gewichtszunahmen ebenso hoch wie bei Zufuhr einer herkömmlichen Futtermischung mit dem entsprechenden Gehalt an Eiweißfuttermitteln tierischer Herkunft. Besonders wird auf die Notwendigkeit der Ergänzung von Geflügelfuttermischungen mit den Vit. A, D und B_2 hingewiesen. G. Goebel. 8548.

Chamberlin, V. D., McCartney, M. G. und Touchburn, S. P.; Wooster, Ohio Agric. Exp. Stat., Dep. of Poultry Sci. Effect of feeding systems on growth and feed conversion of several crosses and strains of turkeys. **(Der Einfluß der Fütterungsweise auf das Wachstum und die Futterverwertung mehrerer Putenstämme und -kreuzungen.)** Poultry Sci. **41** (1962) Nr. 3. S. 910–916. — 8 Tab., 11 Lit.

In 2jährigen Versuchen wurde an Bronze-Puten aus 7 und an Großen Weißen Puten aus 4 Herkünften der Einfluß einer wahlweisen Aufnahme von Maiskörnern und Pellets bzw. Mischfutter während der 8.–24. Woche geprüft. Die Fütterungsweise hatte keinen Einfluß auf die Gewichtszunahmen. Es unterschieden sich lediglich die Gewichtszunahmen bei den Stämmen der Großen Weißen Puten. Bei gleichzeitiger Fütterung von Mischfutter und Maiskörnern wurden weniger Körner als bei gleichzeitiger Verabreichung von Pellets und Körnern verbraucht. Die Futterverwertung war von der Fütterungsweise her bei den Putern nicht beeinflußt. Puten nutzten Pellets besser aus als Pellets oder Mischfutter mit Maiskörnern. W. Rudolph. 8552.

Depelchin, A. und Koopmansch, W. Contribution à l'alimentation rationnelle des animaux de laboratoire. **(Beitrag zur rationellen Ernährung der Labortiere.)** Ann. Méd. vétérin. **106** (1962) Nr. 3. S. 170–174. — 2 Abb.
Die Vff. haben für das Meerschweinchen einen Fütterungsplan ausgearbeitet, der den Bedürfnissen der Tierart gerecht wird, eine Futtervergeudung verhindert und den Handarbeitsaufwand in der Fütterung herabsetzt. Die Nahrung besteht aus: Hafermehl 15 kg, Weizenmehl 30,5 kg, dehydriertem Luzernemehl 40 kg, Sojamehl 13 kg, Trockenhefe 0,25 kg, kohlensaurem Futterkalk 1,0 kg, Getreidekeimen 5,0 kg, Grünfuttermehl 25,0 kg, Methionin 200 g, Cholin (25%) 360 g, $MnSO_4$ 30 g, Amidon 370 g, Riboflavin 168 mg, Vit. A 840.00 IE, Vit. D_3 200.000 IE. Die Ration für Zucht- und Jungtiere muß entsprechend ergänzt werden. Sie bedarf einer Vitaminanreicherung, die durch Keimhafer, frische Bierhefe und Dorschlebertranöl zu erreichen ist. Die Verteilung des Futters in trichterförmigen Gefäßen, die den Vorrat einer Woche aufzunehmen vermögen, erweist sich als zweckmäßig.
H. Busse. 8570.

Cizek, Louis J. Relationship between food and water ingestion in the rabbit. **(Die Beziehung zwischen Futter- und Wasseraufnahme beim Kaninchen.)** Amer. J. Physiol. **201** (1961) Nr. 3. S. 557–566. — 10 Abb., 6 Tab., 21 Lit.
Es werden Versuchsergebnisse über die Futter- und Wasseraufnahmen von Kaninchen über eine Periode von 7½ Jahren mitgeteilt. Mit zunehmendem Alter sinkt die Futter- und Wasseraufnahme linear mit geringgradig schnellerem Nachlassen der Flüssigkeitsaufnahme. Plötzlicher Futterentzug hat eine vermehrte Flüssigkeitsaufnahme mit nachfolgender Polyurie zur Folge. ♂ und ♀ Tiere reagieren unterschiedlich auf den Futterentzug.
H.-A. Ketz. 8570.

FUTTERMITTELKUNDE

A. FUTTERSTOFFE, IHRE BEEINFLUSSUNG, KONSERVIERUNG UND ZUBEREITUNG

Mejsner, A. F. (Meisner, A. F.); Lipezk, RSFSR, Staatl. Landwirtsch. Versuchsstat. Opyt silosovanija v kurganach. **(Erfahrungen bei der Einsilierung in Hügelsilos.)** Kukuruza, Moskva 7 (1962) Nr. 8. S. 13–15. — 3 Abb., 2 Tab.
In allen Teilen der UdSSR findet das Hügelsilo Verbreitung. Die beste Form eines offenen Silos ist die einer Kuppel, ähnlich einem Hügel. Der Abfall der Seiten beträgt 25–35°, optimaler Inhalt 1000–2000 t Silage, minimaler 600 t. Größere Silos sind produktionstechnisch nicht vertretbar. Ein Silo von 1000–2000 t kann in 3–7 Tagen gefüllt werden. Bester Rohstoff ist Mais im Stadium der Milchwachsreife. Bei erhöhtem Feuchtigkeitsgehalt muß Stroh zugesetzt werden. Ist der Mais in einem späteren Stadium geerntet, sollte man Kulturen mit hohem Feuchtigkeitsgehalt zugeben. Das Silo wird auf einer ebenen, gewalzten Fläche angelegt. Man beginnt von der Mitte. Die Masse wird von einem Traktor (DT-54, T 75, S 80, S -100) festgewalzt. Bei Zusatz von Stroh können die Silierverluste von 35,8% auf 10,8% gesenkt werden. Das Stroh kann gehäckselt mit der Grünmasse vermischt oder schicht-

weise zugesetzt werden. Die oberste Schicht muß aus reiner Grünmasse bestehen. 2–3 Tage nach Füllung des Silos wird es abgedeckt. Zur Inhaltsbestimmung dienen folgende Angaben: 1 m³ Maissilage wiegt gleich nach dem Abdecken des Silos 770 kg, nach 2 Mon. 820 kg. Die Qualität der Silage und die Verluste beim Verbrauch sind die gleichen wie auch bei anderen Siloformen.

R. Filina. 8730.

Fedorov, V. (Fjodorow, W.); Dubrowizy, Gebiet Moskau, Unions-Inst. für Tierzuchtforsch., Abt. für Futtertechnol. Nazemnoe silosovanie kormov. **(Ebenerdiges Silieren des Futters.)** Moločnoe i mjasnoe skotovodstvo, Moskva 7 (1962) Nr. 7. S. 16–18.

Vf. gibt Hinweise für die Technologie des ebenerdigen Silierens (Hügelverfahren) von Futter (vor allem angewandt bei Silomais).

M. Hoffmann. 8730.

Shearer, D. A. und Cordukes, W. F.; Ottawa, Canada Dep. of Agric., Analyt. Chem. Res. Plant Res. Inst., Res. Branch. Note on the use of sorbic acid in the ensilage of forage crops. **(Bemerkung über die Verwendung von Sorbinsäure beim Silieren von Futterpflanzen.)** Canad. J. Plant. Sci. **42** (1962) Nr. 3. S. 532–533. — 1 Tab., 3 Lit.

Sorbinsäure wird bei der Futtermittelherstellung zur Konservierung und zur Vermeidung der Ausbreitung von Pilzen verwendet. Der Zusatz von Sorbinsäure zu Silage wurde im Versuch geprüft. 16 Silos (Inhalt je 0,5 t) wurden mit einem Gemenge aus 75% Luzerne, 5% Bastardklee, 10% Timotheegras, 10% Knaulgras gefüllt. Der Gehalt an Tr.-Subst. variierte zwischen 22 und 30%. Der Zusatz von Sorbinsäure geschah auf 2 verschiedene Arten: a) Besprühen der Oberfläche mit einer Lösung, die 0,2, 0,1 bzw. 0,05% Sorbinsäure enthielt, b) Behandlung des gesamten Silogutes mit einer Lösung von 0,2 bzw. 0,05% Sorbinsäure. Die Versuche zeigten, daß die Sorbinsäure in allen Fällen die durch die Silierung hervorgerufenen Verluste an Tr.-Subst. (5,9–12,3%) nicht herabsetzte. Die Sorbinsäure hatte keinen Einfluß auf den pH-Wert sowie den Gehalt an Protein, Fett, Cellulose, Asche, Säuren und Basen. Fütterungsversuche zeigten, daß Färsen alle Arten von Silage nahmen, jedoch das nicht mit Sorbinsäure behandelte Silofutter etwas bevorzugten. Die Unwirksamkeit der Sorbinsäure scheint an den verwendeten niedrigen Dosen zu liegen. Höhere Konzentrationen würden jedoch die Anwendung zu kostspielig werden lassen. E. M. Ardelt. 8730.

B. DIE EINZELNEN FUTTERSTOFFE

Smith, C. A.; Mazabuka, Northern Rhodesia, Centr. Res. Stat. Tropical grass/legume pastures in Northern Rhodesia. **(Tropische Gras-Leguminosenweiden in Nordrhodesien.)** J. agric. Sci. **59** (1962) Nr. 1. S. 111–118. — 1 Abb., 10 Tab., 23 Lit.

Es wurden das Rhodesische Riesengras und 3 Leguminosen (*Stylosanthes gracilis, Cajanus cajan, Stizolobium deeringianum*) rein und im Gemisch in dreijähriger Wiederholung geprüft. Bei der Verfütterung von Heu aus Gras und den einzelnen Leguminosen-Grasgemischen an Mastrinder gab es keine wesentlichen Unterschiede in der Lebendmassezunahme. Die Verdaulichkeit des Rohproteins von Heu aus Gras bzw. Gras/Stilosanthes betrug 29,4 bzw. 54,7%, der Gehalt an verd. Rohprotein 1,2 bzw. 4,6%.

G. Rubach. 8910.

Owen, F. G., Kuiken, J. R. und Webster, O. J.; Lincoln, Univ. of Nebraska, Dep. of Dairy Husbandry; Dep. of Agronomy. Value of sterile forage sorghum hybrids as silages for lactating cows. **(Der Wert von sterilen Sorghum-Hybriden als Silage für Milchkühe.)** J. Dairy Sci. **45** (1962) Nr. 1. S. 55–58. — 3 Tab., 11 Lit.

Es handelt sich um 2 sterile Hybriden, die wenig Samen entwickeln. In Fütterungsversuchen an Milchkühen waren die daraus hergestellten Silagen anderen Sorghumsilagen gleichwertig. Der Samengehalt dieser letzteren Silagen ist folglich für eine Qualitätsbeurteilung nicht geeignet. 8920.

Owen, Foster G.; Lincoln, Univ. of Nebraska, Dep. of Dairy Husbandry. Effect of stage of maturity on the nutritive value of Atlas sorghum silage for lactating dairy cows. **(Einfluß des Wachstumsstadiums auf den Nährwert von Atlas-Hirse-Silage für laktierende Kühe.)** J. Dairy Sci. **45** (1962) Nr. 5. S. 625–628. — 2 Tab., 9 Lit.
In 2 Versuchen mit insgesamt 24 Kühen wurde der Einfluß des Wachstumsstadiums bei Hirse (4 Reifezustände) auf den Nährwert der Silage für die Milchproduktion bestimmt. In der Zusammensetzung der Silagen bestanden allein erhebliche Unterschiede zwischen den Reifezuständen Milch- und Milchwachs-Reife (z. B. Rohprotein 9,10 bzw. 8,10; Rohfett 3,53 bzw. 3,18; Rohfaser 34,3 bzw. 26,9 und N-fr. E 44,85 bzw. 53,42%). Signifikante Unterschiede in der Futteraufnahme wurden nicht festgestellt. Im tägl. Milchertrag (FCM) ergaben sich nur geringe Unterschiede zwischen den Versuchsgruppen. Der Milchertrag pro lb. Trockenfutter fiel leicht mit zunehmender Reife der Hirse ab. Die Abnahme war nur z. T. statistisch signifikant. Fettgehalt der Milch und Körpergewicht der Tiere wurden durch den Reifezustand nicht unterschiedlich beeinflußt. L. Hoffmann. 8920.

Pălămaru, E., Popescu, Fr., Geamăn, N., Petrescu, S., Dan, I. R., Petracho, E., Saghin, F., Feredean, I. und Bejan, G. Aprecierea complexă a valorii hrănitoare a porumbului ICAR-54 și a ovăzului local. **(Die komplexe Nährwertbestimmung von Mais-ICAR-54 und einheimischem Hafer.)** Lucrările științ. Inst. Cercetări zootehn. **19** (1961) S. 89–116. — 29 Tab., 8 Lit. Zus. in Russ., Engl., Franz., Dtsch.
Die nach der Methode der Gruppen- und Kontrollschlachtungen erfolgten Untersuchungen ermittelten den Gehalt an Rohnährstoffen, Mineralsalzen und Vitaminen, die VK, N-, Ca- und P-Bilanz und den energetischen Wert der beiden Futtermittel (Mais mit 85% Tr.-Subst. — Bruttoenergie — 3708, verd. Energie — 2600–3000 und Nettoenergie — 2000 kcal/kg; die entsprechenden Werte für Hafer mit 86% Tr.-Subst. sind 3801, 2564 und 1771 kcal/kg) an Großen Weißen und Mangaliza-Schweinen. R. Petrovszky. 8920.

Versuche zur Verwendung von Mais. Dummerstorf, Institut für Tierzuchtforschung **1961** Plan-Nr.: 17 01 16 h 1–11/9. Abschlußber.
In einem Selbstfütterungsversuch zeigte sich die Maissilage vom Standpunkt der Ausnutzung durch Kühe geeigneter als die Rübenblattsilage, obwohl die erzielbaren Leistungen bei letzterer höher liegen. Nur ein wechselnder Anteil der benötigten Nährstoffe kann bei tragenden Sauen in Form der Maissilage verabreicht werden, weil die Futteraufnahme ungenügend ist. Grünmais mit hohem Kolbenanteil wird von den Sauen gut aufgenommen und bringt Zunahmen wie anderes Grünfutter. Mit Maiskolbensilage wurden 83,8% der bei Verfütterung von Kartoffelsilage erzielten Zunahmen erreicht. 8920.

Ralston, A. T., Church, D. C. und Oldfield, J. E.; Corvallis, Oregon State Univ., Dep. of Animal Sci. Effect of enzymes on digestibility of low quality roughage. **(Wirkung von Enzymen auf die Verdauung von Rauhfutter geringer Qualität.)** J. Animal Sci. **21** (1962) Nr. 2. S. 306–308. — 2 Tab., 9 Lit.
Mit 2 fistulierten Zwillingsochsen wurde mit Hilfe der Nylon-Säckchen-Technik der Einfluß verschiedener cellulolytischer, proteolytischer, amylolytischer und pectinolytischer Enzyme auf die Tr.-Subst.-, Rohfett-, Rohfaser- und Cellulose-Verdaulichkeit von Wiesenheu geringer Qualität geprüft. Das cellulolytische Fermentpräparat XC-597 bewirkte gegenüber den Kontrollen eine

Verschlechterung der Verdaulichkeit. Das pilzliche Protease-Präparat erhöhte die Tr.-Subst.-, Rohfett- und Cellulose-Verdaulichkeit signifikant, so daß weitere Untersuchungen mit diesem Präparat lohnend erscheinen.
J. Wünsche. 8930.

Nehring, K., Wallis, E. und Schmidt, E.; Rostock, Sekt. 10 des Landwirtsch. Versuchs- und Untersuchungswes. der Dtsch. Akad. der Landwirtsch.-Wiss. zu Berlin. **Untersuchungen über die Beschaffenheit der Heuernte im Gebiet der DDR. Das Ergebnis der Heuwertprüfung 1961. 8. Mitt.** Z. landwirtsch. Versuchs- u. Untersuchungswes. 8 (1962) Nr. 5. S. 369–384. — 19 Tab., 1 Lit. Zus. in Russ., Engl. nach Zus. 7. Mitt. vgl. LZ. Abt. III 7 (1962) Nr. 12. S. 2614.

Im Jahre 1961 sind im Rahmen der laufenden Heuwertprüfungen 2428 Proben, davon 1838 Wiesenheu, 307 Klee- bzw. Kleegrasheu und 283 Luzerneheuproben zur Untersuchung gekommen. Die erhaltenen Ergebnisse werden wie folgt zusammengefaßt: 1. Die Qualität des Wiesenheus im Jahre 1961 war gegenüber dem Vorjahr deutlich verschlechtert und ist als nicht befriedigend anzusehen. In den Qualitätsstufen I bis III (gut bis vorzüglich konnten nur 34,4% der Proben eingestuft werden. 2. Es lag insbesondere der Rohproteingehalt recht ungünstig, aber auch die Gehalte an CaO und P_2O_5 sind als unbefriedigend zu bezeichnen. Dies gilt insbesondere für den 1. Schnitt, während die Qualität und die Nährstoffgehalte des 2. Schnittes als günstig zu bezeichnen sind. 3. Die Ursachen für die geringe Qualität des Wiesenheues (1. Schnitt) sind einmal in den ungünstigenWitterungsbedingungen, aber auch in einem zu späten Schnitt zu suchen. 4. In der Bewertung nach dem DLG- und dem Rostocker Schlüssel traten erhebliche Differenzen auf. Die Beurteilung nach dem letzteren war wesentlich schlechter, was darauf hinweist, daß die zu geringe Qualität vor allem auf einen ungünstigen Nährstoffgehalt zurückzuführen ist. — 5. Die Qualität des Kleeheues 1962 ist als relativ günstig zu bezeichnen (Qualitätgruppe I bis III; 60,2), während die des Luzerneheues bedingt durch die ungünstigen Witterungsverhältnisse in den Hauptanbaugebieten nur als eine mäßige anzusehen ist (Qualitätsgruppe I bis III 38,3). — 6. Die Gehalte an Spurenelementen im Wiesenheu lagen mit Ausnahme von Co günstiger als in den Vorjahren. — Die Untersuchung der Kleeproben zeigte einen relativ hohen Gehalt an Co, hingegen einen niedrigen Gehalt an Mn an, was auf die höheren Reaktionswerte in den Böden zurückgeführt wird. 8930.

Arens, R.; Bonn, Univ., Inst. für Pflanzenbau. **Jungvieh-Gewichtszunahmen aus 30 Jahren in Rengen (Hocheifel).** Wirtschaftseigene Futter 8 (1962) Nr. 2. S. 106–112. — 5 Tab., 8 Lit.

Die Auswertung der langjährigen Aufzeichnungen über die Gewichtszunahmen auf einer Jungviehweide in schwieriger Mittelgebirgslage brachte folgende Ergebnisse: Meliorationsmaßnahmen verbesserten die Zunahmen ganz erheblich. In der gleichen Richtung wirkt auch eine zweckdienliche Vorbereitung der Tiere. Dagegen haben die Jahreswitterung und das Auftriebsgewicht der Tiere keinen eindeutigen Einfluß. Die Zunahmen waren von der Weidezeit abhängig. Unter den geprüften Bedingungen (500 m über NN, 800 mm Niederschlag, arme, saure Böden) erwiesen sich etwa 170 Tage als optimal.
F. Weißbach. 8940.

Joblin, A. D. H. The use of grazing-animal observations in the early stages of pasture evaluation in the tropics. I. The measurement of relative palatability. **(Die Benutzung von Weidetier-Beobachtungen im frühen Stadium der Entwicklung von Weiden in den Tropen. 1. Mitt. Die Messung der relativen Schmackhaftigkeit.)** J. Brit. Grassland Soc. 17 (1962) Nr. 3. S. 171–177. — 3 Tab., 20 Lit.

Ein 1956 angelegter Versuch enthielt Parzellen von 5 Grasarten, 4 Leguminosearten und Mischungen der Leguminosen mit jeder Grasart. Ein 2. Versuch verglich 4 Grasarten. Beide Versuche waren mehrjährig. 40 Färsen im Alter von 2–3 Jahren weideten täglich 7 Std. lang. In Abständen von ⌀ 10 Min. (5–30 Min.) wurde festgestellt, wieviel Tiere auf den Parzellen fraßen und daraus eine Gesamtzeit berechnet. Die Schmackhaftigkeit der Parzelle wurde charakterisiert durch den Prozentsatz der Gesamt-Freßzeit auf der jeweiligen Parzelle, der sich für die 1. Hälfte der Weideperiode ergab. Die Variation zwischen den geprüften Pflanzenarten war relativ klein. Die ausgeglichensten Meßwerte zwischen den verschiedenen Zeitwerten erzielten *Hyparrhenia rufa* und *Cenchrus ciliaris*. Mehrere Definitionen der Schmackhaftigkeit und Methoden zu ihrer Messung werden besprochen. G. Weiland. 8940.

Mortimer, R. G.; Salop, Newport, Harper Adams Agric. Coll. The economic aspects of fodder conservation. **(Ökonomische Gesichtspunkte der Futterkonservierung.)** J. Brit. Grassland Soc. **17** (1962) Nr. 3. S. 214–217. — 3 Abb., 3 Tab.

Die Rentabilität der Futterkonservierungsmethoden darf nicht allein nach ihren festen und variablen Kosten beurteilt werden, sondern muß auch die Konservierungsverluste, den Futterwert und das Endprodukt in Form von Fleisch und Milch berücksichtigen. Der Farmer mit weniger als 20 Kühen wirtschaftet am besten mit Mietunternehmern, dem Farmer mit 60–100 Kühen werden ein leistungsfähiger Feldhäcksler, Wagen mit mechanisierter Entladung und Turmsilos mit mechanischer Entnahmevorrichtung empfohlen. Ein Vergleich von Ausgaben und Einnahmen bei Grünfütterung, Silagefütterung und Portionsweide, ergab ein Mehreinkommen von +777, +795 und +553 gegenüber verbesserter Weide. G. Weiland. 8940.

Jordan, R. M. und Wedin, W. F. Lamb production as effected by forage mixture and grazing management of perennial pastures. **(Der Einfluß der Pflanzengemeinschaft und der Weidewirtschaft auf mehrjährigen Grünlandflächen auf die Lämmerproduktion.)** J. Animal Sci. **20** (1961) Nr. 4. S. 898–902. — 2 Tab., 7 Lit.

Die Ergebnisse bisheriger Arbeiten (1941–56) stellten die Überlegenheit leguminosenhaltiger Grünlandmischungen gegenüber reinen Grassaaten für die Gewichtszunahmen der Lämmer und Weideschafe unter Beweis. 11–13 Wochen alte, zeitig abgesetzte Lämmer wurden in folgender Weise in einem Weideversuche eingesetzt: Nach der 1. Methode beweideten sie Luzerne-Trespen-(*Bromus inermis*)-Gemische in 2 bis 3fachem Umtrieb. Dann grasten sie auf gedüngter Trespenweide in 3 Weideumtrieben. Nach der 3. Methode erhielten sie Futtergetreide in Selbstfütterung und wurden auf 3 Luzerne-Trespen-Parzellen geweidet. Nach der Beweidung der Luzerne-Trespen-Mischung bei 3maligem Weideumtrieb war eine signifikant bessere Ablammung je acre zu verzeichnen (P/0,05) als bei Beweidung der Trespe in 3fachen oder bei Beweidung der Luzerne-Trespenmischung in 2maligem Umtriebe. H. Busse. 8940.

Franzke, H. **Futterangebot, Weidegrasrückstände, Futteraufnahme und Leistungen auf einer Jungviehweide.** Z. landwirtsch. Versuchs- u. Untersuchungswes. 8 (1962) Nr. 1/2. S. 177–181. — 3 Tab. Zus. in Russ., Engl.

Die Versuche wurden mit 18 Rindern auf einer 4,5 ha großen Jungviehweide im Mittelgebirge (VEG Schleiz) durchgeführt. Im ⌀ von 4 Umtrieben war ein Futterangebot von 54,3 kg Grünmasse bzw. 9,3 kg Tr.-Subst. = 14% bzw. 2,2–2,5% des Lgw. zur Sättigung der Tiere erforderlich. An Weidegrasrückständen verblieben während der Weideperiode nach jedem Umtrieb ⌀ 13,5 dt/ha Grünmasse bzw. 17,4% des Grünmasseertrages. Im Verlauf der Weideperiode nahm die absolute Menge der ungenutzten Rückstände von Umtrieb zu Umtrieb nur wenig zu. Die Futteraufnahme betrug bei einem

Lgw. von 416,6 kg rd. 45 kg Grünmasse bzw. 7,7 kg Tr.-Subst. je Tier und Tag. Bei einer tägl. Zunahme von 964 g je Tier und Tag und einem Gewichtszuwachs von 550 kg je ha Weidefläche wurden 3359 kg StE/ha erzielt, wovon 52,3% auf den Gewichtszuwachs, 36,0% auf die Erhaltung und 11,7% auf die Heuernte entfallen. E. Buhtz. 8940.

Campbell, A. G., Phillips, D. S. M. und O'Reilly, E. D.; Hamilton, New Zealand, Ruakura Animal Res. Stat. An electronic instrument for pasture yield estimation. **(Ein elektronisches Instrument zur Bestimmung der Weideleistung.)** J. Brit. Grassland Soc. **17** (1962) Nr. 2. S. 89–100. — 6 Abb., 4 Tab., 1 Lit.

Beschreibung eines elektronischen Meßgerätes zur Bestimmung des Aufwuchses auf der Weide. Die Übereinstimmung war nicht in allen Versuchsreihen zufriedenstellend, so daß weitere Entwicklungsarbeiten erforderlich sind. 8940.

Alder, F. E. und Richards, J. A. A note on the use of the power-driven sheep-shearing head for measuring herbage yields. **(Mitteilung über den Einsatz eines Motor angetriebenen Schafscherkopfes zur Messung der Grasmenge auf der Weide.)** J. Brit. Grassland Soc. **17** (1962) Nr. 2. S. 101–102. — 1 Abb., 1 Tab., 4 Lit.

Ein 3 inch-Schafscherkopf, der durch einen Motor angetrieben wird, eignete sich für die Ermittlung der Grasmenge unter bestimmten Bedingungen. Die Vor- und Nachteile werden besprochen. 8940.

Thomke, S.; Uppsala, Schweden, Kgl. Schwed. Landwirtsch. Hochschule. **Über den Futterwert verschiedener Haferqualitäten.** VIII. int. Tierzuchtkongr. Hamburg **1961** Schlußber. S. 273–276. — 2 Tab., 4 Lit.

Aus eigenen und in der Literatur angeführten Versuchen leitet Vf. durch Regressionsanalyse für Schafe, Schweine und Hühner die Abhängigkeit der Verdaulichkeit der Nährstoffe (org. Subst., Protein, Rohfett, N-fr. E, Gesamtkohlenhydrate) und des Gehaltes an umsetzbarer Energie (u. E.) bei Hafer von verschieden hohen Rohfasergehalten ab. Für die Verdaulichkeit der org. Subst.(y) in Abhängigkeit vom Rohfasergehalt (x) wurden folgende Beziehungen ermittelt: Schafe: $y = 95{,}6 - 1{,}76\,x$, Schweine $y = 95{,}8 - 2{,}32\,x$, Hühner $y = 92{,}6 - 2{,}62\,x$. Auch für die einzelnen Nährstoffe und für die u. E. errechneten sich negative Regressionskoeffizienten. Weiterhin wurde die Möglichkeit untersucht, die Abhängigkeit der Verdaulichkeit durch den Spelzengehalt auszudrücken. Rohfaser- und Spelzengehalt wurden für diesen Zweck als gleichwertige Parameter erkannt. L. Hoffmann. 8990.

Ashton, W. M. und Evans, C.; Coley Park, Reading, Nat. Agric. Advisory Serv. Phosphorus compounds of oats. III. Composition of „Phytin" from oats and other cereals. **(Die Phosphatverbindungen des Hafers. 3. Mitt. Die Zusammensetzung des „Phytins" aus Hafer und anderen Getreidearten.)** J. Sci. Food Agric. **13** (1962) Nr. 3. S. 168–172. — 3 Tab., 15 Lit. 2. Mitt. vgl. LZ. Abt. III 8 (1963) Nr. 1. S. 147.

Die bisher ermittelten Gehaltszahlen an P, Ca, Mg und K im Phytin schwanken sehr (P = 16,4–23,5; Ca = 1,1–22,5; Mg = 0,0–10,8; K = 0,0–17,5%). Aus dem Vergleich der aus Hafer- und Weizenproben im gleichen Verfahren gewonnenen Phytinfraktionen geht hervor, daß sich die Unterschiede im Mineralstoffgehalt z. T. aus der ungleichen Fällbarkeit der Komponenten, z. T. aus der Artzugehörigkeit des Phytins ergeben. Auch die Werte von Paralleluntersuchungen schwanken sehr. Ca läßt sich schnell und fast vollständig nachweisen, ebenso Mn, dagegen Mg nur unvollständig (3–4% des Gesamtgehaltes lassen sich nicht herauslösen). Die leichte Abspaltung des Ca und Mn hat wohl im Phytin das Ca-Mg-Salz der Phytinsäure sehen lassen, doch dürften Mg, K und andere basische Elemente im unversehrten Phytin ent-

halten sein. Zugabe von $CaCl_2$ zu den in schwacher Salzsäure gelösten Phytinextrakten führte zu einer starken Fällung des Ca aus der Lösung durch Haferphytin, das bereits mehr Ca als Weizenphytin enthält. Diese Fähigkeit fehlt dem Gersten- und Roggenphytin; sie kann die Hemmwirkung des Haferphytins auf die Ca-Resorption im Darmkanal erklären und damit die stärkere rachitogene Wirkung des Hafers gegenüber dem Weizen.
C. Engelmann. 8990.

Dobreva-Vŭlčanova, Ivanka und Vŭlčanov, Dimitŭr Jordanov. (Dobrewa-Wâltschanowa, Iwanka und Wâltschanow, Dimiter Jordanow.); Stara Sagora, Bulgarien, Inst. für Tierzuchtforsch. Dobivi i chranitelna stojnost na carevicata za zŭrno v zavisimost ot fazite i načinite na pribiraneto i. **(Erträge und Nährwert des Körnermaises in Abhängigkeit von der Reife und der Erntebergung.)** Izvestija na Centralnija naučnoizsledovatelski institut po životnovŭdstvo „Georgi Dimitrov“ – Kostinbrod, Sofija **12** (1961) S. 15–35. — 8 Tab., 11 Lit. Zus. in Russ., Engl.

In 2jährigen Versuchen wurden von dem auf verschiedene Weise und in verschiedenen Reifestadien geernteten Körnermais, Sorte ‚Slaten konski sâb‘, folgende Hektarerträge bei Bewässerung erzielt: bei Ernte in der Milchwachsreife zur Einsäuerung (mit Kolben) 45430 kg oder 12320 FE mit 372,5 kg verd. Protein; bei Ernte in der Wachsreife 37570 kg oder 12770 FE mit 439,5 kg verd. Protein; bei getrennter Ernte in der Wachsreife (Kolbenmais zur Korngewinnung, Restmais zur Einsäuerung) an Korn 8960 FE mit 575,2 kg verd. Protein, an Silage 4380 FE mit 133,8 kg verd. Protein oder insgesamt 13340 FE mit 709 kg verd. Protein; bei Ernte in der Vollreife an Korn (70,3 dz/ha) 9270 FE mit 618,6 kg verd. Protein, an Stroh (81,4 dz/ha) 2440 FE mit 57,8 kg verd. Protein oder insgesamt 11710 FE mit 676,4 kg verd. Protein.
N. Platikanow. 8990.

Kanev, Stojan und Pechlivanov, Marin. (Kanew, Stojan und Pechliwanow, Marin.); Stara Sagora, Bulgarien, Inst. für Tierzuchtforsch. Sravnitelni proučvanija vŭrchu smilaemostta i chranitelnata stojnost na cjalo carevično zŭrno, carevična jarma sŭs i bez kakalaškite i na obezzarodišena carevična jarma pri ovce i svine. **(Vergleichende Untersuchungen über die Verdaulichkeit und den Nährwert des ganzen Maiskornes, des Maisschrotes mit und ohne Spindeln und des Schrotes aus entkeimten Maiskörnern bei Schafen und Schweinen.)** Izvestija na Centralnija naučnoizsledovatelski institut po životnovŭdstvo „Georgi Dimitrov“ – Kostinbrod, Sofija **12** (1961) S. 51–60. — 2 Tab., 7 Lit. Zus. in Russ., Engl. 8990.

Kienholz, Eldon W., Jensen, Leo S. und McGinnis, James; Pullman, Washington State Univ., Dep. of Poultry Sci. Evidence for chick growth inhibitors in several legume seeds. **(Beweis für Kükenwachstums-Inhibitoren in verschiedenen Leguminosensaaten.)** Poultry Sci. **41** (1962) Nr. 2. S. 367 bis 371. — 5 Tab., 21 Lit.

In 4 Fütterungsversuchen mit New Hampshire-Küken wurde festgestellt, daß bei hohen Gehalten an Wicken-, Luzerne-, Rotklee- und Steinkleesaat in den Rationen eine hohe Kükensterblichkeit auftritt. Durch Autoklavieren der Samen wurde dieser Effekt in allen Fällen behoben. Das Autoklavieren von Trockenerbsen verbesserte das Kükenwachstum. Alle geprüften Leguminosensaaten enthielten daher Wachstumshemmfaktoren oder toxische Stoffe. Zugabe von Zink zu den rohe Erbsen enthaltenden Rationen verbesserte zwar das Kükenwachstum, im Vergleich zum Autoklavieren wurde hierdurch jedoch nur etwa $^1/_3$ das Wachstumhemmeffektes überwunden. Die Ergebnisse zeigen, daß Erbsen 2 Wachstumshemmfaktoren enthalten, die beide durch Autoklavieren inaktiviert werden. Einer dieser beiden Faktoren beeinträchtigt die Zn-Verwertung. J. Wünsche. 9000.

Bieliński, Kazimierz, Chomyszyn, Mirosław, Tabiszewski, Jerzy und Żółkiewski, Andrzej; Bydgoszcz, Inst. Fizjol. i Żywienia Zwierząt PAN; Kołuda Wielka, Inst. Zootechn. Zastosowanie ziarna lędźwianu afrykańskiego w żywieniu świń. **(Die Verwendung von Platterbse [Lathyrus tingitanus] als Schweinefutter.)** Roczniki Nauk rolniczych, Ser. B **79** (1962) S. 43–56. — 12 Abb., 4 Tab., 10 Lit. Zus. in Russ., Engl.

Es wurden 2 Versuche mit Mastschweinen der großen weißen Rasse durchgeführt. Eine Gruppe von 88 Stück erhielt in der Futtermischung als Ersatz von Fischmehl Platterbsenschrot, dessen Rohprotein etwa 12 bis 15% des gesamten Rohproteingehalts der Futterration betrug. Bei den Versuchsgruppen ergab sich ein Rückgang der täglichen Gewichtszunahme um etwa 11% und eine schlechtere Futterverwertung. Gesundheitliche Störungen wurden nicht beobachtet. Mit steigendem Anteil an Platterbsen in der Futtermischung erfolgte ein Nachlassen der Futteraufnahme und der Futterverwertung sowie ein Rückgang der täglichen Gewichtszunahmen. B. Pastuszewska. 9000.

Clausen, Hjalmar, Haagen Petersen, F., Højgaard-Olsen, N. J., Hansen, Villy, Madsen, Arne, Nielsen, Henning und Eggûm, Bjørn O. Forsøg med slagterisvin. Sojabønner, rå eller opvarmede. **(Versuche mit Schlachtschweinen. Sojabohnen, roh oder getoastet.)** Beretn. landøkon. Forsøgslab. **1961** S. 71–73. – 1 Tab. Vgl. LZ. Abt. III 8 (1963) Nr. 7. S. 1524.

Im Versuch mit 16 Schweinen wurden rohe mit getoasteten Sojabohnen und mit Sojaschrot verglichen. In den rohen Bohnen wurde eine Ureaseaktivität von 10,4 festgestellt; durch Toasten (Erhitzen auf 105°C während 45 Min.) sank sie auf 0 ab, während Sojaschrot noch eine Ureaseaktivität von 0,3 hatte. Rohe Sojabohnen in Gaben von 200 g verursachten im Gewichtabschnitt 18–40 kg eine so starke Verringerung der Zunahmen, daß die Tiere auf getoastete Sojabohnen umgestellt wurden. Während der gesamten Versuchsdauer mit getoasteten Sojabohnen gefütterte Tiere lagen in Zunahme und Futterverwertung günstiger als die Tiere der Vergleichsgruppe mit Magermilch. Die Fleischfülle wurde durch Sojafütterung nur wenig beeinträchtigt, wohl aber die Fettbeschaffenheit. Das Fett war weicher und hatte eine Jodzahl von 72,2 und 66,3 gegenüber 55,5 bei Magermilchfütterung. J. K. Hinrichsen. 9005.

Hesselbarth. **Mitteilung über Beifütterungsversuche mit Samenkörnern des Stechapfels (Datura stramonium) bei Rindern und Schweinen.** Prakt. Tierarzt **1962** Nr. 8. S. 304–305.

Die für das Rind ungefährliche Menge von 17 mg Hyoscyamin entspricht ca. 1000 *Datura*-Körnern oder 7,0 g oder bei 3 kg Sojaschrot tägl. 0,23% *Datura*-Saat. Die in der Praxis vorkommenden Sojaschrotpartien haben einen Maximalbesatz an *Datura*-Saat von ca. 0,023%. Als Tagessatz erhielten die Schweine 60–240 mg Hyoscyamin; sie zeigten bei letzteren Dosen leichten bis stärkeren Durchfall. 14,0 mg Hyoscyamin = 5,0 g *Datura*-Saat werden also ohne Nachteil vertragen, was bei einem Sojaschrotverzehr von 400–500 g täglich einem Gehalt von rd. 1% oder einer *Datura*-Menge von ca. 1500 Körnern/kg Sojaschrot entsprechen würde. H. Liebenow. 9010.

Kelly, J. W., Barber, C. W., Pate, D. D. und Hill, C. H. Effect of feeding crotalaria seed to young chickens. **(Wirkung von verfüttertem Crotalaria-Samen auf junge Küken.)** J. Amer. veterin. med. Assoc. **139** (1961) Nr. 11. S. 1215–1217. — 3 Tab., 11 Lit.

Bei Verfütterung von 1, 3 und 6% von *Crotalaria giant striata*-Samen an Eintagsküken tritt eine Wachstumshemmung ein sowie eine herabgesetzte Futterverwertung. E. Tempel. 9010.

Petrov, D. F. (Petrow, D. F.); Nowosibirsk, Sibir. Abt. der Akad. der Wiss. der UdSSR. Obogaščenie kormov polnocennym mikrobnym belkom. **(Die Anreicherung des Futters mit vollwertigem Mikrobeneiweiß.)** Životnovodstvo, Moskva **24** (1962) Nr. 4. S. 26–29. – 1 Tab.
Wenn auf gekochten Kartoffeln, denen 3% Harnstoff (vom Gewicht der Kartoffeln) zugesetzt wurde, der harnstoffeste *Azotobacter suis* bei einer Temperatur von + 25–30 °C kultiviert wird, zerstört er in 48 Std. 70–85% des Harnstoffs und erhöht den Eiweißgehalt auf 7–8,8% (69–80 g/kg Kartoffeln). Bei verschiedenen Versuchen erhielten Ferkel 1 kg der obenerwähnten Kartoffeln/Tier/Tag, während die Kontrolltiere gekochte Kartoffeln ohne Azotobakter erhielten. Die Tagesdurchschnittszunahmen der Versuchstiere lagen 20–40% höher (425 gegenüber 357 g bzw. 464 gegenüber 329 g).
F. Schenk. 9030.

Columbus, A., Apelt, W. und Harnisch, N. **Die Anwendung der kombinierten Konservierung von Futterkartoffeln. 2. Mitt.** Jb. Arbeitsgemeinsch. Fütterungsberat. **3** (1960/61) S. 383–390. — 7 Tab., 16 Lit. Vorl. Mitt. vgl. LZ. Abt. III **6** (1961) Nr. 7. S. 1276.
In einem weiteren Versuch wurde eine größere Menge Futterkartoffeln z. T. im Keller eingelagert und z. T. gedämpft und siliert. Die Tr.-Subst.-Verluste betrugen bei der Silierung 15,8%, wovon 2,9% auf den Wasch- und Dämpfverlust entfielen, bei der Kellerlagerung nach 4 Mon. 9,0%, nach 6 Mon. 16,5%, nach 8 Mon. 30,9% und nach 10 Mon. 75,5%. Im Futterwert bestand kein Unterschied zwischen den verschieden gelagerten Kartoffeln. Es wird deshalb das Verfahren der „kombinierten Konservierung von Futterkartoffeln“ vorgeschlagen, nach welchem 40% der Futterkartoffeln vorschriftsmäßig in Mieten oder Kellern einzulagern und in den ersten 5 bis 6 Mon. nach der Ernte zu verfüttern sind; die übrigen 60% werden eingesäuert und ab März/April in der Schweinefütterung eingesetzt. F. Weißbach. 9030.

Richter, K., Cranz, K. L. und Antoni, J.; Braunschweig-Völkenrode, Forsch.-Anst. für Landwirtsch., Inst. für Tierernähr. **Getrocknete Zuckerrüben (vollwertige Zuckerschnitzel) in der Schweinemast.** Schweinezucht u. Schweinemast **10** (1962) Nr. 3. S. 37–38. – 3 Tab., 1 Lit.
3 Gruppen zu je 8 Schweinen wurden von ca. 38 kg bis 110 kg geprüft. Gruppe I erhielt Gerste mit Tapiokamehl, Gr. II Gerste mit 30% Zuckerschnitzel und Gr. III Gerste mit 50% Zuckerschnitzel. In allen Gruppen wurden die gleichen Mengen an verd. E gegeben. Die ⌀ tägl. Zunahmen betrugen in der Gr. I 707 g, in der Gr. II 700 g und in der Gr. III 663 g. In der gleichen Reihenfolge war die Futterverwertung 3,16, 3,14 und 3,26. Die Ausschlachtung bei 110 kg ergab keine nennenswerten Unterschiede. In der Getreideschnellmast ist bei ausreichender Eiweißergänzung ein Anteil von 30 bis 50% Zuckerschnitzel ohne Nachteil möglich. H. Jung. 9040.

Seibold, R.; Stuttgart-Hohenheim, Württ. Landesversuchsanst. für Landwirtsch. Chem. **Zur Klassifizierung der Mühlennachprodukte.** Landwirtsch. Forsch. **15** (1962) Nr. 2. S. 160–168. – 4 Abb., 1 Tab., 5 Lit.
Vf. untersuchte 112 Proben verschiedener, in modernen Großmühlen verarbeiteter Nachprodukte von Roggen und Weizen auf ihre Stärke- und Rohfasergehalte. Die Kleien unterschieden sich im Nährstoffgehalt (Stärke und Rohfaser) kaum von den Grießkleien. Der Stärkegehalt der Nachmehle lag zwischen 20 und 35%. Es wird eine neue Klassifizierung der Weizennachprodukte vorgeschlagen, und zwar in: Kleie ($<$20% Stärke), Futtermehl (20–35% Stärke) und Nachmehl ($>$ 35% Stärke). Auf eine Unterteilung in Bollmehl und Futtermehl wird dabei verzichtet. H.-D. Bock. 9110.

Columbus, A., Trautmann, H., Wagner, J. und Holzschuh, W. **Maisarin als Mischfutterkomponente.** Jb. Arbeitsgemeinsch. Fütterungsberat. **3** (1960/61) S. 146–154. — 3 Abb., 6 Tab., 7 Lit.

Das bei der Maisstärkefabrikation als Nebenprodukt anfallende Maisarin wurde von Vff. auf Rohnährstoffe, Mineralstoffe und Aminosäuren analysiert sowie in Schweinemastversuchen geprüft. Das Maisarin ist mit einem Eiweißgehalt von 22% kein ausgesprochenes Eiweißfutter. Die errechnete Eiweißwertigkeit gleicht annähernd der der Nacktgerste. Die Nährstoffverwertung betrug für Gesamtnährstoff 275 und für Eiweiß 49. Maisarin sollte deshalb höchstens 30%, besser nur 10% der Tr.-Subst. der Tagesration ausmachen. Es kann sowohl bei der Hackfrucht- als auch bei der Getreidemast mit einem Anteil von etwa 10% in die Kraftfuttermischung aufgenommen werden.

J. Wünsche. 9130.

Sobczak, Zygmunt; Wrocław, WSR, Katedra Żywienia Zwierząt. Badania nad wartością pokarmową kiszonki z wytłoków buraczanych z dodatkiem siarczanu amonu. **(Untersuchungen über den Futterwert von Maisschnitzelsilage mit Zugabe von Ammoniumsulfat.)** Zeszyty problemowe postępów Nauk rolniczych **1961** Nr. 28. S. 89–92. — 3 Tab.

Die Zugabe von 0,5 und 1,0% $(NH_4)_2SO_4$ zur Naßschnitzelsilage hatte keine beeinträchtigende Wirkung auf ihre Qualität, verglichen mit der von reinen Naßschnitzeln. Zunehmende $(NH_4)_2SO_4$-Gaben bewirkten einen höheren Gehalt an Rohprotein in der Silage. Die Verdaulichkeit des Rohproteins und der Rohfaser von Futterrationen, die Silage mit Zugabe von $(NH_4)_2SO_4$ enthielten, war höher (50% für Rohprot. und 57% für Rohfaser) als die Verdaulichkeit der Kontrollration aus reinen Naßschnitzeln (34% bzw. 45%).

A. Ziołecka. 9140.

Moreng, Robert E. und Whittet, Willard A.; Fort Collins, Colorado Agric. Exp. Stat., Dep. of Poultry Husbandry. The response of chickens and turkeys to dietary dried brewers yeast containing added carbon. **(Die Reaktion von Hühnerküken und Puten auf Futterhefe, die Kohle enthält.)** Poultry Sci. **41** (1962) Nr. 1. S. 289–294. – 6 Tab., 6 Lit.

Bei der Herstellung von Hefe setzen die Brauer gern Aktivkohle zu. In der fertigen Futterhefe hat die Kohle alle Aktivität verloren. Eine derartige Hefe, zu 2,5 u. 5% dem Futter beigemischt, übte auf das Wachstum von Hühnerküken während der 1.–4. Lebenswoche und auf Putenküken während der 1.–20. Woche keinen nachteiligen Einfluß aus. Ihr Kohleanteil lag bei nicht ganz 2%. C. Engelmann. 9155.

Dudkin, M. S. und Medvedeva, E. I. (Dudkin, M. S. und Medwedewa, Je. I.); Odessa, Technol. Inst. Vyraščivanie kormovych drožžej na gidrolizatach trostnika. **(Anzucht von Futterhefen auf Schilfrohrhydrolysaten.)** Mikrobiologičeskij žurnal, Kiev **23** (1961) Nr. 5. S. 45–41. — 1 Abb., 4 Tab., 11 Lit. Orig.: ukrain., Ausz.: russ.

In der vorliegenden Arbeit wurde der Einfluß der Bestandteile der Hydrolysate von Schilf in Verbindung mit dem Erntezeitraum auf die Ausbeute an Futterhefen untersucht. Es wurde mit Stämmen folgender Arten gearbeitet: *Candida albicans, Torula utilis, Candida tropicalis, Candia mesenterica.* Der Stamm der letzten Art ergab als bester 57,3% Ausbeute an Hefe im Verhältnis zum nutzbaren Zucker des Hydrolysats des im Dezember geschnittenen Donauschilfes. Der Ertrag an Hefen betrug bei Schnitt im Mai 123,0%, Juni 77,6%, August 110,4%. Das Hefewachstum wurde durch nicht identifizierte Stoffe stimuliert, die in dem jungen pflanzlichen Gewebe des jungen Schilfs enthalten waren. Die Hefen enthielten 12 Aminosäuren, davon 7 essentielle (Lysin, Arginin, Theonin, Valin, Phenylalanin, Leucin, Tryptophan).

G. Leisner. 9160.

Carew jun., L. B., Nesheim, M. C. und Hill, F. W.; Ithaca, N. Y., Cornell Univ., State Agric. Exp. Stat., Dep. of Poultry Husbandry. An in vitro method for determining the availability of soybean oil in unextracted soybean products for the chick. **(Eine in vitro-Methode zur Bestimmung der Verwertbarkeit des Sojabohnenöls in unextrahierten Sojaprodukten beim Huhn.)** Poultry Sci. **41** (1962) Nr. 1. S. 188–193. – 3 Tab., 5 Lit. Vgl. LZ. Abt. III 8 (1963) Nr. 7. S. 1522.

Vff. beschrieben eine Methode zur Gewinnung des Öls durch Ätherextraktion. Im Durchschnitt wurde in 14 Std. den geschroteten, geschälten und zu Flakes verarbeiteten Bohnen das gesamte Fett entzogen, das etwa 20% des Gesamtgewichts ausmachte. Die Extraktion ging bei den zu Preßlingen und Flocken verarbeiteten Bohnen schnell vor sich (d. h. in 40 Min. wurde etwa 90% des Öls entzogen), bei geschroteten ganzen oder geschälten Bohnen waren dazu 4 Std. erforderlich. Zwischen der biol. Wertigkeit des Öls und seiner Ätherlöslichkeit bestanden deutliche Korrelationen. Die feinste mechanische Zerkleinerung erreichte nicht die Wirkung der anderen Aufbereitungsverfahren, die durch Druck oder Volumenvergrößerung die Verwertung des Öls aufbesserten. C. Engelmann. 9170.

Castillo, L. S., Ramin, B. B., Perez, C., Cruz, E., Clamohoy, L. L. und Palad, O. A. Effects of high levels of copra meal on the quantity and quality of milk of cows and carabaos. **(Die Wirkung hoher Kopramehlgaben auf Quantität und Qualität der Milch bei Kühen und Carabaos.)** Philippine Agriculturist **45** (1961) Nr. 7. S. 385–392. – 1 Tab., 18 Lit.

An 9 Kühe und 6 Büffel wurde in 3 sechswöchigen Versuchsperioden eine Kraftfuttermischung mit 35 (**I**), 45 (**II**) oder 55% (**III**) Kopramehl verabreicht. Mit steigendem Kopramehlanteil stieg der Milchfettgehalt bei den Kühen von 3,80 (**I**) auf 3,97 (**II**) und 4,00% (**III**) an; wobei die Differenzen von (**II**) und (**III**) nicht gesichert waren. In der Büffelmilch ließ sich mit ansteigendem Kopramehlgehalt keine Veränderung nachweisen, ebenso nicht in der FCM-Menge, dem Chlorid- und Lactose-Gehalt, dem spez. Gewicht, der Jodzahl und des Schmelzpunktes der Milch von Kühen und Büffeln. Mit zunehmendem Kopramehlanteil sanken die Kosten für die Futtermischungen. H. Wetterau. 9170.

Thomas, O. A. und Scott, M. L.; Ithaca, N. Y., Cornell Univ., Dep. of Poultry Husbandry. Coconut oil meal as a protein supplement in practical poultry diets. **(Kokosschrot als Proteinergänzung in praktischen Geflügelrationen.)** Poultry Sci. **41** (1962) Nr. 2. S. 477–485. – 8 Tab., 15 Lit.

In 3 Versuchen mit Küken und 2 Versuchen mit Legehennen wurde geprüft, inwieweit sich große Mengen an Kokosschrot (Kopramehl) in Geflügelrationen einsetzen lassen. Die Ergebnisse zeigen, daß Kükenrationen 40% und Legehennenrationen 30% Kopramehl enthalten können, wenn bei der Zusammenstellung der Rationen auf Ausgeglichenheit im Hinblick auf alle Nährstoffe und auf einen genügend hohen Gehalt an verwertbarer Energie geachtet wird. Kokosextraktionsschrot scheint dem -expeller überlegen zu sein, da offenbar beim Expellerverfahren eine stärkere Lysin-Zerstörung erfolgt. Hauptursache des Lysinmangels ist aber offenbar im zu niedrigen Gehalt dieser Aminosäure im Kokosprotein zu suchen. In den Kükenrationen bildeten Fischmehl und Fleisch-„Scraps" eine gute Ergänzung zum Kopramehl, in den Hennenrationen Fischmehl, Blutmehl und Torula-Hefe. Das Vorhandensein eines toxischen oder wachstumshemmenden Prinzips im Kokosschrot konnte nicht festgestellt werden. J. Wünsche. 9170.

Mantel, K.; Erding, Geflügelzuchtlehranst. des Bezirkes Oberbayern. **Überprüfung der Möglichkeit des Ersatzes von tierischem Eiweiß durch getoastetes Sojaschrot im Legehennenfutter. 2. Mitt.** Arch. Geflügelkunde **26** (1962) Nr. 2. S. 142–151. – 4 Tab. 1. Mitt. vgl. LZ. Abt. III **6** (1961) Nr. 7. S. 1293.

In einem 11 ½ Mon. dauernden Versuch an 240 Legehennen wurde untersucht, inwieweit tierisches Eiweiß durch getoastetes Sojaschrot im Legehennenfutter ersetzt werden kann. Es konnten die vom Versuchsansteller gewonnenen Ergebnisse, die ähnliche 1958/59 durchgeführten Versuche zeigten, weitestgehend bestätigt werden, wonach in hohem Maß pflanzliches Eiweiß in Form von getoastetem Sojaschrot tierisches Eiweiß ersetzt. Futter- und Erzeugungskosten wurden dadurch kaum verändert. G. Göbel. 9170.

Clausen, Hjalmar, Haagen Petersen, F., Højgaard-Olsen, N. F., Jansen, Villy, Madsen, Arne, Nielsen, Henning und Eggům, Bjørn O. Forsøg med slagterisvin. Kasein. **(Versuche mit Schlachtschweinen. Casein.)** Beretn. landøkon. Forsøgslab. **1961** S. 65–71. – 3 Tab.
Es wurden 6 Versuche mit 236 Schweinen durchgeführt, in denen in den Versuchsgruppen die Magermilch durch Casein ersetzt wurde, wobei entsprechend dem Gehalt an verd. Reinprotein 3 kg Magermilch 125 g Casein entsprachen. Es wurde Casein verwendet, das mit Hilfe von Säure, von Lab und von beiden Zusätzen gleichzeitig gewonnen wurde. Vermahlenes und unvermahlenes Casein hatte die gleiche Wirkung. In den Caseingruppen waren die Zunahmen in den ersten 4 Versuchen 35 g höher, und die Futterverwertung war um 0,2 FE besser als in den Magermilchgruppen. Caseinfütterung begünstigte den Fettansatz. In 2 weiteren Versuchen wurde die Fütterung so gehandhabt, daß gleichhohe Zunahmen bei Versuchs- und Vergleichstieren erreicht wurden. Auch hier war in den Caseingruppen die Futterverwertung etwas günstiger als in den Magermilchgruppen. Der Fettansatz wurde auch bei gleich schnellem Wachstum durch Casein etwas vermehrt. Hinsichtlich Geschmack, Konsistenz und Farbe des Fleisches ergaben sich keine Unterschiede. J. K. Hinrichsen. 9210.

Tardani, Angelo, Rallo, Francesco und Lux, Bruno. Parziale sostituzione della farina di aringhe norvegesi con la farina di carne orgentina e di soia nella alimentazione de pollo da carne. **(Teilweiser Ersatz des Mehles norwegischer Heringe durch argentinisches Fleischmehl und durch Sojamehl in der Ernährung des Fleischhuhnes.)** Riv. Zootecn. **35** (1962) Nr. 1. S. 14–15.
Kratzer behauptete bereits 1959, daß das Fischmehl im Vergleich zum Fleischmehl den Futtermischungen für Hühner einen höheren biol. Wert verleiht, der sich in einer erhöhten Wachstumsschnelligkeit und Verbesserung des Umwandlungsanzeigers (Index conversionis) ausdrückt. Der Unterschied der beiden Erzeugnisse liegt in ihrem verschiedenen Gehalt an Aminosäuren begründet, insbesondere an Lysin und Methionin, das im Fischmehl in größerer Menge enthalten ist, Vff. untersuchten nun eine Futtermischung, die 6% norwegisches Heringsmehl enthielt, das allmählich durch argentinisches Fleischmehl und Sojamehl ersetzt wurde. Bei diesem Versuche stellte sich heraus, daß das norwegische Heringsmehl gegenüber den anderen Mehlen besser war. W. F. Ebel. 9230.

Schaaf, A. van der, Zijl, H. J. M. van und Hagens, Fernande M. Diermeel en salmonellosis. **(Tiermehl und Salmonellose.)** Tijdschr. Diergeneeskunde **87** (1962) Nr. 4. S. 211–221. — 3 Tab., 4 Lit. Zus. in Engl., Franz., Dtsch.
In den Niederlanden wurde bei Salmonellosen des Menschen hauptsächlich *S. typhimurium* festgestellt, ein Keim, der beim Tier und in den importierten Tierkörpermehlen etc. kaum gefunden wurde. Es müssen demnach andere Infektionsquellen als diese Futtermittel in Frage kommen.
W. Kuhlmann. 9230.

Sibbald, I. R., Slinger., S. J. und Pepper, W. F.; Guelph, Ontario, Canada, Ontario Agric. Coll., Dep. of Nutrit.; Dep. of Poultry Sci. The utilization of hydrolyzed feather meal by growing chicks. **(Die Verwertung hydrolysierten Federmehles durch wachsende Küken.)** Poultry Sci. **41** (1962) Nr. 3. S. 844–849. – 5 Tab., 15 Lit.

In 4 Versuchen wurde die Verwertung von Federmehl bei Küken vom Schlupf bis zur 4. Woche geprüft. Nur 19% der Bruttoenergie des Federmehles sind für das Küken verwertbar. In proteinärmeren Rationen ist Federmehl nicht in der Lage, Anteile des Sojaschrotes zu ersetzen. Bei praxisgerechteren Rationen konnten bei 19,5% Rohprotein 3% Sojaschrot, bei 23,3% Rohprotein 6% Sojaschrot ersetzt werden. Federmehl wird als „nicht spezifischer“ Eiweißträger angesehen, der nicht genügend essentielle Aminosäuren für das Küken enthält. Die Verwertung des Federmehles scheint mit seinem Zn-Gehalt nicht in Beziehung zu stehen. W. Rudolph. 9240.

Wójciak, Marian; Olsztyn, Wyższa Szkoła Rolnicza, Katedra Żywienia Zwierząt. Badania nad keratynami. V. Wpływ mączki rogowej na okrywę włosową królic poprzez żywienie ciężarnych samic. **(Untersuchungen über Keratine. 5. Mitt. Die Einwirkung von Hornmehl auf die Haardichte der Kaninchenhäsinnen.)** Roczniki Nauk Rolniczych, Ser. B **79** (1962) S. 417–425. — 3 Tab., 16 Lit. Zus. in Russ., Engl.
Die Zugabe von Hornmehl zur Futterration von trächtigen Häsinnen (6 Stück) förderte in keiner Weise die Haardichte der Nachkommenschaft, verglichen mit der Kontrollgruppe, deren Häsinnen Casein an Stelle von Hornmehl erhielten. Die Zahl der Haare auf 1 cm² Haut aus der Lendengegend von Kaninchen, die am Tage der Geburt geschlachtet worden waren, betrug 15460 gegen 15050 bei Tieren der Kontrollgruppe. A. Ziołecka. 9240.

Česnokov, V. A. (Tschesnokow, W. A.) Nekotorye fiziologičeskie aspekty povyšenija produktivnosti odnokletočnych vodoroslej. **(Einige physiologische Aspekte der Leistungsvergrößerung einzelliger Wasserpflanzen [Chlorella].)** Vestnik Leningradskogo universiteta **17** (1962) Nr. 9. Serija biologii Nr. 2. S. 113–122. — 5 Abb., 3 Tab., 5 Lit. Zus. in Engl.
Bei dieser Arbeit handelt es sich um ein Referat, gehalten auf der Allunionskonferenz der Kultur einzelliger Algen (Leningrad 1961). Es werden einige Aspekte der Leistungssteigerung einzelliger Algen aufgezeigt. Es wird von eigenen Versuchen berichtet, in denen Chlorella in Spezialgefäßen mit lichtempfindlicher Oberfläche gezüchtet wurden. Die Ernte (Trockenmasse) der Anlage erreichte 82,5 g/m² je Tag. G. Leisner. 9250.

Gebhardt, G. und Zausch, M. **Verdaulichkeit und Eiweißverwertung von getrocknetem Belebtschlamm aus Reinigungsanlagen für industrielle Abwässer.** Jb. Arbeitsgemeinsch. Fütterungsberat. **3** (1960/61) S. 323–326. — 5 Tab., 6 Lit.
Getrockneter Belebtschlamm (Klärschlamm) zeichnet sich durch einen Rohproteingehalt von mehr als 50% aus. In Stoffwechselversuchen an Schweinen und Albinoratten wurden die Verdaulichkeit und die Eiweißverwertung von Klärschlamm untersucht. Die VK sowie die Daten für die BW des Eiweißes und den physiol. Nutzwert lagen bei allen Versuchen derart niedrig, daß Klärschlamm nicht als gute Eiweißquelle angesehen werden kann. Deshalb sind weitere Untersuchungen vordringlich auf die technische Gewinnung und auf den zweckmäßigen Einsatz von Klärschlamm als Vit.-B_{12}-Quelle zu richten. G. Gebhardt. 9250.

Poluėktova, L. S. (Poluektowa, L. S.); Nowosibirsk, Forsch.-Inst. für Veterinärhyg. Chvoja pichty — cennaja vitaminnaja podkormka. **(Tannennadeln als wertvolles Vitaminfutter.)** Veterinarija, Moskva **39** (1962) Nr. 2. S. 61.
Tannennadeln enthalten kurz nach ihrer Gewinnung 49,92 mg/kg Carotin. Nach 2–3 monatiger Lagerung in sonnengeschützten, trockenen Räumen steigt ihr Vitamingehalt infolge der Eintrocknung auf 130 mg/kg. Sie sind daher ein wertvolles Vitaminbeifutter. Vf. führte an 18 Kaninchen Fütterungsversuche durch. Eine toxische Wirkung konnte nicht festgestellt werden.

Auch Versuche mit 6 Kälbern zeigten, daß die Tannennadeln in beschränktem Maße von den Tieren ohne Schädigung vertragen werden.
W. Plaschke. 9250.

Rubenčik, L. I., Kordjum, V. A., Lazurkevič, Z. M. und Vladimirova, E. V. (Rubentschik, L. I., Kordjum, W. A., Lasurkewitsch, S. M. und Wladimirowa, Je. W.); Mikrobiol. Inst. der Akad. der Wiss. der Ukrain.SSR. Vyraščivanie bakterial'no čistoj kul'tury Chlorella v mnogostupenčatoj protočnoj sisteme. **(Zucht reiner Chlorellakulturen im Durchflußsystem.)** Mikrobiologičeskij žurnal, Kiev **23** (1961) Nr. 5. S. 5–8. — 1 Abb., 1 Tab., 5 Lit. Orig.: ukrain., Ausz.: russ.
Es wird eine Apparatur beschrieben, mit der es möglich ist, fortlaufend Chlorella in einem mehrstufigen fließenden System zu züchten. Es werden Angaben über Nährlösung, Temperatur, Durchlaufgeschwindigkeit und Ausbeute gemacht. G. Leisner. 9250.

Bowers, Wendell. **Pasture, hay, and silage for dairy cattle, beef cattle, sheep and hogs.** Urbana: Univ. of Illinois. 1962. (15 S.) 4° = Circular experiment-station agricultural 845. (SR 86, 845)

Stephenson, E. L. and *Greene, Daryle.* **A chemical method for evaluating the amino-acid adequacy of prepressed, solvent-extracted cottonseed meal for chicks.** Fayetteville: Univ. of Arkansas. 1962. (13 S.) 8° = Agricultural experiment station. Report series. 109. (SR 2589, 109)

C. MISCH- UND ZUSATZFUTTERMITTEL

Neumann, Kurt; Frankfurt/M., Außenhandelsstelle für Erzeugnisse der Ernähr. und Landwirtsch. **Futtermittelzufuhr und -ausfuhr im Jahre 1961.** Kraftfutter **45** (1962) Nr. 5. S. 216. 218. 220. 222. — 4 Tab.
Vf. berichtet über den Futtermittelimport und -export Westdeutschlands im Jahre 1961. Die Einfuhr von Ölkuchen nahm weiterhin zu und betrug 928479 t. Hauptlieferland war Argentinien, an 2. Stelle folgte Holland. Der Export von Ölkuchen stieg um ca. 45000 t. 80% des Exports fielen auf Sojaextraktionsschrot. Der Fischmehlimport nahm ebenfalls zu und erreichte 1961 mit 267909 t das Dreifache von 1956. Hauptlieferant war Peru mit 71,2%. Die Kleie- und Trockenschnitzel-Importe waren geringer als 1960. Eine Steigerung erfuhren auch die Importe von Tapioka, Muschelschalen und Muschelschalenschrot. H.-D. Bock 9302.

Zeitz, Edgar; Bad Kreuznach. **Mehr Spezialfutter in der Ferkelaufzucht.** Kraftfutter **45** (1962) Nr. 5. S. 223–225. — 2 Tab.
In Fütterungsversuchen mit insgesamt 389 Ferkeln wurden an 5 verschiedenen Instituten bzw. Lehranstalten 2 gepreßte Ferkelstarterrationen mit der jeweils ortsüblichen Fütterungsmethode verglichen. Starterfutter mit Wirkstoffzusätzen und geringem Rohfasergehalt brachten trotz höherem Futterpreis einen größeren wirtschaftlichen Gewinn. H.-D. Bock. 9310.

Bezuglyj, I. P. (Besugly, I. P.); Charkow, Forsch.-Inst. für Tierzucht des Waldsteppen- und Polessje-Gebietes der Ukrain.SSR. Kombikorma dlja intensivnogo vyraščivanija indjušat. **(Kraftfutter für die intensive Putenkükenaufzucht.)** Vestnik sel'skochozjajstvennoj nauki, Kiev **4** (1961) Nr. 7. S. 106-109. — 5 Tab. Orig.: ukrain., Ausz.: russ.
Das Ergebnis einer Beifütterung von Penicillin und Biomycin zu pflanzlichem Eiweiß in Versuchen an Puten war eine unbedeutende Verbesserung des Zuwachses und eine Senkung des Nährstoffaufwandes je kg Zuwachs.
G. Leisner. 9330.

FISCHEREI

A. ALLGEMEINES

Einsele, W.; Scharfling, Österreich. **Fischereiwissenschaft.** Verh. int. Verein. theoret. angew. Limnol. **14** (1959, hrsg. 1961) S. 806-819.

Es werden Aufgabengebiete der Fischereiwissenschaft (F.) aufgezeigt, die teilweise eine techn. Wissenschaft ist. Oft ist der techn. Wissenschaftler gegenüber dem reinen Wissenschaftler gezwungen, wesentlich nuancierter zu denken. Als Beispiel werden Unterschiede von Eigröße und Laichterminen einiger Coregonenvölker angeführt, die allg.-zool. von geringer Bedeutung sind. In der F. geht es weniger um ein geschlossenes Wissenschaftsgebäude, mehr jedoch darum, umgrenzte Vorgänge zu erfassen. Durch die F. werden auch der reinen Limnologie neue Forschungsgebiete erschlossen, was anhand der Ernährung von Fischbrut, der O_2-Versorgung und Temperaturtoleranz von Fischeiern demonstriert wird. G. Merla. 6010.

Murin, V. A. (Murin, W. A.) Ukrainskij naučno-issledovatel'skij institut rybnogo chozjajstva (UNIIRCH). **(Das Ukrainische Forschungsinstitut für Fischerei [UNIIRCH].)** Rybnoe chozjajstva, Moskva **36** (1960) Nr. 9. S. 12-16. — 4 Abb. 6010.

Pokrovskij, Ju. S. (Pokrowski, Ju. S.); Murmansk. Poljarnyj naučno-issledovatel'skij institut morskogo rybnogo chozjajstva i okeanografii im. N. M. Knipoviča (PINRO). **(Das Polare N. M. Knipowitsch-Forschungsinstitut für Meeresfischerei und Ozeanographie [PINRO].)** Rybnoe chozjajstvo, Moskva **36** (1960) Nr. 7. S. 18-22. — 5 Abb. 6010.

Anonym. Thirtieth annual report for the year ended 31 March 1962. **(30. Jahresbericht der Freshwater Biological Association 1961/1962.)** Freshwater biol. Assoc., annu. Rep. **30** (1962) S. 1-99. — 1 Abb., 399 Lit. 29. Jahresber. vgl. LZ. Abt. III **7** (1962) Nr. 5. S. 1077.

Nach dem Bericht des Rates kommen die Ausführungen des Direktors über die Operation „Swizzlestick" (künstliche Durchmischung eines Sees), die chem. Arbeiten, die Fritsch-Sammlung von Illustrationen von Süßwasseralgen, Algenphysiologie, Mykologie, Bakteriologie, Invertebraten, Fische, Fischphysiologie sowie über das Flußlaboratorium. Wie üblich, sind Listen der Veröffentlichungen der Mitarbeiter der Vereinigung, der gesamten 1961 auf den Britischen Inseln erschienenen limnologischen Publikationen und der Mitglieder dem Jahresbericht beigefügt. W. Steffens. 6020.

B. BIOLOGIE DER FISCHEREILICHEN NUTZTIERE

Biologie der Fische

Sakowicz, S. **Die Seeforelle vom Wdzydze-See.** Dtsch. Fischerei-Ztg. **9** (1962) Nr. 7. S. 228-231.

Als das Vorkommen der wirtschaftlich wertvollen und auch als Sportfisch gut geeigneten Seeforelle (*Salmo trutta m. lacustris*) festgestellt wurde, begann man 1954 mit der Erforschung der Umweltbedingungen und der Biologie dieser Fischart im Wdzydze-See. Man kam zu der Erkenntnis, daß die Seeforelle in Seen mit einem Zufluß, der das Gepräge eines Forellengewässers besitzt und nicht auf größere Strecken zufriert, eingesetzt werden kann. Der See sollte mesotroph bis leicht eutroph sein. Der Erfolg der Einbürgerung der Forelle ist von folgenden biol. Umweltfaktoren abhängig: Raubfische, Nahrungskonkurrenten (Barsch), Parasiten (*Ergasilus* sp.) und Krankheiten. A. Kozianowski. 6080.

Lassleben, Paul. **Die Kamloops.** Fisch und Fang **3** (1962) Nr. 10. S. 200 bis 201.

Salmo gairdneri kamloops, ursprünglich in Britisch-Kolumbien beheimatet und später auch nach den USA verbreitet, wurde 1958 mit einem Eitransport erstmalig nach Deutschland gebracht. Vf. schildert sie als großwüchsige Regenbogenforelle, die in nahrungsreichen, großen, tieferen Seen (Lichtschutz) lebt und zum Laichen nicht ins Meer abwandert. Solange noch keine Ergebnisse der 1958 begonnenen Besatzversuche vorliegen, sollte die Kamloops-Forelle nur dann in geeignete Seen ausgesetzt werden, wenn die europäische Seeforelle (*Salmo trutta lacustris*), die ihre amer. Verwandte unter geeigneten Bedingungen im Wachstum wahrscheinlich übertrifft, nicht zur Verfügung steht. W. Steffens. 6080.

Hübner, Hermann; Erlangen, Univ., Zool. Inst., Untersuchungsstelle für Teichwirtsch. **Die Wirbelsäule des Karpfens (Cyprinus carpio L.). Ein Beitrag zum Verständnis der Feinstruktur des Knochens bei dieser Fischart.** Z. Fischerei Hilfswiss. [N.F.] **10** (1962) Nr. 6/7. S. 429-505. — 64 Abb., 107 Lit.
Die Arbeit soll die histol. Grundlagen für die Erkennung krankhafter Veränderungen an der Wirbelsäule von *C. carpio* schaffen, was zunächst ein anatomisches Studium der Wirbelsäulenabschnitte erforderte. Ferner wird die Entwicklung und die histol. Struktur der Wirbel untersucht und schließlich ein häufig vorkommender Fall einer Skoliose in der Lendenwirbelsäule betrachtet. Dabei wird eine bes. große Neigung zur Wirbelverschmelzung auf den konkaven Seiten der Verkrümmung festgestellt. Die Entstehung von Keilwirbeln wird als eine Wachstumsstörung erkannt. G. Merla. 6085.

Morrow, James E.; Univ. of Alaska, Dep. of Wildlife Management. Variation in the form of the pectoral girdle in the blue marlin. **(Über die Variation in der Form des Pectoralgürtels beim Blauen Marlin.)** Copeia [Philadelphia] **1962** Nr. 1. S. 220-221. — 1 Tab.
Es wurden Exemplare des Blauen Marlin (*Makaira nigricans*) aus Atlantik und Pazifik untersucht. Auf Grund der aus früheren Untersuchungen stammenden Vermutung, daß sich die Tiere der verschiedenen Herkunftsgebiete an der Form des Pectoralgürtels, bes. an der Form des Cleithrum, unterscheiden lassen, wurden Wachstum und andere Merkmale und Maße im Hinblick auf diese Gruppentrennung untersucht. Es ergaben sich jedoch keine signifikanten Unterscheidungsmerkmale, die Unterschiede waren lediglich geschlechtsgebunden, und deshalb muß *Makaira nigricans* als weltweit in tropischen und gemäßigten Meeren verbreitete einheitliche Art angesehen werden. J. Waldmann. 6085.

Romeu, Federico Çarcía; La Plata Argentina, Museo de La Plata, Lab. de Ictiofisiol. The existence of a glycogenic body in the spinal cord of a cyprinodontiform teleost, Jenynsia lineata (Jenyns 1842). **(Das Vorkommen eines Glykogenkörpers im Rückenmark eines Cyprinodontiformen, Jenynsia lineata.)** Z. Zellforsch. mikroskop. Anatom. **57** (1962) Nr. 3. S. 355-359. — 5 Abb., 9 Lit.
Glykogenkörper sind bisher nur bei Vögeln gefunden worden. Vf. beschreibt erstmals das Vorkommen im Rückenmark eines Fisches. Die Körper nehmen den dorsalen Teil des Rückenmarks ein und entsenden pfeilerartige Fortsätze zum Zentralkanal. Die vorhandenen Strukturen im Rückenmark werden durch große Mengen von Glykogen erfüllt, das mit Perjodsäure-Schiff-Reagenz dargestellt wurde. Ähnliche Strukturen waren auch bei *Clupea melanostoma* vorhanden. M. Hegemann. 6085.

Branson, Branley A. und Moore, George A.; Pittsburg, Kansas State Coll.; Stillwater, Oklahoma State Univ. The lateralis components of the acousticolateralis system in the sunfish family centrarchidae. **(Die Lateralis-Komponenten des Akustico-Lateralis-Systems bei der Sonnenfischfamilie Centrarchi-**

dae.) Copeia [Philadelphia] **1962** Nr. 1. S. 1-108. — **149** Abb., **13** Tab., **191** Lit.

Die äußere Morphologie des Seitenliniensystems der Centrarchidae zeichnet sich, wie bei den meisten höher entwickelten Perciformes, durch Einfachheit aus. Dieser Schluß resultiert aus einem detailierten Vergleich der äußeren, osteologischen und inneren Morphologie des Seitenliniensystems von 30 Arten. Äußere Sinneshügel sind, außer bei *Elassoma*, selten. Zwischen den Gattungen sind größere Unterschiede vorhanden, jedoch sind innerhalb einer Art die Systeme einander sehr ähnlich. Enneacanthini und die Gattung *Elassoma* haben stark reduzierte Kanallinien. Die osteologische Komponente des Systems zeigt deutlich die Verwandtschaft der Centrarchidae mit den Serranidae. Zwischen der Reduktion gewisser Seitenlinienreihen und dem Fehlen von Seitenlinienknochen ergibt sich eine eindeutige Beziehung. Die Verwandtschaft zwischen Gruppen von Sonnenfischen und zwischen Arten derselben ist am besten beim Vergleich ihrer Skeletteile zu erkennen. Die äußeren und inneren Sinneshügel der Centrarchidae sind in Form und Größe gleich. Cupulae und interzelluläre Brücken sind bei allen Arten vorhanden. Bei einigen liegt mehr als eine Form von Sinneszellen auf den Sinneshügeln des Kanals vor. Die Sinneszellen, wieder mit Ausnahme von *Elassoma*, tragen mehr als ein Sinneshaar. Die äußeren Organe haben nur wenige Sinneshaare und sind kleiner als die Kanalorgane, andererseits gibt es kaum morphol. Unterschiede. Lediglich *Elassoma* und *Enneacanthus* weichen von den anderen Sonnenfischen ab. Die phylogenetische Stellung der einzelnen Formen wird anhand der Ergebnisse diskutiert. M. Hegemann. 6085.

Cahn, Phyllis, H. und Shaw, Evelyn; New York, Amer. Museum of Nat. History. The first demonstration of lateral line cupulae in the Mugiliformes. **(Die erste Darstellung von Cupulae der Seitenlinie bei den Mugiliformes.)** Copeia [Philadelphia] **1962** Nr. 1. S. 109-114. — **3** Abb., **1** Tab., **26** Lit.

Mittels Phasenkontrastoptik war erstmals die Sichtbarmachung von Cupulae im Seitenliniensystem der Larven von *Menida beryllina* möglich. Es wurde beobachtet, daß die Cupulae sich verlängerten, wenn schwimmende Larven zur Ruhe kamen. Eine Liste von verschiedenen anderen Fischen mit Cupulae wird beigefügt. M. Hegemann. 6085.

Morawa, F. W. Frithjof; Thonon, Frankreich. **Weitere Beobachtungen über die Schwankungen des Fettgehaltes von Fischen.** Verh. int. Verein. theoret. angew. Limnol. **14** (1959, hrsg. 1961) S. 752-756. — 1 Abb., 2 Tab., 2 Lit.

Der Fettgehalt in % des Frischgewichtes schwankte bei den untersuchten *Tilapia mossambica* in Abhängigkeit verschiedener Gewässer in Indien von 1-2 bis 8-15%. Vom Gesamtfettgehalt entfallen 40-45% auf das Fleisch, 25-50% auf den Kopf und 10-25% auf die Eingeweide. Bei nicht planmäßig gezüchteten Individuen von *Cyprinus carpio* aus verschiedenen indischen Gewässern wurden lediglich Fettgehalte von 0,7-3,9% gefunden. In einem Falle waren Spiegler (evtl. Zeiler) anscheinend etwas fetter als Schuppenkarpfen. G. Merla. 6085.

Lasker, Reuben; La Jolla, Calif., U. S. Bureau of Commercial Fisheries. Efficiency and rate of yolk utilization by developing embryos and larvae of the Pacific sardine Sardinops caerulea (Girard). **(Leistungsfähigkeit und Ausnutzungsrate des Dotters durch die Embryonen und Larven der pazifischen Sardine Sardinops caerulea.)** J. Fisheries Res. Board Canada **19** (1962) Nr. 5. S. 867-875. — 2 Abb., 4 Tab., 21 Lit.

Die im Durchschnitt 0,6-1,0 mm großen, reifen Eier der pazifischen Sardine (*Sardinops caerulea*), die im Mittel ein Dottervolumen von 0,56 mm^3 haben, setzen sich aus 70,7% Wasser, 11,5% Stickstoff oder 71,6% Eiweiß in der Trockensubstanz und 13,0% Fett zusammen. Ihr am Sauerstoffverbrauch bei 14 °C festgestellter Kaloriengehalt beträgt 5396 ± 194/g Trockengewicht; der Kaloriengehalt des Dotters eines Eies 0,30. 180 Stunden nach der Eiablage ist der Dotter durch die Larve aufgebraucht und mit einem durchschnittl. Assimilationskoeffizienten von 77-79% in Gewebe umgeformt.

K. Anwand. 6085.

Deminatti, Marc; Straßburg, Med. Fak., Histol. Inst.; Zentrum für Kernforsch., Abt. für Biol. Nutzanwend. Étude histoautoradiographique comparative de la préhypophyse de Carassius auratus, après administration de $^{35}S\text{-}SO_4Na_2$ et de ^{35}S-méthionine. **(Vergleichende histoautoradiographische Studie der Prähypophyse von Carassius auratus nach Applikation von $^{35}S\text{-}Na_2SO_4$ und von ^{35}S-Methionin.)** C. R. hebd. Séances Acad. Sci. **254** (1962) Nr. 8. S. 1510-1511. — 4 Abb., 3 Lit.

Nach experimenteller Anwendung von $^{35}S\text{-}Na_2SO_4$ sind Zellen oder Zellgruppen mit stärkster ^{35}S-Anreicherung zu beobachten, die nach vorangehender Oxydation durch Mangansulfat mittels Anilinblau bei pH = 0,2 färbbar sind. Desgleichen reagieren sie positiv auf Perjodsäure-Schiff Reagenz. Nach Injektion von ^{35}S-Methionin ist histoautoradiographisch eine heterogene Verteilung der durch ^{35}S verursachten Radioaktivität zu beobachten. Die schwach radioaktiven prähypophysären Zonen entsprechen Zellen mit folgenden histochem. Eigenschaften: Färbbarkeit mit Anilinblau bei pH = 0,2 nach Mangansulfatoxydation bzw. positiver PAS-Reaktion. Es wird gefolgert, daß die Stärke der Aufnahme von ^{35}S in verschiedenen Zelltypen der Prähypophyse von der chem. Verbindung des ^{35}S abhängig ist. E. Amlacher. 6085.

Sokol, Hilda Weyl; Cambridge, Mass., Harvard Univ., Radcliffe Coll., Biol. Lab. Cytological changes in the teleost pituitary gland associated with the reproductive cycle. **(Cytologische Veränderungen in der Hypophyse der Teleostier in Verbindung mit dem Fortpflanzungszyklus.)** J. Morphology **109** (1961) Nr. 2. S. 219-230. — 15 Abb., 44 Lit.

Die Zuordnung der Fisch-Hypophysenhormone zu spez. Zellgruppen hat nicht Schritt gehalten mit der Forschung bei höheren Wirbeltieren. Jedoch ist auch bei Fischen, bei denen keine scharfe Trennung in einzelne Hypophysenlappen vorliegt, durch Färbung eine Differenzierung von Zellen mit thyreotroper und gonadotroper Sekretion möglich. Je 2 Zelltypen konnte Vf. in der vorderen, mittleren und hinteren Hypophysenregion bei *Fundulus heteroclitus* und *Lebistes reticulatus* nachweisen. Beträchtliche zyklische Veränderungen zeigten sich in Zellen der mittleren Drüsenregion, die häufig als homolog dem Vorderlappen der Säugerhypophyse betrachtet wird. Die Mehrheit dieser Zellen dürfte bei der Steuerung der geschlechtsbedingten Vorgänge von Bedeutung sein. G. Merla. 6085.

Smith, Albert C. The electrophoretic characteristics of albacore, bluefin tuna, and kelp bass eye lens proteins. **(Die elektrophoretischen Charakteristiken der Augenlinsenproteine von Thunnus germo, Thunnus saliens und Paralabrax clathratus.)** Calif. Fish and Game **48** (1962) Nr. 3. S. 199-201. — 1 Abb., 6 Lit.

Die Linsen von *Thunnus germo*, *T. saliens* und *Paralabrax clathratus* wurden in 0,9%iger Salzlösung homogenisiert. Nach 24stündiger Aufbewahrung bei 5-6 °C erfolgte die elektrophoretische Trennung der Komponenten in Veronalpuffer von pH 8,6 bei einer Ionenstärke von 0,75. Für den Blauflossenthun und den Kelpfisch ergaben sich identische Charakteristiken mit 2 Komponenten, während der Albacore nur eine Bande aufwies, die bei verschiedenen Individuen etwas variierte. M. Hegemann. 6085.

Linn, D. Wayne; Logan, Univ. of Utah, Wildlife Dep. Prevention of clot while collecting fish blood. **(Gerinnungsverhütung bei der Entnahme von**

Fischblut.) U. S. Dep. Interior, Fish Wildlife Serv., progr. Fish-Culturist **24** (1962) Nr. 2. S. 73.

Es wird empfohlen, Heparin zur Verhinderung der Gerinnung zu benutzen. Zu diesem Zweck werden Holzzahnstocher in eine 10%ige Heparinlösung gebracht, bis sie sich vollgesogen haben. Danach läßt man sie trocknen. Das in einem Gefäß aufgefangene Blut wird dann mit einem derartig präparierten Zahnstocher 6-8mal umgerührt. Handelt es sich um größere Blutmengen, so ist es zweckmäßig, das Gefäß zusätzlich vorher mit einem ähnlich präparierten Baumwollappen auszuwischen. Die Methode hat keinen nachteiligen Einfluß auf die Blutanalysen (Mikrohämatokrit, Zählung der weißen Blutkörperchen, Gesamteiweiß im Serum, Differentialblutbild). W. Steffens. 6085.

Piper, Robert G. und Stephens, Robert F.; La Crosse, Wis.; Minneapolis, Minn., Bureau of Sport Fisheries and Wildlife. A comparative study of the blood of wild and hatchery-reared lake trout. **(Eine vergleichende Untersuchung des Blutes von wilden und in einer Zuchtanstalt aufgezogenen Seesaiblingen.)** U. S. Dep. Interior, Fish Wildlife Serv., progr. Fish-Culturist **24** (1962) Nr. 2. S. 81-84. — 4 Tab., 6 Lit.

Vff. bestimmten bei 24 3-5jährigen Seesaiblingen (*Salvelinus namaycush*) aus dem Oberen See und 130 0,7-1,3jährigen Fischen der gleichen Art aus 2 Zuchtanstalten, die mit einem Trockenfutter und Leberzusatz (29%) gefüttert worden waren, Erythrozytenzahl und Hämoglobingehalt. Hämatokritwerte wurden nur bei den Zuchtsaiblingen ermittelt. Unterschiede in der Erythrozytenzahl und im Hb-Gehalt zwischen den beiden Gruppen waren nicht feststellbar. Als Normalwerte können angesehen werden: 800000 Erythrozyten/mm^3, 6,1 g% Hb und 29,7% Hämatokrit. W. Steffens. 6085.

Balachnin, I. A. Nekotorye dannye o vnutrividovych različijach krovi forelej i metodika ich opredelenija. **(Einige Angaben über Unterschiede des Blutes verschiedener Forellenarten und die Bestimmungsmethoden.)** Doklady Akademii nauk SSSR, Moskva **141(29)** (1961) Nr. 2. S. 500-501. — 1 Tab., 9 Lit.

Es wurden Versuche mit Schweineserum und Erythrozyten von Forellen angestellt. Mit der geschilderten Methode konnten nicht nur innerartliche Unterschiede bei den untersuchten Forellen, sondern auch bei Karpfen festgestellt werden. G. Predel. 6085.

Black, Edgar C., Connor, Anne Robertson, Lam, Kwok-Cheung und Chiu, Wing-Gay. Changes in glycogen, pyruvate and lactate in rainbow trout (Salmo gairdneri) during and following muscular activity. **(Veränderungen im Glykogen-, Pyruvat- und Milchsäuregehalt bei Salmo gairdneri während und nach Muskelaktivität.)** J. Fisheries Res. Board Canada **19** (1962) Nr. 3. S. 409-436. — 6 Abb., 6 Tab., 41 Lit. Vgl. LZ. Abt. III **6** (1961) Nr. 10. S. 1820.

Es wurden Versuche über die Muskelermüdung bei 1,5jährigen *S. gairdneri* durchgeführt. Untersucht wurden Hb-Gehalt, Wassergehalt von Muskel und Blut, Glykogengehalt in Muskel und Leber, Pyruvat- und Milchsäuregehalt in Muskel, Blut und Leber. Die Ergebnisse zeigen u. a., daß der Glykogengehalt der Muskulatur bereits in den ersten 2 Min. hoher Aktivität erschöpft war, gleichlaufend stiegen Pyruvat- und Milchsäuregehalt stark an. Der Gehalt an letzteren normalisierte sich dort in der folgenden Ruheperiode nur langsam, im Blut stieg er auch dann zunächst noch an und blieb länger erhöht. G. Merla. 6085.

Noseda, V., Chiesa, F. und Marchetti, R.; Milano, Univ., Ist. di Fisiol. degli Animali Domestici e Chim. Biol.; Ist. di Zool. Intracardiac electrocardiograph in fishes. **(Intracardiale Elektrocardiographie bei Fischen.)** Experientia [Basel] **18** (1962) Nr. 8. S. 380–381. — 2 Abb., 4 Lit.

Im Atrium, Ventrikel und Bulbus von 4 Süßwasserteleosteern, einem Ganoiden und zwei Selachiern wurden EKGs abgenommen. Bei allen geprüften Arten wurde ein Atriogramm erhalten, das aus einer positiven, zweiphasischen oder negativen Ablenkung bestand, die vom Ansatzort der Elektrode abhängig war. Beim intraventrikulären EKG konnte kein Unterschied bei den untersuchten Arten festgestellt werden. Hier besteht, wie auch beim Atrium, eine große Ähnlichkeit zwischen den endo- und epicardialen Mustern. Das endobulbäre EKG wich nicht merklich vom epicardialen ab. Bei fast allen Messungen war der Start für endo- und epicardiales EKG gleich; lediglich bei einigen Exemplaren der Selachier (*Scyliorhinus*) hatte das intraventrikuläre gegenüber dem epicardialen eine geringe Verzögerung.
M. Hegemann. 6085.

Munshi, Datta J. S.; Patna, India, Univ., Dep. of Zool. The accessory respiratory organs of Clarias batrachus (Linn.). **(Die zusätzlichen Atmungsorgane bei Clarias batrachus.)** J. Morphology **109** (1961) Nr. 2. S. 115-126. — 40 Abb., 1 Tab., 16 Lit.

Zur Verwertung atmosphärischen Sauerstoffs besitzt dieser Fisch zusätzliche Organe, die folgende Teile umfassen: 1. die Suprabranchial-Kammer oberhalb der Kiemen, 2. die Kiemenfächer, die aus der Verschmelzung der primären Kiemen-Lamellen hervorgingen, 3. 2 Paar Büschelorgane, die den 2. und 4. Kiemenbögen aufsitzen und 4. die aus 2 Abschnitten bestehende, teilweise kontraktile Atemmembran in der Suprabranchial-Kammer. Es werden Arbeitsweise, Bau und Gefäßversorgung dieser Organe sowie ihre Abstammung untersucht, ferner die Muskeln, die zur Atembewegung dienen.
G. Merla. 6085.

Staib, A. H.; Dresden, Med. Akad. „Carl Gustav Carus", Pharmakol. Inst. **Beziehungen zwischen Sauerstoffangebot und -verbrauch beim Goldfisch (Carassius auratus).** Acta biol. med. german. [Berlin] **9** (1962) Nr. 2. S. 145 bis 153. — 3 Abb., 2 Tab., 26 Lit.

Der Sauerstoffverbrauch wurde über 5 Std. bis max. 24 Std. an Goldfischen zwischen 22 und 57 g bei verschiedenem O_2-Angebot in einer Durchströmungsapparatur elektrochem. bestimmt. Aktivitäts- und Standardsauerstoffverbrauch sind dem O_2-Angebot direkt proportional. Die Abhängigkeit ist beim Tätigkeitsstoffwechsel am deutlichsten. Das Gewicht der Tiere hat keinen Einfluß auf die rel. Stoffwechselwerte. Durch Gewöhnung an die Versuchsbedingungen läßt sich die Einstellzeit für den Standardverbrauch stark herabsetzen. Ein einmal eingestellter Standardwert bleibt über längere Zeit konstant. Die Aussagen sind mittels t-Test bzw. Korrelationsrechnung statistisch gesichert worden. M. Hegemann. 6085.

Evans, R. M., Purdie, F. C. und Hickman jun., C. P.; Edmonton, Alberta, Univ., Dep. of Zool., Comparative Physiol. Lab. The effect of temperature and photoperiod on the respiratory metabolism of rainbow trout (Salmo gairdneri). **(Der Einfluß von Temperatur und Belichtungsdauer auf den Atmungsstoffwechsel der Regenbogenforelle [Salmo gairdneri].)** Canad. J. Zool. **40** (1962) Nr. 1. S. 107-118. — 5 Abb., 3 Tab., 22 Lit.

Frühzeitig laichende Regenbogenforellen wurden für mindestens 43 Tage an 4 Temperatur- (in °C) und Belichtungs- (in Std. tägl.) Kombinationen adaptiert: 16 °C — 16 L, 16 °C — 8 L, 8 °C — 16 L, 8 °C — 8 L. Der Sauerstoffverbrauch (in μl/mg Trockengewicht/h) der lebenden Fische wurde dann in einem Respirometer, der von Leber, Kiemen und Gehirn in einer Warburg-Apparatur bei der Akklimatisationstemperatur in völliger Dunkelheit gemessen. Während der Gesamtorganismus hinsichtlich der Atmung eine teilweise Anpassung an die Temperatur zeigte, d. h. bei 16 °C der Stoffwechsel etwas erhöht war (z. B. Q_{O_2} 0,176 gegenüber 0,109), zeigten die Kiemen keine Kompensation (Q_{O_2} bei 8 °C 1,39, bei 16 °C 2,71). Der Atmungsstoffwechsel des

Gehirns war bei beiden Temperaturen völlig gleich (Q_{O_2} bei 8 °C 2,80, bei 16 °C 2,74), bei der Leber zeigte sich dagegen eine Überkompensation (Q_{O_2} bei 8 °C 1,60, bei 16 °C 1,39). Das Gehirn als Zentrum der nervösen Koordination ist somit weitgehend temperaturunabhängig, während in der Leber bei niedrigen Temperaturen ein höherer O_2-Bedarf vorliegt. Der Gesamtstoffwechsel wurde durch die Belichtungsdauer nicht signifikant beeinflußt, jedoch zeigten Fische über 40 g bei 16 °C (ebenso wie die meisten Gewebe bei beiden Temperaturen) eine Tendenz zu verstärktem Stoffwechsel bei kürzerer Belichtungszeit (8 L). W. Steffens. 6085.

Precht, Herbert; Kiel, Univ., Zool. Inst. **Über die Temperaturadaptation des Schwertträgers Xiphophorus helleri Heckel (Poeciliidae, Pisces).** Z. wiss. Zool., Abt. A **167** (1962) Nr. 1/2. S. 73-86. — 4 Abb., 6 Tab., 29 Lit.
Vf. hat die Leistungs- und Resistenzadaptation und den Gewebestoffwechsel der Rumpfmuskulatur von *Xiphophorus helleri* an 3 Rassen (R_1, R_2 und R_3) untersucht. Intakte Tiere von R_1 (rot) zeigten eine sinnvolle Hitzeadaptation. Weibchen der gleichen Rasse wiesen im O_2-Verbrauch eine gering ausgebildete Leistungsadaptation auf. Der Sauerstoffverbrauch der Muskelgewebe von R_1 und R_3 (grau) hatte gegenüber R_2 (grünschillernd) eine ausgeprägte Leistungsadaptation im Sinne einer Kompensation. M. Hegemann. 6085.

Krüger, Gerhard; Kiel, Univ., Zool. Inst. **Über die Temperaturadaptation des Bitterlings (Rhodeus amarus Bloch).** Z. wiss. Zool., Abt. A **167** (1962) Nr. 1/2. S. 87-104. — 4 Abb., 8 Tab., 39 Lit.
Die Anpassungsfähigkeit an unterschiedliche Temperaturen ist für die Ganztieratmung, die Gewebeatmung und für verschiedene Fermentaktivitäten des Kohlehydratabbaues untersucht worden. Der O_2-Verbrauch der intakten Tiere zeigt teilweise Kompensation. Der Sauerstoffverbrauch des isolierten Gewebes und die Succinodehydrogenaseaktivität im Muskelhomogenisat adaptieren gleichsinnig mit der Ganztieratmung, wenn auch um 8% weniger. Die Aktivität der Fruktose-1,6-diphosphataldolase im Muskelextrakt warmadaptierter Tiere ist höher als bei Kaltadaptierten. Die Laktatdehydrogenaseaktivität scheint von der Adaptationstemperatur unabhängig zu sein.
M. Hegemann. 6085.

Ali, M. A.; Montreal, Univ., Dep. of Biol.; St. John's, Memorial Univ., Fisheries Res. Lab. Influence of light intensity on retinal adaptation in Atlantic salmon (Salmo salar) yearlings. **(Einfluß der Lichtintensität auf die Adaptation der Retina einjähriger Atlantischer Lachse [Salmo salar].)** Canad. J. Zool. **40** (1962) Nr. 4. S. 561-570. — 8 Abb., 5 Lit.
Nach Exposition von Retinae in Licht von 9×10^2 ft.-c. ergibt sich eine bessere Anpassung als bei 10^{-1} ft.-c. Die Retinae der ersten Gruppe benötigen zur Anpassung kürzere Zeit als die der zweiten, jedoch dauert es bis zum Eintreten des eigenen max. Anpassungsstadiums länger. Fische, die nach Beleuchtung mit 9×10^2 ft.-c. in Dunkelheit gehalten wurden, waren nach 70 Min noch nicht dunkeladaptiert. Das Retinapigment von Fischen aus der zweiten Gruppe (10^{-1} ft.-c.), die in Dunkelheit gebracht wurden, war nach 45 Min dunkeladaptiert, während die Zapfen bereits nach 25 Min angepaßt waren. M. Hegemann. 6085.

Bishai, H. M.; El Giza, Egypt, Cairo Univ., Fac. of Sci., Dep. of Zool.; Khartoum, Sudan, Univ., Zool. Dep. Reactions of larval and young salmonids to water of low oxygen concentration. **(Reaktionen von Larven und jungen Salmoniden auf Wasser von geringer Sauerstoffkonzentration.)** Cons. permanent int. Explorat. Mer, J. Cons. **27** (1962) Nr. 2. S. 167-180. — 2 Abb., 1 Tab., 43 Lit.
Das Verhalten von Larven und Jugendstadien von *Salmo salar* und *S. trutta f. fario* in Wasser mit geringem O_2-Gehalt wurde geprüft. Bei der Brut beider

Arten besteht kein wesentlicher Verhaltensunterschied. Die Reaktion hängt vom Alter ab. Bis zur Absorption des Dottersackes waren die Larven unfähig, das sauerstoffarme Wasser zu vermeiden. Die Brut zeigte eine ausgeprägte negative Reaktion, die mit steigendem Alter wuchs. 26 Wochen alte Fische zeigten die Reaktionen bei Konzentrationen unter 3 mg O_2/l/15 °C. Das Ausweichen erfolgt durch Auswahl und Versuch. Es hat den Anschein, als ob die Fische das Ausweichen vor ungünstigem Wasser nach wiederholten Versuchen besser erlernt haben. J. Waldmann. 6085.

Bishai, H. M.; El Giza, Egypt, Cairo Univ., Fac. of Sci., Dep. of Zool.; Khartoum, Sudan, Univ., Zool. Dep. Reactions of larval and young salmonids to different hydrogen ion concentrations. **(Reaktionen von Larven und jungen Salmoniden auf verschiedene Wasserstoffionenkonzentrationen.)** Cons. permanent int. Explorat. Mer, J. Cons. 27 (1962) Nr. 2. S. 181-191. — 2 Abb., 1 Tab., 44 Lit.

Die Ergebnisse von 80 Experimenten zum Studium des Verhaltens junger Stadien von *Salmo salar* und *S. trutta f. fario* gegen Wasser mit verschiedenem pH-Wert werden geschildert. Es wurden CO_2, HCl und $NaHCO_3$ verwendet. Die Reaktion ist altersabhängig. Bis zu 4 Wochen nach dem Schlüpfen vertragen die Tiere Wasser bis zu pH 6,2 ohne Fluchtreaktion. Salmoniden im Alter von 5-25 Wochen erkennen sofort Wasser geringer pH-Konzentration, bevor Atemnot eingesetzt hat, und suchen es zu vermeiden. Die Empfindlichkeit erhöht sich nach längerem Aufenthalt in Wasser mit geringem pH. Die negative Reaktion auf pH-Erniedrigung durch HCl wird durch die Reizung der Kiemen beeinflußt, durch CO_2 ist sie jedoch typischer. Gegen alkalisches Wasser bis zu pH 9,8 reagieren die Fische indifferent.

J. Waldmann. 6085.

Hegemann, Manfred; Greifswald, Univ., Zool. Inst. **Der Einfluß von Follikelhormon auf die Abgabe von Trimethylamin und Harnstoff beim Barsch (Perca fluviatilis L.).** Naturwissenschaften 49 (1962) Nr. 14. S. 333-334. — 1 Abb.

15 Tage in Wasser mit einem Salzgehalt von 10,3‰ gehaltenen Barschen sind i.p. Injektionen von Di-Oestradiol-di-Acetat („Oestrasid“) in 3 verschiedenen Dosen (1000, 2000 und 3000 M. E./100 g Körpergewicht) verabreicht worden. Die von den im Brackwasser lebenden Fischen retinierten Stoffwechselendprodukte Harnstoff und Trimethylamin wurden daraufhin in den Follikelhormondosen proportionalen Mengen aus dem Organismus ausgeschieden. Es wird gefolgert, daß durch die Vermehrung des Follikelhormons zur Laichzeit die Fähigkeit des Zurückhaltens von Stoffwechselendprodukten zum Zwecke der Osmoregulation vermindert wird und die Fische u. a. dadurch in Richtung des Süßwassers gedrängt werden, in dem sie ablaichen.

M. Hegemann. 6085.

Scheline, Ronald R.; Bergen, Univ., Pharmacol. Inst.; Directorate of Fish, Inst. of Marine Res. O-methylation in fish. **(O-Methylierung beim Fisch.)** Nature [London] 195 (1962) Nr. 4844. S. 904-905. — 11 Lit.

Dorschen (*Gadus callarias*) ist Homoprotocatechusäure (3,4-Dihydroxyphenyl-Essigsäure) in Dosen von 35-120 mg/kg i.p. und i.m. injiziert worden. In früheren Untersuchungen trat 4-Hydroxy-3-Methoxyphenyl-Essigsäure (Homovanillinsäure) als Stoffwechselprodukt auf. Die Dorsche sind 20 Std. in Plastikbehältern verblieben. Das Wasser wurde dann angesäuert, konzentriert und ein Ätherauszug zur Chromatographie hergestellt. Die Komponenten wurden auf dem eindimensionalen Chromatogramm mit 2,6-Dichlorchinonchloroimid und 2%iger Sodalösung dargestellt. Die Inaktivierung von Adrenalin und Noradrenalin soll nach Axelrod auf dem Wege der O-Methylierung vor sich gehen. Das Ferment Catechol-O-Methyl-Transferase besorgt die Methylierung vieler Catecholkomponenten, einschließlich der Homoprotocatechusäure. Pyrogallol hemmt das Ferment. M. Hegemann. 6085.

Verheljen, F. J.; Ann Arbor, Univ. of Michigan, School of Natural Resources, Dep. of Fisheries. Gas spitting by alarmed fish disturbs their hydrostatic equilibrium. **(Die Gasabgabe bei beunruhigten Fischen stört ihren hydrostatischen Gleichgewichtszustand.)** Science [Washington] **137** (1962) Nr. 3533. S. 864-865. — 6 Lit.
Neben der Aufrechterhaltung des hydrostatischen Gleichgewichts hat die physostomatische Schwimmblase die weitere Aufgabe der Anpassung des spez. Gewichts der Fische an bestimmte Bedarfsfälle. Werden Gasblasen bei Beunruhigung frei, so ist das nicht das Ergebnis aufwärts gerichteter Schwimmbewegungen. Der Gasabscheidung folgt hier vielmehr eine entgegengesetzte Bewegung als Folge der Störung des hydrostatischen Gleichgewichtszustandes, was zur Abwandlung von Fluchtbewegungen führen würde, die sonst als Reiz auf Raubfische wirken. G. Merla. 6085.

Scarborough, Barron B. und Addison, Robert G.; Tallahassee, Florida State Univ., Dep. of Psychol. Conditioning in fish: effects of X-irradiation. **(Bedingte Reflexe bei Fischen: Wirkungen von Röntgenstrahlen.)** Science [Washington] **136** (1962) Nr. 3517. S. 712-714. — 1 Abb., 1 Tab., 6 Lit.
Fische wurden verschieden hohen Intensitäten von Röntgenstrahlen unterworfen, um ihre Wirkung auf die Ausbildung von bedingten Reflexen zu untersuchen. Die letalen Dosen wurden ebenfalls bestimmt. Die Reaktionen waren Vorwärtsstürzen und Rückwärtsschwimmen zusammen mit erhöhter Kiemenbewegung. Alle Dosen zwischen 9600 r und 11800 r wirkten innerhalb 16 Tagen tödlich. Es ist unbekannt, ob die Fische direkt auf die Röntgenstrahlen reagieren oder auf chem. Änderungen, die die Strahlen im Wasser verursachen. J. Waldmann. 6085.

Lavrovskij, V. V. (Lawrowski, W. W.); Kaliningrad, Techn. Hochschule für Fischerei, Lehrstuhl für Fischzucht. Osobennosti neresta sudaka Kurskogo zaliva kak vozmožnogo ob-ekta akklimatizacii. **(Laichbesonderheiten der Zander des Kurischen Haffs ermöglichen die Akklimatisierung.)** Rybnoe chozjajstvo, Moskva **38** (1962) Nr. 6. S. 26-30. — 1 Abb.
Im Gegensatz zu den Zandern (*Lucioperca lucioperca*) der südlichen Gewässer, die ihre Eier ausschließlich auf pflanzlichen Substraten ablegen, laicht der Zander des Kurischen Haffs auf Steinen und auf aus dem Sand herausragenden Felsblöcken. Pflanzliche Substrate werden wegen des oft auftretenden starken Wellengangs nicht benutzt. Unter künstlichen Verhältnissen läßt sich der kurische Zander auch zur Eiablage auf Pflanzen bewegen. Eine weitere abweichende Eigenschaft dieses Zanders ist sein Geschlechtsdimorphismus, der bei Transporten, Hälterungen und bei der künstlichen Vermehrung ein Auseinanderhalten der Geschlechter erleichtert. A. Kozianowski. 6090.

Bilyj, M. D. (Bily, M. D.); Kiew, Inst. für Hydrobiol. der Akad. der Wiss. der Ukrain.SSR. Do pytannja pro nerest sudaka r. Dnipra. **(Über das Laichen des Dneprzanders.)** Dopovidi Akademiï nauk Ukraïnśkoï RSR, Kyïv **1961** Nr. 2. S. 242-246. — 6 Tab., 1 Lit. Orig.: ukrain, Ausz.: russ., engl.
Untersuchungen an weiblichen Zandern (*Lucioperca lucioperca*) aus dem Dnepr in der Periode vor der Laichzeit ergaben, daß das Gewicht des Rogens in den letzten 20 Tagen vor dem Ablaichen nicht zunimmt. Die Laichablage erfolgt in der Regel nicht portionsweise. Einzelne Fische zeigen jedoch die Tendenz, den Laich in zwei gleich großen Portionen von jeweils 5-8 g abzulegen.
H.-W. Hattop. 6090.

Henderson, Nancy E.; Toronto, Canada, Univ., Dep. of Zool. The annual cycle in the testis of the eastern brook trout, Salvelinus fontinalis (Mitchill). **(Der Jahreszyklus der Hoden des Bachsaiblings, Salvelinus fontinalis.)** Canad. J. Zool. **40** (1962) Nr. 4. S. 631-641. — 18 Abb., 26 Lit.

Die Untersuchungen wurden 3 Jahre lang an Fischen im Alter von 2-3 Jahren durchgeführt, die teils bereits einmal reif geworden waren, teils bei Beginn der Probenentnahme, die in monatl. bzw. halbmonatl. Abständen erfolgte, noch nicht die Geschlechtsreife erreicht hatten. Zunächst wird ein allg. Überblick über die Morphologie der Hoden gegeben, die ebenso wie die Ovarien in einem gemeinsamen Gang hinter dem After unmittelbar vor dem Ureter nach außen münden. Auf Grund histol. Untersuchungen läßt sich der Jahreszyklus der Hoden in 6 Stadien teilen. Urgeschlechtszellen sind ständig vorhanden. Das 1. Stadium ist durch Spermatogonienbildung gekennzeichnet (Mitte Jan. bis Mitte März), im 2. erfolgt eine langsame (Mitte März bis Ende Juni), im 3. und 4. Stadium eine schnelle Spermatogenese (Ende Juni bis Anf. Aug. bzw. Anf. Aug. bis Ende Sept.). Das Stadium der funktionellen Reife währt von Ende Sept. bis Anf. Nov., und im 6. Stadium (Anf. Nov. bis Mitte Jan.) tritt Phagozytose auf. W. Steffens. 6090.

Needham, Paul R.; Berkeley, Calif., Univ. Observations on the natural spawning of eastern brook trout. **(Beobachtungen über das natürliche Laichen des Bachsaiblings.)** Calif. Fish and Game **47** (1961) Nr. 1. S. 27-40. — 3 Abb., 27 Lit.
Vf. beobachtete das Laichverhalten eines Bachsaiblingpaares (*Salvelinus fontinalis*) im Sagehen-Bach (Kalifornien) von einer Unterwasserbeobachtungskammer aus. Neben den Fenstern wurden künstliche Laichbetten aus Kies von Walnußgröße und kleiner geschaffen, die bald nach dem Einsetzen der Fische von diesen angenommen wurden. Das Laichen scheint am Tage und in der Nacht vor sich zu gehen, während gleichzeitig mit ausgesetzte Bachforellen (*Salmo trutta*) nur nachts zur Fortpflanzung schritten. Das Weibchen sucht einen geeigneten Platz für die Eiablage, schlägt die Laichgrube, prüft sie durch charakteristische Körperbewegungen und bedeckt nach einmaligem Ablaichen (Dauer 1 Sek.) die Eier. Das Männchen wehrt vor allem in der Vorlaichperiode sehr heftig alle Fische ab, die in den Nestbereich eindringen wollen, beteiligt sich aber nicht am Schlagen der Grube. Die Spitze des Laichens lag im Sagehen-Bach zwischen dem 1. und 15. Okt., nachdem die tägl. Minimaltemperaturen auf 3-7 °C abgesunken waren (Tagesmittel 6-8 °C). Die Strömungsgeschwindigkeit schwankte zwischen 1,7 und 1,9 ft^3/s.
W. Steffens. 6090.

Geiger, W. und Roth, H.; Bern. **Beobachtungen an künstlichen Forellenlaichgruben.** Schweiz. Z. Hydrol. **24** (1962) Nr. 1. S. 76-89. — 8 Abb., 2 Tab., 6 Lit.
Vff. beobachteten das Verhalten der Brut von *Salmo trutta fario* nach dem Schlüpfen in künstlichen Laichgruben. Sie verwendeten eine durchströmte Holzrinne, die mit einem seitlichen Fenster versehen war, bzw. einen gänzlich durchsichtigen Plexiglastrog. Die Eier wurden in 5-15 cm Tiefe unter dem Kieshorizont untergebracht. Die Durchschnittstemperaturen lagen in beiden Fällen zwischen 7 und 10 °C. Sofort nach dem Schlüpfen, das sich über 6 Tage erstreckte, begann die Brut abwärts zu wandern. Ca. 30 Tage nach dem Schlüpfbeginn setzte eine Aufwärtsbewegung ein. Die Brut verließ das Kiesbett in der Zeitspanne zwischen dem 30.-40. bzw. 40.-50. und dem 70. Tag nach Schlüpfbeginn. Der Konditionsfaktor ($100 \cdot G/L^3$) sank vom 30. Tag an. Gegen den 70. Tag schienen die Fische so entkräftet zu sein, daß sie das Kiesbett nicht mehr verlassen konnten. In der Rinne erreichten 27%, im Plexiglastrog 78% der Zahl der eingelegten Eier als Jungfische die Kiesoberfläche. Die höheren Verluste in der Rinne lassen sich auf die starke Verschlammung bei dieser Versuchsanordnung zurückführen, während in dem anderen Fall das Wasser gefiltert wurde. W. Steffens. 6090.

Popov, A. V. und Zotin, A. I. (Popow, A. W. und Sotin, A. I.); Moskau, Sewerzow-Inst. für Tiermorphol. der Akad. der Wiss. der UdSSR. Zavisimost' vyluplenija zarodyšej lososevych i sigovych ot nekotorych faktorov sredy. **(Abhängigkeit des Schlüpfens der Salmoniden- und Coregonenlarven von einigen Umweltfaktoren.)** Rybnoe chozjajstvo, Moskva **37** (1961) Nr. 11. S. 22-28. — 4 Abb., 6 Tab., 6 Lit.

Vff. haben am Beispiel der Salmoniden- und Coregoneneier das Problem des ungleichmäßigen Schlüpfens der Larven experimentell untersucht und sind zu dem Ergebnis gekommen, daß die Schlupfzeit im wesentlichen von 3 Umweltfaktoren beeinflußt wird: vom Sauerstoffgehalt des Wassers, von den Lichtverhältnissen und vom Wasserdurchfluß im Bach bzw. im Brutapparat. Der erstgenannte Faktor ist jedoch für die Regulierung der Schlupfzeit ungeeignet, denn obwohl das Schlüpfen bei einer nur 20-60%igen Sauerstoffsättigung schneller verläuft, darf die untere, schwerbestimmbare letale Grenze nicht überschritten werden. Die beiden anderen Faktoren üben abwechselnd einen beschleunigenden und hemmenden Einfluß auf den Schlupfprozeß aus und können nach Bedarf in Aktion gesetzt werden. A. Kozianowski. 6090.

Anwand, K.; Saßnitz, Zweigstelle für Ostseefischerei des Inst. für Fischerei der Dtsch. Akad. der Landwirtsch.-Wiss. zu Berlin. **Die Kopf- und Schwanzgabellängen von Rügenschen Frühjahrs- und Herbstheringen.** Z. Fischerei Hilfswiss. [N. F] **11** (1962) Nr. 1/2. S. 143-151. — 9 Abb., 5 Tab., 4 Lit.

Zur morphometrischen Unterscheidung von Frühjahrs- und Herbstheringen (*Clupea harengus*) der südlichen Ostsee eignet sich die rel. Schwanzgabellänge oder der prozentuale Anteil der Schwanzgabellänge an der Gesamtlänge. Die rel. Schwanzgabellänge der Frühjahrsheringe beträgt im Mittel 11,16 und die der Herbstheringe 12,63. Die Unterschiede sind statistisch gesichert. In ihrer Kopflänge unterscheiden sich dagegen Frühjahrs- und Herbstheringe nicht. In beiden Merkmalen besteht kein Geschlechtsdimorphismus.
K. Anwand. 6095.

Graham, T. R.; St. Andrews, New Brunswick, Fisheries Res. Board of Canada, Biol. Stat. A relationship between growth, hatching and spawning season in Canadian Atlantic herring (Clupea harengus L.). **(Eine Beziehung zwischen Wachstum, Laich- und Schlupfzeit beim kanadischen Atlantikhering [Clupea harengus].)** J. Fisheries Res. Board Canada **19** (1962) Nr. 5. S. 985-987. — 1 Abb., 2 Tab., 5 Lit.

Die unterschiedliche Größe der ersten Wachstumszone auf den Otolithen des atlantischen Herings (*Clupea harengus*) aus den kanadischen Gewässern ermöglicht eine Trennung von Frühjahrs- und Herbstheringen. Die Herbstheringe zeichnen sich durch eine größere erste Wachstumszone als die Frühjahrsheringe aus, wobei die Unterschiede im Herbst größer als im Frühjahr erscheinen. Anhand dieses Merkmales und der Auswertung der Fangstatistik konnte das Verhältnis von Frühjahrs- und Herbstheringen im Frühjahrs- und Herbstfang 1960 und 1961 in der Chaleur Bay des Lorenz-Golfs ermittelt und eine Vergrößerung des Herbstheringsbestandes festgestellt werden.
K. Anwand. 6095.

Stevenson, J. C.; Nanaimo, Brit. Columbia, Fisheries Res. Board of Canada, Biol. Stat. Distribution and survival of herring larvae (Clupea pallasi Valenciennes) in British Columbia waters. **(Verteilung und Überleben der Heringslarven [Clupea pallasi] in Gewässern Britisch-Kolumbiens.)** J. Fisheries Res. Board Canada **19** (1962) Nr. 5. S. 735–810. — 21 Abb., 28 Tab., 79 Lit.

Die Untersuchungen an Larven des Pazifischen Herings (*Clupea pallasi*) in den Gewässern Britisch-Kolumbiens von 1947–1951 wurden im Bereich der Westküste Vancouvers mit dem Ziel durchgeführt, die Ursachen für die unterschiedlichen Jahrgangsstärken und Ertragsschwankungen der Fischerei zu finden. Dazu fing man im Barkley Sound und der Toquart Bay von März bis Mai die planktischen Heringslarven mit verschiedenen Netztypen, Pumpen und durch Lichtanlockung, untersuchte sie qualitativ und quantitativ und stellte ferner ihre vertikale und horizontale Verbreitung fest. Gleichzeitig ermittelte man Salzgehalt, Temperatur und Strömungsverhältnisse in dem gleichen Gebiet. Auf Grund seiner langjährigen Beobachtungen kommt Vf. zu der Ansicht, daß die Jahrgangsstärke einer der Hauptbestände des Herings Britisch-Kolumbiens von folgenden Faktoren abhängt: 1. von der Größe der Larvenverluste bei der passiven Bewegung der Larven durch den Küstenstrom in die offene See und 2. von der Anzahl der Larven, die nicht in dieser Weise verfrachtet werden und dann die Größe der aus ihnen hervorgehenden Jahrgänge in den einzelnen Jahren der Fischerei bestimmen.

K. Anwand. 6095.

Craig, William L. und Caneday, Robert H.; San Diego, U. S. Bureau of Commercial Fisheries, Biol. Lab. The 1960 preseason albacore survey in the Northeastern Pacific Ocean. **(Untersuchungen der Albacore-Vorsaison 1960 im nordöstlichen Pazifik.)** Calif. Fish and Game **48** (1962) Nr. 3. S. 179–198. — 5 Abb., 5 Tab., 12 Lit.

Vom 23. 5.–18. 6. 1960 erfolgten mit dem FFS „N. B. Scofield" hydrographische und fischereiliche Untersuchungen im Gebiet 30°–38° n. Br. und 134° ö. L. bis zur kalifornischen Küste mit dem Ziel, die Beziehungen zwischen den phys. Umweltverhältnissen (Temperatur und Salzgehalt des Wassers) und den Wanderbewegungen sowie den Konzentrierungen von *Thunnus germo*, in der Zeit vor dem Beginn der Fangsaison festzustellen. In den 3 Gebieten mit größeren Fischkonzentrationen, im nordwestlichen Gebiet südlich 37° n. Br. und 130° w. L., im zentralen Teil südlich 34° n. Br. und westlich 125° w. L. sowie südöstlich des zentralen Teils westlich 120° w. L., betrugen die Temperaturen 59,5–64,2° F und der Salzgehalt 32,95–33,53%. Danach kann angenommen werden, daß sich die Fische in den Wassermassen des kalifornischen Stromsystems aufhielten. 74 der 51–82 cm langen und im Mittel 12 Pfund schweren Albacore wurden markiert und ausgesetzt. Die Untersuchungsprotokolle der Fahrt sind der Arbeit beigefügt.

K. Anwand. 6095.

Dyk, Václav. Vztahy mezi lipanem a ostroretkou. **(Beziehungen zwischen Äsche und Nase.)** Českoslov. Rybářství **1961** Nr. 11. S. 167. — 2 Abb.

Als Beweis der Möglichkeit eines gemeinsamen Lebensraumes für Äsche (*Thymallus thymallus*) und Nase (*Chondrostoma nasus*) wurde die vorwiegend pflanzliche Nahrung (insbesondere Algen) der Nase angeführt. Aus der Praxis sind aber Fälle bekannt, in denen die früher zahlreich auftretende Äsche von der sich schneller vermehrenden Nase völlig verdrängt wurde. Vf. weist auf Untersuchungen des Vorkommens beider Fischarten im Fluß Moravica (Mähren) hin, wo die Äsche gegenüber der Nase zurückging. Die Äsche leidet in diesem Gewässer sehr stark an der Fleckenkrankheit, was durch abnorme Anhäufung von org. Substanzen begünstigt wird. Zur Vermehrung der org. Substanz im Fluß tragen neben der bei Karlovec neu errichteten Badeanstalt für Ferienkinderkolonien insbesondere auch die Nasen bei, die beim Aufsuchen der Nahrung das Wasser leicht trüben. F. Svoboda. 6095.

Squire jun., James L.; Los Angeles, Calif., U. S. Fish and Wildlife Serv., Marine Game Fish Res. Marlin and swordfish in oceanic waters of the Western North Atlantic. **(Marlin und Schwertfisch in ozeanischen Gewässern des westlichen Nordatlantiks.)** Copeia [Philadelphia] **1962** Nr. 1. S. 216–219. — 3 Abb., 1 Tab.

Auf 8 Untersuchungsfahrten des US Bureau of Commercial Fisheries von 1957–1960 wurden auf 111 Punkten Langleinen-Versuchsfänge durchgeführt. Von den 3 Istiophoriden-Arten *Tetrapterus albidus* (Weißer Marlin), *Makaira nigricans* (Blauer Marlin) und *Xiphias gladius* (Schwertfisch) wurden zusammen 54 Exemplare gefangen. Marlin und Schwertfisch sind im Sommer und frühen Herbst auf dem Schelf von New England, Nova Scotia und Neufundland gemein. Der mittlere Atlantik ist ein Gebiet für die Sportfischerei auf den Weißen Marlin. Beide Marlin-Arten können nahe den Bermudas gefangen werden. Die Schwertfische laichen wahrscheinlich im Golfstrom von Südkarolina bis zum Golf von Mexiko. Bei den Langleinen-Fängen wurde Hering (*Clupea harengus*) als Köder verwendet. Gewöhnlich wurde in ca. 173 Fuß Tiefe geangelt. Vorzugstemperaturen und Gebiete der einzelnen Arten werden genannt. J. Waldmann. 6100.

Baldwin, Wayna J.; Los Angeles, Calif., Univ., Dep. of Zool. First records of three Northern fishes from the Upper Gulf of California. **(Erste Meldung dreier nördlicher Fischarten aus dem oberen Golf von Kalifornien.)** Copeia [Philadelphia] **1961** Nr. 4. S. 475–476.

Im Jan. und Febr. 1960 wurden auf einer Untersuchungsfahrt in den Golf von Kalifornien 3 dort bisher nicht vorkommende Fischarten festgestellt. Ein männl. Exemplar von *Hydrolagus colliei* (433 mm Lt) wurde in einem Kiemennetz gefangen. Von der Haiart *Cephaloscyllium uter* wurden 9 Vertreter gefangen, die Fangorte werden angegeben. Färbung und Merkmale der Fische werden genannt. Im Untersuchungsgebiet wurden außerdem Kadaverreste eines *Cetorhinus maximus* gefunden. J. Waldmann. 6100.

Hartnoll, R. G. und Miller, P. J.; Jamaica, Univ. of the West Indies, Dep. of Zool; Glasgow, Univ., Dep. of Zool. New records of Gobius forsteri. **(Neue Meldungen von Gobius forsteri.)** Nature [London] **194** (1962) Nr. 4835. S. 1295. — 11 Lit.

Durch Taucherbeobachtung wurde die Art *Gobius forsteri* im Aug. 1960 als ziemlich häufig südlich von Dale Point in der Nähe der Mündung von Milford Haven festgestellt. Die Art lebt dort in tiefen Rinnen unterhalb der Laminarienzone. Im Juli 1961 wurde die bis dahin in der Irischen See nicht gefundene Art in der Nähe von Port Erin festgestellt. Die Entdeckung einer Art in unmittelbarer Nähe einer meeresbiol. Station zeigt, wie unvollkommen die Kenntnis der Bodenfauna ohne Taucherbeobachtung ist. Die Art ist an felsige Küsten mit Spalten und Verstecken gebunden. Die Bestimmung der nördlichen Vorkommensgrenze der Art in Schottland und Norwegen kann nur durch systematische Taucherbeobachtung erfolgen. J. Waldmann. 6100.

Carlisle, John G. An unusual catch of a large number of Pacific round herring off Long Beach, California. **(Ein ungewöhnlicher Fang einer großen Zahl von pazifischen Rundheringen vor Long Beach, Kalifornien.)** Calif. Fish. and Game **48** (1962) Nr. 3. S. 209. — 3 Lit.

Im Nov. 1961 wurden mit dem Seiner „Frankie Boy“ auf der Position 33° 39′ n. Br. und 118° 10′ w. L. ungefähr 2 t pazifischer Rundheringe (*Etrumeus accuminatus*), vermischt mit pazifischen Jack-Makrelen und pazifischen Makrelen, gefangen. Die Rundheringe waren 247–290 mm lang und 129–223 g schwer. Der Fang ist insofern ungewöhnlich, als bisher nur einzelne Exemplare dieser Art im gleichen Gebiet gefangen wurden. K. Anwand. 6100.

Frey, Herbert W.; Stanford, Univ., Hopkins Marine Stat. A range extension for the Mexican scad to Monterey Bay, California. **(Ausdehnung des Vorkommens von Decapterus hypodus bis zur Monterey-Bucht, Kalifornien.)** Calif. Fish and Game **48** (1962) Nr. 3. S. 210–211. — 6 Lit.

Im Juli 1961 konnten im Gebiet der Monterey-Bucht an der kalifornischen Pazifik-Küste auf einem Barsch-Stellnetz 2 Fische gefangen werden, die bisher nur aus dem Raum von Los Angeles bekannt waren. Es handelt sich um *Decapterus hypodus*. K. Anwand. 6100.

Herrmann; Kiel. **Meeräsche in der Eider.** Fischwirt **12** (1962) Nr. 6. S. 177. — 1 Abb.

Am 10. Mai 1962 wurde in der Eider in einer Flügelreuse eine Meeräsche (*Mugil chelo*) gefangen. Der Fisch hatte eine Länge von 45 cm und ein Gewicht von 660 g. Da die Gonaden unentwickelt waren, konnte das Geschlecht nicht festgestellt werden. Sämtliche früheren Fänge fielen in die Monate Aug. bis Dez. W. Steffens. 6100.

Kazakov, B. A. (Kasakow, B. A.); Rostow/Don. Sargan v Donu. **(Hornhecht im Don.)** Priroda, Moskva **50** (1961) Nr. 11. S. 117.
Bei Rostow am Don wurde im Febr. 1961 ein Exemplar von *Belone belone* gefangen. Das Tier war 32 cm lang und 39 g schwer. Der Fang eines solchen Fisches in diesem Gewässer wird als außergewöhnliches Ereignis bezeichnet. G. Predel. 6100.

Wales, Joseph H.; Corvallis, Oreg., Univ., Dep. of Fish and Game Management. Introduction of pond smelt from Japan into California. **(Einführung von Hypomesus olidus aus Japan nach Kalifornien.)** Calif. Fish and Game **48** (1962) Nr. 2. S. 141–142.
Als Zwischenglied in der Nahrungskette Plankton–Salmoniden sollte versuchsweise *Hypomesus olidus* erprobt werden. Die Art ist südlich bis San Franzisko auf der amerikanischen und bis Japan auf der asiatischen Seite des Pazifiks verbreitet, lebt meist im Süßwasser, dringt aber auch ins Brackwasser ein und wird max. 12–13 cm lang. Die Anforderungen an die Temperatur sind ähnlich wie bei *Salmo gairdneri*. Das Laichen erfolgt im Frühjahr in den Zuflüssen der Seen und Talsperren, die Eier haften am kiesigen Substrat der Ströme. Die Erbrütung dauert bei 14,5 °C etwa 12 Tage, die Geschlechtsreife wird am Ende des 1. Lebensjahres erreicht. Die Eier (3,6 Mill.) wurden im Augenpunktstadium aus einer Zuchtanstalt in der Nähe von Tokio im März 1959 bezogen und in 6 Gewässer ausgesetzt. Nur in einem Fall scheint sich bis Aug. 1961 eine selbständig erhaltende Population entwickelt zu haben. W. Steffens. 6100.

Barlow, George W.; Los Angeles, Calif., Univ., Dep. of Zool. Gobies of the genus Gillichthys, with comments on the sensory canals as a taxonomic tool. **(Gobiiden der Gattung Gillichthys, mit Bemerkungen über den taxionomischen Wert der sensorischen Kanäle.)** Copeia [Philadelphia] **1961** Nr. 4. S. 423–437. – 4 Abb., 3 Tab., 13 Lit.
Die Gattung *Gillichthys* wird auf die Arten *mirabilis* und *seta* beschränkt, *detrusus* ist ein Synonym von *mirabilis*. Die Gattung und die beiden Arten werden neu beschrieben und in verschiedenen Entwicklungsstadien abgebildet. *G. mirabilis* und *G. seta* kommen im Golf von Kalifornien vor. Das System der sensorischen Kanäle wird in verschiedenen Entwicklungsstadien untersucht. Es entwickelt sich beim Übergang der Post-Larve vom Nekton in das Benthos. Das System ändert sich noch nach Eintritt der Reife. Das sensorische System kann für die Klassifikation Wert erhalten. J. Waldmann. 6100.

Tortonese, Enrico; Genoa, Italy, Museum of Nat. History. The affinity and the generic name of Centropristis subligarius cope. **(Die Verwandtschaft und der Name von Centropristis subligarius.)** Copeia [Philadelphia] **1961** Nr. 4. S. 470–471.
Die Ähnlichkeit von *Centropristis subligarius* mit *Serranus scriba* ist groß. Beide Arten sind nahe verwandt, sie leben in der Nähe der Küste in mäßiger Tiefe auf felsigem Boden. Beide sind funktionelle Hermaphroditen. Die Gattung *Serranus* lebt auf beiden Seiten des Atlantiks. *Centropristis* ist ein Synonym von *Serranellus*, und Vf. hält es für möglich, daß *Serranellus* und *Serranus* gleichfalls Synonyme sind. Ein Vergleich der Fischfaunen des Westatlantiks und des Mittelmeeres dürfte die verwandtschaftlichen Beziehungen zwischen den Arten *S. subligarius* und *scriba* klären. J. Waldmann. 6100.

Wodinsky, Jerome, Behrend, Erika R. und Bitterman, M. E. Avoidance-conditioning in two species of fish. **(Vermeide-Reflexe bei zwei Fischarten.)** Animal Behaviour **10** (1962) Nr. 1/2. S. 76–78. — 1 Abb., 5 Lit.

Das Verhalten des Goldfisches (*Carassius auratus*) und seine Lernfähigkeit wurde in Vergleich zu der Fischart *Pomacentrus leucostrictus* untersucht. Die Versuchsanordnung wird beschrieben, es wurde mit Lichtreizen und elektrischen Schlägen gearbeitet. Die Latenzkurven beider Arten verlaufen in gleichem Sinne, die Werte für *P. leucostrictus* liegen jedoch tiefer als die für den Goldfisch. Die Untersuchungen sollten auf andere Fischarten ausgedehnt werden, um vielleicht die Allgemeingültigkeit für die Ordnung zu beweisen und Vermutungen über die Quellen quantitativer Unterschiede aufstellen zu können. J. Waldmann. 6105.

Barlow, George W.; Seewiesen/Obb., Max-Planck-Inst. für Verhaltensphysiol. Ethology of the Asian teleost, Badis badis. III. Aggressive behavior. **(Ethologie des Blaubarsches, Badis badis. 3. Mitt. Angriffsverhalten.)** Z. Tierpsychol. **19** (1962) Nr. 1. S. 29–55. — 8 Abb., 46 Lit.

Mit zunehmendem Alter der Fische werden die Kämpfe vielgestaltiger. Sie lassen sich in verschiedene Bewegungseinheiten, deren Eintreffen grob vorausgesagt werden kann, einteilen. Außer dem „Bauch-zuwenden" deuten die meisten Imponierstellungen an, dem Partner standzuhalten. Die Flossenhaltung läßt Aussagen über die Stimmung des Fisches zu. Eine eindeutige Demutsgebärde fehlt. Unterlegene Männchen bleiben bewegungslos, werden blaß und falten die Flossen halb zusammen. Junge Blaubarsche falten alle unpaaren und die Bauchflossen ganz, neigen den Rücken zum Sieger und vermeiden jede Begegnung. M. Hegemann. 6105.

Barlow, George W.; Seewiesen/Obb., Max-Planck-Inst. für Verhaltensphysiol.; Urbana, Ill., Univ., Dep. of Zool. Ethology of the Asian teleost, Badis badis. IV. Sexual behavior. **(Ethologie des Blaubarsches, Badis badis. 4. Mitt. Sexualverhalten.)** Copeia [Philadelphia] **1962** Nr. 2. S. 346–360. — 8 Abb., 21 Lit. 3. Mitt. vgl. vorst. Ref.

Das geschlechtsreife Männchen von *Badis badis* steht in seiner Höhle und das reife Weibchen schwimmt zum Laichen zu ihm hinein. Nach dem Eindringen in die Höhle wird das Weibchen zuerst angegriffen, bald kommt es jedoch zum „Carousselling" (Umeinanderschwimmen beider Partner), wodurch eine komplizierte Kette von Bewegungen ausgelöst wird, die durch das Umschlingen des Weibchens durch das Männchen, den Laichakt, das Freilassen des Weibchens und die nachfolgende Ruheperiode beendet wird. Die Eier fallen zu Boden und haften dort an. Bei reifen Weibchen ruht die Angriffslust. Gegen Ende der Laichperiode nimmt die Aggressivität gegen das Männchen zu. Teilweise sind vollständige Kämpfe zu beobachten. Zum Sexualverhalten des Männchens gehören typische Fächelbewegungen. M. Hegemann. 6105.

Darnell, Rezneat M. und Meierotto, Richard R.; Milwaukee, Wis., Marquette Univ., Dep. of Biol. Determination of feeding chronology in fishes. **(Bestimmung der Freßzeit bei Fischen.)** Trans. Amer. Fisheries Soc. **91** (1962) Nr. 3. S. 313–320. — 2 Abb., 4 Tab., 20 Lit.

Es wird ein Weg aufgezeigt, um die Intensität der Nahrungsaufnahme im Verlauf von 24 Std. bei Fischbeständen zu ermitteln. Die Methode stützt sich auf Terminuntersuchungen von Nahrungsbestandteilen im Magen und auf Feststellung der Verdauungszeit des Hauptbestandteils der Nahrung im Laboratorium. Am Beispiel von *Ictalurus melas* wird die Methode näher erläutert. Zwei ausgeprägte Freßperioden wurden bei diesem Fisch ermittelt, eine stärkere vor Tagesanbruch und eine etwas schwächere bald nach der Abenddämmerung. G. Merla. 6110.

Kazarnovskij, M. Ja. (Kasarnowski, M. Ja.); Sachalin, Staatl. Verwalt. für Fischaufzuchtanst. Pitanie pokatnoj molodi gorbuši i mal'my v rekach Sachalina. **(Ernährung der wandernden Jungbuckellachse und Jungmalmasaiblinge in den Flüssen Sachalins.)** Rybnoe chozjajstvo, Moskva **38** (1962) Nr. 6. S. 24–25. — 3 Tab.

Die Brut des Buckellachses (*Oncorhynchus gorbuscha*) nimmt in den Flüssen Sachalins keine Nahrung auf. Erst während ihrer Wanderung zum Meer (Juni–Juli) können bei einem Teil (bis 8,3%) Reste von Chironomiden- und Köcherfliegenlarven im Magen beobachtet werden. Die zur gleichen Zeit abwandernden Malmasaiblinge (*Salvelinus malma*) sind weit mehr an der Nahrungssuche interessiert und nähren sich von Wasserwanzen, Wassermilben, Zuckmücken-, Köcherfliegen- und Eintagsfliegenlarven. Durch die intensivere Nahrungsaufnahme erreichen die Malmasaiblinge ein höheres mittleres Gewicht (232 mg) als die Gorbuschabrut (199,4 mg), obwohl diese im Durchschnitt eine um 1,4 mm größere Körperlänge aufweist.

A. Kozianowski. 6110.

Prakash, A.; Nanaimo, Brit. Columbia, Fisheries Res. Board of Canada, Biol. Stat. Seasonal changes in feeding of coho and chinook (spring) salmon in Southern British Columbia waters. **(Jahreszeitliche Veränderungen in der Nahrungsaufnahme von Coho- und Chinook [Frühjahrs]-Lachsen in den Gewässern von Süd-Britisch-Kolumbien.)** J. Fisheries Res. Board Canada **19** (1962) Nr. 5. S. 851–866. — 4 Abb., 4 Tab., 19 Lit.

Mageninhaltsuntersuchungen von 659 *Oncorhynchus kisutch* und 551 *O. tshawytscha* wurden in den Gewässern des südlichen Britisch-Kolumbien durchgeführt. Pazifischer Hering (*Clupea harengus pallasi*) war die Hauptnahrung beider Arten im Frühjahr, an zweiter Stelle standen Kruster. Coho-Lachs bevorzugte Amphipoden, während im Chinook-Lachs keine Amphipoden gegefunden wurden. Die Ost- und Westküste von Vancouver Island sind unterschiedliche Nahrungsgebiete bezüglich der für die beiden Arten verfügbaren Nahrung. Obwohl der Hering die Hauptnahrung ist, würden die Lachse bei seinem Fehlen auf anderes Futter übergehen, und deshalb sind Schwankungen im Heringsbestand ohne Einfluß auf die Höhe der Lachsfänge.

J. Waldmann. 6110.

Das, Naresh und Tibbo, S. N.; St. Andrews, New Brunswick, Fisheries Res. Board of Canada, Biol. Stat. On the feeding and growth of young herring (Clupea harengus L.) in captivity. **(Über Fütterung und Wachstum von Jungheringen [Clupea harengus] in Gefangenschaft.)** J. Fisheries Res. Board Canada **19** (1962) Nr. 5. S. 981–983. — 1 Tab., 5 Lit.

11–18 cm lange Heringe (*Clupea harengus*), die im Mai und Juni aus der Passamaquoddy-Bucht gefangen wurden, hielt man in 2960, 2050 und 430 l großen Becken und fütterte sie mit verschiedenem Futter: 1. Futtergemisch aus Muscheln und dem Katzenfutter „Puss and Boots" im Verhältnis 1 : 1 mit geringen Mengen an Terramycin und Hefeextrakt; 2. Futtergemisch aus dem Hühnerfutter „Purina Chow Pellets" und Heringen im Verhältnis 1 : 1; 3. gehackte Tintenfische und 4. Heringsstückchen. Die im 2960 l-Becken bei 9,0–14,3 °C Wassertemperatur gehaltenen 500–600 Heringe, die 2 × täglich mit 500 g Heringsfleisch gefüttert wurden, wuchsen vom 15. Juni–12. September von 13,6 cm auf 16,6 cm ab. Das Wachstum der Heringe in der Gefangenschaft war damit nur wenig geringer als das Wachstum in der Freiheit.

K. Anwand. 6110.

Pantulu, V. Rayappa; Barrackpore, India, Centr. Inland Fisheries Res. Inst. On the use of pectoral spines for the determination of age and growth of Pangasius pangasius (Hamilton Buch). **(Über die Verwendung der Pectoraldornen von Pangasius pangasius zur Bestimmung von Alter und Wachstum.)**

Conc. permanent int. Explorat. Mer, J. Cons. **27** (1962) Nr. 2. S. 192–216. – 13 Abb., 6 Tab., 36 Lit.
Pangasius pangasius (Siluroidei) spielt im Ganges und seinem Ästuar eine wichtige wirtschaftl. Rolle. Exemplare bis zu 125 cm Länge sind bekannt. Querschnitte durch die Pectoraldornen zeigen im Wechsel opake und transparente Zonen, die zur Altersbestimmung geeignet sind. Die transparenten Zonen werden jährlich während der Mon. Febr.–Mai angelegt. Die Relation zwischen den Logarithmen von Gesamtlänge und Radius des Dorns ist linear, und durch diesen Zusammenhang ist eineWachstumsrückberechnung möglich. Das Wachstum wird nicht durch die Temperatur beeinflußt, eine Abhängigkeit von der Nahrungshäufigkeit konnte jedoch wahrscheinlich gemacht werden. Das Längen-Gewichts-Verhältnis reifer und unreifer Fische war unterschiedlich, die Kondition im Febr.–Mai am geringsten. J. Waldmann. 6110.

Thomson, J. M.; Cronulla, New South Wales, C.S.I.R.O., Div. of Fisheries and Oceanography. The tagging and marking of marine animals in Australia. **(Das Markieren von Meerestieren in Australien.)** Commonwealth sci. ind. Res. Org., Australia, Div. Fisheries Oceanography, techn. Pap. **1962** Nr. 13. S. 1–39. – 7 Abb., 25 Tab., 3 Lit.
Die Arbeit enthält einen Bericht über die bisherige Markierungstätigkeit in Australien. 12 verschiedene Markentypen werden verwendet. Markiert wurden insgesamt 183113 Wassertiere (Wale, Fische, Krebse und Schalentiere). Zurückgemeldet wurden 9918 Tiere (5,5%). Innere Marken waren bei denjenigen Arten am günstigsten, die vor dem Verkauf ausgenommen werden. Bei mittelgroßem oder kleinem Fisch, der unzerschnitten verkauft wird, ist die Kiemendeckel-Marke am besten. Hydrostatische Marken wurden in die normale Sterblichkeit übersteigendem Maße zurückgemeldet, woraus auf eine zu starke Schädigung durch Wunden geschlossen wird. Die geeignetsten Markierungsarten variieren mit dem Alter der betreffenden Objekte. Die Erfahrungen werden mitgeteilt. J. Waldmann. 6115.

Jones, Chester. **Hormones in fish.** London: Zoological Society. 1960. (181 S. m. 2 Taf.) 8°. (1962 A 1308)

Biologie der Meeressäuger

Pedersen, Alwin; Holte, Dänemark. **Die Schwanzflosse des Narwals.** Z. Säugetierkunde **28** (1963) Nr. 1. S. 42–43. 6120.

Beklemišev, K. V. (Beklemischew, K. W.) Vlijanie atmosfernych ciklonov na polja pitanija kitov v Antarktike. **(Der Einfluß der atmosphärischen Zyklonen auf das Ernährungsgebiet der Wale in der Antarktis.)** Trudy Instituta okeanologii. Akademija nauk SSSR, Moskva **51** (1961) S. 121–141. – 7 Abb., 4 Tab., 34 Lit. Zus. in Engl.
Die Arbeit stellt in verschiedenen Sektoren der Antarktis die Verbreitung der atmosphärischen Zyklonen, deren Entstehungsgebiet an den Grenzen der kalten und warmen Wassermassen auf der Südhalbkugel liegt, dem Vorkommen von Euphausiaceen und Bartenwalen gegenüber. Danach halten sich Krill, Blau- und Buckelwal (*Balaenoptera musculus* und *Megaptera novaeangliae*) in verstärktem Maß in den Gebieten der antarktischen Divergenz auf, wo häufiger atmosphärische Zyklonen auftreten und längere Zeit anhalten. Der Finnwal (*B. physalus*) dagegen ist gleichförmiger im Gebiet verbreitet und zeigt nicht einen so engen Zusammenhang mit den Gebieten der atmosphärischen Zyklonen. G. Predel. 6120.

Klumov, S. K. (Klumov, S. K.) Plankton i pitanie usatych kitov (Mystacoceti). **(Das Plankton und die Ernährung der Bartenwale [Mystacoceti].)** Trudy Instituta okeanologii. Akademija nauk SSSR, Moskva **51** (1961) S. 142–156. – 3 Abb., 3 Tab., 18 Lit. Zus. in Engl.

Der tägl. Bedarf an Plankton von Finn- und Buckelwalen (*Balaenoptera physalus* und *Megaptera novaeangliae*) mittlerer Größe beträgt ca. 1–1,5 t. Die Biomasse an Zooplankton muß dabei ca. 1500 bis 2000 mg/m³ betragen. Die Nahrungsaufnahme erfolgt durch ununterbrochene Filtration des Wassers. Für das schnelle Auffinden der dichtesten Planktonkonzentrationen ist bei den Bartenwalen wahrscheinlich eine spez. Echoortung ausgebildet. Da die Wale als Aufenthaltsgebiete die Orte max. Planktonkonzentrationen bevorzugen, ist die Kenntnis der Planktonvorkommen auch für die praktische Ausübung des Walfanges von großem Wert. G. Predel. 6120.

Pike, Gordon C.; Nanaimo, Brit. Columbia, Fisheries Res. Board of Canada, Biol. Stat. Migration and feeding of the gray whale (Eschrichtius gibbosus). **(Wanderung und Nahrungsaufnahme des Grauwals [Eschrichtius gibbosus].)** J. Fisheries Res. Board Canada **19** (1962) Nr. 5. S. 815–838. — 4 Abb., 3 Tab., 34 Lit.
Beobachtungen von Grauwalen an den Küsten Britisch-Kolumbiens, Alaskas und von Washington werden mit Literaturangaben verglichen. Die amer. Grauwalherde wandert längs der Küste von Alaska nach Süden. Vor Washington und Britisch-Kolumbien beginnt die Nordwanderung im Febr. und endet im Mai, die Südwanderung dauert von Dez.–Jan. Die Nordwanderung wird durch Ruhe- oder Freßperioden unterbrochen, die Südwanderung anscheinend nicht. Die Wale wandern in Küstennähe bis in die Beringsee. In den Gewässern der Chukchi-See weiden sie längs der Küsten von Sibirien und Alaska, Südwärtsdrängen des Eises löst die Südwanderung aus. Die Wale fressen im flachen Wasser Bodentiere oder bodennahe Tiere, meist Amphipoden. J. Waldmann. 6120.

Bartholomew, George A. und Collias, Nicholas E.; Los Angeles, Univ. of California, Dep. of Zool. The role of vocalization in the social behaviour of the Northern elephant seal. **(Die Rolle der Lautäußerungen im sozialen Verhalten von Mirounga angustirostris.)** Animal Behaviour **10** (1962) Nr. 1/2. S. 7–14. — 12 Abb., 5 Lit.
Der See-Elefant *Mirounga angustirostris* vermehrt sich auf Inseln vor den Küsten Mexikos und Kaliforniens. Die zahlreichen Lautäußerungen der Art spielen bes. während der Vermehrungsperiode dieser polygamen Art eine bedeutende Rolle. Die bei den Männchen stark entwickelte Proboscis hat anscheinend keine andere Funktion als die der Lautproduktion. Die Weibchen eines Harems bleiben gewöhnlich beisammen, die Jungen rufen die Mütter, wenn sie voneinander entfernt sind. Vff. unterscheiden zwei Lautgruppen: Lockrufe und Drohrufe. Lockrufe sind hoch und zeigen klare harmonische Struktur, Drohlaute sind bei Männchen und Weibchen stark abgehackt, tief, rauh und unharmonisch. Der ausgeprägte Gebrauch verschiedener Lautgruppen als Mittel der Verständigung hat sicher die Entwicklung des sozialen Lebens der Vertebraten erleichtert. J. Waldmann. 6120.

Delamure, S. L. und Alekseev, E. V. (Delamure, S. L. und Alexejew, Je. W.) Slučaj al'binizma u černomorskogo del'finabelobočki (Delphinus delphis ponticus, Barabasch, 1936). **(Ein Fall von Albinismus beim Schwarzmeerdelphin [Delphinus delphis ponticus].)** Bjulleteń Moskovskogo obščestva ispytatelej prirody [N. S.] **133** (1962) Otdel biologičeskij **67** Nr. 4. S. 141–143. — 2 Abb., 9 Lit.
An der Südküste der Krim wurde im Apr. 1961 ein 128 cm langes partiellalbinotisches Delphinweibchen erlegt. Vf. gibt eine Beschreibung der Farbverteilung und Hinweise auf Albinofälle bei anderen Delphinarten.
H. Petzold. 6120.

Slijper, Everhard Johannes. **Riesen des Meeres. Eine Biologie der Wale und Delphine.** Berlin; Göttingen; Heidelberg: Springer Verlag. 1962. (VIII, 119 S. m. 80 Abb. u. Reg.) 19 × 12 cm

= Verständliche Wissenschaft, Naturwiss. Abt., Bd. 80. DM 7,80. Das vorliegende lesenswerte Buch ist die Kurzfassung eines ausführlichen Werkes des Autors, das unter dem Titel „Walvissen, Centen" 1958 in holländischer Sprache erschien, 1962 in einer englischen Übersetzung (Whales) veröffentlicht wurde und auf das auch im Hinblick auf Literaturangaben verwiesen wird. Der Vf., Prof. für allg. Zool. an der Univ. von Amsterdam, gibt in dieser reich und gut bebilderten Schrift einen Überblick über unsere heutigen Kenntnisse von der Biologie der Cetacea, die ja für den Menschen von großer wirtschaftlicher Bedeutung sind. Nach einleitenden Betrachtungen über die Beziehungen zwischen Mensch und Wal wird auf die äußere Erscheinung und die Abstammungsgeschichte eingegangen. Anschließend werden das Schwimmen, das Atmen und Tauchen und der Blutkreislauf behandelt. Weitere Kapitel haben Verhalten, Orientierung und gegenseitige Verständigung zum Inhalt. Ausführlich geschildert werden ferner Ernährung und Verdauung, Stoffwechsel und Wasserhaushalt, geographische Verbreitung, Wanderungen und Fortpflanzung. Der letzte Abschnitt befaßt sich mit den Sorgen um den Bestand dieser interessanten Tiergruppe. Am Schluß sind ein Abriß der Systematik sowie ein Namen- und Sachverzeichnis angefügt. W. Steffens.

Biologie der sonstigen fischereilichen Nutztiere

Bilinski, E.; Vancouver, Brit. Columbia, Fisheries Res. Board of Canada, Techn. Stat. Biosynthesis of trimethylammonium compounds in aquatic animals. III. Choline metabolism in marine crustacea. **(Biosynthese von Trimethylammonium-Verbindungen in Wassertieren. 3. Mitt. Cholinstoffwechsel bei Meerescrustaceen.)** J. Fisheries Res. Board Canada **19** (1962) Nr. **3**. S. 505 bis 510. — 2 Tab., 33 Lit. 2. Mitt. vgl. LZ. Abt. III 7 (1962) Nr. 12. S. 2655.

Nach intramuskulärer Verabreichung von Na-Formiat-^{14}C, DL-Serin-3-^{14}C und Cholin-methyl-^{14}C-chlorid wurde beim Hummer (*Homarus americanus*) in vivo die Incorporierung von Radioaktivität in phospholipoid-gebundenes Cholin nach 24 und 72 Std. untersucht. Nach beiden Perioden war radioaktives Phospholipoid-Cholin nur aus dem Methionin und dem Cholin gebildet worden, die anderen Verbindungen ergaben nur eine schwache Markierung. Bei Verabreichung von Cholin-methyl-^{14}C an Krabben (*Cancer magister*) wurden nach 24 Std. 1,9% der Radioaktivität im Phospholipoid-Cholin und 0,1% im Trimethylaminoxyd gefunden. Dieses Experiment bestätigt die frühere Beobachtung am Hummer, daß Cholin als Ausgangsverbindung für Trimethylaminoxyd dienen kann. H. Kreienbring. 6125.

Bourne, N. und McIver, A. Gulf survey for sea scallops. **(Aufnahme der Bestände von Seekammuscheln im St. Lorenz-Golf.)** Canad. Fisherman **49** (1962) Nr. 7. S. 17–19. — 6 Abb.

1961 wurden im St. Lorenz-Golf die fischereilich nutzbaren Bestände der Seekammuschel (*Placopecten magellanicus*) ermittelt. Mit dem Motorfahrzeug „Gloucester 27" führte man 20-Min.-Züge durch und untersuchte die gefangenen Muscheln nach Länge, Größe und Gewicht. Außerdem stellte man Bodenbedeckung und Ausdehnung der Muschelbänke sowie die Wassertiefe fest. Auf den Bänken Richibucto, Boughton Island, Cape Bear, Pictou Island West mit Toney River sowie Bonaventure waren gute Bestände vorhanden, die 1962 zu größeren Erträgen führen werden. Auf 4 der Fanggebiete konnte eine große Anzahl von kleinen Muscheln festgestellt werden, die 1963 einen guten Fang erwarten lassen. Nördlich und nordwestlich der Prince-Edward-Inseln führte man Vergleichsfänge mit 3 verschiedenen Netztypen durch, die sich aber von denen des Gloucester-Gerätes im Ergebnis nicht unterschieden. K. Anwand. 6125.

Prakash, A. und Medcof, J. C.; St. Andrews, Brit. Columbia, Fisheries Res. Board of Canada. Hydrographic and meteorological factors affecting shellfish toxicity at Head Harbour, New Brunswick. **(Hydrographische und meteorologische Faktoren, die die Muschelgiftigkeit in Head Harbour, Neu-Braunschweig beeinflussen.)** J. Fisheries Res. Board Canada **19** (1962) Nr. 1. S. 101–112. — 4 Abb., 3 Tab., 21 Lit.

Von 1944–1958 wurden giftige *Mytilus edulis* in Head Harbour festgestellt. Ihr Auftreten wurde in Zusammenhang mit Wassertemperatur, Flußausstrom,

Salzgehalt und Sonnenscheindauer überprüft. Schwankungen innerhalb des Jahres wurden mit dem sommerlichen Anstieg der Wassertemperatur in Beziehung gebracht. Die Schwankungen von Jahr zu Jahr hängen direkt mit Frühjahrs-Sonneneinstrahlung und Salzgehalt zusammen. Süßwasserausstrom im Frühjahr und winterliche Wassertemperatur zeigen eine negative Korrelation. Die Rolle dieser Faktoren bei der Regulierung der Giftigkeit wird diskutiert. J. Waldmann. 6125.

C. LEBENSRAUM DER FISCHE
(Hydrographie und Hydrobiologie)

Steenmann, Nielsen, E.; Copenhagen, Roy. Dan. School of Pharmacy, Dep. of Bot. On the maximum quantity of plankton chlorophyll per surface unit of a lake or the sea. **(Über die maximale Menge von Plankton-Chlorophyll je Flächeneinheit eines Sees oder des Meeres.)** Int. Rev. ges. Hydrobiol. **47** (1962) Nr. 3. S. 333–338. — 13 Lit.

Vf. bestimmte im Laborversuch den Einfluß von Suspensionen von *Chlorella vulgaris* und *Cyclotella meneghiniana* auf den Extinktionskoeffizienten des Wassers. Nimmt man als untere Grenze des photischen Bereiches im Gewässer eine Verminderung des Lichtes auf 1% des Oberflächenlichtes an, so ergibt sich aus den Versuchen, daß für *Chlorella* max. 800 mg/m² und für *Cyclotella* max. 400 mg/m² Chlorophyll a im Plankton des photischen Gewässerbereiches vorkommen können. Durch den Einfluß aller anderen Faktoren (Eigenfärbung des Wassers und Detritusgehalt) auf die Extinktion wird die obere Grenze in der Natur allerdings bei ca. 300 mg/m² Chlorophyll a liegen. Die bisher in der Literatur zitierten höheren Werte sind ohne Berücksichtigung der Tiefenausdehnung der photischen Zone ermittelt worden, enthalten also offensichtlich auch das Chlorophyll des aphotischen Bereiches. Aus dem Wert von 300 mg/m² Chlorophyll a läßt sich überschläglich eine Primärproduktion von 4,6 g C/m² d bestimmen, was recht gut den in der Natur bestimmten Höchstwerten entspricht. W. v. Tümpling. 6130.

Tarasov, M. N. (Tarassow, M. N.); Hydrochem. Inst. der Akad. der Wiss. der UdSSR. Solevoj balans ozera Balchaš. **(Salzbilanz des Balchasch-Sees.)** Doklady Akademii nauk SSSR, Moskva **141(29)** (1961) Nr. 2. S. 441–444. — 1 Tab., 24 Lit.

Berichtet wird über die Salzbildung des Balchasch-Sees in der Zeit von 1931 bis 1956. Dabei sind gegenübergestellt der Zugang von Salzen aus Flüssen, vom Land und der Atmosphäre und der Salzverbrauch durch Ablagerungen, Ausscheidung von CO_2, Abschnürung von Buchten usw. Der mittlere Zuwachs des Salzvorrates im See betrug jährlich während der Berichtsperiode 0,53 Mill.t. Der See hat eine Oberfläche von 15500 km². Die Methodik der Berechnung wird beschrieben. G. Predel. 6135.

Haines, Donald A. und Bryson, Reid A.; Madison, Wis., Univ., Dep. of Meteorol. An empirical study of wind factor in Lake Mendota. **(Eine empirische Untersuchung des Windfaktors im Mendotasee.)** Limnol. and Oceanogr. **6** (1961) Nr. 3. S. 356–364. — 5 Abb., 3 Tab., 19 Lit.

Die Wassergeschwindigkeit nimmt in den Oberflächenschichten mit der Windgeschwindigkeit zunächst in einem linearen Verhältnis zu, bis die kritische Windgeschwindigkeit (im Mendotasee 5,7–6,1 m/s) erreicht wird. Übersteigt die Windstärke diesen Punkt, dann ist ein Abnehmen der Strömungsgeschwindigkeit zu verzeichnen. G. Seifert. 6135.

Golubić, Stjepko; Zagreb. **Der Vrana-See auf der Insel Cres — ein Chara-See.** Verh. int. Verein. theoret. angew. Limnol. **14** (1959, hrsg. 1961) S. 846–849. — 1 Abb., 10 Lit.

Der oligotrophe Vrana-See auf der Insel Cres in der Nordadria ist ein blauer, geschichteter See mit einer Sichttiefe von 12–23 m, einem pH-Wert von 8,1 und 70 mg/l Chlorid. Während nur ein armes Plankton vertreten ist, fallen unter der gut entwickelten Litoralvegetation bes. Characeen auf. In einer Tiefe um 10 m bildet *Chara polyacantha* einen Gürtel. Dieser wird in 20 m Tiefe von *Ch. fragilis* abgelöst; bei 30 m Wassertiefe kommt *Nitella opaca* vor, und *Spirogyra* bildet in 50–52 m Tiefe die untere Grenze der autotrophen Pflanzen. M. Schlüter. 6135.

Aleem, Anwar Abdel; Alexandria. Ecology of diatoms in the ancient Fayoum Lake (Upper Egypt). **(Ökologie der Diatomeen in dem ehemaligen Fayoum-See [Oberägypten].)** Verh. int. Verein. theoret. angew. Limnol. **14** (1959, hrsg. 1961) S. 918–919. – 8 Lit.

Während des Paläo- und Neolithikums war die Fayoum-Landsenke ein riesiger Süßwassersee, von dem nur der Quarun-See übriggeblieben ist. In einer Diatomeen-Ablagerung des vorgeschichtlichen Sees stellte Vf. 128 Formen fest. Anhand der gefundenen Arten wird für den Fayoum-See eine durchschnittl. Wassertemperatur von ca. +22,5 °C unter subtropischen Klimabedingungen angenommen. Die gefundenen alkaliphilen oder alkalibionten Diatomeen deuten auf alkalisches Wasser und Calciumkarbonat-Reichtum hin; auch war der See wahrscheinlich reich an Phosphor und Stickstoff. M. Schlüter. 6135.

Fogg, G. E. und Belcher, J. H.; London. Physiological studies on a planktonic „μ-alga". **(Physiologische Studien an einer planktischen „μ-Alge".)** Verh. int. Verein. theoret. angew. Limnol. **14** (1959, hrsg. 1961) S. 893–896. – 4 Abb., 8 Lit.

Vff. prüften an Hand von bakterienfreien Kulturen die Annahme Rodhes (1955) nach, ob subarktische, grüne „μ-Algen" im Dunkeln wachsen können. Die Algen stammten vom Torneträsk (68° 25′ N, 18° 50′ O) und wurden als *Chlorella pyrenoidosa* bestimmt. Die max. Wachstumsrate k während der exponentiellen Phase betrug 0,37 bei +20 °C. Beachtenswert sind dabei die hohen Lichtsättigungswerte (>15000 m. c.). Es gelang nicht, ein Wachstum im Dunkeln unter Hinzufügung verschiedener org. Substanzen als Kohlenstoffquelle zu erzielen. Allerdings nahmen die Algen bei niedrigen Lichtintensitäten etwas gelöste org. Stoffe auf, die von den Algen selbst abgegeben wurden. M. Schlüter. 6135.

Seidel, Käthe; Plön. **Zur Problematik der Keim- und Pflanzgewässer.** Verh. int. Verein. theoret. angew. Limnol. **14** (1959, hrsg. 1961) S. 1035–1043. – 4 Abb., 4 Tab.

Vf. führte Pflanz- und Keimversuche in sauerstoff-freien städtischen, industriellen und |Molkereiabwässern durch. Für Pflanzversuche wurden mit gutem Erfolg Schwebekulturen auf einem Drahtgeflecht von *Typha, Sparganium, Acorus, Spartina*, Getreide und Sonnenblumen in völlig pflanzenfreiem Molkereiabwasser gezogen. Die Keimung von Pflanzen in derartigen Gewässern wurde auf Gummiringen mit Filtrierpapier erreicht; anschließend gutes Wachstum zeigten *Avena, Triticum, Helianthus, Phalaris* und *Cyperus*-Arten. M. Schlüter. 6135.

Lemasson, Colette; Paris, Sorbonne, Lab. de Bot. Étude en culture d'un Cladophora. **(Kulturversuche an Cladophora.)** C. R. hebd. Séances Acad. Sci. **254** (1962) Nr. 3. S. 540–542. – 10 Abb., 6 Lit.

Beschreibung der Vermehrungsverhältnisse im Kulturversuch. 6135.

Gilchrist, B. M. und Green, J.; London, Bedford Coll., Zool. Dep. Carotenoid pigments in rotifera. **(Carotinoide Pigmente bei Rotatorien.)** Nature [London] **195** (1962) Nr. 4844. S. 905–907. – 1 Abb., 1 Lit.

4 Fraktionen carotinoider Pigmente aus dem Rotator *Philodina roseola* konnten eluiert werden. Eine gelbe Fraktion mit dem Absorptionsmaximum bei 449 mμ ist anscheinend β-Carotin, das ca. 10% der Gesamtpigmentmenge ausmacht. Eine 2. Fraktion hat ihr Maximum bei 468–470 mμ und ist ein Ester des Astaxanthins. Sie ist mit 35% an der Gesamtmenge beteiligt. Die 3. Fraktion machte weniger als 5% aus und konnte daher nicht näher untersucht werden. Die letzte Fraktion war dunkel-orange. Ihr Absorptionsmaximum in Leichtpetroleum war wiederum bei 468–470 mμ. Die Carotinoide werden mit der Nahrung aufgenommen und in Astaxanthin umgeformt. Beobachtungen an *Brachionus calyciflorus* bestätigen die Annahme.

M. Hegemann. 6135.

Nachtigall, Werner; München. **Die Mechanik der Schwimmbewegungen bei der Acilius-Larve (Coleoptera, Dytiscidae).** Int. Rev. ges. Hydrobiol. **47** (1962) Nr. 3. S. 413-430. — 15 Abb., 11 Lit.

Vf. untersuchte die Schwimmbewegung mit Hilfe der Hochfrequenzkinematographie. Die Beine werden gestreckt nach hinten geschlagen und gebeugt nach vorn gezogen, wobei die Schwimmhaare einen wesentlichen Anteil am Vortrieb haben. Durch den rel. großen Rücktrieb erreicht die Larve trotz hoher Frequenz (4-5 Hz) nur eine Geschwindigkeit von 2-6 cm/s. Zur Stabilisation des Schwimmens mit 6 asynchron schlagenden Beinen dienen das schräg angehobene Abdomen und der Schwanzfächer. Die Larve bewegt die Beine nach dem Schema des normalen Insektenganges, wobei das 3. Beinpaar das Hauptvortriebs-, das 1. Beinpaar das Hauptsteuerorgan darstellt. Die Steuerbewegungen werden kinematisch und morphologisch analysiert. Die Fluchtbewegung ist eine „Schnicksbewegung", bewirkt durch die Kontraktion der abdominalen Längsmuskulatur, mit kurzzeitig stark gesteigerter Geschwindigkeit. Der Beutefang geschieht mit einer Stoßbewegung von Abdomen und Kopf plus Prothorax. Im Gegensatz zum schnellen „Jagdschwimmertyp" des Imago ist die Larve also ein langsamer „Lauerschwimmer".

W. v. Tümpling. 6135.

Meijering, Meertinus P. D.; Spiekeroog, Hermann-Lietz-Schule. **Häutung und Eiablage bei miktischen Weibchen von Daphnia magna Straus.** Z. wiss. Zool., Abt. A **167** (1962) Nr. 1/2. S. 105-115. — 4 Abb., 1 Tab., 17 Lit.

Vf. untersuchte die Herzfrequenz von *D. magna* während der Häutung, die der Ausbildung eines Ephippiums vorausgeht, sowie in der darauf folgenden Häutung. Die Herzfrequenz verhält sich gleichsinnig bei diesen beiden Häutungen wie bei allen übrigen, bei der Ablage von Subitan- und Dauereiern: Sie steigt zur Häutung an, sinkt während der Häutung und Eiablage ab, um nach kurzem Anstieg wieder auf die normale Frequenz zu fallen. Insgesamt umfaßt das Stadium von der Häutung bis zur Dauereiablage 200000 bis 337000 Herzschläge, sehr viel mehr, als der Zeitraum Häutung bis Subitaneiablage. Demgegenüber weist das Stadium von der Dauereiablage bis zur nächsten Häutung sehr viel weniger Herzschläge auf, als auf die Ablage eines Subitaneies folgen. Insgesamt erscheint das Ephippialstadium zeitlich ein wenig gedehnt, in der Zahl der Herzschläge jedoch stark verkürzt. Die Verlängerung des Zeitraumes von der Häutung bis zur Dauereiablage vergrößert die Wahrscheinlichkeit der Kopulation, allerdings konnte auch die Ablage von Dauereiern ohne vorher gehende Befruchtung beobachtet werden. Es wird ein hormonaler Steuerungsmechanismus mit herzfrequenzsenkender (Legehormon) und herzfrequenzsteigender (Häutungshormon) Wirkung angenommen.

W. v. Tümpling. 6135.

Meijering, Meertinus P. D.; Spiekeroog, Hermann-Lietz-Schule. **Längenwachstum und Geschlechtsreife bei Männchen von Daphnia magna Straus.** Z. wiss. Zool., Abt. A **167** (1962) Nr. 1/2. S. 116-121. — 3 Abb., 10 Lit.

Vf. beschreibt einen Test zur Ermittlung der Geschlechtsreife bei *Daphnia*-Männchen: Beim Einlegen in 48%iges Äthanol werden von den reifen Tieren innerhalb 60 Sek. die Spermien ausgestoßen. Mit Hilfe dieses Testes wird der Zeitpunkt der Reife in Abhängigkeit von Größe, Wachstum und Häutungszahl ermittelt. Wie bei den Weibchen tritt auch bei den Männchen in Abhängigkeit vom Medium die Reife zu Beginn des 5., 6. oder 7. Stadiums ein. Im Gegensatz zu den Weibchen wird die Reife jedoch nach einem Stadium erreicht, in dem das Wachstum bereits herabgesetzt ist, was bei den Weibchen erst nach Eintritt der Reife geschieht. W. v. Tümpling. 6135.

Maffi, Mario; Salisbury, South Rhodesia. Triops granarius (Lucas) (Crustacea) as a natural enemy of mosquito larvae. **(Triops granarius [Crustacea] als ein natürlicher Feind von Moskito-Larven.)** Nature [London] **195** (1962) Nr. 4842. S. 722. — 1 Abb., 6 Lit.

Vf. beschreibt nach Beobachtungen aus mehreren Orten in Somalia, daß *T. granarius* niemals mit *Anopheles*-Larven gemeinsam im gleichen Gewässer vorkommt. Da in u. U. nur wenige Meter voneinander entfernten Gewässern entweder *T. granarius* oder *Anopheles*, aber niemals beide gemeinsam vorkamen, muß *T. granarius* als natürlicher Feind von *Anopheles* angenommen werden. Allerdings konnte nie beobachtet werden, daß *T. granarius Anopheles*-Larven fing oder fraß. W. v. Tümpling. 6135.

Berg, Kaj; Hillerød, Danmark. On the oxygen consumption of some freshwater snails. **(Über den Sauerstoffverbrauch einiger Süßwasserschnecken.)** Verh. int. Verein. theoret. angew. Limnol. **14** (1959, hrsg. 1961) S. 1019-1022. — 2 Abb., 4 Lit.

Vf. untersuchte den Sauerstoffverbrauch von 8 Süßwasserschnecken. *Lymnaea palustris* und *Bithynia leachi* zeigten in den ersten 24 Std. des Versuchs eine Verminderung des O_2-Verbrauchs, was durch das beginnende Hungern verursacht sein kann. Es besteht eine deutliche Beziehung zwischen Gewicht und Oberfläche der Tiere und ihrem Sauerstoffverbrauch, doch ist dieses Verhältnis nicht artspezifisch. Bei den meisten Arten scheint der O_2-Verbrauch unabhängig vom O_2-Gehalt des Mediums zu sein, während bei einigen Arten der O_2-Verbrauch in direkter Abhängigkeit vom O_2-Gehalt des Mediums steigt oder fällt. W. v. Tümling. 6135.

Kuznetsov, S. I.; Moskau. **Hauptrichtung in der Erforschung der Mikroflora der Wolgastauseen.** Verh. int. Verein. theoret. angew. Limnol. **14** (1959, hrsg. 1961) S. 665-672. — 5 Tab., 16 Lit.

Mit Hilfe von radioaktiven Isotopen wurden Photo- und Chemosynthese in Staubecken untersucht. Die Anreicherung mit org. Stoffen wird auf dasPhytoplankton und Reste der Litoralvegetation zurückgeführt. Die höchsten Werte an org. Stoffen wurden in den ersten Jahren nach Füllung der Staubecken festgestellt, gleichzeitig erreichte die Gesamtzahl der Bakterien einen bes. hohen Wert. Mit zunehmender H_2S-Bildung durch Sulfatreduktion geht die Entwicklung der in den ersten Jahren geförderten Bodentierwelt zurück. M. Schlüter. 6138.

Popp, Egon; München, Zool. Staatssammlungen. **Semiaquatile Lebensräume (Bülten) in Hoch- und Niedermooren. I. Die Standortsfaktoren.** Int. Rev. ges. Hydrobiol. **47** (1962) Nr. 3. S. 431-464. — 16 Abb., 67 Lit.

Vf. untersuchte Hochmoor- (Sphagnetum-) und Weiher- (Carex-)bülten Süddeutschlands. Im Gegensatz zu den Carexbülten mit einheitlichem Aufbau weisen die Hochmoorbülten eine Sukzession im Pflanzenbestand auf. Die nassen aber prozentual wasserarmen Bülten geben rd. 3/4 der eingestrahlten Wärmemenge an die Luft ab. Infolge der schlechten Wärmeleitung innerhalb der Bülten dringt der Frost im Winter nicht tief ein. Es werden ausführliche Ergebnisse der Temperaturmessungen und der Temperaturschichtungen in

Abhängigkeit von der Lage, der Jahreszeit und dem Tagesgang angegeben. Die Verteilung der rel. Feuchtigkeit innerhalb verschiedener Bülten wird dargestellt, ebenso die Verhältnisse der Luftbewegung an den Bülten. Wichtigster chem. Faktor ist der pH-Wert. Das Innere der Hochmoorbülten weist saure Reaktion auf. Das Eulophidion umfaßt den Bültenkern und teilt sich in Bereiche verschiedener Feuchtigkeit, während das Hemilophidion sich auf die oberflächennahen Randschichten der Bülte erstreckt und alle Zonen unterschiedlicher Durchfeuchtung umfaßt. Abschließend werden die wesentlichen Unterschiede zwischen Hochmoorbülte – höhere Tagestemperaturextreme, niedrigere Jahresextreme, ungünstigere Durchlüftung, intensivere Durchfeuchtung, geringerer pH-Wert – und Weiherbülte zusammengestellt.
W. v. Tümpling. 6140.

Barthelmes, Detlev; Berlin-Friedrichshagen, Inst. für Fischerei der Dtsch. Akad. der Landwirtsch.-Wiss. zu Berlin. **Diaptomussterben durch einen Pilz der Gattung Aphanomyces.** Z. Fischerei Hilfswiss. [N. F.] **10** (1962) Nr. 6/7. S. 515-521. – 9 Abb., 1 Tab., 10 Lit.

Aphanomyces spec. wurde mit lebenden Exemplaren von *Diaptomus graciloides* und *D. gracilis* ins Labor eingeschleppt und verursachte hier ein Massensterben der beiden *Diaptomus*-Arten. Es ist möglich, daß ein gleiches *Diaptomus*-Sterben am Fangort – einem Karpfenteich der Teichwirtschaft Peitz – stattgefunden hat. Der Pilz scheint streng wirtsspezifisch zu sein.
D. Barthelmes. 6140.

Zimmermann, P. **Experimentelle Untersuchungen über den Einfluß der Strömungsgeschwindigkeit auf die Fließwasserbiozönose.** Verh. int. Verein. theoret. angew. Limnol. **14** (1959, hrsg. 1961) S. 396-399. – 1 Lit. Vgl. LZ. Abt. III **7** (1962) Nr. 9. S. 1972. 6145.

Schmidt, B. und Kampf, W.-D.; Berlin-Dahlem, Univ., Inst. für Hyg. und Med. Mikrobiol. **Quantitative Bestimmung der Nitrat- und Nitritreduktion durch Bakterien aus Oberflächenwasser.** Gesundheits-Ing. **82** (1961) Nr. 11. S. 339-343. – 3 Tab., 23 Lit.

Von 9 Laborstämmen und 76 nicht näher bestimmten Stämmen aus dem Oberflächenwasser der Havel bei Berlin wurde das Reduktionsvermögen gegenüber Nitrat und Nitrit geprüft. Die meisten Stämme reduzierten beide Oxydationsstufen, obgleich bei gleichzeitiger Vorlage von $NaNO_3$ und $NaNO_2$ ersteres bevorzugt wurde. Ein *Pseudomonas-fluorescens*-Laborstamm reduzierte am stärksten, und zwar bis zum gasförmigen Stickstoff. Eine größere Menge Nitrit reduzierte auch ein *Klebsiella*-Laborstamm. Für die Entfernung eutrophierender oxydierter Stickstoffverbindungen aus Klärwasser (3. Reinigungsstufe nach Wuhrmann) scheinen *Ps. fluorescens*-Stämme von großer Bedeutung zu sein. Th. Mattheis. 6145.

Sutcliffe, D. W.; New Castle, Univ. of Durham, Dep. of Zool. Studies on salt and water balance in caddis larvae (Trichoptera). I. Osmotic and ionic regulation of body fluids in Limnephilus affinis Curtis. **(Untersuchungen über den Salz- und Wasserausgleich in Köcherfliegenlarven [Trichoptera]. 1. Mitt. Osmo- und Ionenregulation der Körperflüssigkeit bei Limnephilus affinis.)** J. exp. Biology **38** (1961) Nr. 3. S. 501-519. – 7 Abb., 5 Tab., 33 Lit. 6145.

Sutcliffe, D. W.; New Castle, Univ. of Durham, Dep. of Zool. Studies on salt and water balance in caddis larvae (Trichoptera). II. Osmotic and ionic regulation of body fluids in Limnephilus stigma Curtis and Anabolia nervosa Leach. **(Untersuchungen über den Salz- und Wasserausgleich in Köcherfliegenlarven [Trichoptera]. 2. Mitt. Osmo- und Ionenregulation der Körperflüssigkeit bei Limnephilus stigma und Anabolia nervosa.)** J. exp. Biology **38** (1961) Nr. 3. S. 521-530. – 8 Abb., 15 Lit. 1. Mitt. vgl. vorst. Titel. 6145.

Ponyi, E. J.; Tihany, Ungarn. **Die Lage der limnologischen Untersuchungen der ungarischen Natrongewässer und deren neueste Resultate.** Verh. int. Verein. theoret. angew. Limnol. **14** (1959, hrsg. 1961) S. 1132-1135.

Die untersuchten Gewässer ziehen sich in NW-SO-Richtung in einer Ebene zwischen Kiskunfélegyháza und Szeged hin. Der Erdboden dieses Gebiets gehört zu dem sodahaltigen Untertypus der strukturlosen Natronterraine. Er ist durch den Gehalt an Na^+ und CO_3^{--} stark alkalisch, es treten pH-Werte zwischen 8,5–9,5 auf. Die Natrongewässer sind in chem. Hinsicht starken Konzentrationsschwankungen hinsichtlich ihres Gehalts an CO_3^{--}-, HCO_3^{--}- und Ca^{++}-Ionen unterworfen. Im Sommer treten max. pH-Werte von über 10,5 und Gesamtsalzgehalte von über 20000 mg/l auf. Vf. schlägt eine Unterteilung dieser Gewässer in Natronsalzgewässer, Natrongewässer und nur zeitweilig von Wasser überstaute Flächen vor. Neben eingehenden chem. Untersuchungen werden die algologischen, zool. und optischen Untersuchungen an diesen Gewässern nur kurz behandelt. D. Nehring. 6148.

Knie, K.; Wien. **Über den Chemismus der Wässer im Seewinkel der Salzlackensteppe Österreichs.** Verh. int. Verein. theoret. angew. Limnol. **14** (1959, hrsg. 1961) S. 1142-1143.

Die Gewässer der Salzlackensteppe Österreichs sind entsprechend dem vorhandenen Untergrund mehr oder minder trübe. Ihre org. Belastung entstammt hauptsächlich einer Unmenge verfaulenden Schilfs, während die Exkremente des Wassergeflügels und der Viehherden nur eine untergeordnete Rolle spielen. Der pH-Wert ist alkalisch und kann Werte bis 10 erreichen; der Salzgehalt, der sich hauptsächlich aus Kochsalz, Soda und Glaubersalz zusammensetzt, kann bis zu 10000 mg/l betragen. Es handelt sich um harte Wässer, wobei die leichter löslichen Mg-Salze die Ca-Salze in ihrer Konzentration übertreffen. In sehr stark sodahaltigen Gewässern kommt es zu einer natürlichen Enthärtung. Hinsichtlich des Salzgehaltes bestehen in den einzelnen Lacken nur in gradueller, nicht dagegen in chem. Hinsicht Unterschiede.

D. Nehring. 6148.

Markowski, S. Faunistic and ecological investigations in Cavendish Dock, Barrow-in-Furness. **(Faunistische und ökologische Untersuchungen im Cavendish Dock, Barrow-in-Furness.)** J. Animal Ecol. **31** (1962) Nr. 1. S. 43 bis 51. — 2 Abb., 2 Tab., 3 Lit.

Vf. gibt einen Überblick über die Artenzusammensetzung der Wirbellosen und Fische im Cavendish Dock, wobei bes. Augenmerk auf das Zooplankton gerichtet wird. Das Untersuchungsgebiet ist 59,3 ha groß, ein Kraftwerk entnimmt hier Kühlwasser. Es wurden insgesamt 56 Arten bestimmt. Die Zooplanktonzusammensetzung wird über zwei Jahreszyklen verfolgt, die Benthosuntersuchungen schildern nur die hauptsächlichen Populationen. Die Veränderungen der Dockfauna und ihre möglichen Ursachen werden diskutiert. Besatzversuche mit *Salmo trutta* erwiesen die Möglichkeit der Bewirtschaftung des Gewässers. Spezielle Untersuchungen zeigen, daß die Auswirkungen des Kraftwerkes die gefundenen Arten nicht beeinflussen.

J. Waldmann. 6148.

Traut, Walther; Hamburg, Zool. Staatsinst., Zool. Museum. **Zur Geschlechtsbestimmung bei Gammarus duebeni Lillj. und verwandten Arten (Crustacea, Amphipoda).** Z. wiss. Zool., Abt. A **167** (1962) Nr. 1/2. S. 1-72. — 19 Abb., 25 Tab., 161 Lit.

Vf. konnte aus allen Populationen von 2 Standorten rein weibliche (thelygene), rein männliche (arrhenogene) und amphogene Zuchten isolieren. Die Thelygenie zeigte dabei rein mütterliche, nicht mendelnde Vererbung, die wahrscheinlich plasmatisch bedingt ist. Ihr populationsgenetisches Verhalten (Aussterben der thelygenen Stämme) ist noch völlig ungeklärt. Nach den sehr umfangreichen Versuchen (14500 Tiere) hat *G. duebeni* eine polyfaktorielle

Geschlechtsbestimmung, wobei ein Teil der Geschlechtsrealisatoren sich zusätzlich noch prädeterminierend auswirkt. Umweltseinflüsse vermögen in Abhängigkeit von der genetischen Konstellation der Tiere das Geschlechtsverhältnis zu verschieben. Im Gegensatz zu den Ergebnissen Kinnes war jedoch keinerlei Einfluß der Temperatur auf die Geschlechtsbestimmung nachweisbar. W. v. Tümpling. 6148.

Stommel, Henry; Cambridge, Mass., Harvard Univ. An analogy to the Antartic Circumpolar Current. **(Eine Analogie zum antarktischen Zirkumpolar-Strom.)** J. Marine Res. **20** (1962) Nr. 1. S. 92-96. — 2 Abb., 3 Lit.
Der antarktische Zirkumpolar-Strom wurde bereits beschrieben, es ist bisher jedoch keine theoretische Analyse gegeben worden, die das Wesen des Hindurchströmens durch die Drake-Passage beschreibt. Es entstehen Schwierigkeiten bei der Beschreibung der Grenzbedingungen, bes. längs der westlichen Küste der Palmer-Halbinsel, wo ein östlicher Grenzstrom vorhanden sein muß. Die Verhältnisse sind unklar, und zum besseren Verständnis untersucht Vf. eine analoge Situation in einem Laboratoriumsversuch, wie er bis dahin noch nicht durchgeführt wurde. Ein wesentlicher Teil des Experimentes war das Vorhandensein von wenigstens einer Radialschranke. Die Ergebnisse geben eine plausible Erklärung des verwirrenden antarktischen Zirkumpolar-Stroms. J. Waldmann. 6150.

Reid jun., Joseph L.; La Jolla, Calif., Scripps Instn. of Oceanography. Measurements of the California countercurrent at a depth of 250 meters. **(Messungen des Kalifornien-Gegenstroms in einer Tiefe von 250 m.)** J. Marine Res. **20** (1962) Nr. 2. S. 134-137. — 1 Abb., 5 Lit.
Messungen der Strömung in 250 m Tiefe wurden mit Fallschirmkörpern durchgeführt, die in 5 Meilen Abstand auf einer Linie von 125 Seemeilen Länge ausgelegt worden waren. Die Experimente dauerten 48 Std. Ein Strom in nördlicher Richtung von ca. 40 Meilen Breite und einer max. Geschwindigkeit von 0,44 kt wurde nahe der Küste festgestellt. Längs der anschließenden 60 Meilen ging der Strom nach SE mit Geschwindigkeiten bis zu 0,51 kt. In dem küstenfernsten Abschnitt war die Strömungsrichtung NE und schien sich mit Geschwindigkeiten von 0,39-0,49 kt nach Ost und Südost zu wenden.
J. Waldmann. 6150.

Gurjanova, E. F. (Gurjanowa, Je. F.); Zool. Inst. der Akad. der Wiss. der UdSSR. Zonal'no-geografičeskie izmenenija na litorali tichookeanskogo poberež'ja Azii. **(Zonal-geographische Veränderung der Litoralzonen der pazifischen Küste Asiens.)** Doklady Akademii nauk SSSR, Moskva **141(29)** (1961) Nr. 2. S. 453-456. — 1 Tab., 10 Lit.
Der zusammenfassenden Darstellung der Veränderungen der Litoralzonen der pazifischen Küste Asiens liegen 30jährige Untersuchungen zugrunde. Die Angaben beziehen sich auf biol. Fakten. An der pazifischen Küste Asiens werden in bezug auf die Litoralzonen 2 geographische Gebiete unterschieden: 1. Nordpazifisches boreales Gebiet und 2. Indo-westpazifisches Gebiet mit 3 Provinzen (Japanisches Meer, Gelbes Meer und Seegebiet um Hainan). Auffallend ist die niedrige Artenzahl im Gelben Meer, das in warmen Breiten liegt. Die Ursachen dürften in den niedrigen Wintertemperaturen dieses Seegebietes zu suchen sein. G. Predel. 6150.

Herlinveaux, R. H.; Nanaimo, Brit. Columbia, Fisheries Res. Board of Canada, Pacific Oceanographic Group. Oceanography of Saanich Inlet in Vancouver Island, British Columbia. **(Ozeanographie der Saanich-Bucht in Vancouver Island, Britisch-Kolumbien.)** J. Fisheries Res. Board Canada **19** (1962) Nr. 1. S. 1-37. — 25 Abb., 1 Tab., 26 Lit.
Die Saanich-Bucht ist ein Fjord von 24 km Länge mit einer Schwelle von 75 m Tiefe am Eingang und einem dahinterliegenden Becken von 234 m Tiefe.

Die Untersuchungsergebnisse von 1927-1960 werden mitgeteilt, sie umfassen Temperatur, Salzgehalt, Dichte, O_2 und Schallgeschwindigkeit im Jahreszyklus. Oberhalb der Schwellentiefe entsprechen die Bedingungen denen der angrenzenden Gewässer der Straße von Georgia. Die Wassermassen unterhalb der Schwellentiefe sind isoliert, O_2-arm und H_2S-haltig. In der oberen Schicht besteht eine schwache Ästuar- und Tidenströmung. Nahe der Eingangsschwelle wurde eine echozerstreuende Schicht festgestellt, die aus Planktonkonzentrationen und Fischen besteht. Die Wandermöglichkeiten sind begrenzt. J. Waldmann. 6150.

Lane, R. K.; Nanaimo, Brit. Columbia, Fisheries Res. Board of Canada, Pacific Oceanographic Group. A review of the temperature and salinity structures in the approaches to Vancouver Island, British Columbia. **(Überblick über Temperatur und Salzgehaltsstrukturen in der Umgebung von Vancouver Island, Britisch-Kolumbien.)** J. Fisheries Res. Board Canada **19** (1962) Nr. 1. S. 45-91. — 37 Abb., 1 Tab., 40 Lit.
Die ozeanographischen Beobachtungen längs der Westküste von Vancouver Island seit 1933 wurden zusammengestellt. Ein Gebiet mit den häufigsten Untersuchungsdaten wurde bes. ausgewählt und als repräsentativ betrachtet. Temperatur und Salzgehalt werden zu Süßwassereinstrom, Sonneneinstrahlung, Wind und Ozeaneinfluß in Beziehung gesetzt. Im Frühling entsteht ein 20-40 m tief liegender Salzsprung in Küstennähe, durch Sonneneinstrahlung im Sommer wird die Schichtung verstärkt, die erst im Herbst durch Abkühlung und SE-Winde zerstört wird. Die ozeanographischen Strukturen in Küstennähe werden oft durch kurzzeitige Schwankungen überdeckt.
J. Waldmann. 6150.

Gilmartin, Malvern; Vancouver, Brit. Columbia, Univ., Inst. of Oceanography. Annual cyclic changes in the physical oceanography of a British Columbia fjord. **(Jährliche zyklische Änderungen in der physikalischen Ozeanographie eines Fjords in Britisch-Kolumbien.)** J. Fisheries Res. Board Canada **19** (1962) Nr. 5. S. 921-974. — 27 Abb., 4 Tab., 42 Lit.
Ein charakteristischer Fjord der Küste Britisch-Kolumbiens, der Indian Arm (49° 30' N, 122° 53' W) wurde von 1956-1959 auf 35 Terminfahrten intensiv untersucht. Der Jahreszyklus von Salz, Temperatur, Dichte, O_2 und Klima wird dargestellt. An Hand dieser Werte wird eine Analyse der Zirkulation und Strömung von Fjordgewässern unternommen. Das Untersuchungsgebiet ist 22,1 km lang, die mittlere Tiefe ist 200 m, eine 26 m tiefe Schwelle schließt es stark ab. In den Fjord mündet der Indian River. In der Tiefe zeigen sich die typischen Merkmale eines ruhenden Wasserkörpers.
J. Waldmann. 6150.

Parsons, T. R. und Strickland, J. D. H.; Nanaimo, Brit. Columbia, Fisheries Res. Board of Canada, Pacific Oceanographic Group. Oceanic detritus. **(Ozeanischer Detritus.)** Science [Washington] **136** (1962) Nr. 3513. S. 313-314. — 1 Tab., 7 Lit.
Menge und chem. Zusammensetzung des ozeanischen Detritus im nordöstlichen Pazifik wurde in verschiedenen Tiefen von der Oberfläche bis zu 3000 m gemessen. Die Ergebnisse zeigen, daß der ozeanische Detritus als Nahrungsquelle für die Sekundärproduzenten angesehen werden muß. Die Gesamtdetritusmenge/m^2 scheint mindestens 500 g org. Trockensubstanz zu betragen. Bis zur Tiefe von einigen hundert Metern tritt keine Abnahme in der Detritusmenge oder ihres Proteingehaltes ein. Weitere Untersuchungen sind notwendig, um die Rolle des Detritus in der Nahrungskette zu klären.
J. Waldmann. 6150.

Ivanenkov, V. N. (Iwanenkow, W. N.) Pervičnaja produkcija Beringova morja. **(Die Urproduktion im Beringmeer.)** Trudy Instituta okeanologii.

Akademija nauk SSSR, Moskva **51** (1961) S. 37-56. — 4 Abb., 7 Tab., 18 Lit. Zus. in Engl.
Die Urproduktion des Beringmeers wurde an Hand der Veränderungen des O_2-Gehaltes im Laufe des Tages berechnet. Die Gesamturproduktion des Gewässers während einer Vegetationsperiode beträgt 874,5 Mill. t Kohlenstoff. In 1 m³ werden durchschnittl. 10 g C/Vegetationsperiode produziert. Dabei entfallen auf die neritische Zone 24,2 und auf die ozeanische Zone 4,6 g C/m³. Vergleichswerte sind aus dem Asowschen Meer mit 57 g C/m³ und aus dem Kaspischen Meer mit 10 g C/m³ und Vegetationsperiode angeführt. Das Maximum der Urproduktion im Beringmeer wird mit ca. 77% in der Frühjahrssaison erzeugt. Die Methodik der Untersuchung wird beschrieben.
G. Predel. 6150.

Semina, G. I. Fitoplankton zony smešenija vod Ojasio i Kurosio vesnoj 1955 g. **(Das Phytoplankton der Mischungszone von Oyashio und Kuroshio im Frühjahr 1955.)** Trudy Instituta okeanologii. Akademija nauk SSSR, Moskva **51** (1961) S. 3-15. — 4 Abb., 1 Tab., 26 Lit. Zus. in Engl.
Im Frühjahr 1955 untersuchte die „Witjas" auf 2 Schnitten in der Mischungszone beider Ströme bis zu 100 m Tiefe das Phytoplankton. Die wichtigsten Arten, die den Hauptteil der Biomasse auf den einzelnen Stationen stellten, werden angeführt. In der Mischungszone fehlte die tropische Art *Planktoniella sol* fast völlig. Diese Art lebt in tropischen Gewässern in tieferen Schichten. Ihr Fehlen wird als Beleg dafür gewertet, daß mit dem warmen Kuroshio-Strom nur tropisches Oberflächenwasser nach Norden dringt. Die Biomasse des Phytoplanktons war auf den einzelnen Stationen sehr unterschiedlich und schwankte zwischen 0,5 mg/m³ und 2300 mg/m³. G. Predel. 6150.

Rathsack-Künzenbach, Ragna; Berlin-Buch, Inst. für Med. und Biol., Arbeitsgruppe Bot. **Zur Cyanophyceenflora der Westküste von Rügen. I.** Int. Rev. ges. Hydrobiol. **46** (1961) Nr. 4. S. 653-663. — 18 Lit.
Für die Hiddenseeer Gewässer mit einem Salzgehalt von 8‰ werden für natürliche Standorte und von Testplatten für Schiffsanstriche 33 Blaualgen-Spezies angegeben. Die größte Artenzahl erreicht diese Algengruppe in den geschützten Bodden, die größte Individuenzahl dagegen an den windexponierten Küsten. M. Schlüter. 6150.

Beljaeva (Sečkina), T. V. (Beljajewa [Setschkina], T. W.) Diatomovye v poverchnostnom sloe osadkov severo-zapadnoj časti Tichogo okeana. **(Diatomeen in der Oberflächenschicht der Ablagerungen des nordwestlichen Pazifiks.)** Trudy Instituta okeanologii. Akademija nauk SSSR, Moskva **46** (1961) S. 231-246. — 6 Abb., 3 Tab., 22 Lit. Zus. in Engl.
Untersucht wurden die Diatomeen in den oberen Schichten der Bodenablagerungen auf 89 Stationen im Seegebiet östlich von Kamtschatka zwischen 48 und 56° N in Tiefen von 29 bis 7940 m. Die Diatomeenflora des Planktons spiegelt sich im wesentlichen auch in den Ablagerungen wider. Von den nahegelegenen Küsten Kamtschatkas und der Kommandeur-Inseln wird auch die Zusammensetzung der Diatomeen in den Bodenablagerungen beeinflußt, weil Süßwasser- und Sublitoralformen von dort aus ins Meer gelangen. Gegenüber der Diatomeenflora des Ochotskischen Meeres und des Beringmeeres traten auch im NW-Pazifik keine bemerkenswerten Unterschiede auf. Gefunden wurden insgesamt 128 Arten, die in Listen mit Fundort, Herkunft und Häufigkeit aufgeführt werden. G. Predel. 6150.

Beklemišev, K. V. (Beklemischew, K. W.) O značenii kolonial'nosti dlja planktonnych diatomej. **(Über die Bedeutung der Zellkolonien für planktische Diatomeen.)** Trudy Instituta okeanologii. Akademija nauk SSSR, Moskva **51** (1961) S. 16-30. — 3 Abb., 27 Lit. Zus. in Engl. Vgl. LZ. Abt. III **5** (1960) Nr. 6. S. 989.

Die vorliegende Arbeit stellt eine Ergänzung zu einer 1959 erschienenen Arbeit dar, indem sie die Fortschritte in der Erkenntnis auf diesem Gebiet in den letzten 4 Jahren betrachtet. Die Diatomeenkolonien werden hauptsächlich aus Arten mittlerer Größe gebildet. Die Koloniebildung dürfte vor allem als Schutzanpassung gegenüber dem Gefressenwerden anzusehen sein. Die Kolonie stellt einen Kompromiß an die Umwelt dar, denn es verringert sich dabei die spez. Oberfläche, deren Größe für die Möglichkeit der Nahrungsaufnahme verantwortlich ist. Kleine Diatomeen (unter 10 μ) und große (über 100 μ) werden weniger von den Planktontieren gefressen. Deshalb ist auch hier der Prozentsatz solitärer Arten bedeutend größer als bei den Diatomeen mittlerer Größe. G. Predel. 6150.

Beklemišev, K. V., Petrikova, M. N. und Semina, G. I. (Beklemischew, K. W., Petrikowa, M. N. und Semina, G. I.) O pričine plavučesti planktonnych diatomovych. **(Über die Ursache der Schwimmfähigkeit planktischer Diatomeen.)** Trudy Instituta okeanologii. Akademija nauk SSSR, Moskva **51** (1961) S. 33-36. — 1 Tab., 9 Lit. Zus in Engl.

Aus der zu den Centrales gehörenden großen tropischen Diatomee *Ethmodiscus rex* wurde der Zellsaft entnommen und auf seinen Gehalt an Cl-, Na-, K-, Ca-, Mg- und SO_4-Ionen untersucht. Die Alge hat eine Zellsaftmenge von 0,5 bis 1,5 mm^3. Es zeigte sich, daß Mg-Ionen im Zellsaft völlig fehlen und die Konzentration der übrigen Ionen, mit Ausnahme der K-Ionen, geringer ist als im normalen Meerwasser. Die verminderte Ionenkonzentration zieht eine Verringerung des spez. Gewichtes nach sich und dürfte auch für die Schwimmfähigkeit verantwortlich sein. G. Predel. 6150.

Semina, G. I. Novyj vid planktonnoj diatomovoj vodorosli roda Chaetoceros Ehr. iz central'noj časti Tichogo okeana. **(Eine neue Art der planktischen Diatomeen der Gattung Chaetoceros aus dem zentralen Pazifik.)** Trudy Instituta okeanologii. Akademija nauk SSSR, Moskva **51** (1961) S. 31-32. — 1 Abb. Zus. in Engl.

Auf 2 Stationen im zentralen Pazifik wurde eine neue Art der Gattung *Chaetoceros* gefunden. Diese Art besitzt einige interessante Kennzeichen, wie sie früher bei den Vertretern der Fam. Chaetoceraceae noch nicht festgestellt wurden. Diese Besonderheiten veranlaßten Vf., eine neue Sektion Subconica aufzustellen und die neue Art als *Chaetoceros* (*Hyalochaete*) *pazificus* zu bezeichnen. Insgesamt wurden 3 Vertreter dieser Art, deren Merkmale beschrieben sind, gefunden. G. Predel. 6150.

Polikarpov, G. G. (Polikarpow, G. G.); Sewastopol, Biol. Stat. der Akad. der Wiss. der UdSSR. O stabil'nosti koėfficientov nakoplenija stroncija^{90}, ittrija^{91} i cerija^{144} v morskich vodorosljach. **(Über die Stabilität der Anreicherungskoeffizienten von Strontium^{90}, Yttrium^{91} und Cerium^{144} in Meerespflanzen.)** Doklady Akademii nauk SSSR, Moskva **140(29)** (1961) Nr. 5. S. 1192-1194. — 2 Abb., 1 Tab., 5 Lit.

Es wurde die Stabilität der Akkumulationskoeffizienten radioaktiver Stoffe untersucht, und zwar mit ^{90}Sr und ^{144}Ce bei *Cystoseira barbata* und mit ^{91}Y bei *Ulva rigida*. Die Algen wurden in radioaktiven Lösungen gehalten, die sich in Glasaquarien befanden. Bei ^{90}Sr trat nach 2 Tagen und bei ^{144}Ce nach 6 Tagen eine Sättigung ein. Bei ^{91}Y war nach 2-4 Tagen die Sättigung erreicht. Weder bei unterschiedlichen Konzentrationen noch durch den Zusatz neuer Isotopenlösungen wurden die Akkumulations-Koeffizienten verändert. G. Predel. 6150.

Wickstead, J.; Zanzibar. Plankton on the North Kenya banks. **(Plankton auf den Nord-Kenya-Bänken.)** Nature [London] **192** (1961) Nr. 4805. S. 890 bis 891. — 4 Lit.

Die Nord-Kenya-Bänke, ein neuentdecktes flaches und ergiebiges Fanggebiet in der Nähe von Lamu, wurde im Rahmen der Planktonuntersuchungen längs der ostafrikanischen Küste planktologisch untersucht. Die Lage der Stationsprofile wird beschrieben. Es wurden Vertikalzüge durchgeführt und Artenzusammensetzung und Trockengewicht festgestellt. Die Nord-Kenya-Bänke zeigten höchste Planktonwerte, max. wurden bis zu 161,6 mg/m³ Trockensubstanz gemessen. Die Wasserfärbung ist grünlich wie die der Nordsee, und nirgends tritt das Blau der ostafrikanischen küstenfernen Gewässer auf. Es ist unentschieden, ob die Kenya-Bänke Weidegründe für die Fische sind oder ob sie in erster Linie Laichplätze darstellen.
J. Waldmann. 6150.

Gejnrich, A. K. (Heinrich, A. K.) Sezonnye javlenija v planktone Mirovogo okeana. I. Sezonnye javlenija v planktone srednich i vysokich širot. **(Saisonerscheinungen im Plankton des Weltozeans. 1. Mitt. Saisonerscheinungen im Plankton hoher und mittlerer Breiten.)** Trudy Instituta okeanologii. Akademija nauk SSSR, Moskva **51** (1961) S. 57-81. — 5 Abb., 1 Tab., 53 Lit. Zus. in Engl.

Die Saisonveränderungen im Plankton an der SO-Küste Kamtschatkas und im Beringmeer sind ähnlich in bezug auf den Wechsel der vorherrschenden Arten und der Maxima von Phyto- und Zooplankton. Für hohe und mittlere Breiten lassen sich bei den pflanzenfressenden Copepoden folgende Hauptgruppen unterscheiden: 1. Arten, deren erste Vermehrung im Frühjahr vom Vorhandensein des Phytoplanktons abhängt. Die max. Jahresbiomasse tritt nach dem Jahresmaximum des Phytoplanktons auf. 2. Arten, deren Fortpflanzung nicht vom Phytoplankton abhängt. 3. Arten, bei denen die Fortpflanzung das gesamte Jahr über erfolgt, aber die stärkste Generation nach Phytoplanktonernährung auftritt. G. Predel. 6150.

Ponomareva, L. A. (Ponomarjowa, L. A.) Zooplankton zaliva Aniva. **(Das Zooplankton der Bucht von Aniwa.)** Trudy Instituta okeanologii. Akademija nauk SSSR, Moskva **51** (1961) S. 103-111. — 2 Abb., 21 Lit. Zus. in Engl.

Die Bucht von Aniwa ist eins der wichtigsten Fischfanggebiete Sachalins, bes. für den Heringsfang. 47 Planktonarten konnten bei den Untersuchungen nachgewiesen werden. Davon gehörten zu den Coelenterata 3, Pteropoda 2, Copepoda 27, Cladocera 2, Amphipoda 3, Euphausiacea 2, Cumacea 2, Mysidacea 1, Chaetognatha 1 und Appendicularia 4 Arten. Das Fehlen von Heringen im Herbst (Sept.) führt dazu, daß zu dieser Zeit das Planktonvorkommen im Gebiet größer ist als im Juni. Im Gegensatz zum Japanischen Meer, wo warmwasserliebendes Plankton vorherrscht, findet man in der Bucht von Aniwa neritische Kaltwasserformen. G. Predel. 6150.

Lubny-Gercyk, E. A. (Lubny-Gerzyk, Je. A.) Raspredelenie massovych vidov zooplanktona v Kamčatskom i Korfo-Karaginskom zalivach v avguste-sentjabre 1956 g. po sboram SRT „Akademik Šulejkin". **(Die Verteilung der massenhaft auftretenden Zooplankter in der Kamtschatker und Korfo-Karaginsker Bucht im August/September 1956 nach Untersuchungen des SRT „Akademik Schuleikin".)** Trudy Instituta okeanologii. Akademija nauk SSSR, Moskva **51** (1961) S. 112-115. — 2 Abb., 1 Lit. Zus. in Engl.

Es wird eine Übersicht über die Verteilung der Zooplanktonbiomasse unter 1 m² von 0 bis 100 m Tiefe bzw. von der Oberfläche bis zum Meeresboden, wenn die Tiefe unter 100 m liegt, gegeben. Die größte Biomasse wurde mit 100 bis 160 g/m² festgestellt, die geringste an einigen Stellen lag unter 1 g/m². Eine massenhaft vorkommende neritische Form ist *Centropages mcmurrichi*, die auf einigen Stationen mit 42750 Exemplaren, d. h. 6,8 g unter 1 m² gefunden werden konnte. G. Predel. 6150.

Gejnrich, A. K. (Heinrich, A. K.) O vertikal'nom raspredelenii i sutočnoj migracii kopepod v rajone k jugo-vostoku ot Japonii. **(Über die vertikale Verteilung der Copepodenwanderung im Seegebiet südöstlich von Japan.)** Trudy Instituta okeanologii. Akademija nauk SSSR, Moskva **51** (1961) S. 82-102. – 7 Abb., 4 Tab., 20 Lit. Zus. in Engl.

Die vorliegende Arbeit untersucht die vertikale Verteilung der wichtigsten Copepodenarten im Kuroshio-Strom und ihre tägl. Veränderungen. Insgesamt wurden 48 Arten untersucht, von denen sich 32 in Tiefen bis zu 500 m fanden. 4 Gruppen von Copepoden lassen sich nachweisen: 1. Arten, die im oberen Teil des Pelagials leben, 2. Arten, die im unteren Teil des Pelagials leben, 3. Arten, die im Bathypelagial und 4. Arten, die im Tiefenwasser leben. Wichtigste Besonderheit der tropischen Copepoden ist, daß die tägl. Vertikalwanderungen weniger intensiv sind, als es aus den borealen Gebieten bekannt ist. Das Maximum der Copepodenkonzentration liegt unter 25 m Tiefe.

G. Predel. 6150.

Grice, George D.; Woods Hole, Mass., Woods Hole Oceanographic Instn. Copepods collected by the nuclear submarine Seadragon on a cruise to and from the North Pole, with remarks on their geographic distribution. **(Die durch das Atom-U-Boot Seadragon auf einer Fahrt zum und vom Nordpol gesammelten Copepoden, mit Bemerkungen über ihre geographische Verbreitung.)** J. Marine Res. **20** (1962) Nr. 1. S. 97-109. — 3 Abb., 2 Tab., 47 Lit.

In das mittels Atomkraft angetriebene Unterseeboot Seadragon war ein automatischer Planktonsammler eingebaut. Das Gerät wird kurz beschrieben. Die 90 während einer Fahrt vom Nordatlantik zum Nordpazifik, die über den Nordpol führte, gesammelten Proben werden auf ihre Copepodenarten untersucht und deren rel. Häufigkeit bestimmt. Die häufigsten unter den 18 bestimmten Arten waren *Metridia longa, Calanus hyperboreus* und *C. glacialis. Pseudocalanus minutus* war in der Chukchi-Sea-Region am häufigsten. 6 Arten sind Kosmopoliten und 12 sind arktische oder Kaltwasser-Arten. Von den zuletztgenannten ist *Lubbockia glacialis* endemisch für die Arktis.

J. Waldmann. 6150.

Rice, A. L.; Port Erin, Isle of Man, Marine Biol. Stat. Responses of Calanus finmarchicus (Gunnerus) to changes of hydrostatic pressure. **(Die Reaktionen von Calanus finmarchicus auf Änderungen des hydrostatischen Druckes.)** Nature [London] **194** (1962) Nr. 4834. S. 1189–1190. — 3 Abb., 11 Lit.

Adulte Copepoden und Copepodite V wurden für die Experimente in einem durchsichtigen Behälter in Seewasser gehalten und von oben beleuchtet. Der Wasserdruck konnte durch eine Quecksilbersäule reguliert werden. Die häufigste Reaktion der Tiere auf Druckerhöhung war ein Aufwärtsschwimmen, das jedoch nach kurzer Zeit abbrach, worauf die ursprüngliche Verteilung der Krebse wieder hergestellt wurde. Einige Tiere schwammen schnell an die Oberfläche und kehrten erst in die Tiefe zurück, wenn der Druck nachließ. Bei Beleuchtung von der Seite oder von unten schwammen die Tiere gewöhnlich bei Druckerhöhung auf das Licht zu. In diesem Falle zeigten einige Tiere auch photo-negative Reaktionen. J. Waldmann. 6150.

Gotto, R. V.; Belfast, Queen's Univ., Dep. of Zool. A possible phylogenetic interpretation of the annelidicolous copepod Phyllocola petiti Delamare & Laubier. **(Eine mögliche phylogenetische Interpretation des auf Anneliden parasitierenden Copepoden Phyllocola petiti.)** Evolution [Lancaster] **15** (1961) Nr. 4. S. 564-565. — 8 Lit.

Die Entdeckung extrem abweichender Copepoden, die auf Polychaeten parasitieren, stellt erneut die phylogenetische Frage nach ihrer Abstammung. Es wird angenommen, daß diese hochspezialisierten Formen von Monstrilliden oder mostrillidenähnlichen Vorfahren abstammen. Vf. erwägt die Möglichkeiten der Umbildung anatomischer und biol. Merkmale der Gruppen und stellt eine Hypothese auf, wie sich die Umbildung und Spezialisierung vollzogen haben könnte. J. Waldmann. 6150.

Dingle, Hugh; Univ. of Michigan, Woods Hole Oceanographic Instn., Dep. of Zool. The occurrence and ecological significance of color responses in some marine crustacea. **(Vorkommen und ökologische Signifikanz von Farbreaktionen bei einigen marinen Crustaceen.)** Amer. Naturalist **96** (1962) Nr. 888. S. 151-159. – 2 Abb., 20 Lit.

Spez. „Tänze" als Antwort auf rotes und blaues Licht wurden bei 10 marinen Planktonkrebsarten festgestellt. Tanzende Formen waren rotem Licht gegenüber empfindlicher als „Nichttänzer". Nur 2 Arten zeigten Vertikalbewegungen bei Spektralveränderungen; deshalb wird angenommen, daß Farbreaktionen keine Rolle bei der Vertikalwanderung spielen. Farbreaktionen sind nicht bei Arten festzustellen, die nur nachts im Plankton anzutreffen sind. Reife und physiol. Zustand scheinen bei denjenigen Arten eine Rolle zu spielen, die nur zeitweise beeinflußt werden. Die Farbtänze scheinen mit der vorhandenen Nahrungsmenge in Zusammenhang zu stehen, da Phytoplankton eine mehr oder weniger große Filterwirkung für blaues bzw. rotes Licht ausübt. J. Waldmann. 6150.

Rudjakov, Ju. A. (Rudjakow, Ju. A.) Novyj vid Ostracoda iz semejstva Cytheridae s ul'traabissal'nych glubin Javanskoj vpadiny. **(Eine neue Ostracodenart der Familie Cytheridae aus den ultraabyssalen Tiefen des Java-Grabens.)** Trudy Instituta okeanologii. Akademija nauk SSSR, Moskva **51** (1961) S. 116–120. – 2 Abb., 4 Lit. Zus. in Engl.

Von der „Witjas" wurde auf der Station 8° 58' S und 105° 27' E mit dem Bodengreifer vom Typ „Ozean" aus 6487 m Tiefe des Java-Grabens ein 1 mm großes Ostracodenexemplar heraufgeholt. Die Merkmale des Tieres werden beschrieben. Es erhielt den Namen *Krithe setosa*. Bisher liegen keine Literaturangaben über den Fund von Ostracoden aus solchen Tiefen vor. G. Predel. 6150.

Pasternak, F. A. Pennatuljarii (Octocorallia) i antipatarii (Hexacorallia), sobrannye Sovetskoj kompleksnoj Antarktičeskoj ėkspediciej v 1955–1958 gg. **(Pennatularia [Octocorallia] und Antipatharia [Hexacorallia], gesammelt auf der sowjetischen komplexen Antarktisexpedition von 1955–1958.)** Trudy Instituta okeanologii. Akademija nauk SSSR, Moskva **46** (1961) S. 217–230. – 1 Tab., 22 Lit. Zus. in Engl.

Auf der sowjet. Antarktisexpedition konnten folgende Korallenarten gefunden werden: A) Octocorallia, Pennatularia: *Kophobelemnon* (*Eukophobelemnon*) *stelliferum, Umbellula thomsonii, U. magniflora, U. lindahli, Pennatula phosphorea*; B) Hexacorallia, Antipatharia: *Bathypathes patula, Antipathes* sp. und *Cirripathes* (*Stichopathes*) *flagellum*. Die einzelnen Arten und ihre Besonderheiten werden beschrieben. Von den gefundenen Tieren lebten nur *U. lindahli* und *U. magniflora* in Kolonien, alle anderen Arten fand man in einzelnen Exemplaren. G. Predel. 6150.

Fell, Barraclough H.; Wellington, New Zealand, Victoria Univ. A surviving somasteroid from the Eastern Pacific Ocean. **(Ein überlebender Somasteroide aus dem östlichen pazifischen Ozean.)** Science [Washington] **136** (1962) Nr. 3516. S. 633–636. – 3 Abb., 8 Lit.

Die Somasteroidea sind als fossile Formen bekannt, die vor etwa 400 Mill. Jahren gelebt haben. Jetzt wurde ein im tropischen östlichen Pazifik lebender Vertreter dieser Gruppe entdeckt. Durch vergleichende anatomische Untersuchungen an allen lebenden Asteroidea gelangt Vf. zu der Überzeugung, daß die Art *Platasterias latiradiata* den Somasteroidea zuzuordnen ist. Die Art ist damit der älteste Typ der Seesterne, ihre systematische Stellung wird korrigiert. Die anatomischen Verhältnisse des inneren Skelettsystems werden eingehend erörtert. J. Waldmann. 6150.

Zacepin, V. I. und Filatova, Z. A. (Sazepin, W. I. und Filatowa, S. A.) Dvustvorčatyj molljusk Cyprina islandica (L.), ego geografičeskoe rasprostranenie i rol' v soobščestvach donnoj fauny. **(Die Muschel Cyprina islandica, ihre geographische Verbreitung und ihre Rolle in den Faunen-Gemeinschaften des Benthos.)** Trudy Instituta okeanologii. Akademija nauk SSSR, Moskva **46** (1961) S. 201–216. — 6 Abb., 1 Tab., 60 Lit. Zus. in Engl.
Von den 5 bekannten Vertretern der Familie ist heute *C. islandica* der einzige überlebende Vertreter. *C. islandica* hat im atlantisch-borealen Gebiet eine weite Verbreitung und ist nicht selten Leit- oder Charakterform bei Biozönosen auf flacheren sandigen Böden. Bei Untersuchungen stellten Vff. die dichtesten Ansammlungen von *C. islandica* an der SW-Küste Islands fest. Hier betrug ihre Biomasse 2,5 kg/m^2. Als Leitform der Bodengemeinschaft stellt *C. islandica* in vielen Teilen des Nordatlantiks 70 bis 80% der Biomasse. G. Predel. 6150.

Ivanov, A. I. (Iwanow, A. I.); Kertsch, Forsch.-Inst. für Hochseefischerei und Ozeanogr. des Asow-Schwarzmeergebietes. Nekotorye dannye o količestvennom raspredelenii rapany (Rapana bezoar L.) v vostočnoj časti Černogo morja i Kerčenskom prolive i ob umen̆šenii ee razmerov. **(Einige Angaben über die quantitative Verteilung von Rapana bezoar im Ostteil des Schwarzen Meeres und in der Bucht von Kertsch und die Verringerung seiner Ausmaße.)** Doklady Akademii nauk SSSR, Moskva **141(29)** (1961) Nr. 2. S. 467–468. — 3 Abb., 7 Lit.
Rapana bezoar wurde 1947 erstmalig im Schwarzen Meer beobachtet. Dieses zu den Mollusken gehörende Tier wurde aus dem Pazifik eingeschleppt und hat sich seitdem weit im Schwarzen und Asowschen Meer verbreitet. Das räuberisch lebende Tier frißt hauptsächlich Austern und andere Muscheln und hat deren Bestände an einigen Stellen des Schwarzen Meeres stark dezimiert. Einige Muschelbänke wurden völlig vernichtet, so daß *R. bezoar* hier die Nahrungsgrundlage entzogen wurde und die Exemplare kleiner blieben. Neuerdings scheint sich ein natürliches Gleichgewicht zwischen den Tieren einzustellen. G. Predel. 6150.

Rajagopalaiengar, A. S.; Calcutta, Zool. Survey of India. A new species of the marine borer, Bankia (Neobankia) roonwali (Mollusca: Teredinidae) from India. **(Eine neue Art einer marinen Bohrmuschel, Bankia [Neobankia] roonwali [Mollusca: Teredinidae] aus Indien.)** Sci. and Cult. [Calcutta] **27** (1961) Nr. 11. S. 550.
Vf. beschreibt die neue Bohrmuschelart *Bankia* (*Neobankia*) *roonwali* aus dem Küstengebiet von Sunderbans (Bengalen) und vergleicht sie mit verwandten Arten. K. Anwand. 6150.

Murina, V. V. und Starobogatov, Ja. I. (Murina, W. A. und Starobogatow, Ja. I.) K sistematike i zoogeografii priapulid. **(Zur Systematik und Zoogeographie der Priapuliden.)** Trudy Instituta okeanologii. Akademija nauk SSSR, Moskva **46** (1961) S. 179–200. — 12 Abb., 2 Tab., 92 Lit. Zus. in Engl.
Anhand eines reichen Materials, das in den letzten 10 Jahren in arktischen und antarktischen Gewässern von sowjet. Forschern gesammelt wurde, wird eine Übersicht über die Priapulidenfauna gegeben. Auf 140 Stationen konnten 420 Vertreter der Priapuliden gesammelt werden, die zu 6 Arten gehören. Das untersuchte Material gibt Anlaß zu der Schlußfolgerung, daß die bipolare Verbreitung der Priapuliden dadurch zu erklären ist, daß die Vertreter eurybath sind und eine Wanderung durch die abyssalen Zonen der Meere erfolgen kann. Die einzelnen Arten werden näher beschrieben. G. Predel. 6150.

Dales, R. Phillips; London, Bedford Coll., Dep. of Zool. Occurrence of Phyllochaetopterus claparedii McIntosh in the North-East Pacific. **(Vorkommen von Phyllochaetopterus claparedii im Nordost-Pazifik.)** Nature [London] **192** (1961) Nr. 4808. S. 1208–1209. — 4 Lit.
In den Gewässern bei Friday Harbour wurde in den letzten Jahren intensiv gedredgt. Dabei wurde ein solitärer *Phyllochaetopterus claparedii* in 22 Faden Tiefe gefunden. Die Art war bisher nur aus Gewässern bei Japan und Vietnam bekannt. Das Exemplar von Friday Harbour war von blaßgelber Farbe, hatte einen graugrünen Darm und steckte in einer durchsichtigen hornigen Röhre von ca. 1 m Länge und 4 mm Querschnitt. J. Waldmann. 6150.

Dunbar, M. J. The life cycle of Sagitta elegans in Arctic and Subarctic seas, and the modifying effects of hydrographic differences in the environment. **(Der Lebenszyklus von Sagitta elegans in arktischen und subarktischen Meeren und die modifizierenden Einflüsse hydrographischer Unterschiede im Lebensraum.)** J. Marine Res. **20** (1962) Nr. 1. S. 76–91.
Sagitta elegans arctica hat in den kanadischen Gewässern der östlichen Arktis eine Lebensdauer von 2 Jahren. Die Population besteht aus zwei unterschiedlichen Gruppen, die sich abwechselnd in verschiedenen Jahren vermehren. Die Laichzeit zieht sich von Juli bis zum Winter hin. Durch das Ablaichen im Winter wird das Wachstum infolge niedriger Temperaturen stark begrenzt. Die hydrographischen Unterschiede zwischen Hudson Bay, Foxe Channel, Ungava Bay und Frobisher Bay sind nicht groß, sie spiegeln sich jedoch in der Biologie von *Sagitta* wider. Starke Gezeitenturbulenz in der Ungava Bay und der Frobisher Bay scheinen die jungen *Sagitta* aus dem Gebiet herauszubefördern, oder sie werden durch die starke Vertikalzirkulation so verteilt, daß sie in den Proben kaum auffallen. Die bes. Verhältnisse im Lake Orgac verursachen schnelles Wachstum, geringe Größe und einphasigen, nicht abwechselnden Fortpflanzungszyklus.
J. Waldmann. 6150.

Levenštejn, R. Ja. (Lewenstein, R. Ja.) Mnogoščetinkovye červi (Polychaeta) glubokovodnoj časti Beringova morja. **(Die Polychaeten der tiefen Teile des Beringmeers.)** Trudy Instituta okeanologii. Akademija nauk SSSR, Moskva **46** (1961) S. 147–178. — 10 Abb., 1 Tab., 55 Lit. Zus. in Engl.
Die vorliegende Arbeit berichtet über die Polychaetenfauna des Beringmeers in Tiefen von über 1000 m. Bei entsprechenden Untersuchungen in den Jahren 1950–1952 konnten 63 Arten festgestellt werden, von denen 6 für die Wissenschaft neu sind. Auf allen 37 Stationen wurden Polychaeten angetroffen. Es handelt sich vorwiegend um solche Arten, die zur pazifischen und Übergangsfauna gehören. Die einzelnen Arten werden angeführt und beschrieben. G. Predel. 6150.

Howie, D. I. D.; Dublin, Trinity Coll., Zool. Dep. Spawning mechanism in the male lugworm. **(Der Laichmechanismus des männlichen Arenicola.)** Nature [London] **192** (1961) Nr. 4807. S. 1100–1101. — 1 Tab., 3 Lit.
Durch Injektion der Fettfraktion von Gewebeextrakten werden männl. *Arenicola* zum Laichen angeregt. Es ist deshalb angenommen worden, daß das Einlassen von Fett in die Leibeshöhle auch unter natürlichen Bedingungen die Laichstimulierung herbeiführt. Um die Richtigkeit der Annahme zu prüfen, muß der Mechanismus, durch den die Gameten ausströmen, genau bekannt sein. Vf. findet einen Unterschied zwischen natürlich abgelaichten und künstlich ausgestoßenen Gameten. J. Waldmann. 6150.

Dorris, Troy C.; Stillwater, Oklahoma State Univ., Aquatic Biol. Lab. A plankton sampler for deep river waters. **(Eine Vorrichtung zur Planktonentnahme aus tiefen Fließgewässern.)** Limnol. and Oceanogr. **6** (1961) Nr. 3. S. 366–367. — 1 Abb.

Der Apparat ist von kastenförmiger Gestalt und besitzt 2 in Gleitrahmen hochziehbare Seitenwände. Nach der Auslösung durch ein Fallgewicht schließen die mit einer Beschwerung versehenen Seitenwände den Kasten dicht ab. Eine große Stabilisierungsflosse stellt die Öffnungen des Apparates quer zur Strömungsrichtung ein. G. Seifert. 6200.

Tümpling, Wolf von; Erfurt, Wasserwirtschaftsdirektion. **Statistische Probleme der biologischen Gewässerüberwachung.** Wasserwirtsch.-Wassertechn. **12** (1962) Nr. 8. S. 353–357. — 4 Abb., 1 Tab., 5 Lit.
Auf der Grundlage der Standardabweichung und der mittleren quadratischen Abweichung des Mittelwertes wird die Genauigkeit und Aussagekraft der Ergebnisse der biol. Gewässeranalyse — dargestellt im PANTLE-Index — untersucht. Die mittlere quadratische Abweichung des PANTLE-Index liegt zwischen ± 3% und ± 5%. Weiterhin wird die Abhängigkeit der mittleren quadratischen Abweichung von der Artenzahl der Probe, der Gesamthäufigkeitssumme in der Probe sowie dem Saprobiegrad der Biocoenose dargestellt. Daraus ergibt sich, daß nur Proben mit einer Artenzahl von mindestens 12 und einer Gesamthäufigkeitssumme von mindestens 30 als repräsentativ für die Biocoenose angesehen werden dürfen. Ausführlich wird die Frage der Signifikanz der biol. Ergebnisse untersucht. Bei Anwendung des t-Testes ergibt sich für 4 verschiedene Fragestellungen ein Vertrauensintervall zwischen 0,20 und 0,34 Indexeinheiten für eine Irrtumswahrscheinlichkeit von 5%. Die statistischen Probleme und Formeln werden ausführlich erläutert und die Ergebnisse an Beispielen dargestellt. W. v. Tümpling. 6200.

D. FISCHEREIWIRTSCHAFT

Binnenfischerei

Kuderskij, L. A. (Kuderski, L. A.); Petrosawodsk, Karel. Abt. des Staatl. Forsch.-Inst. für Binnenfischerei. Rasselenie sudaka po ozeram Karelii. **(Einsatz von Zandern in die Karelischen Seen.)** Priroda, Moskva **50** (1961) Nr. 11. S. 109–111. — 3 Abb.
Einige karelische Seen, die bisher keinen Zanderbestand (*Lucioperca lucioperca*) hatten, wurden mit Laichzandern besetzt. Bereits nach wenigen Jahren konnten in den Fängen Zander verschiedener Altersgruppen festgestellt werden. Einige Zander sind sogar ins Weiße Meer gezogen, d. h. weit über die normale nördliche Verbreitungsgrenze hinaus. Die Akklimatisationsversuche werden als erfolgreich bezeichnet. Für den Zanderbesatz eigneten sich bes. Blei-Seen. G. Predel. 6240.

Schmid. **Aalfischerei in Oberbayern.** Fischwirt **12** (1962) Nr. 8. S. 245–246.
In Oberbayern wurden 1961 120 kg Aalbrut und 900 kg Satzaale ausgesetzt, 1928 nur 5 kg Aalbrut. Der Aal (*Anguilla anguilla*) galt hier als größter Laich- und Bruträuber. Nach intensiver Beratung hat sich die Erkenntnis durchgesetzt, daß es vorteilhaft ist, die Hecht-, Barben- und Brachsenregion mit Aal zu besetzen. Ausgenommen vom Besatz wird nur die Forellen- und die unverschmutzte Äschenregion. In den Renkenseen richtet der Aal keinen wesentlichen Schaden an, da er im Winter inaktiv ist. Aus diesem Grunde erhalten auch eine ganze Anzahl deiser Seen regelmäßigen Aalbesatz. Streng oligotrophe Seen und Krebsseen werden nicht besetzt. Beim Besatz wird die Aalbrut dem Satzaal vorgezogen. Der Fang des Aals geschieht mit Legschnur und Reusen. Es wird angestrebt, an den Abflüssen der Seen stationäre Aalfänge, verbunden mit elektrischen Scheuchanlagen anzubringen.
G. Seifert. 6255.

Żarnecki, St., Rychlicka, J., Rychlicki, Z. und Karbowski, W.; Zator, Inst. Zootechn., Zakład Doświadczalny. Przyrosty „pośpiechów“ karpia w obsadach mieszanych z przeciętnymi. **(Zuwachs von Karpfen-Vor-**

wüchsern bei Mischbesatz.) Roczniki Nauk rolniczych, Ser. B 78 (1961) Nr. 2. S. 343–355. – 4 Abb., 4 Lit. Zus. in Russ., Engl.

Wie aus früheren Untersuchungen hervorgeht, hatten Karpfen-Vorwüchser, die zusammen mit Durchschnittskarpfen im Verhältnis 1 : 1 ausgesetzt wurden, einen besseren Zuwachs als die letzteren. Es besteht die Möglichkeit, daß die Vorwüchser den Durchschnittsfischen in der Nahrungsaufnahme überlegen sind. Die höhere Wachstumsgeschwindigkeit wäre dann eine rel. Erscheinung, die nur bei Anwesenheit von Durchschnittskarpfen zum Ausdruck käme, und die Differenzen in der Wachstumsgeschwindigkeit zwischen diesen Gruppen könnten je nach dem zahlenmäßigen Anteil der einen oder der anderen Gruppe variieren. Vff. benutzten 2 verschiedene Besatzgruppierungen: 80% Durchschnittskarpfen und 20% Vorwüchser und umgekehrt. In beiden Fällen lag der Zuwachs der Vorwüchser höher als der der Durchschnittsfische, im 1. Jahr um 37 bis 76% und im 2. Jahr um 14 bis 19%. Außerdem wurden 12 Teiche nur mit Vorwüchsern und 15 Teiche nur mit Durchschnittskarpfen besetzt. Das Wachstum der Vorwüchser war auch in diesem Fall im 1. Jahr um 25% besser als das der Durchschnittsfische. Vff. kommen zu dem Schluß, daß eine Selektion von 4 Wochen alten Setzlingen durchaus zweckmäßig ist, denn die Benutzung von Vorwüchsern kann die Produktion um 10 bis 20% erhöhen. P. Poczopko. 6315.

Herrmann, G.; Kiel. **Zum Satzfischproblem in der schleswig-holsteinischen Karpfenteichwirtschaft.** Fischwirt 12 (1962) Nr. 8. S. 227–230.

Wie in vielen anderen Ländern besteht in Schleswig-Holstein Mangel an Satzfischen, vor allem an einsömmerigen Karpfen (*Cyprinus carpio*). Vf. gibt Hinweise, wie Fehler bei der Aufzucht der Fische vermieden werden können. Oft werden die Streckteiche zu stark mit Brut besetzt, so daß Nahrungsmangel eintritt. Die wichtigste Maßnahme zur Verhinderung der Brutverluste ist die Verbesserung der Fruchtbarkeit der Streckteiche durch Bodenbearbeitung, Kalkung, Düngung mit Phosphat und org. Substanz (Jauche). Laufende Kontrollen über Wachstum und Ernährungszustand der Fische sind erforderlich. Im Herbst müssen die K_1 20–30 g wiegen. Es soll vor allem im Spätsommer und auch im Winter so lange gefüttert werden, wie die Fische Nahrung aufnehmen. In manchen Teichwirtschaften wird Soja mit 20–30% Fischmehlzusatz verabreicht. Die Winterteiche sollen 1–1,5 m Wassertiefe und festen Boden haben, Schneeschmelzwässer müssen umgeleitet werden können. Der Trockenlegung kommt große Bedeutung zu. K_V-Besatz ist günstig, weil die Streckteiche dann 4 Wochen länger trockenliegen können. W. Steffens. 6315.

Wunder, Wilhelm; Erlangen, Zool. Inst., Untersuchungsstelle für Teichwirtsch. **Beobachtungen und Betrachtungen zur Überwinterung der einsömmerigen und zweisömmerigen Karpfen.** Fischbauer 13 (1962) Nr. 160. S. 647–648.; Nr. 161. S. 650–652.

Bei den Bewirtschaftern von Einzelteichen im Aischgrund gehen in $^4/_5$ oder sogar $^9/_{10}$ aller Fälle die K_1 während der Überwinterung zugrunde. Lange strenge Winter können sich ungünstig auswirken, wenn die Teiche zu flach sind. Sehr nachteilig für die Überwinterung sind auch Winter mit stark wechselnden Temperaturen. Als Forderungen für eine einwandfreie Überwinterung werden genannt: Hälterung der Fische auf großem Raum unter günstigen Bedingungen, genügende Wassertiefe, ausreichender Sauerstoffgehalt, Verhütung von Fäulnis, nicht zu starker Durchstrom, keine zu hohe Wassertemperatur, Vermeidung des Zuflusses von saurem Wasser, ausreichendes Nahrungsangebot durch Trockenlegung, Bearbeitung und Düngung. Nur erfahrene Satzfischzüchter sollten sich mit der Produktion und Überwinterung von K_1 befassen. W. Steffens. 6315.

Cerny, Adolf. **Über die Eutrophierung eines Teiches durch Abwasser der Kartoffelstärkefabrikation.** Verh. int. Verein. theoret. angew. Limnol. **14** (1959, hrsg. 1961) S. 1086–1090.
Die Drainageabläufe von dem Beregnungsgelände einer Kartoffelstärkefabrik wurden in einem Speicherteich gesammelt. Nach Beendigung der Verregnung wurde das in Fäulnis übergegangene Wasser abgelassen und der Teichboden den Winter über der Luft und dem Frost ausgesetzt. Nach dem Anstauen mit org. belasteten Regenwasserabläufen von den Rieselfeldern entstand im Frühjahr zunächst eine reiche Bakterienflora, die nach Zuführung von reinem Flußwasser autotrophen Organismen Platz machte. Ferner entwickelte sich Phyto- und Zooplankton im starken Ausmaß. Der 3,5 ha große Teich wurde mit 4000 K_1 mit einem durchschnittl. Stückgewicht von 7,5 g besetzt. Hiervon wurden nach einer fünfmonatigen Wachstumsperiode im Herbst 3873 K_2 mit einem durchschnittl. Gewicht von 683 g abgefischt, woraus sich ein Hektarzuwachs von ca. 748 kg ergibt. D. Nehring. 6325.

McIntire, C. David und Bond, Carl E.; Corvallis, Oreg., State Univ., Dep. of Fish and Game Management. Effects of artificial fertilization on plankton and benthos abundance in four experimental ponds. **(Die Wirkungen künstlicher Düngung auf Plankton- und Benthos-Mengen in vier Versuchsteichen.)** Trans. Amer. Fisheries Soc. **91** (1962) Nr. 3. S. 303–312. — 6 Abb., 6 Tab., 9 Lit.
Der Einfluß von P- (ca. 56–112 kg/ha) und N-Dünger (ca. 68–170 kg/ha) auf die Mengen von Fischnährtieren und Phytoplankton, auf das Ausmaß der Photosynthese und den Gehalt des Wassers an org. Substanz wurde untersucht. Die neuangelegten Teiche wiesen vor der Düngung, die in monatl. Teilmengen gegeben wurde, u. a. nur geringe P- und N-Gehalte auf. Nach der Düngung änderten sich chem. und phys. Verhältnisse durch starke Planktonorganismen-Produktion. Im Teich mit größten N + P-Gaben nahm die Menge der Bodentiere anschließend am stärksten zu, im Sept. z. B. um das ca. 16-fache gegenüber ungedüngt. Intensiv gedüngte Teiche zeichneten sich durch starke Phyto- und Zooplanktonproduktion in der 2. Sommerhälfte aus. G. Merla. 6325.

Krause, Carl. **Kalkstickstoff als Desinfektions- und Düngemittel in Brutstreckteichen.** Dtsch. Fischerei-Ztg. **9** (1962) Nr. 7. S. 210–219.
Durch die Desinfektion der Brutstreckteiche mit Kalkstickstoff ($CaCN_2$) sind im VEB Binnenfischerei Peitz im Vergleich zu einer Behandlung mit Branntkalk die Brutkrankheiten (*Sanguinicola, Ichthyophthirius*) stark zurückgegangen, jedoch die Verluste bei der Brutaufzucht um 11,7% angestiegen. Als vermutliche Ursache hierfür werden die toxische Wirkung des freiwerdenden Cyanamids oder die durch Stickstoffdüngung hervorgerufene Massenentwicklung des Phytoplanktons und die damit verbundenen hohen pH-Werte angegeben. Trotz der erhöhten Verlustzahlen und der scheinbaren Nachteile gegenüber der Desinfektion mit Branntkalk wird die Behandlung der Teiche mit Kalkstickstoff fortgesetzt, weil hierdurch bei der bisher angewandten Menge von 1 t/ha ein rentabler Mehrzuwachs durch Stickstoffdüngung erzielt wurde. A. Kozianowski. 6330.

Anonym. **Vorführung eines Schilfmähers mit Düngerstreuer.** Fischbauer **13** (1962) Nr. 165. S. 666. — 1 Abb.
Auf dem einbootigen Schilfmäher Franken II wurde am Heck eine Düngerstreuwanne montiert, die 200 kg Dünger — im beschriebenen Beispiel CaO — faßt. Franken II ist mit senk- und waagerechtem (Schnittbreite 3,25 m) Messerbalken, Schaufelrädern sowie mit einer 7 PS Agria-Maschine, die auch sonstige landwirtschaftliche Arbeiten verrichten kann, versehen. Der Mäher legt kleinere Wegstrecken mit eigener Kraft zurück. Die Mindestwassertiefe für den Schnitt liegt bei ca. 35 cm, die Flächenleistung beträgt bis 1 ha/Std.

Das zusätzliche Gewicht des durch einen kleinen Sachsmotor angetriebenen Düngerstreuers wird durch je 1 seitlich am Heck des Bootes angebrachten Schwimmer ausgeglichen. Bedienung und Montage der Maschine erfolgen durch 1 Mann. G. Merla. 6335.

Bank, Otto; Höchstadt/Aisch, Starnberg, Außenstelle für Karpfenteichwirtsch. der Staatl. Lehr- und Versuchsanst. für Fischerei. **Entlandung mit chemischen Mitteln.** Fischbauer **13** (1962) Nr. 165. S. 667.
Der Bekämpfung der Hartflora in Gräben dienen verschiedene chem. Mittel, u. a. Aminotriazol (z. B. Weedazol)-, DCP- und DCB-Präparate. Vertreter der letzten beiden Gruppen sind Dowpon und Basinex, mit denen Versuche im Teich durchgeführt wurden. Die Bekämpfung von Gelegepflanzen ist dort nur dann rentabel, wenn zusätzlich auch Produktionsfläche zu gewinnen ist, da das Mähen 30 DM/ha kostet, chem. Mittel aber 400–500 DM Kosten/ha verursachen. Die beiden Mittel wurden ohne Schaden in besetzten Teichen mit Erfolg in der Vegetationszeit eingesetzt, wobei auf die nötige Konzentration zu achten ist. Beim Versprühen z. B. sind gleichzeitig 100–150 l Wasser nötig. Wichtig ist, daß viel Blattmasse von der Flüssigkeit getroffen wird, die Wirkung pflanzt sich bis in die Wurzelstöcke fort. Sind Geräte zur Behandlung großer Flächen entwickelt, wird die chem. Entlandung billiger sein als die mechanische. G. Merla. 6335.

Shilo, Miriam und Shilo, Moshe; Jerusalem. Osmotic lysis of Prymnesium parvum by weak electrolytes. **(Osmotische Lysis von Prymnesium parvum durch schwache Elektrolyte.)** Verh. int. Verein. theoret. angew. Limnol. **14** (1959, hrsg. 1961) S. 905–911.
Vff. untersuchten die Ursachen der starken Empfindlichkeit von *Prymnesium parvum* (*Chrysomonadinae*) Ammoniumsalzen gegenüber und kommen zu dem Schluß, daß es sich dabei um ein osmotisches Problem handelt. Der Flagellat ist an hohe Salzkonzentrationen angepaßt und steht in Brackwasserteichen, wo er große Fischsterben verursacht, unter hohem osmotischen Druck. Bei Zusatz von Ammoniumsalzen akkumuliert sich das Ammonium in den beiden seitlichen Vakuolen von *Prymnesium* mit niedrigem pH-Wert und bewirkt schließlich ein Platzen der Zellen. Bei Zugabe von Essigsäure akkumulieren sich dagegen die Acetationen in der großen hinteren Vakuole von *Prymnesium* mit dem höchsten pH-Wert und führen ebenfalls zur Lysis des Flagellaten. M. Schlüter. 6335.

Hruška, V; Prag. An attempt at a direct investigation of the influence of the carp stock on the bottom fauna of two ponds. **(Ein Versuch zur direkten Ermittlung des Einflusses eines Karpfenbestandes auf die Bodenfauna zweier Teiche.)** Verh. int. Verein. theoret. angew. Limnol. **14** (1959, hrsg. 1961) S. 732–736. – 1 Abb., 5 Tab.
Die Drahtkäfig-Methode ist ungeeignet zur Bestimmung der genutzten Fauna, da u.a. das Gewicht von *Chironomus plumosus* auf den freien Flächen langsamer anstieg, der Larven-Verlust dort auch durch Hinwanderung geringer war. Mit abnehmender Verhältniszahl des standing crop von *Ch. plumosus* zu dem der Karpfen und mit steigender Temperatur stiegen die Werte für das Verhältnis der Bodentiermengen auf geschütztem und ungeschütztem Boden an. Die Beziehung zwischen dem Ausmaß der Nahrungssuche der Karpfen und Böden mit verschiedener Schlammdicke wurde durch die Nährtiergröße abgewandelt. Auf Böden ohne Pflanzenbesiedlung fanden sich geringere Nährtierbestände. G. Merla. 6340.

Herms; Berlin. **Über Hechtbrutbesatz in Karpfenteichen.** Dtsch. Fischerei-Ztg. **9** (1962) Nr. 6. S. 174–177. – 5 Tab., 2 Lit.
Vf. schildert die Erfahrungen, die im VEB Binnenfischerei Königswartha mit Hechtbrutbesatz (*Esox lucius*) in Karpfenteichen gemacht wurden. Ziel dieser

Maßnahme war es, zusätzlich wertvolle Satz- und Speisehechte zu erzeugen sowie die unerwünschten Wildfische in den Streck- und Abwachsteichen zu reduzieren. Bei einem Besatz von 2100–7000 H_0/ha wurden 30–75 H_1/ha (meist 40–50) von 20–30 cm Länge abgefischt, was einem Wiederfang von 0,1 bis 2,5% entspricht. Die günstigsten Ergebnisse konnten mit den niedrigsten Besatzzahlen (2000–2500 H_0/ha) erreicht werden. Die für die einsömmerigen Hechte erzielten Preise liegen weit über den Unkosten. Als zweckmäßig wird ein Besatz von 1000–2000 H_0/ha empfohlen, wobei mit einem Wiederfang von 40–50 H_1/ha (= 2–5%) gerechnet werden kann. W. Steffens. 6345.

Vollmann-Schipper, F.; Mindelaltheim, LFV Bayern, Abt. Fischzucht. **Möglichkeiten der Technisierung und Rationalisierung in der Teichwirtschaft.** Allg. Fischerei-Ztg. 87 (1962) Nr. 20. S. 585–589. – 20 Abb.

Es werden Maschinen und Geräte zur Arbeitsintensivierung und Arbeitskrafteinsparung angeführt, die die deutsche Teichwirtschaft im internationalen Wettbewerb unterstützen. Einen vorrangigen Platz nehmen Entlandungsgeräte ein: Schrapper, Kleinbagger, Raupen, Saug- u. Spülbagger. Wichtig ist die vielseitige Verwendbarkeit der Maschinen für Flächengewinnung, Düngung und Mähen. Oft wurden Maschinen zur Grabenräumung und bes. zum Mähen im Eigenbau entwickelt, deren Einsatz Vf. beschreibt. Als sehr zweckmäßig und arbeitssparend erwiesen sich Strömungssortieranlagen zur Teichabfischung, was an einem Beispiel erläutert wird. Beim Bruttransport bewähren sich mit Wasser und Sauerstoff gefüllte Kunststoffsäcke. G. Merla. 6350.

Kienast, Eckhard; Berlin-Friedrichshagen, Humboldt-Univ., Inst. für Fischereiwes. **Zu Problemen und Methoden der Ermittlung der Arbeitsproduktivität.** Dtsch. Fischerei-Ztg. **9** (1962) Nr. 9. S. 265–269. – 1 Tab., 11 Lit.

Vf. geht vom Problem der Berücksichtigung bzw. Nichtberücksichtigung der vergegenständlichten Arbeit bei der Ermittlung der Arbeitsproduktivität aus. Daran anschließend werden die z.Z. gebräuchlichsten Methoden der Messung der Arbeitsproduktivität – Natural-, Preis- und Zeitsummenmethode – sowie deren Vor- und Nachteile, bezogen auf den volkseigenen Sektor der Binnenfischerei, beschrieben. E. Kienast. 6350.

Anonym. **Was kostet der Speisekarpfen dem Erzeuger?** Fischbauer **13** (1962) Nr. 165. S. 665–666. – 1 Tab.

Anläßlich des Bayerischen Fischereitages am 18.8.62 in Straubing wurde der Gestehungspreis für Speisekarpfen (*Cyprinus carpio*) für das Jahr 1962 mit 2,94 DM/kg ermittelt. Für die bayerischen Verhältnisse ist zu berücksichtigen, daß es sich zumeist um Kleinteichwirtschaft handelt. Der Preis liegt ca. 10% über dem von 1961, der 2,70 DM betrug. Der Berechnung liegt eine zu erwartende Ernte von 420 kg/ha (Stückgewicht 1400 g) zugrunde, der 1234,90 DM an Kosten gegenüberstehen. Die Erhöhung im Vergleich zum Vorjahr erklärt sich durch Mehrausgaben hauptsächlich für Löhne, Besatz und Maschineneinsatz. Dem Fischbauern müßte ein Gewinn zugebilligt werden, der sich um 20% des Gestehungspreises bewegt, so daß er 3,50–3,60 DM/kg Speisekarpfen erhält. G. Merla. 6350.

Jens, G.; Koblenz. **Vermessungshilfen im Teichbau mit einigen Umschweifen.** Allg. Fischerei-Ztg. 88 (1963) Nr. 3. S. 73–75.

Bes. beim Bruthausbau kann eine Schlauchwasserwaage – nach dem Prinzip der kommunizierenden Röhren – nützlich sein. Zur einfachen und schnellen Gefällemessung wird ferner beim Teichbau ein zweischenkliger Gefällemesser empfohlen, der im Drehpunkt frei aufzuhängen ist. Bei ruhig hängendem Gerät ermöglicht ein Blick entlang der hängenden Schenkelenden die Festlegung von horizontalen Linien im Gelände. In Forellenteichen ist ein Teichboden-Gefälle zwischen 0,5 und 2% zweckmäßig, in Karpfenteichen dürften 0,2% der Durchschnitt sein. G. Merla. 6405.

Leitritz, Earl; Sacramento, Calif., Dep. of Fish and Game. A closed hatchery water-supply system. **(Ein geschlossenes Wasserversorgungssystem für ein Bruthaus.)** U. S. Dep. Interior, Fish Wildlife Serv., progr. Fish-Culturist 24 (1962) Nr. 2. S. 91–93. — 5 Abb., 1 Lit.
Vf. beschreibt die techn. Einrichtung eines Bruthauses am Trinity-Fluß, das der Erbrütung der Eier von pazifischen Lachsen und Regenbogenforellen dient und ein geschlossenes Wasserversorgungssystem aufweist, da das Flußwasser infolge von Bauarbeiten und wegen niedriger Wintertemperaturen zur Speisung der Anlage nicht geeignet ist. Das fensterlose, aus Metall aufgeführte Gebäude ist 7,30 × 8,50 m groß und enthält 640 Bruttröge aus Glasfiber (in 40 Gestellen zu je 16 Trögen übereinander untergebracht), die zur Erbrütung von 4 Mill. Lachseiern ausreichen. Die Wasserversorgung erfolgt aus einem über 10 m³ Wasser umfassenden Becken mit Hilfe einer elektrischen 3-PS-Pumpe. Als Reserve ist für den Notfall eine Pumpe mit Benzinaggregat vorhanden. Wenn die Anlage in Betrieb ist, wird nur der Wasserverlust durch Frischwasserzufuhr (4 l/Min.) ausgeglichen. Eine Gasheizung erwärmt den Raum auf 13–18 °C, das Wasser ist um 4–6 °C kühler. Die ursprünglich vorgesehene direkte Erwärmung des Wassers erwies sich als überflüssig. Das Auslesen der Eier wird durch wöchentliche Malachitgrünbehandlung vermieden. Die Brut bleibt bis zum Erreichen der Schwimmfähigkeit in den Brutapparaten. W. Steffens. 6405.

Sharpe, F. Phillip; Atlanta, Ga., Bureau of Sport Fisheries and Wildlife. Some observations of the feeding habits of brown trout. **(Einige Beobachtungen über die Ernährungsweise der Bachforelle.)** U. S. Dep. Interior, Fish Wildlife Serv., progr. Fish-Culturist 24 (1962) Nr. 2. S. 60–64. — 6 Abb., 1 Tab., 1 Lit.
Die Versuche wurden bei ca. 16 °C in Aquarien durchgeführt. Eine größere Anzahl von Bachforellen (*Salmo trutta fario*) von ca. 28 cm Länge wurde gleichzeitig mit je 1 Exemplar von *Pimephales promelas* von 6 cm Länge gefüttert. Durch Sektion in einstündigem Abstand ließ sich feststellen, daß nach 8 Std. der Futterfisch weitgehend (bis auf einige Knochenreste) verdaut war. Eine 38 cm lange Bachforelle fraß bei reichem Nahrungsangebot in einer 24-Std.-Periode durchschnittlich 2,6 Futterfische, wobei bestimmte Arten nicht bevorzugt wurden. W. Steffens. 6420.

Morton, Kenneth E.; Camp Sherman, Oregon State Game Commiss., Wyzard Falls Trout Hatchery. Experimental heating of pond water to start rainbow trout fry on a dry diet. **(Versuchsweise Beheizung von Teichwasser zur Gewöhnung der Regenbogenforellenbrut an Trockenfutter.)** U. S. Dep. Interior, Fish Wildlife Serv., progr. Fish-Culturist 24 (1962) Nr. 2. S. 94–96. — 1 Abb., 1 Tab.
Der Einbau einer Heizung (3 Phasen, 230 V, 32 kW) in das Zuflußrohr eines Rundteiches (7,50 m Durchmesser, 60 cm Tiefe) erwies sich als vorteilhaft. Dadurch konnte das Wasser in der Zeit vom 1. Mai bis 13. Juni (42 Tage lang) von 11 °C auf 15 °C erwärmt werden. Auf diese Weise ließ sich Regenbogenforellenbrut (*Salmo gairdneri*) leichter an Trockenfutter gewöhnen, hatte geringere Verluste, wuchs schneller und war gleichmäßiger in der Größe. Die Betriebskosten beliefen sich auf ca. 1 $/1000 Fische in 42 Tagen. Infolge des schnelleren Wachstum wurden weniger Arbeitskräfte für die Aufzucht benötigt. Die Besatzdichte in den Teichen erwies sich als wichtiger Faktor in bezug auf Wachstum und Mortalität. W. Steffens. 6420.

Buhler, Donald R. und Halver, John E.; Cook, Wash., U. S. Fish and Wildlife Serv., Western Fish Nutrition Lab. Nutrition of salmonoid fishes. IX. Carbohydrate requirements of chinook salmon. **(Die Ernährung der Salmoniden. 9. Mitt. Der Kohlehydratbedarf von Oncorhynchus tshawytscha.)** J. of Nutrit. 74 (1961) Nr. 3. S. 307–318. — 2 Abb., 6 Tab., 25 Lit.

Bei Temperaturen von 10 °C untersuchten Vff. über 18 Wochen den Einfluß unterschiedlicher Mengen von Dextrin, Alpha-Zellulose und Fett in der Nahrung von jungen *O. tshawytscha*. Es ließen sich keine nennenswerten Unterschiede im Wachstum und Gesundheitszustand bei Futtermischungen, die 0–48% Dextrin und keine Alpha-Zellulose enthielten, feststellen. Bei sehr hohen Alpha-Zellulose-Konzentrationen ließ das Wachstum nach, während geringere Mengen die Proteinausnutzung erhöhten. Der isokalorische Ersatz von Dextrin durch Fett hemmte Wachstum und Eiweißsynthese. Da sich der Fettgehalt des Organismus beträchtlich erhöhte, wird ein nennenswerter Teil des Nahrungsfettes absorbiert. Beim Vergleich verschiedener Kohlehydrate zeigte es sich, daß mit steigendem Molekulargewicht das Wachstum geringer wurde. Bei den Untersuchungen fanden u.a. das Lebergewicht, der Glykogengehalt der Leber sowie die chem. Zusammensetzung des ganzen Fisches Berücksichtigung. Histopathologische Erscheinungen konnten bei keiner Fütterungsgruppe beobachtet werden. W. Steffens. 6420.

Miller, Richard B. und Miller, Frances; Edmonton, Alberta, Univ., Dep. of Genetics. Diet, glycogen reserves and resistance to fatigue in hatchery rainbow trout. Part II. **(Nahrung, Glykogenreserven und Widerstandsfähigkeit gegenüber erhöhter Beanspruchung bei Regenbogenforellen aus Zuchtanstalten. 2. Mitt.)** J. Fisheries Res. Board Canada **19** (1962) Nr. 3. S. 365–375. — 4 Abb., 12 Lit. 1. Mitt. vgl. LZ. Abt. III **5** (1960) Nr. 4. S. 648.

Wie in früheren Untersuchungen erhöhte häufige oder längere Bewegung den Milchsäurespiegel im Blut von Regenbogenforellen (*Salmo gairdneri*) aus Zuchtanstalten. Bei Freilandversuchen wurden 2 Gruppen von Fischen in einen Bergbach ausgesetzt, der eine Population von *S. clarki* enthielt. 1 Gruppe war mit ausgewogenem Trockenfutter in Körnerform (Futterquotient 1,31), die andere mit roher Leber (Futterquotient 5,64) gefüttert worden. Beim Besatz wogen die Forellen 112 bzw. 68 g. Durch den Transport über 60 Meilen hatte sich der Milchsäurespiegel im Blut gleichmäßig auf etwas über 40 mg% erhöht. 15 Tage nach dem Besatz hatten sich die Werte wieder normalisiert und glichen denen der einheimischen Population. Innerhalb von 5 Wochen gingen 7,1% der ersten Gruppe und 20% der zweiten Gruppe ein. Bei den mit Leber gefütterten Fischen hielt die Sterblichkeit außerdem länger an. Kurz vor dem Eingehen aufgefundene Forellen hatten einen mindestens 4mal so hohen Milchsäurespiegel wie normale Fische. In einem Anhang wird eine Zusammenfassung über die Besatzversuche im Gorge-Bach von 1952–1957 gegeben, wobei Wassertemperatur, Strömungsgeschwindigkeit, Unterschlupfmöglichkeiten, Fischgröße, Konkurrenz, Milchsäurespiegel im Blut und Einfluß der Nahrung während der Aufzucht Berücksichtigung finden. Die mit Trockenfutter aufgezogenen Forellen haben einen höheren Glykogengehalt in Leber und Muskulatur und deswegen größere Reserven für die Akklimatisation im Fließgewässer.
W. Steffens. 6420.

Shanks, Warren E., Gahimer, George D. und Halver, John E.; Cook, Wash., Bureau of Sport Fisheries and Wildlife, Western Fish Nutrit. Lab. The indispensable amino acids for rainbow trout. **(Die unentbehrlichen Aminosäuren der Regenbogenforelle.)** U. S. Dep. Interior, Fish Wildlife Serv., progr. Fish-Culturist **24** (1962) Nr. 2. S. 68–73. — 1 Abb., 3 Tab., 9 Lit.

16 Gruppen von Regenbogenforellen (*Salmo gairdneri*), bestehend aus je 40 Fischen von 3,6 bzw. 7,2 g Gewicht, wurden 10 Wochen lang bei ca. 12 °C mit einer Mischung aus kristallinen l-Aminosäuren, Kohlehydrat, Fett, Mineralstoffen, Vitaminen und Wasser gefüttert, der jeweils eine Aminosäure fehlte. Das Wachstum der so gefütterten Fische wurde mit dem von Kontrollen verglichen, die das vollständige Gemisch erhielten. Nach den Ergebnissen der Versuche, die mit denen früherer Experimente an *Oncorhynchus tshawytscha* und *O. nerka* übereinstimmen, sind für normales Wachstum unentbehrlich:

Arginin, Histidin, Isoleucin, Leucin, Lysin, Methionin, Phenylalanin, Threonin, Tryptophan und Valin. Im Gegensatz dazu sind entbehrlich: Alanin, Asparaginsäure, Cystin, Glutaminsäure, Glycin und Tyrosin. Ebenso werden als entbehrlich angesehen: Serin, Prolin und Hydroxyprolin. Bei 25% der Forellen, in deren Nahrung Tryptophan fehlte, trat Skoliose auf, die nach Zufuhr dieser Aminosäure zurückging. W. Steffens. 6420.

Block, Richard J. The approximate amino acid composition of wild and hatchery trout (Salvelinus fontinalis) and some of their principal foods (Gammarus and Hexagenia bilineata). **(Die ungefähre Aminosäurenzusammensetzung von Wild- und Zuchtsaiblingen [Salvelinus fontinalis] und einiger ihrer Hauptnährtiere [Gammarus und Hexagenia bilineata].)** Contr. Boyce Thompson Inst. **20** (1959) Nr. 1. S. 103–105. — 1 Tab., 5 Lit.
Vf. macht quantitative Angaben über den Gehalt an Aminosäuren in wilden und Zuchtbachsaiblingen (*Salvelinus fontinalis*) sowie in Naturnahrung (*Gammarus, Hexagenia bilineata*) und künstlichem Futter. Die Zusammensetzung der beiden Saiblingsgruppen und von Fischen verschiedener Größe war gleich. Die Nährtiere hatten einen höheren Gehalt an Arginin und Cystin und geringere Mengen von Methionin, Threonin, Glycin und Alanin als die Saiblinge. Hydroxyprolin kam in der Naturnahrung (entsprechend dem Fehlen von Kollagen) nicht vor. W. Steffens. 6420.

Hofer, Peter; Aistaig/Neckar. **Forellenzucht in Nordfrankreich.** Allg. Fischerei-Ztg. **87** (1962) Nr. 22. S. 648–650. — 4 Abb.
Die wichtigsten nordfranzösischen Forellenzuchten liegen entlang der Kanalküste, weil dort täglich frischer Seefisch angeliefert werden kann. Dieser wird am Ende der schrägstehenden Laderampe durch den Fleischwolf gedreht. Kühlräume sind selten. Der Futterquotient liegt bei 6. Das Brutfutter besteht aus Milz, Leber und frischem Rinderblut, vermischt mit Meeresalgenmehl. Fertigfutter wird bisher erst selten verwendet. Wasser ist meist sehr reichlich vorhanden, jeder Teich hat seinen eigenen Zufluß. Die Reinigung der Teiche wird durch Absenken und stärkeren Durchstrom vorgenommen, ohne daß die Fische aus dem Teich entfernt werden. Die Abfischung erfolgt hinter dem Mönch. Die INuL trat eine Zeitlang verheerend auf, jetzt ist sie kaum noch anzutreffen (Immunität und verbesserte Fütterung). Die dänische Konkurrenz macht sich immer stärker bemerkbar. W. Steffens. 6425.

Dallakjan, R. S.; Sewan, Armen.SSR, Fischkombinat. O] sostojanii rybovodnych rabot na ozere Sevan. **(Über den Stand der Fischzucht am Sewan-See.)** Rybnoe chozjajstvo, Moskva **38** (1962) Nr. 6. S. 30.
Durch die Regulierung der Gewässer wurde der Wasserspiegel des Sewan-Sees gesenkt und seine ausgedehnten Laichgebiete trockengelegt. Um den vorhandenen Fischbestand zu erhalten, ist es nunmehr notwendig geworden, die wertvollen Salmonidenarten auf künstlichem Wege zu erbrüten und in den See einzusetzen. In den Jahren 1959–1961 wurden zur Aufzucht der Brut kleine Brutteiche und Betonbecken gebaut. Schon nach kurzer Zeit zeigte es sich, daß die Salmonidenbrut in den Teichen eine bessere Kondition und höhere Stückgewichte bei nur geringen Verlusten hatte, als die gleiche Brut in den Betonbecken. Auf diesen Erfahrungen fußend, hat man am Sewan-See den Bau von weiteren 120 ha Brutstreckteichen beschlossen, in denen schon 1962 5 Mill. Stück Brut bis zu einem Gewicht von 3 g herangezogen werden.
A. Kozianowski. 6450.

Hirn; Lindau. **Blaufelchen und Gangfisch-Erbrütung im Zuchtjahr 1961/62 in der staatlichen Fischzuchtanstalt Nonnenhorn.** Allg. Fischerei-Ztg. **87** (1962) Nr. 18. S. 526.
Im Dez. 1961 erhielt die Fischzuchtanstalt Nonnenhorn 640 l Blaufelchenrogen = 44,8 Mill. Stck. sowie 60 l Gangfischrogen = 3,6 Mill. Stck., die in der Mehr-

zahl bei 1–1,5 °C erbrütet wurden. Die Eier der Blaufelchen (*Coregonus wartmanni*) stammten von 2–3 jährigen Elternfischen und waren klein. Insgesamt wurden von Ende März bis Anf. Mai 24,5 Mill. Stck. Felchenbrut in den Bodensee ausgesetzt, der Bruterfolg betrug somit 50–51%. Am 18.1.1962 wurden 275000 Eier von Seeforellen (*Salmo trutta lacustris*) im Augenpunktstadium aufgelegt. Bis zum Schlüpfen traten 13% Verlust ein. 240000 vorgestreckte Fische von 2,5–3 cm Länge wurden in den Bodensee ausgesetzt. 2,52 Mill. Hechteier (*Esox lucius*) wurden 1962 bei 6–8 °C erbrütet (1 l = 60000 Stck.). 750000 Stck. Brut (= 30% Bruterfolg) wurden ausgesetzt.
W. Steffens. 6450.

Woynárovich, E.; Debrecen, Ungarn, Univ. **Erfolgreichere künstliche Befruchtung von Hechtrogen.** Allg. Fischerei-Ztg. 87 (1962) Nr. 12. S. 346–348. — 6 Abb., 3 Lit.
Eier und Sperma von *Esox lucius* bleiben nach dem Vermischen 1 Std. lang ohne Wasserzusatz stehen. Anschließend wird Carbamidlösung (15 g Harnstoff, $CO(NH_2)_2$/l Wasser) zugesetzt, je Liter Rogen ca. 1,5–2 l Lösung. In dieser Lösung verlängert sich die Lebensdauer der Spermien von 2 auf 3 Min. Nach 3 Min. langem Umrühren wird der Rogen in reinem Wasser gut gespült. Der Befruchtungserfolg läßt sich durch diese Methode von 30–40% auf über 70% (oft 85–90%) erhöhen. Frischbefruchtete Hechteier können ohne Schaden 3–4 Std. lang transportiert werden (1 l in einem ca. 3 l fassenden Gefäß).
W. Steffens. 6450.

Kozianowski, A.; Berlin-Friedrichshagen, Inst. für Binnenfischerei der Dtsch. Akad. der Landwirtsch.-Wiss. zu Berlin. **Kostenermittlung der künstlichen Hechterbrütung in Brutanstalten.** Dtsch. Fischerei-Ztg. 9 (1962) Nr. 2. S. 37–46. — 4 Abb., 3 Tab., 6 Lit.
Vf. untersuchte einen volkseigenen und einen genossenschaftlichen Betrieb über mehrere Jahre. Die Hauptkosten bei der Erbrütung des Hechtes (*Esox lucius*) entfallen auf das Personal. Erheblichen Wert haben auch die gewonnenen Eier und die Abschreibungen. Die Erzeugungskosten schwankten zwischen 281 und 453 DM/1 Mill. Brut, in den meisten Fällen lagen sie bei 330 bis 340 DM. Bei einem Erlös von 1000 DM/1 Mill. Brut arbeiten die Bruthäuser in jedem Jahr mit beträchtlichem Gewinn. Er betrug je Bruthaus und Jahr im Durchschnitt über 10000 DM. W. Steffens. 6450.

Küsten- und Hochseefischerei

Wundsch, H. H.; Berlin-Friedrichshagen. **Noch einiges zum Gebrauch der „Aalspeere" an der Ostseeküste der Deutschen Demokratischen Republik.** Dtsch. Fischerei-Ztg. 9 (1962) Nr. 7. S. 206–210. — 3 Abb. Vgl. LZ. Abt. III 7 (1962) Nr. 11. S. 2440.
Vf. ergänzt und bestätigt im wesentlichen die von Kienast (1961) gemachten Ausführungen. Eingehender wird die Entwicklung der Fischspeere beschrieben. Vf. hofft, daß die gesetzliche und ungesetzliche Fischerei mit Stecheisen in nicht allzuferner Zeit der Vergangenheit angehören wird.
E. Kienast. 6470.

Berner, M. und Anwand, K.; Saßnitz, Zweigstelle für Ostseefischerei des Inst. für Fischerei der Dtsch. Akad. der Landwirtsch.-Wiss. zu Berlin. **Die Fangplätze der südlichen Ostsee und ihre fischereiliche Bedeutung 1956–1960 im Vergleich zu 1953–1955.** Z. Fischerei Hilfswiss. [N.F.] 11 (1962) Nr. 1/2. S. 79–113. — 11 Abb., 4 Tab., 4 Lit.
Die Arbeit wertet die gesamten, nach Fangplätzen und Mon. geordneten Ostseeanlandungen der Fischkutter des VEB Fischkombinat Saßnitz in den letzten 5 Jahren aus und stellt sie den Anlandungen der vorangehenden 3 Jahre gegenüber. Danach sind die Einheitserträge an Sprott, Futterfisch und Dorsch in den letzten Jahren gestiegen, die Einheitserträge an Hering und Plattfischen

dagegen gefallen. Der min. fischereiliche Aufwand im 3. Quartal scheint zu sehr guten Einheitsfängen in diesen Mon. geführt zu haben. In 3 Tab. werden die für einen Fangkalender notwendigen Angaben zusammengestellt. Das umfangreiche Zahlenmaterial wird von verschiedenen Seiten beleuchtet. Zugleich wird eine neuartige Abgrenzung der Fangplätze gegeneinander vorgeschlagen. die den heutigen Erfordernissen entspricht. M. Berner. 6515.

Anonym. British trawlers using French gear get better cod and haddock catches. **(Britische Trawler erzielten mit französischen Geräten bessere Kabeljau- und Schellfischfänge.)** Canad. Fisherman **49** (1962) Nr. 8. S. 16–21. — 3 Abb., 2 Tab.

Ein Trawl, das auf französischen Trawlern beachtliche Erfolge erzielt hatte, wurde von Fahrzeugen aus Aberdeen ausprobiert. Das Gerät wird abgebildet und beschrieben. Das Wetter während der Versuchsfischerei war stürmisch, dennoch lagen die Fangergebnisse der Trawler mit dem französischen Geschirr bedeutend über denen der übrigen mit den herkömmlichen Geräten. Die französischen Netze fingen rel. weniger Plattfische. Schellfisch (*Gadus aeglefinus*) wurde durch die Versuchsnetze am besten gefangen. Insgesamt ist das Gerät komplizierter, erleidet auf Grund seiner leichteren Bauart jedoch auf rauhen Gründen weniger leicht Netzschäden. Durch höheren Stau fängt es Kabeljau (*G. morhua*) und Schellfisch besser als Plattfische.

J. Waldmann. 6560.

Bolster, G. C.; Lowestoft, Fisheries Lab. The influence of wind and tide on the catch by drift nets in the East Anglian herring fishery 1952–1956. **(Der Einfluß von Wind und Gezeiten auf die Treibnetzfänge in der ostenglischen Heringsfischerei 1952–1956.)** Cons. permanent int. Explorat. Mer, J. Cons. **27** (1962) Nr. 2. S. 150–161. — 7 Abb., 2 Tab., 3 Lit.

Die Durchschnittsfänge der Drifter in dem Teil der ostenglischen Heringsfischerei (*Clupea harengus*), in dem der Tidenstrom nördlich oder südlich geht, werden nach Nächten verglichen, in denen die Windrichtung quer zum Gezeitenstrom oder mit ihm in Linie verläuft. Für die Jahre 1952–56 läßt sich nachweisen, daß der Fang bei Quer-Windrichtung höher war als bei gleichlaufendem Wind. Dem Okt.-Vollmond folgten die höchsten Fänge, in diesem Zeitraum liegen auch die größten Tiden. Die Zusammenhänge zwischen Fischerei und Gezeiten werden diskutiert, wobei der Zeitpunkt der Dämmerung und die Mondphase berücksichtigt werden. J. Waldmann. 6565.

Howard, Gerald V.; San Diego, Calif., Bureau of Commercial Fisheries, Biol. Lab. The tuna fishery: Methods, distribution and abundance. **(Die Thunfischerei: Methoden, Verbreitung und Häufigkeit.)** — Western Fisheries **64** (1962) Nr. 3. S. 15–16. 50–53. 56–57. — 1 Abb.

Japan und die USA sind die wichtigsten Thunfangländer, 1961 wurden wahrscheinlich etwa 1,8 Billionen Pfund angelandet, wovon die genannten Länder über 90% fingen. Die USA-Fänge haben einen Wert von ca. 45 Mill. Dollar/Jahr. Der gewaltige Anstieg der Thunanlandungen in den letzten Jahren ist Japan zu verdanken. Als Fanggeräte dienen an Teilen der Mittelmeerküste Fallen, sonst sind Schleppangeln, Langleinen und Waden die wichtigsten Fanggeräte. Die für die einzelnen Fangarten notwendigen Fahrzeuge und Geräte werden beschrieben. Die Fangmethoden werden in Zusammenhang mit den hydrographischen Bedingungen der jeweiligen Fanggebiete erörtert, in denen sie angewendet werden. Um eine Überfischung zu verhindern, müssen rechtzeitige Vorkehrungen getroffen werden. J. Waldmann. 6565.

Quayle, D. B.; Nanaimo, Biol. Stat. Increase in abalone production forecast. **(Voraussage der Produktionssteigerung von Haliotis kamtschatkana.)** Western Fisheries **64** (1962) Nr. 4. S. 28–31.

Die Schnecke *Haliotis kamtschatkana*, das „Seeohr“ oder „Venusohr“, kommt von Alaska bis Südkalifornien vor und wird 15 cm, durchschnittl. 10–13 cm, groß und ungefähr ½ Pfund schwer. 40% sind eßbares Fleisch. Das Seeohr lebt in den Küstengewässern bis zu 25 Fuß Tiefe unterhalb der Niedrigwassergrenze auf felsigem Grund, gewöhnlich in Gemeinschaft mit *Macrocystis integrifolia* und *Strongylocentrotus franciscanus*. In Britisch-Kolumbien und Kalifornien wurde der Fang dieser Schnecke bisher von Tauchern durchgeführt. Die Einführung des „Scuba“-Gerätes eröffnete neue Möglichkeiten zur besseren Nutzbarmaschung der Bestände und für die Durchführung von biol. Untersuchungen. 1958 wurden in Britisch-Kolumbien 100 Kisten angelandet. Ein Rekordjahr war 1928 mit einer Fangmenge von 578 Kisten.
K. Anwand. 6620.

E. BEEINFLUSSUNG DER FISCHEREI DURCH DIE UMWELT

Skalski, Kazimierz; Warszawa. **Selbstreinigung von Oberflächengewässern, die mit Abwässern der Lebensmittelindustrie belastet sind (unter Mitwirkung von Uferpflanzen).** Verh. int. Verein. theoret. angew. Limnol. **14** (1959, hrsg. 1961) S. 1054–1056. – 2 Abb., 1 Lit.
An einem kleinen Wasserlauf, der zu 50–75% aus Abwässern eines obstverarbeitenden Betriebes bestand, wurde durch Untersuchung der Sauerstoffverhältnisse (BSB_5, Sauerstoffdefizit) die natürliche Selbstreinigungskraft verfolgt. War das Ufer mit Weiden bestanden, sank der BSB_5 nach einer Fließstrecke von 1500 m um 89–99%, während die Sättigungswerte von O auf 60 bis 77% anstiegen. Nach Entfernung der Weidenbüsche sank der BSB_5 nur um 23–70% und die Sauerstoffsättigung erreichte nur Werte von 3–11%. Es wird geschlossen, daß das Wurzelsystem der Weide eine natürliche Siedlungsstätte für die beim Selbstreinigungsprozeß mitwirkenden Organismen bildet. Günstig für den schnellen Ablauf dieses Prozesses ist ferner die zweckmäßige Ausgestaltung des Flußlaufes durch zahlreiche Gefällestufen.
D. Nehring. 6655.

Liebmann, H.; München. **Vorfluter und Kläranlagen im Einzugsgebiet der Donau zwischen Ulm und Passau.** Verh. int. Verein. theoret. angew. Limnol. **14** (1959, hrsg. 1961) S. 1080–1085. – 4 Abb., 13 Lit.
Durch die Errichtung von Stauhaltungen werden die Wasserwirtschaftler bei der Einleitung von Abwässern vor neue Probleme gestellt, da die Laufzeit des Wassers verlängert und die Turbulenz verringert werden. Auch die größere Wassertiefe muß berücksichtigt werden. In 2 Übersichten wird auf die Lage dieser Stauhaltungen sowie auf die Lage der Kläreinrichtungen im Einzugsgebiet der Donau zwischen Ulm und Passau eingegangen. Vf. schlägt auf Grund der revidierten Saprobiensysteme eine Einteilung in die Wassergüteklassen I bis IV vor, die bei graphischen Darstellungen durch verschiedene Farben charakterisiert werden. D. Nehring. 6655.

Minder, L.; Zürich. **Hochgradige Verunreinigung eines Grundwasserstromes durch organische Abwässer.** Verh. int. Verein. theoret. angew. Limnol. **14** (1959, hrsg. 1961) S. 1099–1101. – 1 Abb.
Das ungereinigte Abwasser einer Zuckerfabrik wurde in Sickerteichen, die auf grundwasserführenden Schottern angelegt waren, versickert und gelangte in den Grundwasserstrom. Dabei schwindet infolge Oxydation der gelösten org. Stoffe zunächst der Sauerstoff. Dann werden Nitrate und Sulfate reduziert und aus dem Schotter Eisen-III- und Mangan-IV-Verbindungen reduzierend als Bikarbonate gelöst. Durch den Überschuß an freier Kohlensäure geht außerdem Kalk als Bikarbonat in Lösung, wodurch die Härte enorm ansteigt. Wie die Untersuchungen ergaben, findet auch im Grundwasser des dichtgepackten Schotters eine Selbstreinigung statt, die sich aber auf rein heterotrophe, bakterielle Vorgänge stützt. D. Nehring. 6665.

Stroganow, N. S.; Moskau. **Moderne Probleme der Wassertoxikologie.** Verh. int. Verein. theoret. angew. Limnol. **14** (1959, hrsg. 1961) S. 1091–1095. — 1 Abb., 2 Tab.

Das Auftreten neuer toxischer Stoffe in den Industrieabwässern kann zu Veränderungen der Fauna und Flora im Wasser führen. Vf. weist auf die Unzulänglichkeit der weitverbreiteten Methodik hin, die Giftigkeit von Abwasserstoffen nach dem Überleben der erwachsenen Organismen im Verlaufe einiger Tage zu beurteilen. Nur die Bestimmung der Vermehrung, Fruchtbarkeit und Qualität der Nachkommen kann eine richtige Vorstellung von der Schädlichkeit des Wassermilieus geben. D. Nehring. 6665.

Nusenbaum, L. M. und Lapickaja, L. N. (Nussenbaum, L. M. und Lapizkaja, L. N.) Pervye rezul'taty raboty rybopod-emnika na Volžskoj GĖS imeni XXII s-ezda KPSS. **(Die ersten Arbeitsergebnisse des Fischaufzuges des Wasserkraftwerkes „XXII. Parteitag der KPdSU".)** Rybnoe chozjajstvo, Moskva **37** (1961) Nr. 11. S. 13–18. — 4 Abb., 1 Tab.

Im Aug. 1961 wurde der 1. Fischaufzug an der Wolga in Betrieb genommen. Er besteht im wesentlichen aus 2 Einlaßtunnels und 2 Schächten mit quadratischer Grundfläche. Die flußaufwärts wandernden Fische werden vom Turbinenwasser, das aus den Tunnels herausströmt angelockt, gehen durch den Tunnel in den Hebeschacht hinein und werden dort vermittelt eines horizontalen Gitters bis zur Höhe des Stausees emporgehoben. Innerhalb von 22 Tagen wurden auf diese Weise 13175 Störe und zahlreiche Vertreter anderer Fischarten befördert. Diese Zahlen sprechen entschieden gegen alle Bedenken bei der Einführung solcher Einrichtungen zur massenhaften Beförderung von Stören. A. Kozianowski. 6685.

Trites, R. W. und MacGregor, D. G.; Halifax, Nova Scotia, Fisheries Res. Board of Canada, Atlantic Oceanographic Group. Flow of water in the passages of Passamaquoddy Bay measured by the electromagnetic method. **(Wasserdurchfluß durch die Passagen der Passamaquoddy-Bucht, gemessen mit der elektromagnetischen Methode.)** J. Fisheries Res. Board Canada **19** (1962) Nr. 5. S. 895–919. — 12 Abb., 4 Tab., 17 Lit.

Der Wassertransport durch die Passagen zwischen der Passamaquoddy-Bucht und der Fundy-Bucht wurden mittels der elektrischen Potentialdifferenzen gemessen, die in Wasser induziert werden, das sich durch das Magnetfeld der Erde bewegt. Die Meßmethode wird beschrieben. Die Westliche Passage läßt ca. 61% des Wassers durch, das in die Passamaquoddy-Bucht einströmt, die Letite-Passage ca. 34% und die Kleine Letite-Passage ca. 5%. Die Durchschnittsdauer des Fluteinstroms beträgt 6 Std., die Ebbe etwa 6,4 Std. Die Zeit des Gezeitenstillstandes liegt in der Westlichen Passage später als in der Letite-Passage, und zwar 15–60 Min. Diese Schwankungen sind ungeklärt. J. Waldmann. 6685.

Medcof, J. C.; St. Andrews, New Brunswick, Fisheries Res. Board of Canada, Biol. Stat. Possible effects of Passamaquoddy power project on clams, scallops and shipworms in Canadian waters. **(Mögliche Auswirkungen des Passamaquoddy-Kraftwerkprojektes auf Muscheln, Kammuscheln und Bohrmuscheln in kanadischen Gewässern.)** J. Fisheries Res. Board Canada **19** (1962) Nr. 5. S. 877–889. — 4 Abb., 3 Tab., 19 Lit.

In der Passamaquoddy-Region werden die ökol. Bedingungen für die 3 Molluskenarten mit wirtschaftl. Bedeutung durch das Kraftwerkprojekt geändert. Die Jahresproduktion an *Mya arenaria* betrug bisher 4 Mill. Pfund, die Erträge werden auf die Hälfte absinken, da die Muschelgebiete im Hohen Pool um 95% vermindert werden. Die jährliche Ausbeute an *Placopecten magellanicus* wird von 60000 auf 90000 Pfund ansteigen, da der unterbrochene Wasseraustausch im Hohen Pool das Überleben der Larven begünstigt. Bisher ist der Schiffsbohrwurm *Teredo navalis* keine Gefahr, er wird in dem abgesperrten

Gebiet durch die höheren Wassertemperaturen zu einer ernsten Gefahr für alle Holzbauten, und es werden umfangreiche Kosten durch Imprägnieren und Ersatz entstehen. J. Waldmann. 6685.

Vauk, Gottfried und Gräfe, Felix; Helgoland, Vogelwarte. **Fisch-Otolithen, ein wichtiges Hilfsmittel zur Nahrungsanalyse bei Lariden.** Zool. Anz. **167** (1961) Nr. 9/12. S. 391–394.
Es wird auf die Unverdaulichkeit der Fischotolithen durch Möven verwiesen und beschrieben, wie Otolithen in Speiballen und Mageninhalt aufzufinden sind. In vielen Fällen ist an Hand der Otolithen eine Bestimmung der Fischart und -größe möglich. Es ist jedoch nicht immer zu entscheiden, ob Fische gefangen oder Fischabfälle gefressen wurden. Wolfgang Müller. 6695.

Cobb, John N. **Preliminary report of fishway work.** Seattle: University of Washington. (17 S.) 8°. Die Errichtung immer höherer Stauanlagen in den Weststaaten der USA machte die Einführung neuartiger Fischaufzüge erforderlich, weil die bis dahin gebräuchlichen Fischpässe nur bei Staudämmen bis zu 10 m Höhe angewendet werden konnten. Um die Grundlagen für die Konstruktion derartiger Fischaufzüge zu erhalten, wurden während der Wanderzeiten von *Oncorhynchus tshawytscha* und *Salmo gairdneri* an dem 37 m hohen Condit-Damm im Big-White-Salmon-Fluß, Wash., Versuche mit einem elektrisch betriebenen Aufzug durchgeführt. Die Versuche ergaben, daß die Fische, wenn sie veranlaßt werden können, in den Korb des Aufzuges hineinzuschwimmen, meist auch ohne Wasser in die gewünschte Höhe zu bringen sind. Der Transport ohne Wasser erwies sich von Vorteil, weil die Bewegung der Fische eingeschränkt ist. Ergänzend wird ein Fischaufzug an dem 72 m hohen Damm des Baker-Flusses, Wash., beschrieben, mit dem 1926 3500 *O. nerka*, 8219 *O. kisutch* und 175 *O. tshawytscha* befördert wurden. G. Seifert.

F. FISCHKRANKHEITEN

Reichenbach-Klinke, Heinz-Hermann; München, Bayer. Biol. Versuchsanst. **Zur Frage der Seuchenfestigkeit unserer Nutzfische des Süßwassers.** Bayer. landwirtsch. Jb. **39** (1962) Nr. 3. S. 356–359. – 8 Lit.
An Hand von Beispielen erläutert Vf., daß die Widerstandsfähigkeit der Fische durch 3 Faktoren bedingt wird – artgebundene natürliche Abwehrkraft, Immunität und physiol. Zustand (Konstitution bzw. Kondition) –, die sich gegenüber den einzelnen Krankheiten und ihren Erregern verschieden äußern. Artgebundene natürliche Abwehrkraft (insbesondere Resistenz der Haut) wird gegenüber manchen Bakterien, Pilzen und Protozoen beobachtet. Eine Immunisierung darf gegenüber manchen Protozoen und bei Virosen angenommen werden. Eine Schwächung des physiol. Zustandes kann die beiden genannten Komponenten unwirksam werden lassen. Das Ziel einer gesunden Fischzucht muß daher in der Stärkung der 3 Faktoren bestehen, was insbesondere durch Zuchtwahl und richtige Ernährung zu erreichen ist.
W. Steffens. 6730.

Gunter, Gordon und Ward, J. W.; Ocean Springs, Miss., Gulf Coast Res. Lab.; Jackson, Univ. of Mississippi, Med. Center, Dep. of Anatomy. Some fishes that survive extreme injuries, and some aspects of tenacity of life. **(Einige Fische, die schwere Verletzungen überstanden, und einige Betrachtungen über die Zähigkeit des Lebens.)** Copeia [Philadelphia] **1961** Nr. 4. S. 456 bis 462. – 11 Abb., 7 Lit.
Es wird über Exemplare der Arten *Chaetodipterus faber*, *Micropogon undulatus*, *Brevoortia patronus* und *Hippocampus erectus* berichtet, die schwerste Verletzungen überlebten. Einigen Fischen fehlte die gesamte Schwanzregion, wie aus den beigefügten Bildern und Röntgenaufnahmen hervorgeht. Viele Fische überleben große Wunden, ohne bes. Rücksicht darauf zu nehmen. Ein solches Überleben ist bei den Wirbeltieren ohne Parallele. Es werden Beispiele genannt, wie Fische sich nach schweren Wunden verhielten.
J. Waldmann. 6805.

Schäffer, E. **Fischvergiftung im Neckar.** Allg. Fischerei-Ztg. **87** (1962) Nr. 22. S. 653. – 2 Abb.

Auf einer Strecke von 500–600 m trat im Neckar bei Horb durch Abwassereinleitung ein starkes Fischsterben auf. Vermutlicher Abwassereinleiter ist eine Galvanisieranstalt. Teilweise wurde bei den Fischen (z.B. Döbel) völlige Verätzung der Schwanzflossen beobachtet, so daß die Flossenstrahlen fehlten.
W. Steffens. 6805.

Dawson, C. E.; Ocean Springs, Miss., Gulf Coast Res. Lab. Notes on anomalous American Heterosomata with descriptions of five new records. **(Bemerkungen über anomale amerikanische Plattfische mit Beschreibungen fünf neuer Meldungen.)** Copeia [Philadelphia] **1962** Nr. 1. S. 138–146. — 6 Abb., 2 Tab., 36 Lit.
Die Literatur über Abnormitäten bei Plattfischen wird zusammengestellt. Exemplare von *Paralichthys dentatus, Trinectes maculatus* und *Symphurus plagiusa* werden beschrieben und abgebildet. Ein Beispiel umgekehrter Beschuppung bei *Trinectes maculatus* wird beschrieben. Die Häufigkeit von Plattfischabnormitäten bezüglich Anomalietyp, geographischem Vorkommen und phylogenetischer Gruppe wird diskutiert. Eine Anzahl von Theorien sind aufgestellt worden, um das Phänomen des Albinismus und der Ambicoloration zu erklären, aber keine ist befriedigend. Am wahrscheinlichsten ist es, daß die Störungen der Normalentwicklung während des frühen embryonalen Stadiums durch Umwelteinflüsse entstehen. J. Waldmann. 6805.

McCauley, James E.; Corvallis, Oreg., State Univ., Dep. of Oceanography. Ellobiopsidae from the Pacific. **(Ein Vertreter der Familie Ellobiopsidae aus dem Pazifischen Ozean.)** Science [Washington] **137** (1962) Nr. 3533. S. 867 bis 868. — 2 Abb., 9 Lit.
Der zur Familie Ellobiopsidae gehörende Parasit *Amallocystis capillosus* wurde bei der Garnele *Pasiphaea pacifica* gefunden. Das ist somit der erste Bericht über das Vorkommen des Parasiten im nordöstlichen Teil des Pazifischen Ozeans. Der Parasit verursacht morphol. Veränderungen am Rostrum des Krebses. Die systematische Stellung der Parasitengruppe ist noch unklar, so sollen z.B. Arten hiervon zu parasitischen Peridineen zu rechnen sein, auch soll u.a. eine Zuordnung zu den Flagellaten erwogen worden sein.
G. Merla. 6822.

Redaktionsschluß: 23. 4. 1963

EIN VOLLSTÄNDIGER ODER GEKÜRZTER ABDRUCK DER REFERATE IST OHNE GENEHMIGUNG DER REDAKTION UND DES VERLAGES VERBOTEN!

Herausgeber: Deutsche Demokratische Republik · Deutsche Akademie der Landwirtschaftswissenschaften zu Berlin, Institut für Landwirtschaftliche Information und Dokumentation, Berlin W 8, Krausenstraße 38/39; Fernsprecher: 22 51 61. Chefredakteur: Dr. Ursula Wittbrodt, stellvertretender Chefredakteur: Dr. Werner Kleeberg, Berlin W 8, Krausenstraße 38/39; Fernsprecher: 22 51 61. Redaktion der Abteilung III — Tierzucht · Tierernährung · Fischerei: Dr. Hans Dieter Hennig, Dr. habil. Bernhard Piatkowski und Dr. Werner Steffens, Berlin W 8, Krausenstraße 38/39; Fernsprecher: 22 51 61. Verlag: Akademie-Verlag GmbH, Berlin W 8, Leipziger Straße 3—4; Fernsprecher: 22 04 41, Telex-Nr. 011773, Postscheckkonto: Berlin 350 21. Bestellnummer dieses Heftes: 1030 III—VIII/7. Das Landwirtschaftliche Zentralblatt, Abt. Tierzucht · Tierernährung · Fischerei, erscheint monatlich. Einzelheft DM 20,—; einseitig bedruckte Ausgabe DM 24,—. Jahresbezugspreis DM 240,—; einseitig bedruckte Ausgabe DM 288,— einschl. Register, zuzüglich Porto- und Versandkosten. Gesamtherstellung: VEB Druckerei „Thomas Müntzer" Bad Langensalza. Veröffentlicht unter der Lizenznummer 1290 des Presseamtes beim Vorsitzenden des Ministerrates der Deutschen Demokratischen Republik

32 404

J. BALOGH

Lebensgemeinschaften der Landtiere

Ihre Erforschung unter besonderer Berücksichtigung der zoozönologischen Arbeitsmethoden

Gemeinschaftsausgabe mit dem Verlag der Ungarischen Akademie der Wisssenschaften, Budapest

Zweite, verbesserte und erweiterte Auflage des 1953 erschienenen Werkes „Grundzüge der Zoozönologie"

562 Seiten – 125 Abbildungen – 84 Tabellen
Ganzleinen DM 39,–

Vertrieb nur in Deutschland

Die neue Auflage der bereits bekannten Zoozönologie ist, wie schon der veränderte Titel zum Ausdruck bringt, ein völlig neues Werk, das in seinem Hauptteil eine vollständige Übersicht über die gegenwärtigen zoozönologischen Arbeitsmethoden für Landtiere vermittelt und die Bearbeitung weiterführender Fragen an Hand eines reichhaltigen Literaturverzeichnisses erleichtert. Die Arbeitsmethoden für Wirbellose werden von Balogh, die für Wirbeltiere von Túrček dargestellt und in einem Anhang die speziell in Kulturbiozönosen angewandten Methoden von Heydemann beschrieben. Drei einführende Kapitel beleuchten moderne Probleme in der Erforschung der Landtiere. Hier klärt der Verfasser den Begriff „Lebensgemeinschaft" und die übrigen Grundbegriffe der Biozönologie, stellt dabei die Ansichten der einzelnen Autoren einander gegenüber und legt auch seine eigenen Auffassungen dar. Die Produktionsbiologie, die sich mit dem Stoff- und Energiewechsel der terrestrischen Lebensgemeinschaften beschäftigt, wird hier erstmalig im europäischen zoologischen Schrifttum zusammenfassend behandelt. Ferner beansprucht die „Analyse der Zoozönose" besondere Beachtung, weil hier die Charakteristika aufgeführt sind, die zoozönologischen Aussagen den Wert eindeutiger Diagnosen verleihen.

THEORIA CUM PRAXI

Bestellungen durch eine Buchhandlung erbeten

A K A D E M I E - V E R L A G · B E R L I N

LANDWIRTSCHAFTLICHES ZENTRALBLATT

Herausgeber: Deutsche Demokratische Republik
Deutsche Akademie der Landwirtschaftswissenschaften zu Berlin
Institut für Landwirtschaftliche Information und Dokumentation

---

Sonderhefte

A. Der Mais, die wertvollste Futterpflanze
1960. 48 Seiten — 8° — DM 1,40

B. Intensivgeflügelhaltung: Mehr Eier — mehr Fleisch
1960. 48 Seiten — 8° — DM 1,40

1. Der Offenstall für Milchvieh, Jungvieh, Kälber
1960. 48 Seiten — 8° — DM 1,40

2. Rotklee und Luzerne
1961. 48 Seiten — 8° — DM 1,40

3. Ertragssteigerung im Obstbau durch richtige Ernährung der Obstgehölze (Kern- und Steinobst)
1961. 48 Seiten — 8° — DM 1,40

4. Moderne Unkrautbekämpfung
1961. 48 Seiten — 8° — DM 1,40

5. Frühgemüseanbau unter Glas
1961. 48 Seiten — 8° — DM 1,40

6. Neuzeitliche Methoden der Schweineproduktion
1961. 48 Seiten — 8° — DM 1,40

7. Die Aufzucht von Kälbern und Ferkeln
1961. 48 Seiten — 8° — DM 1,40

8. Tuberkulose und ihre Bekämpfung
1961. 80 Seiten — 8° — DM 2,—

Bestellungen durch eine Buchhandlung erbeten

A K A D E M I E - V E R L A G · B E R L I N

Bei Fragen zur Produktsicherheit wenden Sie sich bitte an:
If you have any questions regarding product safety,
please contact:

Walter de Gruyter GmbH
Genthiner Straße 13
10785 Berlin
productsafety@degruyterbrill.com